塔里木超深油气井固井技术指南

主　　编：王春生
副 主 编：艾正青　冯少波

石油工业出版社

内 容 提 要

本书系统总结了塔里木油田多年来的固井技术成果，特别是近十年来在超深层固井技术方面的成果。详细介绍了塔里木油田工程地质特征及固井挑战，塔里木油田超深层固井技术的具体做法，包括超深井固井设计、固井作业技术要求、超深井固井水泥浆体系、超深井固井工艺、超深井固井质量评价，以及常见固井复杂的预防及处理。

本书可供固井技术人员、管理人员及石油院校相关专业师生参考阅读。

图书在版编目（CIP）数据

塔里木超深油气井固井技术指南 / 王春生主编 .
北京：石油工业出版社，2024.12. -- ISBN 978-7
-5183-7237-9

Ⅰ.TE256-62
中国国家版本馆 CIP 数据核字第 20259G987Z 号

出版发行：石油工业出版社
（北京安定门外安华里2区1号　100011）
网　　址：www.petropub.com
编辑部：（010）64523760
图书营销中心：（010）64523633
经　销：全国新华书店
印　刷：北京中石油彩色印刷有限责任公司

2024 年 12 月第 1 版　2024 年 12 月第 1 次印刷
787×1092 毫米　开本：1/16　印张：20.75
字数：550 千字

定价：160.00 元
（如出现印装质量问题，我社图书营销中心负责调换）
版权所有，翻印必究

《塔里木超深油气井固井技术指南》编委会

主　　编：王春生

副 主 编：艾正青　冯少波

委　　员：（按姓氏笔画排序）

卢俊安　李　宁　李晓春　何思龙　张　志
周　波　段永贤　董　仁　梁红军　魏风奇

编写组

成　　员：丁　辉　于永金　王　彪　王银东　王中丽
王治国　王健栋　叶素桃　刘忠飞　朱　雷
刘　锐　齐奉忠　李　坤　李　昂　李鹏晓
杨吕超　余　纲　张昌铎　袁中涛　陈永衡
陈志涛　陈家磊　赵凌霄　何　勇　夏元博
唐中原　龚孝林　彭晓刚　曾建国　衡宣亦
梁　婕　李　炜　邹　双　邓　理　熊茂县

塔里木盆地地质构造复杂，存在多个区域性不整合面和多种类型圈闭，区块地质工程特点差异大。塔里木油田 60% 以上的天然气储量和产量都集中在库车山前深层气藏中，该区域是超深（5000~8000m 及以深）、超高压（最高压力超过 200MPa，最高钻井液密度 2.60g/cm³）、超高温（井底静止温度 130~190℃）的"三超"复杂天然气藏探区，并面临巨厚盐膏层、高压盐水、裂缝发育、油气活跃等难点。台盆区主要开发碎屑岩和碳酸盐岩油藏，也属高温深井超深井，大部分地区钻遇二叠系火成岩，孔隙和裂缝发育，漏失严重，长裸眼段导致水泥上返难度大。其中，碎屑岩调整井开发时间较长，压力系数较初期降低较多，同时边底水发育，层间封隔难度大，前期开发过程中油水窜问题突出，含水上升快，稳产难度大。碳酸盐岩油藏埋藏深、温度高，同时高含硫化氢，固井漏失较碎屑岩井严重，自由套管较多，影响后期井完整性。通过技术攻关，塔里木油田发展形成了盐膏层固井、高压气层固井、碎屑岩调整井固井、长裸眼一次上返固井等系列复杂深井固井技术，保障了固井质量和完整性的稳步提升。

深井超深井伴随的各种地质、工程复杂情况给固井作业带来了一系列难题，同时也促进了塔里木油田深井超深井固井技术的发展与完善。1985—2023 年，塔里木石油人发扬铁人精神，真抓实干，克服了塔里木复杂的工程地质条件，经过近四十年的攻关和实践，形成了一系列具有塔里木油田特色的超深井固井技术。

本书系统总结了塔里木油田多年来的固井技术成果，特别是近十年来的超深层固井技术成果。本书共分七章，第一章简要介绍了塔里木工程地质特征及固井挑战；第二章至第六章重点介绍了塔里木超深层固井技术的具体做法，包括超深井固井设计、固井作业技术要求、超深井固井水泥浆体系、超深井固井工艺、超深井固井质量评价；第七章简要介绍了固井复杂预防及处理。

本书由中国石油天然气集团有限公司超深层复杂油气藏勘探开发技术研发中心、新疆维吾尔自治区超深层复杂油气藏勘探开发工程研究中心、新疆超深油气重点实验室、中国石油塔里木油田公司组织编写；由积累了多年的科研成果和现场经验的塔里木油田固井技术人员具体编写。由于本书所涉及的专业多，知识面广，工具设备种类繁多，可能存在诸多不足之处，恳请广大读者给予批评和指正。

目录 CONTENTS

第一章 塔里木油田工程地质特征及固井挑战 — 1
- 第一节 库车山前工程地质特征及固井挑战 — 1
- 第二节 台盆区工程地质特征及固井挑战 — 16
- 第三节 塔西南工程地质概况 — 22

第二章 超深井固井设计 — 25
- 第一节 固井工程设计 — 25
- 第二节 固井施工设计 — 48

第三章 固井作业技术要求 — 54
- 第一节 井眼准备及装备技术要求 — 54
- 第二节 下套管工具及作业技术要求 — 60
- 第三节 固井施工装备及技术要求 — 79
- 第四节 大吨位井口坐挂技术要求 — 141
- 第五节 候凝及钻塞技术要求 — 144

第四章 超深井固井水泥浆体系 — 147
- 第一节 常用固井水泥浆外加剂 — 147
- 第二节 水泥浆（石）性能试验 — 163
- 第三节 特色水泥浆体系 — 183

第五章 超深井固井工艺 — 201
- 第一节 大尺寸套管固井工艺 — 201
- 第二节 超深复合盐膏层固井工艺 — 209
- 第三节 窄密度窗口防气窜固井技术 — 216
- 第四节 长裸眼易漏层全封固井工艺 — 223
- 第五节 超深井水泥环完整性技术 — 230

第六章 超深井固井质量评价 — 243
- 第一节 固井作业过程评价 — 243
- 第二节 固井质量测井评价 — 247
- 第三节 固井质量工程验证 — 267

第七章　固井复杂预防及处理 …………………………………………………… 270
　第一节　下套管复杂预防及处理 ………………………………………………… 270
　第二节　固井施工复杂预防及处理 ……………………………………………… 276
　第三节　候凝及钻水泥塞复杂预防及处理 ……………………………………… 285
参考文献 …………………………………………………………………………… 291
附录1　常用套管性能数据表 …………………………………………………… 292
附录2　塔里木油田常用钻杆、钻铤、稳定器性能数据表 …………………… 309
附录3　常用固井环空容积查询表 ……………………………………………… 315
附录4　塔里木油田套管扶正器性能参数表 …………………………………… 318

第一章 塔里木油田工程地质特征及固井挑战

塔里木盆地地质构造复杂，存在多个区域性不整合面和多种类型圈闭，区块地质工程特点差异大。塔里木油田60%以上的天然气储量和产量都集中在库车山前深层气藏中，该区域是超深（5000~8000m及以深）、超高压（最高压力超过200MPa，最高钻井液密度2.60g/cm³）、超高温（井底静止温度130~190℃）的"三超"复杂天然气藏探区，盐层地层套管及环空尺寸大，发育浅层气和盐水层，固井窜槽严重；盐膏层段发育高压盐水层，同时盐间夹杂薄弱层，固井面临溢漏同存的技术挑战；目的层大部分为裂缝性储层，安全窗口窄，高压油气活跃，固井面临压稳和防漏的技术矛盾，同时作为生产套管，后期还面临着温度和压力的变化，水泥环完整性易遭到破坏，导致环空异常压等问题。台盆区主要开发碎屑岩和碳酸盐岩油藏，也属高温深井超深井，大部分地区钻遇二叠系火成岩，孔隙和裂缝发育，漏失严重，长裸眼段导致水泥上返难度大。其中，碎屑岩调整井开发时间较长，压力系数较初期降低较多，同时边底水发育，层间封隔难度大，前期开发过程中油水窜问题突出，含水上升快，稳产难度大。碳酸盐岩油藏埋藏深，温度高，同时高含硫化氢，固井漏失较碎屑岩井严重，自由套管较多，影响后期井完整性。通过技术攻关，发展形成了盐膏层固井、高压气层固井、碎屑岩调整井固井、长裸眼一次上返固井等系列复杂超深井固井技术，保障了固井质量和完整性的稳步提升[1]。

第一节 库车山前工程地质特征及固井挑战

库车山前是塔里木油田的天然气主力产区，地质构造复杂，建井难度大，横向上各个区域的地质特征规律性差，邻井的工程地质参考性不高。纵向上受到多期地壳运动的影响，岩性组合复杂，部分地区还存在叠瓦构造，给安全建井带来的极大的工程挑战。

一、库车山前构造带工程地质特征

库车山前构造带是塔里木油田的主力产气区，位于塔里木盆地北部，夹于南天山造山带和塔北隆起之间，西起温宿、东至库尔楚，长约450km[2-3]。库车山前构造带所处坳陷经历了多次构造运动，特别是白垩纪的燕山运动和古近纪的喜马拉雅运动对其影响巨大，形成了天山山前大型逆冲褶皱带，以及逆冲裙带内一系列的逆冲断层、表层构造、浅层构造和深层构造，致使坳陷内地层十分复杂，海拔高度为2000~3000m，总体上呈北高南低之势。

库车坳陷分为近东西向展布的四排构造带和三个凹陷。四排构造带自北向南分别为北部单斜鼻状构造带、直线背斜构造带、秋里塔格弧形褶皱构造带和南部平缓背斜构造带；

三个凹陷由东向西依次是阳霞凹陷、拜城凹陷和乌什凹陷。

库车山前构造带，从上至下依次钻遇层系为第四系西域组，新近系库车组、康村组、吉迪克组，古近系苏维依组、库姆格列木群，白垩系巴什基奇克组、巴西改组，见表1-1。

表1-1 库车山前地质分层表

地层			代号	岩性简述
系	组（群）	段		
第四系			Q	以中厚—巨厚层状小砾岩及细砾岩、中厚—厚层状砂砾岩为主，夹中厚层状泥岩、泥质粉砂岩、细砂岩
新近系	库车组		N_2k	以中—厚层杂色小砾岩、中砾岩、砂砾岩为主，夹褐色泥岩、泥质粉砂岩、粉砂岩
	康村组		$N_{1-2}k$	以含砾细砂岩、含砾中砂，砂砾岩、小砾岩不等厚互层为主，夹泥岩、灰质泥岩、泥质粉砂岩
	吉迪克组		N_1j	以灰质粉砂岩、粉砂质泥岩、呈不等厚互层泥岩为主，夹泥质粉砂岩、灰质泥岩
古近系	苏维依组		$E_{2-3}s$	以中厚层泥岩、含膏泥岩、膏质泥岩为主，夹灰质泥岩、泥质粉砂岩
	库姆格列木群	上泥岩段	$E_{1-2}km_1$	以厚层状灰色、褐色泥岩、含膏泥岩为主，夹褐灰色膏质泥岩
		盐岩段	$E_{1-2}km_2$	以巨厚层白色纯盐岩为主，夹中—厚层褐色泥岩、盐质泥岩
		中泥岩段	$E_{1-2}km_3$	以灰褐色泥岩、盐质泥岩、膏质泥岩为主，夹薄层泥质盐岩、泥灰岩
		膏盐岩段	$E_{1-2}km_4$	以厚层灰白色石膏岩、泥膏岩为主，夹褐色泥岩、含膏泥岩、盐质泥岩
		下泥岩段	$E_{1-2}km_5$	以膏质泥岩、泥岩、泥质盐岩为主，夹泥质粉砂岩
白垩系	巴什基奇克组	第二段	K_1bs_2	以厚—巨厚层状棕褐、灰褐色细砂岩、粉砂岩为主，夹薄层褐色泥质粉砂岩
		第三段	K_1bs_3	
	巴西改组	第一段	K_1bx_1	薄—中厚层状红褐色泥岩与中厚层状褐灰色粉砂岩、泥质粉砂岩呈等厚—略等厚互层
		第二段	K_1bx_2	
	舒善河组		K_1s	以厚层状红褐色泥岩为主，夹粉砂质泥岩、泥质粉砂岩
	亚格列木组		K_1y	以厚层状褐色砂砾岩为主，夹红褐色砂岩、泥岩
风险提示	（1）吉迪克组可能存在高压盐水，苏维依组下部砂泥岩互层承压能力较低，压稳防漏矛盾突出； （2）库姆格列木群盐岩易蠕变，套管安全下入难度大；高压盐水与低压层共存，固井漏失风险高； （3）白垩系目的层裂缝发育，油气活跃，固井漏失及气窜风险高			

（1）第四系（Q）：主要为厚层状杂色砂砾岩、中砾岩、厚层浅黄色泥岩不等厚互层。

（2）新近系库车组（N_2k）：上段为中-厚层杂色小砾岩、泥砾岩、含砾砂岩、细砂岩与浅黄色泥岩不等厚互层；中段上部为巨厚层棕黄色、浅棕色泥岩为主，局部夹中厚层粉砂岩、泥质粉砂岩，下部为浅灰色灰质粉砂岩、泥质粉砂岩与浅棕色泥岩不等厚互层；下段为中厚层浅灰色细砂岩、含砾细砂岩与棕褐色粉砂质泥岩、泥质粉砂岩不等厚互层；底部为一套细砂岩、粉砂岩、含砾粉砂岩互层。

（3）康村组（$N_{1-2}k$）：上段岩性为薄—中厚层状泥岩、粉砂质泥岩、中厚层状含砾泥岩与薄—中厚层状泥质粉砂岩、粉砂岩不等厚互层；下段为薄—中厚层状泥岩、粉砂质泥岩与薄—中厚层状泥质粉砂岩、粉砂岩不等厚—略等厚互层。

（4）吉迪克组（N_1j）：上段为灰色、棕褐色砂砾岩、含砾细砂岩、粗砂岩与粉砂岩、粉砂质泥岩、泥岩不等厚互层；下段以厚—巨厚层棕褐色泥岩为主，局部夹薄—中厚层棕褐色细砂岩、褐灰色泥质粉砂岩、粉砂岩，底部为一套含砾细砂岩、粉砂岩。

（5）古近系苏维依组（$E_{2-3}s$）：上段为厚—巨厚层状棕褐色、棕色泥岩夹薄层状浅灰、褐灰色泥质粉砂岩、粉砂岩；下段为厚层状褐色泥岩、含膏泥岩夹薄层状灰褐色膏质泥岩、粉砂岩、泥质粉砂岩、粉砂岩质泥岩。

（6）库姆格列木群（$E_{1-2}km$）：从上至下细分为五个岩性段：

①泥岩段（$E_{1-2}km_1$）：以厚层褐色泥岩、含膏泥岩、膏质泥岩不等厚互层为主。

②膏盐岩段（$E_{1-2}km_2$）：以厚层状白色盐岩为主，夹褐色盐质泥岩、膏质泥岩、泥岩、泥膏岩。该段地层由于膏盐岩的塑性流动、横向变化不规律、厚度变化大，平面上分布广泛，是优质的区域性盖层。

③白云岩段（$E_{1-2}km_3$）：主要为灰色泥晶云岩、生屑云岩、亮晶砂屑云岩为主。白云岩段是本井目的层之一，为地层对比划分的标准层，其岩性特殊、分布广、厚度稳定，电性上易于识别。

④膏泥岩段（$E_{1-2}km_4$）：上部以石膏岩、泥膏岩、盐岩、泥质盐岩为主，夹泥岩；下部为灰褐色层状含膏泥岩、膏质泥岩、泥岩互层，局部夹薄层泥质粉砂岩、粉砂岩和盐岩条带。

⑤砂砾岩段（$E_{1-2}km_5$）：岩性为中—厚层状灰褐色含膏粉砂岩、细砂岩与褐色泥岩互层，底部有一套灰色砂砾岩。

⑥古近系与下伏白垩系呈不整合接触，岩性、电性界限清楚。其中白云岩段及砂砾岩段为本井目的层之一。

（7）下白垩统巴什基奇克组（K_1bs）：井段7500~7790m，厚约290m。巴什基奇克组在克深井区分布稳定，从上至下细分为三个岩性段，第二岩性段和第三岩性段较稳定，岩性和厚度变化不大，第一岩性段遭受不同程度的剥蚀，自东向西、由北向南都有变薄的趋势。巴什基奇克组在克深2、克深201及克深202井都未揭穿，分别揭开208.5m、300m和291m，依据实钻及对比推测巴什基奇克组厚度克深2井区为320m。克深7钻揭巴什基奇克组70m，进入巴什基奇克组第二段60m完钻，预测该井巴什基奇克组第二段、第三段分别厚约160m和110m；克深9井位于克深7井以东，推测厚度约290m。

①第一岩性段（K_1bs_1）：井段7500~7520m，厚约20m。以褐色、棕褐色中—巨厚层状细砂岩为主，局部夹薄层、中厚层状褐色泥岩。

②第二岩性段（K_1bs_2）：井段7520~7680m，厚约160m。以厚—巨厚层状棕褐、灰褐色细砂岩、粉砂岩为主，薄层泥岩夹层增多，表现在自然伽马比第一岩性段泥岩夹层值更高。

③第三岩性段（K_1bs_3）：7680~7790m，厚约110m。为棕红、浅棕色厚—巨厚层细砂岩、中砂岩为主夹薄层褐色含砾砂岩、泥质粉砂岩、粉砂岩及少量泥岩，底部为一套杂色

④巴西改组（K_1bx）：井段 7790~7800m，钻厚约 10m（未穿）。岩性为褐色泥岩夹薄层泥质粉砂岩、粉砂质泥岩。

二、库车北部构造带工程地质特征

库车北部构造带位于库车坳陷东部依奇克里克冲断带下盘迪北斜坡带中段和吐孜洛克构造。自上而下钻遇层系为第四系、新近系、古近系，白垩系、侏罗系、三叠系。其中，新近系吉迪克组发育膏盐岩，侏罗系克孜勒努尔组、阳霞组（吐孜发育水层）及阿合组上部发育煤层。产层主要集中在侏罗系阿合组，见表1-2。

表 1-2 库北地质分层表

地层				岩性描述
系	组	段	代号	
新近系	库车组		N_2k	中上部以黄褐色泥岩为主，夹浅灰色泥质粉砂岩、粉砂岩；下部为浅褐色泥岩与浅灰色泥质粉砂岩、粉砂岩互层
	康村组		$N_{1-2}k$	以中厚—巨厚层状浅褐色泥岩、灰色粉砂质泥岩为主，夹中厚—厚层状褐灰色泥质粉砂岩
	吉迪克组	蓝灰色泥岩段	N_1j_1	薄—中厚状蓝灰色、灰褐色、灰色泥岩，薄—中厚层状褐灰色膏质泥岩，中厚层状灰色粉砂质泥岩略等厚互层，夹中厚层状灰色粉砂岩、泥质粉砂岩。为区域对比的标志层之一
		膏盐岩段	N_1j_2	中厚—巨厚层状褐灰色泥岩、膏质泥岩、含膏泥岩、盐质泥岩与中厚白色泥膏岩、白色盐岩呈不等厚互层
		砂泥岩段	N_1j_3	中厚—巨厚层状褐灰色泥岩、粉砂质泥岩、含膏泥岩与中厚层状褐色粉砂岩、泥质粉砂岩呈不等厚互层
		膏泥岩段	N_1j_4	以厚—巨厚层状灰褐色、褐色含膏泥岩、中厚—巨厚层状褐色粉砂质泥岩及中厚层状褐色泥岩为主，夹中厚层状浅褐色泥岩、灰色粉砂岩
		砂砾岩段	N_1j_5	上部为中厚层状浅褐色含砾粉砂岩、中厚层状褐灰色泥质粉砂岩与中厚层状红褐色、褐色粉砂质泥岩呈等厚互层；下部为中厚—厚层状杂色砂砾岩、小砾岩
古近系	苏维依组		$E_{2-3}s$	中—厚层状褐灰色泥岩、粉砂质泥岩与杂色砂砾岩、小砾岩呈不等厚互层，夹薄—中层状红褐色、褐色泥质粉砂岩
	库姆格列木群		$E_{1-2}km$	中—厚层状红褐色泥岩、粉砂质泥岩、厚—中厚层灰褐色泥质粉砂岩与中厚—厚层状灰色、灰色含砾细砂岩、杂色砂砾岩略等厚互层，底部为中厚—厚层状浅灰色灰岩与中厚层状浅灰色、褐灰色含泥灰岩略等厚互层
白垩系	巴什基奇克组		K_1bs	巨厚—厚层褐色含砾中砂岩、褐灰色中砂岩、细砂岩、粉砂岩夹褐色泥岩、粉砂质泥岩
	巴西改组		K_1bx	厚—中厚层的褐色、褐灰色细砂岩、中砂岩与薄—中厚层褐色泥岩、粉砂质泥岩不等厚互层
	舒善河组		K_1s	以中厚—巨厚层状褐色及红褐色泥岩、粉砂质泥岩为主，夹薄—厚层状灰色、灰褐色泥质粉砂岩、粉砂岩、细砂岩

续表

地层				岩性描述
系	组	段	代号	
侏罗系	齐古组		J_3q	以中厚—巨厚层状灰色、褐色泥岩与黄灰色、灰色、灰褐色粉砂质泥岩互层为主，夹薄—中厚层状褐色、灰色泥质粉砂岩、粉砂岩、细砂岩
	恰克马克组		J_2q	上部以中厚—巨厚层状红褐色泥岩、灰色粉砂质泥岩为主，夹薄—厚层状灰色泥质粉砂岩、泥灰岩；下部以灰绿色、绿灰色泥岩与灰色、灰绿色粉砂质泥岩为主，夹灰色泥质粉砂岩、粉砂岩、细砂岩和中砂岩
	克孜勒努尔组	第一段	J_2kz_1	以厚—巨厚层状灰色及灰绿色泥岩与中厚层状灰色粉砂质泥岩为主，夹中厚层状灰色泥质粉砂岩、粉砂岩
		第二段	J_2kz_2	厚—巨厚层状灰色细砂岩、粉砂岩与中厚—巨厚层状灰色泥岩、粉砂质泥岩不等厚互层，夹薄—中厚层状黑色煤
		第三段	J_2kz_3	中厚—厚层状灰色泥岩、粉砂质泥岩略等厚互层，夹中厚层状灰色粉砂质泥岩、粉砂岩、灰白色细砂岩和多层薄—中厚层状黑色煤
		第四段	J_2kz_4	以中厚—巨厚层状灰色泥岩、粉砂质泥岩、中厚层状灰色黑色炭质泥岩为主，夹薄—厚层状灰色泥质粉砂岩、粉砂岩、细—粗砂岩及薄—中厚层状黑色煤层
	阳霞组	第一段	J_1y_1	灰黑色炭质泥岩、灰色、深灰色泥岩、黑色煤层夹薄层状灰色、浅灰色泥质粉砂岩、粉砂岩、细砂岩薄层
		第二段	J_1y_2	以中厚—巨厚层状灰色、灰黑色泥岩与中厚层状灰色粉砂质泥岩为主，夹中厚层状灰色泥质粉砂岩、粉砂岩、细—中砂岩及中厚—厚层状黑色煤层
		第三段	J_1y_3	以中厚—厚层状浅灰色粉砂岩、砂岩、含砾粗砂岩、小砾岩和砂砾岩为主，中厚层状深灰色、灰色泥岩、粉砂质泥岩呈略等厚互层
		第四段	J_1y_4	以中厚—厚层状灰色、灰黑色泥岩、灰色粉砂质泥岩为主，上部夹薄—中厚层状灰色泥质粉砂岩、粉砂岩、细砂岩，下部夹薄—中厚层状黑色煤、灰色泥质粉砂岩、粉砂岩、细砂岩、砂砾岩
	阿合组	第一段	J_1a_1	以中厚—厚层状灰色、浅灰色含砾粗砂岩、含砾中砂岩、砂砾岩、细砂岩、粗砂岩及浅灰色粉砂岩为主，夹薄—厚层状灰色泥质粉砂岩、灰黑色炭质泥岩及薄层黑色煤
		第二段	J_1a_2	以中—巨厚层状灰色、浅灰色细、中、粗砂岩、含砾中、粗砂岩、砾状砂岩、砂砾岩、小砾岩为主，夹薄—中厚层灰色泥岩、粉砂质泥岩
		第三段	J_1a_3	以薄—巨厚层状灰色、浅灰色（含砾）细、中、粗砂岩、砾状砂岩、砂砾岩、小砾岩、中砾岩为主，夹中厚层状深灰色、灰色粉砂质泥岩、泥岩
风险提示	（1）煤层易垮、井径规则性差、漏失压力低，固井漏失和候凝渗漏风险高，顶替效率难以保证； （2）目的层裂缝较为发育、油气显示活跃且含 H_2S，固井漏失及气窜风险高			

（1）新近系（N）：自上而下分为库车组、康村组、吉迪克组。

（2）库车组（N_2k）：岩性以中厚层状褐灰色泥岩、灰褐色粉砂岩、泥质粉砂岩为主，夹中厚层状杂色细砂岩。

（3）康村组（$N_{1-2}k$）：以中厚—巨厚层状浅褐色泥岩、灰色粉砂质泥岩为主，夹中厚—厚层状褐灰色泥质粉砂岩。

（4）吉迪克组（N_1j）：自上而下可分为5段。

①蓝灰色泥岩段（N_1j_1）：薄—中厚状蓝灰色、灰褐色、灰色泥岩，薄—中厚层状褐灰色膏质泥岩，中厚层状灰色粉砂质泥岩略等厚互层，夹中厚层状灰色粉砂岩、泥质粉砂岩。为区域对比的标志层之一。

②膏盐岩段（N_1j_2）：中厚—巨厚层状褐色与灰色泥岩、膏质泥岩、含膏泥岩、盐质泥岩、灰白色泥膏岩、白色盐岩呈不等厚互层。

③砂泥岩段（N_1j_3）：中厚—巨厚层状褐色泥岩、粉砂质泥岩与中厚层状褐色粉砂岩、泥质粉砂岩、膏质泥岩及含膏泥岩呈不等厚互层。本段为吐孜洛克气田的主力产层，在本井井身结构设计、钻井过程中都要考虑吉迪克组的油气层段，注意预防浅层气。

④膏泥岩段（N_1j_4）：以厚—巨厚层状灰褐色、褐色含膏泥岩，中厚～巨厚层状褐色粉砂质泥岩及中厚层状褐色泥岩为主，夹中厚层状浅褐色泥质粉砂岩、灰色粉砂岩。

⑤砂砾岩段（N_1j_5）：上部为中厚层状浅褐色含砾粉砂岩，中厚层状褐灰色泥质粉砂岩与中厚层状红褐色、褐色粉砂质泥岩呈等厚互层；下部为中厚—厚层状杂色砂砾岩、小砾岩。

（5）古近系：从上到下将钻遇苏维依组、库姆格列木群。

（6）苏维依组（$E_{2-3}s$）：中—厚层状褐色泥岩、粉砂质泥岩与杂色砂砾岩、小砾岩呈不等厚互层，夹薄—中层状红褐色、褐色泥质粉砂岩。

（7）库姆格列木群（$E_{1-2}km$）：中—厚层状红褐色泥岩、粉砂质泥岩、厚—中厚层灰褐色泥质粉砂岩与中厚—厚层状灰褐色、灰色含砾细砂岩、杂色砂砾岩略等厚互层，底部为中厚—厚层状浅灰色灰岩与中厚层状浅灰色、褐灰色含泥灰岩略等厚互层。

（8）白垩系（K）：将钻遇巴什基奇克组、巴西改组和舒善河组，缺失亚格列木组，与下伏侏罗系呈不整合接触。

（9）巴什基奇克组（K_1bs）：岩性为褐色含砾中砂岩、褐灰色中砂岩、细砂岩、粉砂岩夹褐色泥岩、粉砂质泥岩。

（10）巴西改组（K_1bx）：岩性为厚—中厚层的褐色、褐灰色细砂岩、中砂岩与薄—中厚层褐色泥岩、粉砂质泥岩不等厚互层。迪那2-11等井在该层位见良好油气显示，本井在该层位钻进过程中要注意油气监测与井控防范。

（11）舒善河组（K_1s）：以中厚—巨厚层状褐色及红褐色泥岩、粉砂质泥岩为主，夹薄—厚层状灰色、灰褐色泥质粉砂岩、粉砂岩、细砂岩。

（12）侏罗系（J）：从上到下将钻遇齐古组、恰克马克组、克孜勒努尔组、阳霞组、阿合组，与下伏三叠系塔里奇克组整合接触。

①齐古组（J_3q）：以中厚—巨厚层状灰色、褐色泥岩与黄灰色、灰色、灰褐色粉砂质泥岩互层为主，夹薄—中厚层状灰褐色、灰色泥质粉砂岩、细砂岩。

②恰克马克组（J_2q）：上部以中厚—巨厚层状红褐色泥岩、灰色粉砂质泥岩为主，夹薄—厚层状灰色泥质粉砂岩、泥灰岩。下部以灰绿色、绿灰色泥岩与灰色、灰绿色粉砂质泥岩为主，夹灰色泥质粉砂岩、粉砂岩、细砂岩和中砂岩。

③克孜勒努尔组（J_2kz）：为一套局部沼泽化的滨浅湖—浅湖亚相沉积，自上而下可分为四段：

第一段（J_2kz_1）：以厚—巨厚层灰色及灰绿色泥岩与中厚层状灰色粉砂质泥岩为主，夹中厚层状灰色泥质粉砂岩、粉砂岩。

第二段（J_2kz_2）：以厚—巨厚层状灰色细砂岩、粉砂岩与中厚—巨厚层状灰色泥岩、粉砂质泥岩不等厚互层，夹薄—中厚层状黑色煤。本段是邻区依奇克里克油田的主力产层段，邻井吐东 201 井在本段见工业油气流，本井在该层位钻进过程中要注意油气监测与井控防范。

第三段（J_2kz_3）：为中厚—厚层状灰色泥岩、粉砂质泥岩略等厚互层，夹中厚层状灰色泥质粉砂岩、粉砂岩、灰白色细砂岩和多层薄—中厚层状黑色煤。

第四段（J_2kz_4）：以中厚—巨厚层状灰色泥岩、粉砂质泥岩、中厚层状灰黑色炭质泥岩与薄—中厚层状黑色煤层略等厚互层，夹薄—厚层状灰色泥质粉砂岩、粉砂岩、细—粗砂岩。

④阳霞组（J_1y）：从上至下可分为四个岩性段：

第一段（J_1y_1）：岩性主要为灰黑色炭质泥岩、灰色、深灰色泥岩、黑色煤层夹灰色、浅灰色泥质粉砂岩、粉砂岩、细砂岩薄层。为区域对比的标志层之一。

第二段（J_1y_2）：以中厚—巨厚层状灰色、灰黑色泥岩与中厚层状灰色粉砂质泥岩为主，夹中厚层状灰色泥质粉砂岩、粉砂岩、细—中砂岩及中厚—厚层状黑色煤层。本段为吐东 2 井主力产层段。

第三段（J_1y_3）：以中厚—厚层状浅灰色粉砂岩、砂岩、含砾粗砂岩、小砾岩和砂砾岩与中厚层状深灰色、灰色泥岩、粉砂质泥岩呈略等厚互层。

三、面临的固井技术挑战

（1）大尺寸、大吨位固井对固井设备和工具的可靠性要求更高。

进入超深层后，山前超深井的井深普遍都大于 7000m，甚至超过 8000m。由于套管层次的限制，大尺寸套管的下入井段长、吨位大，见表 1-3。仅在 2010—2015 年期间，套管浮重在 400t 以上的作业就达 53 次，其中，浮重在 500t 以上的作业达到 5 次，如此大的套管浮重，无论是对钻机、对套管下入工具还是对下套管操作等都提出了严苛的要求，一旦下套管过程中出现钻机负荷超载、下套管工具性能故障、套管在大吨位浮重下挤毁等，都将引发严重的下套管事故。

表 1-3 大吨位下套管统计

序号	井号	作业名称	下深/m	浮重/t
1	BZ102	473.08mm 正注反挤	2502	528
2	BZ101	473.08mm 正注反挤	2502	529
3	KeS 2-1-14	339.7mm+365.13mm 双级	5540	510
4	克深 901	273.05mm+282.58mm 套管双级	7360	520
5	克深 505	244.5mm+265.1mm 双级	6644	500
6	BZ8	273.05mm 双级	7652	527
7	克深 901	273.05mm 双级	7360	520

（2）超高压地层、窄安全压力窗，平衡压力固井困难、井漏频繁。

①山前高压气井，不论是采用塔标Ⅰ还是采用塔标Ⅱ的井身结构，其四开盐膏层段的

固井和五开目的层的固井,都面临安全压力窗口小的固井技术难题,其中盐膏层的安全窗口一般为 0.03~0.08g/cm³,部分井还存在负窗口(如克深 21 井),目的层的安全窗口一般为 0.05~0.10g/cm³,漏失井统计见表 1-4。尤其四开盐膏层固井,封固段地层压力系数最高,须采用超高密度的前置液和水泥浆(密度可达 2.60g/cm³ 以上),由于其密度超高、体系黏稠,环空流动压耗大,为此,满足平衡压力固井的浆柱结构设计、提高顶替效率流变性设计、注替排量设计、候凝过程中的压稳防窜设计均极为困难,平衡压力固井的难度很大。

表 1-4 部分山前井固井漏失统计

序号	井号	固井开次	损失时间 /d	损失钻井液 /m³	处理方式
1	KeS 8-8	目的层尾管	6	80	承压堵漏,正常固井
2	KeS 8-3	三开双级	11	300	正注后再环空反挤
3	克深 901	目的层尾管	1	70	正注反挤
4	KL2-J203	目的层尾管	3	60	正注反挤
5	KeS 8-6	三开双级	3	247	正注后再环空反挤
6	克深 502	盐层尾管	12	172	正注反挤
7	KeS 8-10	三开双级	3	230	正注后再环空反挤
8	克深 902	盐层尾管	3	120	正注反挤
9	克深 10	盐层双级	4	280	正注后再环空反挤
10	克深 10	盐层尾管	3	70	正注反挤
11	克深 12	三开双级	5	80	承压堵漏,正常固井
12	克深 15	三开尾管	3	220	正常固井
13	秋探 1	盐层尾管	15	40	正注反挤,短回接
14	克深 601	盐层尾管	8	550	正注反挤
15	克深 602	盐层尾管	2	30	正常固井
16	克深 602	盐层尾管	5	50	正注反挤
17	克深 904	盐层尾管	6	436	正注反挤
18	KeS 8-4	盐层尾管	3	70	正注反挤
19	克深 3	盐层尾管	20	800	正注反挤,短回接

②为降低山前固井过程中的漏失风险,需在固井前承压堵漏,以获得准确的漏层承压能力和/或提高漏层承压能力、扩大安全压力窗口,但由于地质条件复杂,深部井段难以实施承压堵漏作业,只能根据实际钻进和前期堵漏作业的资料估算漏层的承压压力,估算精度有限;在多漏层、频繁漏失以及反复随钻堵漏的情况下,则更难获得准确的漏层承压数据,而且即使进行承压堵漏作业并见到一定的堵漏效果,也由于堵漏材料往往只能起到"封门"堵漏的作用,堵漏的效果有限且极易在后续作业过程中复漏,为此,难以满足平衡压力固井需要。

③在水泥浆方面,为提高水泥浆自身的防漏、堵漏能力,在易漏井的固井水泥浆中都

加入了 1‰~2‰ 的聚丙烯纤维，但由于多方面的原因，难以结合山前构造裂缝的发育情况进行匹配性实验和封堵效果评价实验，且因纤维过不了水泥车配浆液管线的阀，只能在配浆过程中通过边配浆边撒入的方式加入水泥浆，为此，容易造成纤维分散不均的情况，从而影响纤维成网堵漏的效果。

④在控制循环压耗防漏方面，受漏层堵漏效果的限制，难以准确掌握漏层的承压能力，为此，现场多以钻井时钻铤处的环空返速为依据，进行固井施工排量设计、井内循环压耗计算、下套管速度设计等，致使设计结果不能很好满足平衡压力固井、提高顶替效率等的要求。

注水泥过程中的漏失，一方面将造成水泥浆返高可能达不到设计要求、导致部分井段漏封，另一方面，将影响顶替过程中的流速、流态、顶替效率和候凝过程中的压稳等，从而严重影响固井质量。

图 1-1 是近年库车山前的固井质量统计数据，可以看出，与未漏失井相比，漏失井的固井质量低 17%~40%，固井漏失后其固井质量合格率仅达 8% 和 3%，固井过程中的井漏已经成为影响山前固井质量的技术瓶颈之一。

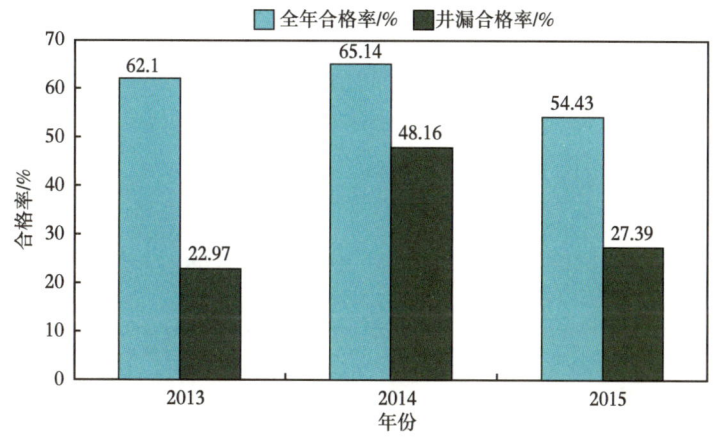

图 1-1　山前井固井井漏合格率（2013—2015 年）

一旦固井过程中出现漏失、导致水泥浆返高不足，后期一般只能通过反挤戴帽的方式对漏封层段进行补救固井，但反挤也面临系列的技术难题。如果返挤时地层吃入很好，反挤水泥浆可部分进入漏层并充满漏层以上的环空，但在漏层和下部返高面之间容易形成空套管段，致使该段套管缺乏水泥环的保护，易被非均匀地应力挤毁或被地层流体腐蚀，同时，空套管段内的地层由于无法实现层间封隔将全部相互窜通。如果反挤时地层吃入困难，将导致水泥浆无法或只能少量进入封固段，从而达不到反挤戴帽的目的、留下大段的空套管段，给后续生产埋下更大的隐患。如果漏封段存在多个漏层且最弱漏失在上，那么，反挤过程中更容易出现留空套管的情况，为此，反挤只能作为不得已的补救措施，首要的仍然是实现防漏固井、一次上返全封。

（3）受多因素共同制约，顶替效率难以保证。

①环空间隙小。

针对库车山前的复杂地质条件，形成了两套针对性的井身结构，图 1-2 和图 1-3 是目前所采用的主力井身结构。

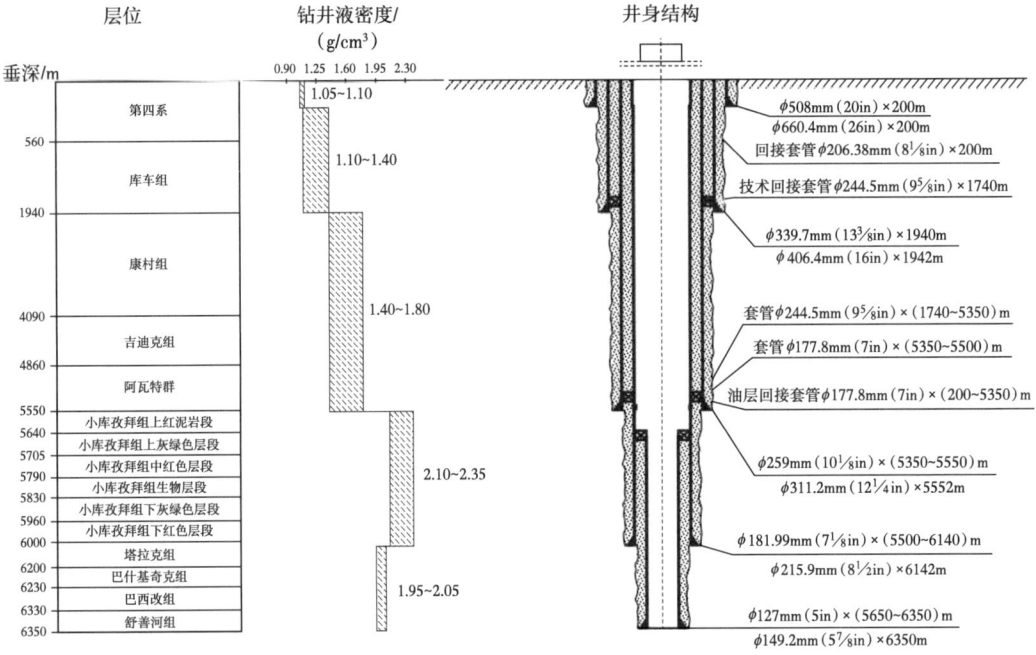

图 1-2　标准五开井身结构示意图

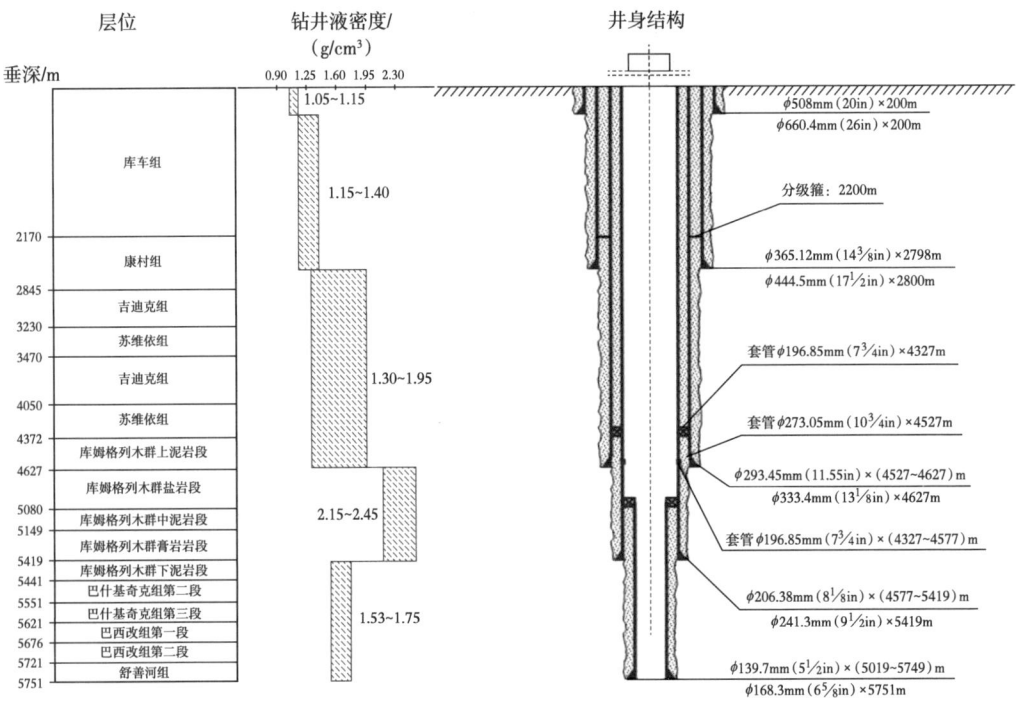

图 1-3　非标五开井身结构示意图

标准五开井身结构，主要用于复杂超深风险探井和评价开发井，在山前构造应用最为普遍。第一层套管封固浅表层和上部疏松地层；第二层套管封固上部低压易漏地层；第三层套管下至盐层顶部，封固盐顶以上地层，为盐膏层钻井奠定基础；第四层套管封固盐膏层，专打专封，为钻揭盐下压力更低的目的层奠定基础；第五层套管封固目的层，为后期开发奠定基础。

非标五开井身结构，主要用于探井和第一轮评价井，其特点是放大上部井眼的尺寸，为地质分层特性不明确的探井和评价井其下部超深复杂井段的钻井储备一层套管，同时，也为井下事故、复杂的处理预留空间。

在两套井身结构中，深部四开、五开井段都面临小间隙环空固井的技术难题，见表1-5。在井眼不扩大、盐膏层不出现蠕变、井壁上无虚泥饼、套管居中的情况下，井壁与套管之间的环空间隙最小仅有11mm。在如此狭窄的环空中流体流动的摩阻很大，加之尾管悬挂器座挂后过流面积小、局部压耗大，极易导致环空有效浆柱压力超过地层承压能力造成漏失，为此，不得不降低流体密度级差和/或降低循环注替排量等，以降低环空有效浆柱压力、减少或避免井漏，但低返速不利于减少和清除下套管过程中形成的钻井液絮凝结构、不利于提高对井壁上钻井液滤饼的壁面剪切应力，从而在一定程度上影响顶替效率。

表1-5 四开、五开套管环空间隙

钻头尺寸/mm	套管外径/mm	套管内径/mm	接箍外径/mm	单边环空间隙/mm	
				本体	接箍
168.3	139.7	115.52	159.0	14.3	4.65
149.3	127	108	141.3	11.15	4.00

在两套井身结构中，其中完固井和完钻固井的难度都非常大，其中，四开中完固井的难点主要在于库姆格列木群同时存在膏盐、膏泥岩段、白云岩段、粉砂质泥岩段、高压盐水层等复杂层段、压力窗口窄、环空间隙小、套管居中度低、工作液密度高、环空循环摩阻力大等问题，井漏和顶替效率低问题异常突出，固井难度最大；五开完钻固井的难点主要在于巴什基奇克组储层裂隙发育，安全压力窗口窄，加之环空间隙小、气层活跃，压稳而不井漏的难度大，但由于地层压力系数较四开低，为此，固井难度相对更小。

②难以在顶替液和被顶替液之间实现正的密度差。

研究结果表明，钻井液、隔离液与水泥浆三者之间的正密度差（一般为0.12g/cm^{3}以上），有利于通过顶替液和被顶替液之间的密度差提高固井顶替效率，但从表1-6中的数据可以看出，由于山前超高压气井四开、五开固井漏失的风险大，三者之间的正密度差很小，甚至无法实现正的密度差，更难以达到利于提高固井质量的0.12g/cm^{3}密度差，为此，难以发挥密度级差对提高顶替效率的辅助作用。

表 1-6　山前部分井的固井流体密度级差数据

井号	$\gamma_{钻井液}$/ (g/cm³)	$\gamma_{隔离液}$/ (g/cm³)	$\gamma_{水泥浆}$/ (g/cm³)	$\gamma_{隔离液-钻井液}$/ (g/cm³)	$\gamma_{水泥浆-隔离液}$/ (g/cm³)	固井质量合格率/%
克深 203	1.93	1.94	1.95	0.01	0.01	20
克深 204	2.10	2.10	2.11	0	0.01	80
克深 205	1.93	1.93	1.96	0	0.03	44
克深 206	1.90	1.90	1.92	0	0.02	95
克深 207	1.90	1.93	1.95	0.03	0.02	18
克深 208	1.93	1.93	1.95	0	0.02	42
KeS 2-1-1	1.86	1.88	1.90	0.02	0.02	38
KeS 2-1-5	1.86	1.88	1.91	0.02	0.03	100
KeS 2-2-1	1.86	1.88	1.90	0.02	0.02	41
KeS 2-2-3	1.86	1.87	1.90	0.01	0.03	41
KeS 2-2-4	1.88	1.89	1.90	0.01	0.01	16
KeS 2-2-5	1.86	1.88	1.95	0.02	0.07	8
KeS 2-2-8	1.88	1.88	1.90	0	0.02	59
KeS 2-2-12	1.84	1.88	1.90	0.04	0.02	未电测
克深 102	2.30	2.29	2.30	-0.01	0.01	3
克深 8	1.89	1.93	1.95	0.04	0.02	43
大北 205	1.75	1.90	1.90	0.15	0	75
大北 208	1.68	1.68	1.70	0	0.02	未电测
迪北 101	1.85	1.86	1.90	0.01	0.04	56

③套管难以居中。

由于山前盐膏层封固段长大多在 1000m 以上，为保证抗挤强度，盐膏层井段套管多使用非标套管（如 182mm、206.38mm 套管）、无配套的扶正器；此外，盐膏层容易蠕变、缩径、增加套管下入阻力，为保证套管的顺利下入和到位，往往少加扶正器，致使套管难以居中，甚至出现套管严重偏心的情况，从而不利于提高顶替效率，进而严重影响固井质量。

④套管居中度的模拟结果差异大。

山前各服务公司采用的套管居中度模拟分析软件，即使是在同一条件下进行模拟分析计算，其模拟结果之间的差异也很大，如图 1-4 所示，无法有效地指导整个山前地区套管居中度的设计和优化。

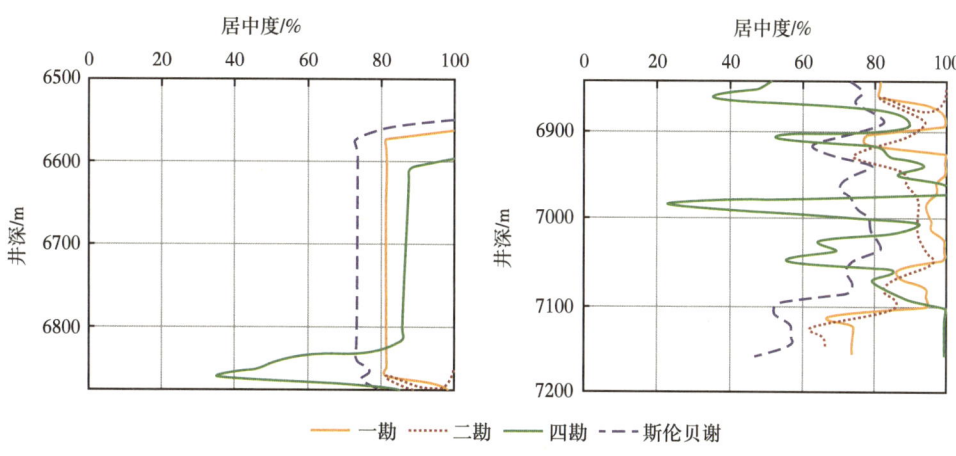

图1-4 各服务公司居中度模拟软件结果对比（大北304井数据）

⑤通过调整钻井液性能提高顶替效率困难。

钻井液流变性可严重影响固井注水泥顶替效率，但是，由于山前超高压气井四开、五开井下条件复杂，固井前调整钻井液性能的安全风险大，若大幅度调整钻井液性能，容易出现井下失稳，带来次生复杂，为此，难以通过固井前调整钻井液性能提高顶替效率。

（4）高密度油基钻井液条件下提升固井质量技术尚不成熟。

为减少山前构造超高压气井四开、五开深部井段钻进过程中的井下事故复杂、提高钻井速度，同时，为保护油气层、减少储层伤害，四开、五开层段多用油基钻井液进行钻进。

统计表明，油基钻井液的使用有效地减少了水基钻井液钻进过程中频繁发生的缩径、卡钻、井塌等井下事故、复杂，同时，大幅减少了因泥页岩组分水化膨胀导致的井壁掉块现象，大幅提高了井眼的质量，从而有利于固井下套管作业和注水泥提高顶替效率，但油基钻井液在减少井下事故复杂、改善井眼质量的同时，将给水泥浆和水泥石的性能造成严重的影响，在超高密度和超高温条件下，则更是如此。

在未被油基钻井液污染前，水泥浆的流动性能非常好，流动度达到23cm，而一旦被水泥浆污染，其流动性能显著下降，在25%体积比油基钻井液污染的情况下，混浆的流动度降低至17cm，已基本无法流动；在50%体积比油基钻井液污染的情况下，混浆已经干稠、无法搅动；在此情况下，一方面大幅增加环空流动压耗，容易导致高泵压问题，甚至压漏薄弱地层，另一方面，混浆黏附于井壁和套管接箍处，极难顶替干净，从而严重影响顶替效率。

在未被油基钻井液污染前，水泥浆的稠化时间都能很好地满足安全施工要求，而一旦被水泥浆污染，其稠化时间则急剧缩短，在25%体积比油基钻井液污染的情况下，混浆的稠化时间缩短最少的达30%左右、最多的达70%左右，已经难以满足将水泥浆泵注至预定位置的需要，从而严重威胁施工安全。

（5）气层活跃，压稳困难。

山前超高压气井目的层裂缝发育、气层压力高（表1-7）、气层活跃，极易在固井候凝过程中由于水泥浆失重、井底有效压力降低、侵入环空而严重影响固井第二界面的胶结质量，同时，由于四开、五开环空间隙小、流动压耗大，极易出现动态漏、静态出的情况，为此，环空浆柱结构设计和顶替就位后的压稳防窜设计困难。

表 1-7 山前地区典型高压井

井号	克深 901	克深 902	克深 903	克深 904	克深 7
井深 / m	7857	7766	7559	7657	7828
密度 / (g/cm³)	2.45	2.48	2.59	2.57	2.52
压力 / MPa	188.84	188.94	192.06	193.05	193.52

按照相关固井标准中规定，必须控制油气层上窜速度不得超过 10m/h，但由于考虑到防漏需求，无法通过提高钻井液密度来实现压稳，同时由于山前的气层异常活跃，固井前的油气上窜速度一般都较高，例如 KS 2-2-1 井和 KS 2-1-5 井两口井的井下情况基本一致，KS 2-1-5 井油气上窜速度控制在 10m/h 内，其固井质量合格率为 100%，而 KS 2-2-1 井油气上窜速度达到 60m/h，其固井质量合格率仅为 41%。

在凝结过程中，水泥浆或多或少都将产生一定的失重，从而导致井底有效液柱压力降低，通过浆柱结构设计，提前增加井下有效液柱压力、提高固井水泥浆的防气窜能力以及防漏固井是实现水泥浆候凝过程压稳地层流体防窜的主要技术措施，但山前构造气层活跃、裂缝发育、密度窗口窄，固井中压稳和防漏矛盾突出，导致诸如环空憋压、分段压稳浆柱结构设计等措施常常无法进行，且由于部分井次固井施工前缺少承压实验，施工过程中井漏时常发生，均不利于压稳防窜候凝。

（6）超高温、超高密度条件下固井工作液设计难度大。

由于山前构造盐膏层的压力高，需用高密度（大于 2.0g/cm³）、超高密度（大于 2.4g/cm³）的水泥浆固井（图 1-5），同时，目的层固井的水泥浆密度也普遍在 2.0g/cm³ 左右。

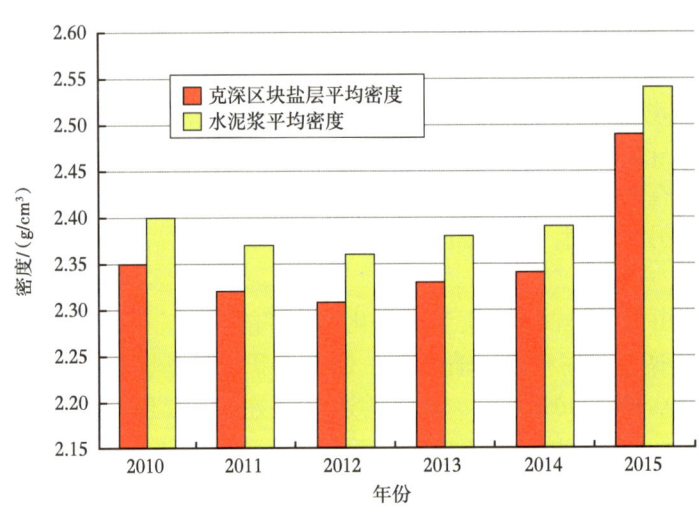

图 1-5 山前井盐膏层平均钻井液密度变化情况

在超深井、超高温、超高密度、大段盐膏层、高压盐水层同时存在的条件下，隔离液和水泥浆的配方设计异常困难，既要考虑体系在常温下的流变性以保障体系的可混配性，还要在井底高温下超高密度加重材料在体系中的沉降稳定性，更要考虑超长稠化时间以满足施工需要和不得不加入大量缓凝剂导致封固段顶部水泥石强度发展缓慢之间的矛盾，以及体系对盐膏层和高矿化度地层水的抗盐能力和适应能力等。

在超高温和超高密度的情况下，水泥浆体系对试验温度、液灰比波动的敏感性更强，体系要能适应实验温度选取偏差、施工作业密度波动造成的水泥浆、水泥石性能变化，以满足安全施工和获得优良固井质量的需要。

超高密度油基钻井液的使用，大幅减少了水基钻井液钻进过程中的井下事故、复杂，但是，其使用不仅对隔离液的清洗能力和润湿反转能力提出了严苛的要求，更是对隔离液解除钻井液和水泥浆接触污染的能力提出了更高的要求。

超高压盐水、超高压天然气，地层压力系数高，克深区块盐层钻井液密度如图1-5所示，极易在候凝过程中侵入环空，破坏水泥浆柱的完整性，为此，对水泥浆的防气窜性能提出了很高的要求。

山前超高压气井固井主要采用SPN值（防气窜系数）评价水泥浆的防窜能力。该方法用水泥浆的API失水和稠化过渡时间共同表征水泥浆的防窜能力，而API失水实际上反映了浆体对配浆水的束缚能力，同时，稠化过渡时间仅能反映水泥浆被顶替就位后在静态凝结条件下结构强度形成的快慢，二者均难以反映水泥浆本身针对超高压地层流体的防窜能力，为此，亦难以满足山前复杂地质条件对水泥浆防窜性能评价的要求。

其他的水泥浆防窜能力评价方法，如国内其他油田现场采用较多的气窜潜力系数法、胶凝失水系数法等，大多针对某一方面进行防窜，在考虑某一方面的因素时往往忽略了其他方面的因素，均具有一定的局限性（表1-8），难以真实反映水泥浆的防窜性能，为此，如何科学、合理评价水泥浆的防窜能力，使其能适应山前高压气井的复杂情况，尚有待进一步攻关研究。

表1-8 国内外现有评价方法总结与分析

评价方法	考虑性能	理论出发点	缺点
气窜潜力系数法	静胶凝强度过渡时间	体现了候凝过程中压力平衡观点，宏观方法	定性估计未考虑水泥浆任何防窜特性
水泥浆性能系数法	稠化过渡时间 API滤失	用动态工程性能评价静态气窜	API失水是水泥浆自身材料特性，反应对浆体内多余自由水的束缚控制能力，实质为滤失速率，非绝对量，将其作为防窜指标缺乏科学性
胶凝失水系数法	胶凝过渡时间 API滤失	定性分析了API滤失与静胶凝强度对压力平衡的影响，定性方法	
水泥浆性能响应系数法	胶凝过渡时间 API滤失		
修正的水泥浆性能系数法	胶凝过渡时间 API滤失	体现了水泥浆的防气窜特性，同时将浆体密度、返深及井径等考虑在内	没有认识到气窜渗流本质，忽略了过渡态水泥浆渗透率性能，压稳系数取值偏小
平衡压力法	气侵阻力	主要考虑井底压力平衡	浆体防气窜性能的考虑过于简单，缺乏对气体在水泥浆基质中渗流窜移本质的认识

（7）后续生产过程中井筒内温度、压力变化大，极易产生微环隙。

固井作业完成后，水泥环将与套管、地层岩石胶结成一个完整的组合体，共同承担来自地层围岩和后续生产过程中井筒内温度、压力变化产生的载荷。

图1-6是2011—2014年克拉苏构造31口超高压气井压裂时的井口压力数据，可以看出，71%的井口泵压在100~120MPa之间，13%的井其压裂井口泵压超过120MPa。

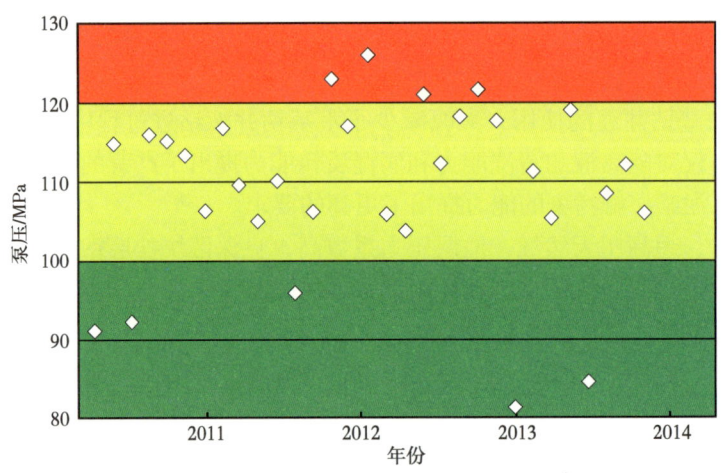

图1-6　2011—2014年克深区块储层改造泵压散点图

由于水泥石自身属于硬脆性材料，其变形能力、强度等力学性能与套管的差异较大，在套管内压急剧变化的条件下，二者都将会承受巨大的应力作用，但是，二者的变形和变形恢复能力有所不同，极易出现界面胶结破坏和/或水泥环碎裂的情况，从而导致层间封隔失效、引发层间窜流和/或井口带压，但是，水泥环在后续生产过程中完整性，国内外的研究都尚处于起步阶段，且大多为理论研究，无法真实评价水泥环在后续生产国重的完整性，并根据水泥环在后续生产过程中的完整性评价结果，指导套管选型、水泥浆配方优化和压裂改造规模，还有待于进一步的攻关研究。

第二节　台盆区工程地质特征及固井挑战

台盆区是塔里木油田的原油主力产区，整体分为碎屑岩储层和碳酸盐岩储层。碎屑岩区块多为已经开发多年的老区，地质上主要呈现油水关系复杂，影响固井胶结质量，同时水窜影响开发效益。碳酸盐岩区块主要在富满和塔中区块，地质上主要呈现火成岩发育，漏失压力低，固井上返难度大，生产阶段空套管易产生腐蚀，影响井筒完整性。

一、老区碎屑岩油藏工程地质特征及固井挑战

1. 工程地质特征

老区碎屑岩是塔里木盆地的主要油气储层，台盆区碎屑岩储层广泛分布于志留系至新近系，其中上泥盆统东河砂岩、三叠系上、中、下油层组、下白垩统卡普沙良群、上白垩统—古近系及新近系中新统等是盆地主要碎屑岩油气产层。目前塔里木碎屑岩井开采区块

主要分布在塔中石炭系、志留系,东河塘石炭系,哈得区块石炭系及轮南区块三叠系,见表 1-9[4]。

表 1-9 碎屑岩井地质分层表

地层		岩性简述
系	代号	
第四系	Q	黏土、散沙、沙质黏土,未成岩
新近系	N$_2$k	浅灰色、浅黄色、浅棕色泥岩与砂质泥岩、泥质粉砂岩、粉砂岩不等厚互层
	N$_{1-2}$k	
	N$_1$j	
古近系	E$_1$S	
白垩系	K	浅棕色、灰褐色、紫红色、灰黄色泥岩与浅灰色粉砂岩不等厚互层
侏罗系	J	以灰白色砂质小砾岩为主,夹同色含砾粉砂岩、浅灰色粉砂岩、泥质粉砂岩及棕色泥岩、灰黑色碳质泥岩
三叠系	T	灰、灰黑色泥岩夹薄层灰色泥质粉砂岩,浅灰、灰白色细砂岩、含砾细砂岩及砂质小砾岩底部为厚层状灰色泥岩
二叠系	P	上部为灰、深灰色英安岩、凝灰岩及深灰色玄武岩,底部为砂泥岩互层
石炭系	C	上部为棕、棕褐及灰色泥岩为主夹薄层浅灰、棕褐色钙质粉砂岩及灰色粉砂质泥岩;中部发育泥晶灰岩,是区域上石炭系的标志层;下部为棕色泥岩、棕褐色钙质泥岩与浅灰褐色泥灰岩、灰岩略等厚互层,底部为厚层状钙质胶结的砾岩
泥盆系	D	浅灰色细砂岩,褐灰色粉砂岩、泥质粉砂岩
志留系	S	粉—细砂岩、细砂岩、泥岩
风险提示		(1)二叠系火成岩发育,漏失压力低,下套管漏失、固井漏失风险大; (2)储层隔层薄,层间压差大,多套油水层交错存在,层间有效封隔难度大,储层段孔隙度和渗透率高,易渗漏,环空水力密封难以保证

(1)志留系—泥盆系储层。

志留—泥盆系储层主要以中—上志留统塔塔埃尔塔格组和上泥盆统东河塘组(东河砂岩段)砂岩储层为主。中—上志留统主要分布于塔北及塔中,为海相临滨—前滨相沉积。岩性为细粒岩屑长石砂岩、阐释砂岩、岩屑石英砂岩。

东河砂岩段是一套矿物成熟度和结构成熟度都很高的中—细粒石英砂岩、粉—细粒石英砂岩及少量岩屑石英砂岩,石英含量一般大于 60%,长石含量 2%~10%,岩屑含量 2%~20%,岩屑主要为变质石英砂、酸性喷出岩和硅化凝灰岩等。

(2)石炭系—二叠系储层。

主要包括下石炭统巴楚组含砾砂岩段及下石英统央拜希组砂泥岩段,在盆内不同区块都已钻获工业性油气流,是塔里木盆地油气勘探开发的重要目的层系。

含砾砂岩段是低水位晚期陆架河河谷充填沉积物，全盆分布广泛，一般厚 10~35m，最厚达 77m，区域上呈东厚西薄的趋势。沉积相主要为河流相，岩性主要为含砾粗、中砂岩、粉细砂岩夹泥岩。

央拜希组砂泥岩段主要分布在塔北、塔中地区，储层主要是低水位期河流相砂体和高水位期三角洲相和河流相砂体。单个砂体一般厚 2~9m，最厚可达 15m，多呈透镜状，少数为席状砂体。

（3）三叠系—侏罗系储层。

主要分布于塔中、塔北及库车坳陷等地区，塔西南、塔东南地区亦有零星分布，主要为陆相成因的河流、辫状三角洲、冲积扇及扇三角洲沉积。库车坳陷三叠系砂岩厚 33~750m，侏罗系砂岩厚 191~1473m。塔北的 4 套重要含油气储层 TⅢ油层组、TⅡ油层组、TⅠ油层组及 J1 储层，主要分布在盆地北部沙雅剥蚀区及南天山山前的辫状三角洲相带中，从下至上砂岩厚度为 30~150m、20~130m、20~100m、20~426m。

（4）白垩系—新近系储层

主要为下白垩统卡普沙良群和新近系砂体。卡普沙良群在塔北各井均有揭示。岩性为细砾岩、砂砾岩、含砾砂岩、细砂岩、粉砂岩等，自下而上粒度变细；中部为泥岩段夹少量薄层砂岩；上部为砂泥岩互层。

2. 面临的固井技术挑战

（1）地层压力高低不均，固井漏失风险高。

二叠系火成岩段裂缝更为发育，地层承压的当量密度一般为 1.45g/cm³，下套管循环及固井易发生漏失，下套管与循环期间漏失井占到总井的 50% 左右；漏失造成固井前循环不充分，井底沉沙无法有效清除，钻井液结构力不能安全破坏；漏失限制施工排量。

（2）储层孔隙度和渗透率相对较高，影响固井胶结质量。

储层孔隙度和渗透率相对较高，候凝期间水泥浆易发生渗漏；在候凝过程中，水泥浆在储层中易发生渗漏导致二界面胶结弱化，储层段封固质量降低。从表 1-10 中可以看出，孔隙度和渗透率相对较高的地方固井质量相对较差。

表 1-10 碎屑岩不同层位地层孔隙度及渗透率

碎屑岩层位	孔隙度 / %			渗透率 / mD		
	最大	最小	平均	最大	最小	平均
志留系—泥盆系	18.5	6.2	16.65	75	25.4	55.8
塔中石炭系	25.6	9.2	17.9	429	0.2	71
三叠系—侏罗系	24.0	10.1	22.2	3464	1.03	689.8

（3）碎屑岩油藏油水关系复杂，实现层间封隔难度大。

碎屑岩油藏油水关系复杂，实现层间封隔难度大，如图 1-7 所示；区块隔层薄，油水界面近，特别是底水活跃且隔层厚度最小不到 2m，见表 1-11，对层间封固质量要求高，目的层极易发生油水窜通；即便是固井质量合格，在后期增产作业，由于水泥石脆性导致水泥石破裂，发生油水窜。

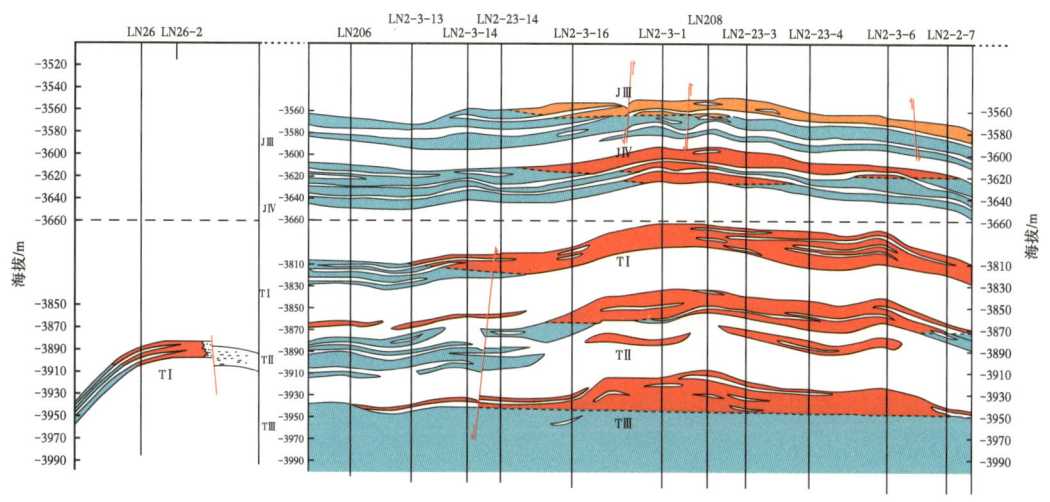

图 1-7 轮南三叠系油水关系图

表 1-11 塔中区块油水界面

井号	主力油层 /m	油层中间水层数量 /m	主力油层与上部水层距离 /m	主力油层与下部水层距离 /m	目的层水层数量
TZ11-4	4414~4462	1	13	3	13
TZ11-5	4408~4445	0	86	2	7
TZ11-7	4305~4450	3	56	4	6
TZ12-3	4320~4356	0	23	3	15
TZ127	4332~4377	0	25	5	12

（4）周边注水井多、距离近，影响固井质量。

储层平面连通性好，周边井注水作业引发水渗流，影响界面胶结，相邻井储层连通性如图 1-8 所示。地层压力保持程度较高，基本都在 88% 以上；长期注水造成地层压力的重新分布，在纵向剖面上已形成多压力层系；水渗流对水泥环的侵蚀主要是水渗流对水泥环胶结的干扰和破坏。

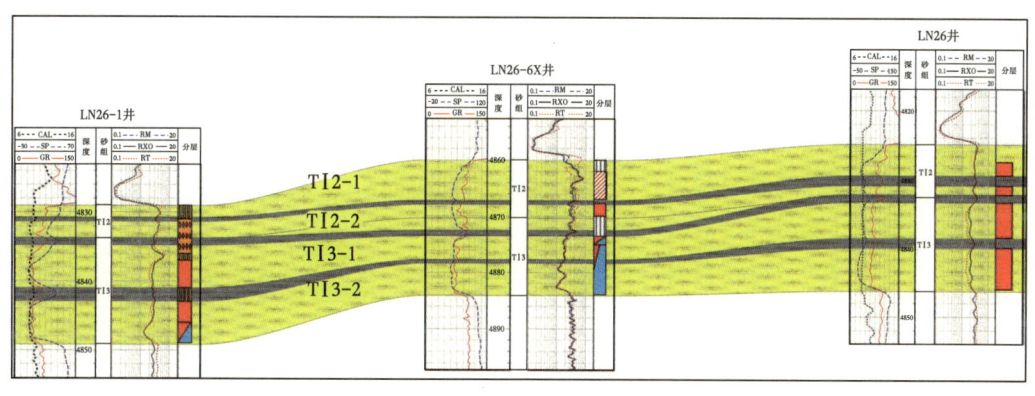

图 1-8 老区碎屑岩储层平面连通性好

二、碳酸盐岩油藏

1. 工程地质特征

碳酸盐岩油气勘探已成为塔里木油田勘探的主战场。已探明碳酸盐岩油气藏从区域上可以大致分为塔中和塔北两大区块,重点攻关区域为塔中、轮古、哈拉哈塘、英买四大区块,其中轮古和塔中区块主要为凝析油气藏,哈拉哈塘和英买区块为油藏。塔中区块上而下为新生界、中生界白垩系、三叠系、古生界二叠系、石炭系、志留系和奥陶系,缺失中生界侏罗系、古生界泥盆系、古生界中奥陶统。从地层岩性上分析,在二叠系以上地层主要以砂泥岩为主,二叠系存在火成岩,石炭系—志留系以砂泥岩为主,奥陶系桑塔木组是大段泥岩,良里塔格和鹰山组以灰岩为主。哈拉哈塘区块从上至下发育新生界第四系、新近系、古近系、中生界白垩系、侏罗系、三叠系、古生界二叠系、石炭系、泥盆系、志留系、奥陶系,地层纵向上的岩性上分布与塔中地区基本一致,见表1-12。

2. 面临的固井技术挑战

(1)二开二叠系普遍发育火成岩,如图1-9所示,钻井普遍采用塔标Ⅲ三开、塔标Ⅰ/Ⅱ四开井身结构,二开采用长裸眼固井(5000~7000m);二叠系漏失压力系数低(1.35~1.45),由于裸眼段长导致堵漏提高承压困难,大部分井下套管即失返,固井漏失严重,固井漏失后导致空套管多(2000~3000m)。

(2)三开志留系上部的砂岩漏失压力低,三开需要钻至目的层奥陶系顶部中完,依然存在3000m以上的长封固段问题,固井施工摩阻高,漏失风险大,漏失后只能采取反挤补救,质量无法保证。

表1-12 碳酸盐岩油藏地质分层表

界	系	统	组/段	代号	岩性描述
新生界	第四系			Q	厚层灰黄色中—细砂层夹黄色黏土,未胶结成岩
	新近系			N	黄灰色泥岩、粉砂质泥岩与灰黄色粉砂岩互层
	古近系			E	上部为褐红色薄—中厚层状泥岩、膏质泥岩与浅灰色泥质粉砂岩呈等厚互层;中部为中—厚层状砂岩与泥岩呈略等厚互层;下部为褐灰色中厚层状砂岩与浅红色泥岩、膏质泥岩呈等厚互层;底部为浅褐灰色中—厚层状粗砂岩
中生界	白垩系			K	上部为中厚层状细砂岩与泥岩略等厚互层;中部为薄—巨厚层状砂岩夹薄—中厚层状泥岩、粉砂质泥岩;下部为泥岩、粉砂质泥岩与中层状粉砂岩、泥质粉砂岩不等厚互层;底部为含砾细砂岩、砾状砂岩及细砂岩中厚层状泥岩
	侏罗系			J	厚—巨厚层状砾状砂岩、含砾细砂岩、细砂岩、粉砂岩夹厚层状泥岩、粉砂质泥岩,上部夹两层煤层
	三叠系			T	自下而上表现为三段韵律沉积特征,上段上部为巨厚层泥岩、粉砂岩夹泥质粉砂岩、粉砂岩,下部为中厚层状粉砂岩夹泥岩;中段为深灰色泥岩夹砂岩、泥质砂岩;下段为褐红色砂岩与同色泥岩略等厚互层
	二叠系			P	凝灰岩、英安岩、玄武岩、泥岩、粉、细砂岩

续表

界	系	统	组/段	代号	岩性描述
古生界	石炭系			C	砂岩、泥岩、砂砾岩、泥晶灰岩
	泥盆系			D	褐色粉砂岩夹粉砂质泥岩
	志留系			S	褐色粉砂质泥岩、泥质粉砂岩夹薄层细砂岩与泥岩
	奥陶系	上统	桑塔木组	O_3s	灰质泥岩与含泥灰岩互层
			良里塔格组	O_3l	泥晶灰岩、砂屑灰岩、藻黏结岩、瘤状灰岩、砂砾屑灰岩
			吐木休克组	O_3t	褐灰、褐色泥晶灰岩、含泥灰岩互层
		中统	一间房组	O_2y	砂砾屑灰岩、瓶筐障积岩、鲕粒灰岩
		中下统	鹰山组	$O_{1-2}y$	上部中厚—巨厚层状灰岩、中厚层泥质灰岩夹中厚层状灰质泥岩;下部中厚—巨厚层状灰岩、含云灰岩为主,局部夹中厚层状泥质灰岩
		下统	蓬莱坝组	O_1p	以中厚层状粉晶白云岩为主,夹中厚层状泥质云岩,顶部见厚层含云灰岩及云质灰岩
	寒武系	上统	下丘里塔格组	ϵ_3xq	顶部为灰色硅质泥晶白云岩;中部为巨厚层状深灰色细晶白云岩夹浅灰色含泥灰岩;下部为细晶白云岩夹鲕粒白云岩、藻云岩
		中统	阿瓦塔格组	ϵ_2a	上部灰色泥质白云岩夹褐色白云质泥岩;下部褐色白云质泥岩夹灰色泥质白云岩
			沙依里克组	ϵ_2s	上部褐灰色含泥灰岩,下部泥质膏岩、灰质泥岩互层
		下统	吾松格尔组	ϵ_1w	灰褐色泥质白云岩、含泥白云岩
			肖尔布拉克组	ϵ_1x	上部为浅灰—灰色颗粒白云岩;下部以深灰色泥晶—粉晶白云岩为主
			玉尔吐斯组	ϵ_1y	顶部为灰色含泥灰岩夹泥岩,底部为黑色泥岩
	震旦系		奇格布拉克组	Z_2q	上部浅红灰色风化壳溶角砾白云岩,中部为灰色藻白云岩,底部为砂泥岩与颗粒云岩互层
			苏盖特布拉克组	Z_2s	褐色、灰色泥岩、粉砂质泥岩互层
风险提示	(1)二叠系火成岩发育,漏失压力低,堵漏困难,固井漏失风险高,反挤补救后易形成空套管; (2)志留系易漏层与铁热克阿瓦提组、桑塔木组高压盐水层共存,密度窗口窄,固井漏失风险高					

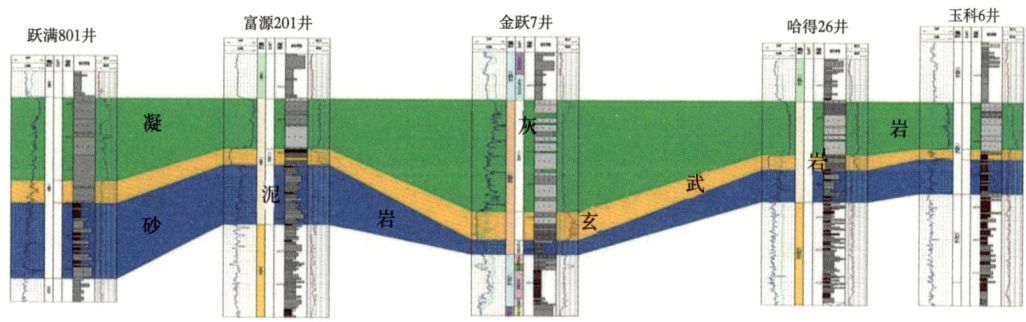

图1-9 二叠系火成岩发育情况

（3）由于固井漏失导致形成了大段的空套管，生产阶段空套管段极易发生套损，从而影响生产管柱的完整性，降低开发效益。

第三节　塔西南工程地质概况

塔西南勘探开发区域主要为塔西南山前冲断带、塔西南凹陷区、麦盖提斜坡及库车西部（大北博孜及以西）地区，属于典型的叠合复合盆地，多套烃源岩广泛分布，与北美洛基山脉油气聚集带类似，具备形成大油气田的资源基础，如图1-10所示。

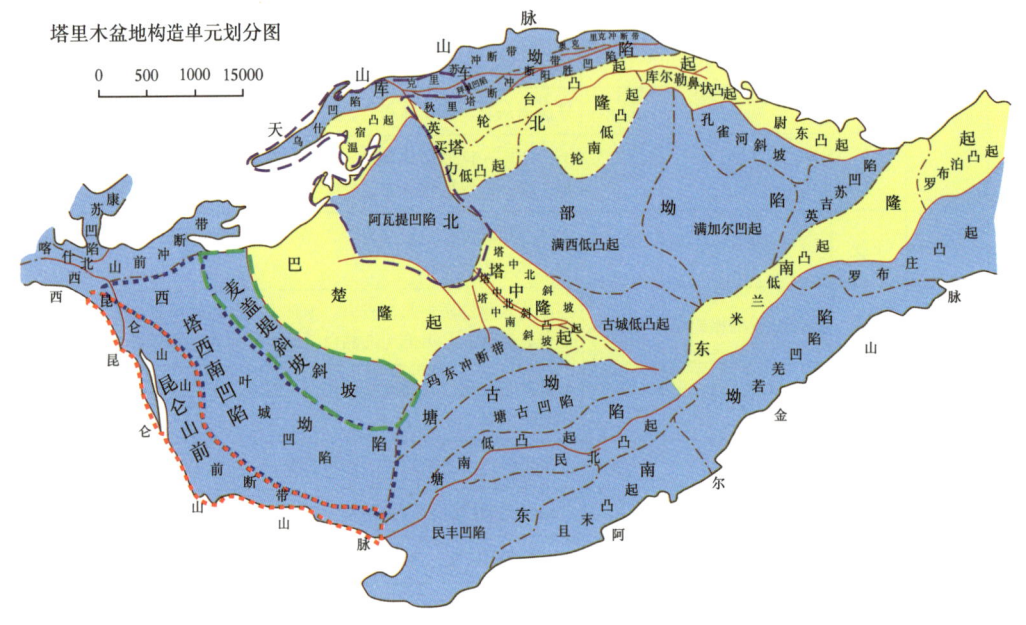

图1-10　塔西南开发区域位置

一、塔西南工程地质特征

区块自上而下钻遇的地层有中新统克孜洛依组（N_1k）、古近系巴什布拉克组（$E_{2-3}b$）、古近系乌拉根组（E_2w）、古近系卡拉塔尔组（E_2k）、古近系齐姆根组（$E_{1-2}q$）、古近系阿尔塔什组（E_1a）、上白垩统东巴组（K_2d）、上白垩统康什组（K_2ks）上白垩统库克拜组（K_2k）、下白垩统克孜勒苏群（K_1kz），见表1-13，地层岩性特征如下：

（1）新近系中新统安居安组（N_1a）：上部中—厚层状灰褐色、灰色、棕红色泥岩、粉砂质泥岩，夹泥质粉砂岩；中部为巨厚层状灰褐色泥岩、灰褐色砂砾夹中—薄层状灰褐色粉砂质泥岩；与下部为中—厚层状灰褐色、灰色泥质粉砂岩、粉砂岩及细砂岩略等厚互层，中下部夹中厚—厚层状灰褐色含膏泥岩。

（2）新近系中新统克孜洛依组（N_1k）：上中部厚层—巨厚层状灰褐色泥岩夹粉砂质泥岩，与薄—厚层状泥质粉砂岩、粉砂岩，褐灰色含膏泥岩呈不等厚互层；下部为中—厚层状灰褐色、灰色泥质粉砂岩、粉砂岩及含砾细砂岩与巨厚层状灰褐色泥岩呈不等厚互层。

（3）古近系渐新统—始新统巴什布拉克组（$E_{2-3}b$）：上部厚层—巨厚层状灰褐色泥岩、

褐灰色粉砂质泥岩与灰色泥质粉砂岩、粉砂岩呈不等厚互层；下部为厚层—巨厚层状灰色含膏泥岩夹褐色泥岩、粉砂质泥岩。

（4）古近系始新统乌拉根组（E_2w）：中厚灰色含膏泥岩夹厚层灰褐色泥岩、粉砂质泥岩。

（5）古近系始新统卡拉塔尔组（E_2k）：中厚—厚层状、巨厚层状浅灰色灰岩、泥质灰岩。

（6）古近系始新统—古新统齐姆根组（$E_{1-2}q$）：上部中厚—巨厚层状褐色泥岩、浅灰色云质泥岩、灰褐色膏质泥岩，夹中厚层状云质灰岩呈不等厚互层；下部巨厚层状绿灰色灰质泥岩、泥岩，夹厚层状浅灰色泥质云岩、云质灰岩、云灰岩、灰色泥质灰岩呈不等厚互层。

（7）古新统阿尔塔什组（E_1a）：上部厚—巨厚层状浅灰色泥质灰岩、灰白色石膏岩夹灰色泥岩；中部中厚—巨厚层状灰白色泥膏岩、石膏，夹中厚层状灰色泥质云岩灰岩，灰色泥质云岩、泥云岩、膏质泥岩；下部中厚—巨厚层状泥膏岩、石膏，灰色云岩灰岩，夹中厚层状膏质泥岩、泥质云岩、泥云岩。

（8）上白垩统东巴组（K_2d）：厚层—巨厚层状灰色、褐色泥岩、褐色含膏泥岩夹灰色云质泥岩、灰色泥质粉砂岩、浅灰色泥质灰岩、灰白色石膏岩、灰白色泥膏岩呈不等厚互层。

（9）上白垩统康什组（K_2ks）：巨厚灰褐色细粉砂岩夹灰色粉细砂岩、褐色薄层泥岩。

（10）上白垩统库克拜组（K_2k）：以厚层—巨厚层状灰色、褐色、褐红色泥岩、浅灰色泥质灰岩为主，夹薄层灰白色灰质石膏岩、浅灰色泥灰岩。

（11）下白垩统克孜勒苏群（K_1kz）：厚—巨厚层状灰褐色、褐色细砂岩为主，次为含砾细砂岩、砾状砂岩，少量浅灰色砂砾岩、砾状砂岩及细砂岩，与中厚—厚层状褐红色、褐色泥岩、灰质泥岩呈不等厚互层。

表1-13 塔西南地质分层表（以阿克区块为例）

层位				岩性特征简述
系	统	组（群）	代号	
第四系	更新统	西域组	Q_1x	杂色砾岩层
新近系	上新统	阿图什组	N_2a	杂色砾岩、砂砾岩与黄褐色泥岩呈不等厚互层
	中新统	帕卡布拉克组	N_1p	上部为褐色粉砂岩与泥岩互层；下部以褐色细砂岩以主
		安居安组	N_1a	上部为褐色含砾细砂岩；下部为绿灰色粉砂岩与褐红色泥岩互层
		克孜洛依组	N_1k	上部以灰褐色细砂岩与褐色泥岩为主，夹含膏泥岩；下部为红褐色含砾细砂岩
古近系	渐新统	巴什布拉克组	$E_{2-3}b$	褐红色泥岩、含膏泥岩、粉砂质泥岩、红褐色含砾细砂岩
	始新统	乌拉根组	E_2w	绿灰色灰质泥岩与泥膏岩
		卡拉塔尔组	E_2k	灰白色泥晶灰岩、泥晶含泥灰岩
	古新统	齐姆根组	$E_{1-2}q$	褐色泥质膏岩、膏质泥岩、绿灰色灰质泥岩与泥岩
		阿尔塔什组	E_1a	浅灰色泥灰岩、灰白色、白色石膏

续表

层位				岩性特征简述
系	统	组（群）	代号	
白垩系	上白垩统	英吉沙群	东巴组	K_2d	褐色、灰色粉砂质泥岩、灰质泥岩、膏质泥岩、盐岩
			康什组	K_2ks	巨厚灰褐色细粉砂岩夹灰色粉细砂岩、褐色薄层泥岩，发育断层
			库克拜组	K_2k	绿灰、褐色泥岩、膏质泥岩、灰白色泥膏岩、石灰岩
	下白垩统	克孜勒苏群		K_1kz	上段以砂砾岩、含砾砂岩、砂岩为主；下段以粉砂岩和粉砂质泥岩为主
二叠系	下统	比尤列提群		P_1by	灰色泥岩与灰色灰质泥岩
石炭系	上统	塔哈奇组		C_2t	以灰色亮晶砂屑、生屑灰岩、含白云亮晶灰岩为主
		阿孜干组		C_2a	浅海内大陆架碳酸盐岩沉积，几乎全是碳酸盐岩沉积以及发育有紫红色灰（云）岩和黑色燧石条带或团块为特征
		卡拉乌依组		C_2k	大陆架浅海相碳酸盐岩、暗色泥岩与滨海相砂岩的交替沉积
	下统	和什拉甫组		C_1h	滨海—浅海相碎屑岩与碳酸盐岩沉积，本组底以紫红色碎屑岩与克里塔格组上部灰色灰岩整合接触，中上部见较厚的黑色泥岩以及下部发育紫红色粉砂岩为特征
		克里塔格组		C_1k	以一套台地浅海相的白云岩、鲕状灰岩、灰岩为主，夹碎屑岩沉积
泥盆系		奇自拉夫组		D_3q	以褐红色砂岩为主，夹褐红色粉砂岩、泥岩
志留系				S	灰色砂泥岩互层，浅变质
风险提示	（1）阿尔塔什、东巴、库克拜等组可能发育盐层和高压盐水，安全下套管难度大、固井易漏； （2）白垩系克孜勒苏群组裂缝发育、油气活跃，固井漏失和气窜风险高				

二、面临的固井技术挑战

古近系卡拉塔尔—齐姆根组存在气层及高压水层，卡拉塔尔组到阿尔塔什组存在漏失风险，溢漏同存，安全密度窗口窄。要重点封固好浅层气，压稳高压盐水层，做好防漏及防气、水窜措施；固井前做好承压，以提高顶替效率为核心，优化扶正器安放，提高居中度，尤其是提高管鞋和重合段居中度，大排量顶替，保证重点井段封固质量，压稳气、水层，有层间封隔要求时，确保隔层段固井质量，保证总体固井的密封完整性及固井质量满足后期勘探开发要求。

目的层白垩系克孜勒苏群地层破碎、裂缝发育，压力系数低（1.0~1.1），漏失风险高，油气显示活跃，气窜风险高。常规水基钻井液最低密度只能到 $1.06g/cm^3$，漏失严重，尤其是水平段堵漏缺乏有效手段。导致固井密度窗口窄，井径不规则，平均扩大率10%~20%，水平段套管居中度低，受井漏影响，固井排量偏小，总体固井合格率45%，反挤补救多。

第二章　超深井固井设计

塔里木油田超深井固井设计主要分为两类，一是在油气井开展之前就要完成的固井工程设计，主要用于指导整体的固井技术方案；二是在油气井每个开次中完时，需要完成的固井施工设计，主要用于指导本开次的固井施工作业。本章主要介绍了塔里木油田在井身结构设计、套管设计、固井工程设计、固井施工设计等方面的主要技术做法。

第一节　固井工程设计

一、标准化井身结构设计

塔里木油田刚步入勘探开发阶段之初，主要借鉴国外深井超深井区块应用成熟的5开标准井身结构，其井身结构、套管尺寸、套管性能均以国外油田勘探开发经验为基础，以API标准为要求进行设计。从第一口探井库南1井、轮南1井开始，API标准井身结构（即塔标Ⅰ标准化井身结构）、套管和钻具有效地支撑了油田中深层、深层油气藏的勘探开发。在勘探开发轮古含硫化氢储层、英买力—羊塔克含高蠕变性盐层构造带、克拉及迪那等存在盐层及高压气层区块期间，依旧采用API标准井身结构，但已经开始在部分井采用非API套管，包括API防硫套管、非API高抗挤套管、非API高强度、气密封螺纹扣套管等[5]。

随着塔里木油田对台盆区超深碳酸盐岩油藏（大于7000m）和对克深、大北等含单套盐层或两套盐层区块的深入勘探开发，API标准化井身结构对塔里木盆地复杂超深的油气储层适应性已明显不足，因此，在借鉴国外成熟井身结构设计经验基础上，结合塔里木油田不同的地质条件和井下复杂情况，塔里木油田专门设计了非API标准尺寸和性能的套管，制定了塔里木油田套管订货技术条件，形成了具有塔里木特色的塔标Ⅰ/Ⅰ-B、塔标Ⅱ/Ⅱ-B、塔标Ⅲ标准化井身结构系列。

1. 塔标Ⅰ/Ⅰ-B井身结构设计及配套套管系列

1）塔标Ⅰ/Ⅰ-B井身结构设计

库车山前井身结构设计重点围绕盐层开展工作，早期引进的508mm×339.7mm×244.48mm×177.8mm×127mm标准API五开井身结构，即塔里木最初的塔标Ⅰ标准化井身结构（图2-1），随着库车山前高温高压储层的深入勘探开发，在中秋、克深、博孜—大北转换带钻遇两套盐层或两套目的层，常规塔标Ⅰ井身结构应对能力明显不足，主要表现在井眼尺寸小，无法应对突发复杂状况，无备用开次，可能无法实现地质目的。为此在塔标Ⅰ标准化井身结构基础上，重新设计原表层套管尺寸并增加一层大套管尺寸，形成了609.6mm×473.08mm×339.7mm×244.48mm×177.8mm×127mm 塔标Ⅰ-B标准化井身结构（图2-2）。

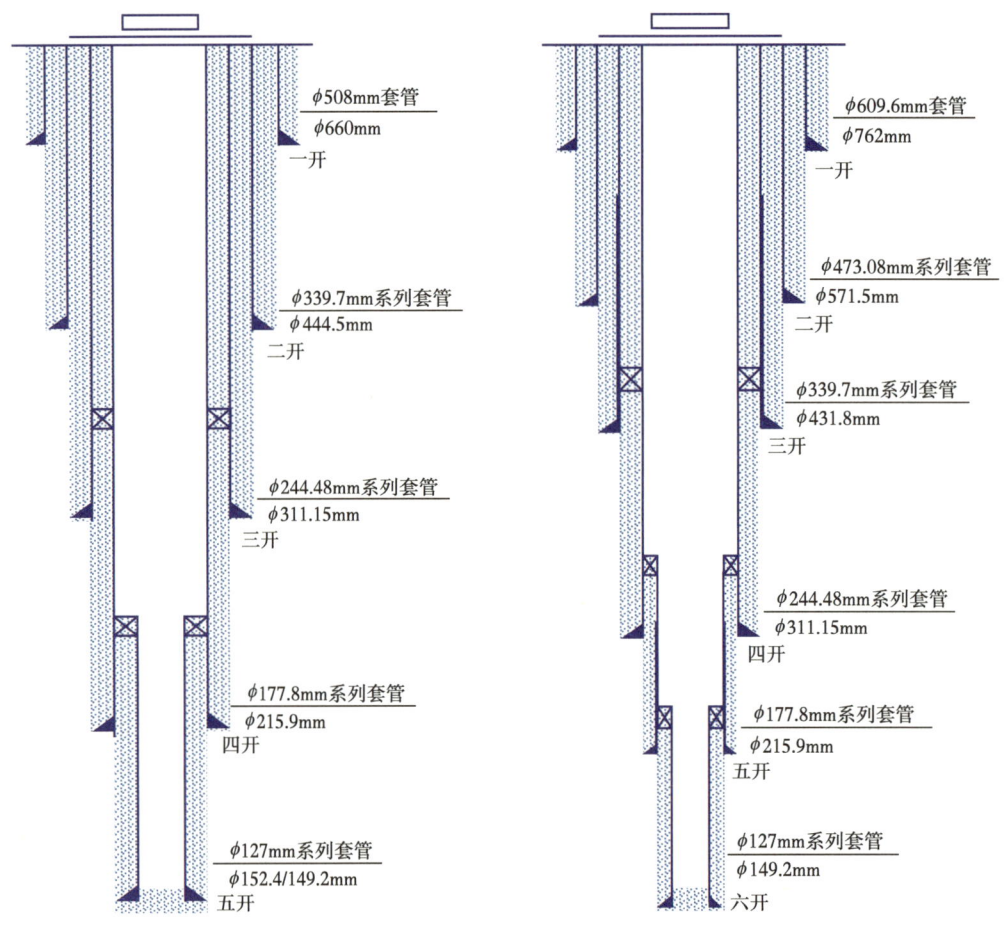

图 2-1 塔标 I 标准化井身结构　　图 2-2 塔标 I -B 标准化井身结构

塔标 I 标准五开井身结构主要用于山前探井；简化去除 5in 套管后的大四开井身结构主要用于产量高的克拉、迪那等区块；简化去除 508mm 套管后的小四开井身结构主要用于台盆区富满油田 8000m 以浅的区块；简化去除 508mm 套管和 127mm 套管的三开或再去除 339.7mm 套管的二开井身结构主要用于哈德、塔中、桑塔等老区碎屑岩区块。塔标 I -B 标准化井身结构主要应用于山前两套盐层或两个目的层的区块，如中秋、克深 6 或博孜大北转换带（博孜 15、博孜 25 等）等区块。

2）塔标 I / I -B 标准化井身结构配套套管系列

库车前陆区复合盐膏层埋深相对较浅（如 DN2-B2 井 3806~4831m），根据地质压力预测，库车组为正常压力系统，自新近系康村组地层压力开始逐步升高，至吉迪克组膏泥岩段地层压力系数已超过 2.0，进入古近系地层压力系数维持在 2.10 左右，属于超高压压力系统（表 2-1）。常规 API 标准套管不满足复合盐膏层套管抗挤要求，为此，通过增加壁厚（保持内径不变），先后开发出 $\phi365.12mm \times 24.89mm$ 壁厚、$\phi250.83mm \times 15.88mm$ 壁厚、$\phi259mm \times 19.25mm$ 壁厚等多种高抗挤的非 API 套管（表 2-2），同时，针对部分区块 CO_2 分压高、套管腐蚀严重问题，研发应用多种 S13Cr、3Cr 等防 CO_2 腐蚀套管，与常规 API 套管共同组成了适用于塔标 I / I -B 标准化井身结构的套管系列。

表 2-1 迪那区块典型地层压力系统数据

地层				底深 / m	井壁稳定相关压力 / (g/cm³)(当量密度表示)			
界	系	组	段		孔隙压力	坍塌压力	闭合压力	破裂压力
新生界	第四系			2178	1.09	1.24	1.81	2.31
	新近系	库车组		3472	1.56	1.60	1.90	2.36
		康村组						
		吉迪克组	蓝灰色泥岩段	3806	1.85	1.88	2.07	2.37
			膏盐岩段	4504	2.00	2.06	2.15	2.40
			砂泥岩段	4618	2.06	2.08	2.15	2.41
			膏泥岩段	4831	2.09	2.11	2.19	2.42
			底砾岩段	4850	2.08	2.10	2.17	2.43
	古近系	苏维依组	一段	4926	2.06	2.08	2.17	2.42
			二段	5039	2.10	2.12	2.18	2.42
			三段	5065	2.10	2.12	2.19	2.43
		库姆格列木群	一段	5095	2.10	2.13	2.19	2.43
			二段	5220	2.12	2.14	2.20	2.44

表 2-2 塔标Ⅰ/Ⅰ-B 标准化井身结构中部分非 API 套管数据

套管型号 外径 × 壁厚 钢级 螺纹类型	接箍外径 / mm	通径 / mm	拉伸强度 / kN	压缩强度 / kN	抗外挤强度 / MPa	抗内压强度 / MPa	线重 / (kg/m)
365.12mm×24.89mm 140V 特殊螺纹	390	311.37	12113	12113	97.4	62.3	208.68
244.48mm×11.99mm110TS 气密螺纹	269.88	216.53	6637	6637	49	67	69.95
250.83mm×15.88mm 140HC 气密螺纹	277	215.1	11306	11306	99	110	93.46
259.00mm×19.25mm 140V 特殊螺纹	277	216.53	8454	8454	117	85.1	115.02
265.13mm×22.00mm 140V 直连螺纹	—	217.16	8922	8922	144.5	115.4	131.81
273.05mm×23.55mm 140V 直连螺纹	—	216.6	8420	8420	180	133.8	159.59
177.80mm×10.36mm P110/110S/C110/110 3Cr BC	200.03	153.9	3991	—	58.8	79.5	43.16
177.80mm×12.65mm 140HC BC	200.03	149.32	6227	—	120	123.6	52.09
177.80mm×10.36mm P110/110S/C110/110 3Cr 气密螺纹	200.03	153.9	4130	4130	58.8	79.5	43.16
184.15mm×15.83mm 140HC 特殊螺纹	200.03	149.32	5656	5656	162	127	66.4
188.3mm×17.9mm S13Cr110 特殊螺纹	200.03	149.32	4960	4960	130.5	97.4	75.21
188.3mm×17.9mm HCMSS125 特殊螺纹	200.03	149.32	5365	5365	148.3	103.3	75.21
127mm×9.19mm110 3Cr/P110 LC	141.3	105.44	2201	—	92.8	98.8	26.79
127mm×9.19mmM13Cr110 气密螺纹	141.3	105.44	2580	2580	92.8	98.8	26.79
131mm×11.55mm S13Cr110 特殊螺纹	141.3	105.44	2580	2580	92.8	98.8	26.99
131mm×11.55mm HCMSS125 特殊螺纹	141.3	104.82	3272	3272	121.5	119.8	34.26

2. 塔标Ⅱ/Ⅱ-B井身结构系列及配套套管系列

1）塔标Ⅱ/Ⅱ-B标准化井身结构演化及设计

2003年以前库车山前主要采用塔标Ⅰ五层标准化结构，但由于山前地质环境复杂，加之钻前地质预测精度低，地质卡层困难，同一裸眼井段往往钻遇多套压力系统和复杂地层，尤其是7000m以上超深井数量和深度不断增加，常规五层套管结构难以满足油气发现、地质资料录取和地质评价的需要，甚至不能实现地质目的。同时，塔标Ⅰ结构由于目的层152.4mm或149.2mm井眼采用88.9mm钻杆，钻探能力和事故复杂处理能力有限，73.02mm油管也不利于完井增产改造，后期修井难度大。

为解决塔标Ⅰ常规五层套管井身结构的不足，从2003年开始，塔里木油田先后与国内科研院校及宝钢、天钢等大型钢厂合作，最终形成了现用的508mm×365.12mm×273.05mm×196.85mm×139.7mm标准塔标Ⅱ井身结构（图2-3），提升了山前超深井钻井过程中应对复杂事故的能力，并配套形成了高强度套管、钻完井工具设计制造和钻井工艺技术。2013年，在标准塔标Ⅱ井身结构基础上进一步研发了609.6mm×473.08mm×365.12mm×273.05mm×196.85mm×139.7mm塔标Ⅱ-B标准化井身结构（图2-4），解决部分区块两套乃至多套盐层的封隔问题，满足了开发和完井的需要。

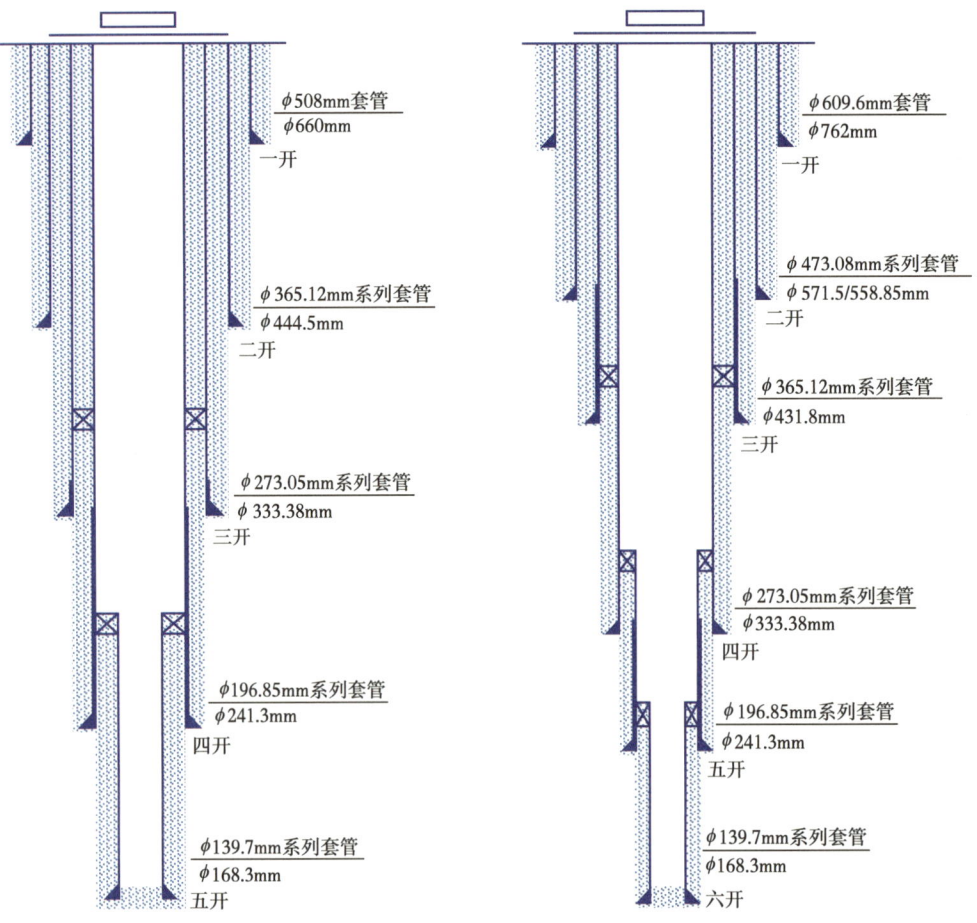

图2-3 塔标Ⅱ标准化井身结构　　　　图2-4 塔标Ⅱ-B标准化井身结构

塔标Ⅱ标准五开井身结构主要用于山前开发井；简化去除139.7mm套管的大四开井身结构主要用于山前无复杂盐膏层的大北12、大北17等区块；简化去除508mm套管的小四开井身结构主要用于台盆区富满油田8000m以深的区块。塔标Ⅱ-B与塔标Ⅰ-B井身结构应用区块相同，主要应用于山前两套盐层或两个目的层的区块，如中秋、克深6或博孜大北转换带（博孜15、博孜25等）等区块，对于井更深、地质不确定性更大的井，一般优选设计采用塔标Ⅱ-B井身结构。

2）塔标Ⅱ/Ⅱ-B标准化井身结构配套套管系列

针对库车前陆区克深2、克深8、克深24、博孜、大北等区块，复合盐膏层埋深一般超过5000m以深。各区块地层压力系数自新近系吉迪克组1.35左右升高至库姆格列木群的1.98左右，进入白垩系后地层压力系数略有降低（表2-3）；部分区块发育两套盐膏层，第一套盐膏层压力系数自上盘库姆格列木群上泥岩段1.29左右上升至上盘库姆格列木群膏盐岩段1.65左右，下部白云岩段开始压力系数略有降低，进入白垩系后地层压力系数开始升高至1.70左右；进入下盘库姆格列木群后，压力系统变化与上盘相近，但压力系数更高（表2-4）。为保证复合盐膏层的安全快速钻进，须下技术套管封隔盐上5000m左右的低压层，同时需配套满足超深复合盐膏层抗外挤要求（一般要求大于120MPa）的非API标准套管（表2-5），通过与国内各大套管生产厂家合作，共同开发出了ϕ201.7mm×15.12mm壁厚、ϕ206.38mm×15.8mm/16.0mm/17.25mm多种壁厚、ϕ145.6mm×15.04mm壁厚（防二氧化碳腐蚀材质）等多种高抗外挤套管，形成了适用于塔标Ⅱ/Ⅱ-B标准化井身结构的套管系列。

表2-3 克深2区块单套盐膏层典型地层压力系统数据

地层		底深/m	井壁稳定相关压力/（g/cm³）（当量密度）			
地层代号	地质		孔隙压力	坍塌压力	闭合压力	破裂压力
Q	第四系	200				
N_2k	库车组	2935	1.12	1.26	1.79	2.36
$N_{1-2}k$	康村组	4055	1.26	1.31	1.81	2.37
N_1j	吉迪克组	4755	1.40	1.44	1.85	2.43
$E_{2-3}s$	苏维依组	4995	1.68	1.72	1.95	2.35
$E_{1-2}km$	库姆格列木群	泥岩段	5135	1.77	1.78	1.95	2.36
		膏盐岩	6032	1.82	1.86	1.97	2.36
		膏盐岩	6260	1.95	1.97	2.01	2.37
		膏盐岩—砂砾岩	6497	1.68	1.83	1.97	2.45
K_1bs	巴什基奇克组	6820	1.79	1.83	1.98	2.43
K_1bx	巴西改组	6870	1.72	1.75	1.96	2.42

表 2-4 克深 6 区块两套盐膏层典型地层压力系统数据

地层		底深 / m	井壁稳定相关压力 / (g/cm³)(当量密度)			
地层代号	地质		孔隙压力	坍塌压力	闭合压力	破裂压力
TN_2k	新近系库车组	420				
$TN_{1-2}k$	新近系康村组	1350	1.08	1.21	1.88	2.35
TN_1j	新近系吉迪克组	2100	1.10	1.25	1.92	2.36
$TE_{2-3}s$	古近系苏维依组	2370	1.15	1.28	1.97	2.37
$TE_{1-2}km$	库姆格列木群泥岩段	2530	1.29	1.51	1.99	2.41
$TE_{1-2}km$	库姆格列木群 膏盐岩段	3702	1.65	1.77	1.98	2.40
	白云岩段	3710	1.57	1.65	2.01	2.41
	膏泥岩段	3760	1.56	1.66	2.00	2.40
TK_1bs	白垩系 巴什基奇克	4230	1.55	1.68	2.05	2.36
TK_1bx	巴西改组	4380	1.60	1.65	2.06	2.40
TK_1s	舒善河组	5630	1.70	1.80	2.12	2.40
$TE_{1-2}km$	库姆格列木群 膏盐岩段	5852	1.73	1.88	2.15	2.42
	白云岩段	5860	1.80	1.88	2.16	2.42
	膏泥岩段	5910	1.84	1.91	2.15	2.41
TK_1bs	白垩系 巴什基奇克	6260	1.85	1.90	2.16	2.41
TK_1bx	巴西改组	6280	1.83	1.88	2.17	2.42

表 2-5 塔标Ⅱ/Ⅱ-B 标准化井身结构中部分非 API 套管数据

套管型号 外径×壁厚 钢级 螺纹类型	接箍外径 / mm	通径 / mm	拉伸强度 / kN	压缩强度 / kN	抗外挤强度 / MPa	抗内压强度 / MPa	线重 / (kg/m)
374.65mm×18.65mm 140V 特殊 BC	393.89	333.38	13876	—	42.1	66.1	163.61
387.35mm×25.00mm 140HC 特殊 BC	398	333.38	13876	—	97.4	86.6	225.3
293.45mm×23.55mm 140V 直连螺纹	—	242.38	9650	9650	136	97.7	159.59
201.7mm×15.12mm 140V 特殊螺纹	214.4	168.3	5903	5903	119	104.2	70.19
206.38mm×16.0mm M13Cr110 特殊螺纹	222.25	171.2	5660	5660	105.2	105.8	75.06
206.38mm×17.25mm 140HC 直连螺纹	—	168.7	5044	5044	150	109	80.39
219.08mm×23.8mm C110 直连螺纹	225.65	168.31	7752	8195	146.9	148.3	115.87
219.08mm×23.8mm C110 特殊螺纹	228	168.3	7198	7198	146.9	148.3	114.62
139.7mm×9.17mm 110-3Cr BC	153.67	118.18	2965	—	76.6	85.3	29.76
139.7mm×9.17mm 110-3Cr/M13Cr110 气密螺纹	157	118.18	2850	2850	76.6	89.6	29.76
145.6mm×15.04mm S110Cr110 特殊螺纹	157	112.34	3740	3740	140.5	118.4	48.42
145.6mm×15.04mm HCMSS125 特殊螺纹	159	112.34	3986	3986	159.7	128.2	48.42

3. 塔标Ⅲ井身结构系列及配套套管系列

1）塔标Ⅲ标准化井身结构演化及设计

塔里木油田台盆区勘探开发主要经历了碎屑岩和海相碳酸盐岩两个阶段，最初开展盆地钻探工作时采用塔标Ⅰ标准五层套管结构，之后随着勘探开发工作的开展，对地质条件的认识逐步清晰，钻井技术的进一步提高，井身结构逐渐开始优化，例如轮南的开发井井身结构为：339.7mm×244.5mm×177.8mm，玛扎塔克井身结构为：244.5mm×177.8mm×127mm，东河和塔中地区的开发井井身结构为：339.7mm×244.5mm×177.8mm 和 339.7mm×244.5mm。2008 年，在总结台盆区勘探开发经验基础上，将塔标Ⅰ五层井身结构简化为 244.5mm×177.8mm×127mm 塔标Ⅰ三开井身结构，但简化后的塔标Ⅰ三开井身结构在深部井眼尺寸小，作业难度大，且小尺寸生产套管影响完井和后期作业效果，同时面临钻具抗拉强度不足、后期开窗侧钻难度大等问题。2009 年，塔里木油田提出整体开发哈拉哈塘区块超深高温高压碳酸盐油气藏，为满足超深层碳酸盐岩油气藏安全、快速、经济钻井需要，结合碳酸盐岩油气藏特点，自主研发了一套 273.05mm+200.03mm+139.7mm 塔标Ⅲ井身结构（图 2-5）及配套技术，2011 年开始试验并迅速推广应用。塔标Ⅲ井身结构具有下列特点：（1）二开井眼尺寸由 ϕ215.9mm 增大到 ϕ241.3mm，下入 ϕ200.03mm 套管，相比于 ϕ177.8mm 套管，通径由 ϕ152.5mm 增大至 ϕ178.19mm，有利于三开钻进和老井侧钻。（2）三开井眼由 ϕ152.4mm 增大至 ϕ171.5mm，目的层井眼尺寸增大满足了完井和增产措施作业的要求。（3）三开钻具尺寸由 ϕ88.9mm 增大至 ϕ101.6mm，降低了钻具内循环压耗，钻杆抗拉强度提高 22%，7000m 井深钻具抗拉余量提高 80%，减少了事故复杂，提高了应对事故复杂的能力。

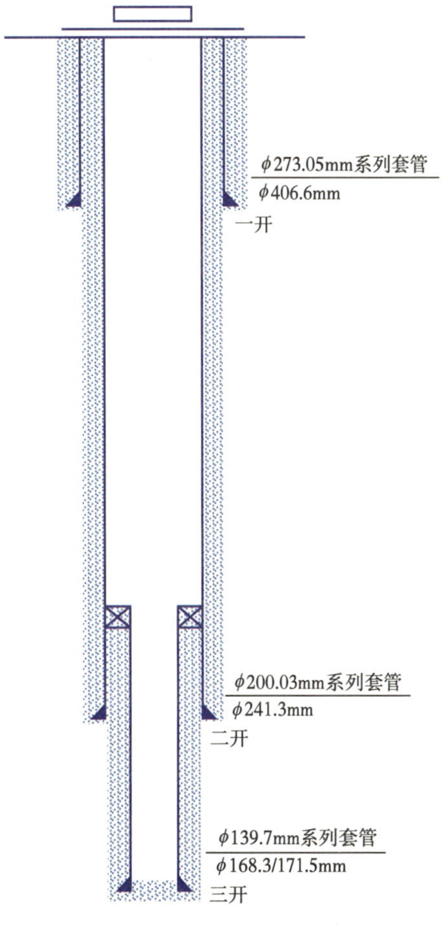

塔标Ⅲ井身结构主要应用于台盆区 7500m 以浅的无盐层、地层稳定的区块，大部分井三开采用裸眼或筛管完井。

图 2-5 塔标Ⅲ标准化井身结构

2）塔标Ⅲ标准化井身结构配套套管系列

台盆区地层压力一般为正常压力系统（表 2-6），根据塔北地区钻井经验确定两个必封点：第四系至新近系上部疏松地层约 1500m，奥陶系灰岩顶（二开长裸眼约 6000m），根据地层压力系数设计非 API 标准尺寸套管 ϕ200.03mm×10.92mm/14.2mm 两种壁厚套管。但台盆区储层普遍含 H_2S 和 CO_2 气体，鉴于 H_2S 气体对套管的腐蚀特性，4000m 以浅套管设计抗硫低合金钢，4000m 以深套管设计普通碳钢；针对 CO_2 气体对套管的腐蚀特性，参考塔标Ⅰ/Ⅱ井身结构配套耐二氧化碳腐蚀套管材质，最终形成适用于塔标Ⅲ标准化井身结构的配套套管系列（表2-7）。

表2-6 台盆区碳酸盐岩井典型压力系统数据

地层		底深/m	井壁稳定相关压力梯度/（g/cm³）（当量密度）			
地层代号	地质		孔隙压力	坍塌压力	闭合压力	破裂压力
T_Q	第四系底	150				
$T_{N1-2}k$	新近系库车组底	3055	1.08	1.23	1.73	2.25
$T_{N1}k$	新近系康村组底	3405	1.10	1.25	1.75	2.31
$T_{N1}j$	新近系吉迪克组底	3805	1.10	1.25	1.76	2.36
T_E	古近系苏维依组底	4015	1.12	1.31	1.76	2.30
$T_{K1}bs$	白垩系巴什基奇克组底	4640	1.11	1.33	1.73	2.25
$T_{K1}kp$	白垩系卡普沙良群底	5065	1.11	1.32	1.78	2.33
T_J	侏罗系底	5200	1.12	1.34	1.78	2.34
T_T	三叠系底	5655	1.12	1.33	1.81	2.36
T_P	二叠系底	5940	1.13	1.32	1.77	2.33
$T_{C1}k_{-4}$	石炭系标准灰岩段	5955	1.13	1.28	1.84	2.46
T_C	石炭系底	6155	1.12	1.29	1.80	2.38
$T_{D3}d$	泥盆系东河砂岩底	6380	1.13	1.30	1.80	2.36
$T_{S1}t$	志留系塔塔埃尔塔格组底	6455	1.12	1.29	1.80	2.37
$T_{S1}k$	志留系柯坪塔格组底	6570	1.13	1.30	1.82	2.37
$T_{O3}t$	吐木休克组底（串珠顶）	6605	1.13	1.25	1.86	2.41
$T_{O2}y$	一间房组底	6640	1.15	1.20	1.88	2.44
$T_{O1-2}y_1$	设计井底	6690	1.15	1.20	1.90	2.44

表2-7 塔标Ⅲ标准化井身结构中部分非API套管数据

套管型号 外径×壁厚 钢级 螺纹类型	接箍外径/mm	通径/mm	拉伸强度/kN	压缩强度/kN	抗外挤强度/MPa	抗内压强度/MPa	线重/（kg/m）
200.03mm×14.2mm P110/110S/C110 BC	224	168.45	6043	—	89.5	95.4	66.22
206.38mm×15.8mm 110S/C110 BC	231.78	171.6	6889	—	102.9	97.5	75.9
200.03mm×10.92mm 110S/C110/1103Cr 气密螺纹	222.25	175.01	4917	4917	49.9	74.5	51.25
139.7mm×9.17mm 110-3Cr BC	153.67	118.18	2965	—	76.6	85.3	29.76
139.7mm×9.17mm 110-3Cr/M13Cr110 气密螺纹	157	118.18	2850	2850	76.6	89.6	29.76
145.6mm×15.04mm S110Cr110 特殊螺纹	157	112.34	3740	3740	140.5	118.4	48.42
145.6mm×15.04mm HCMSS125 特殊螺纹	159	112.34	3986	3986	159.7	128.2	48.42

二、国产高性能套管设计

塔里木油田应用的塔标Ⅰ井身结构配套套管系列,最初基本依赖于进口,存在价格高、订货周期长等弊端。随着塔标Ⅰ/Ⅱ/Ⅲ井身结构的开发,其配套的非API系列套管规格种类增多、特殊材质及性能要求提高,国产化趋势成为必然要求。根据塔里木油田超深复杂地质工况特点以及特殊流体腐蚀性能要求,油田联合国内套管生产厂家开展了非API规格套管、抗腐蚀性能套管、高强度及高抗挤套管、气密封螺纹接头套管以及直连型螺纹接头套管、特殊间隙小节箍高强度套管的设计,制定出适合塔里木油田特殊生产条件的订货技术条件。

1. 非API规格套管设计

塔标系列井身结构的设计,需要配套开发 ϕ374.65mm、ϕ250.83mm、ϕ206.38mm、ϕ201.60mm、ϕ154.6mm、ϕ131mm 等非API规格套管(性能指标要求见表2-8)。开发的重点是保证规格尺寸及其精度满足勘探开发的需求,同时还需要配套相应的新型螺纹接头。

表2-8 非API规格套管性能指标要求

指标名称	性能指标要求
非API规格	ϕ374.65mm、ϕ250.83mm、ϕ206.38mm、ϕ201.60mm、ϕ154.6mm、ϕ131mm 等
尺寸精度	(1)外径公差:$-0.2\%D$,$+1.0\%D$; (2)壁厚公差:$-8\%t$
新型螺纹接头	(1)与管体等强度; (2)接头与井眼之间的配合间隙满足勘探开发要求; (3)抗粘扣性能好

注:(1) D 代表外径。
(2) t 代表壁厚。

上述非API规格套管均为塔里木油田定制非标产品,国际标准和API标准均没有相关规定。为了保证订货质量和使用性能,非API规格套管的订货技术要求从套管尺寸精度、螺纹参数、接头强度和抗粘扣性能等方面进行严格规定。

2. 抗腐蚀性能套管设计

1)低Cr经济型套管

低Cr套管的开发和使用主要集中在3%[%(质量分数)]Cr上,因为Cr含量达到3%时,低Cr钢抗CO_2腐蚀性能大幅度提升,但是3Cr和5Cr钢抗CO_2腐蚀的能力区别不大。适当降低含碳量可以提高基体中Cr的利用效率,同时降低Mn含量,严格控制S、P等有害杂质元素的含量,可以有效抑制有害元素的晶界偏聚及不良夹杂物的形成,同时添加一些微量合金元素,如V、Mo、Ti、Nb等强碳化物形成元素,可以提高Cr的合金化效果,起到细化晶粒的效果,抑制氢在材料表面的吸附,提高材料抗腐蚀能力。

低Cr套管的机械性能满足API SPEC 5CT中所列相应钢级材料性能要求,抗腐蚀性能达到:平均腐蚀速率≤0.1mm/a,局部腐蚀速率≤0.26mm/a。国产低Cr套管成分设计及性能指标见表2-9。

表2-9 国产低Cr套管成分设计及性能指标表

名称		成分设计及性能指标
成分设计		1%~5%Cr,P含量≤0.015%,S含量≤0.010%,添加V、Mo、Ti、Nb元素
机械性能	拉伸、硬度	满足API 5CT中所列相应钢级材料性能要求
	冲击性能	（1）全尺寸试样0℃冲击功要求； （2）110钢级：横向≥60,纵向≥80； （3）80钢级：横向≥50,纵向≥70
抗腐蚀性能		平均腐蚀速率≤0.1mm/a,局部腐蚀速率≤0.26mm/a

国产的BG80-3Cr、BG90-3Cr和BG110-3Cr等抗CO_2腐蚀套管及BG80S-3Cr、BG95S-3Cr等抗CO_2+H_2S综合腐蚀的套管力学性能全面满足API SPEC 5CT规范要求，宝钢3Cr系列套管的抗CO_2腐蚀性能比常规产品提高5倍以上，抗硫化氢应力腐蚀开裂性能满足NACE TM 0177-2005的标准要求。国产的TP110NC-3Cr是普通碳钢的CO_2腐蚀速率的1/6~1/3。

2）国产13Cr套管

国产13Cr套管采用超级马氏体13Cr材料，主要靠添加12%~14%[%（质量分数）]的Cr，并加入了Ni、Mo、Cu等合金元素。相比于普通13Cr不锈钢来说，具有高强度、低温韧性及改进抗腐蚀性能的综合特点。在超级13Cr马氏体不锈钢中，将C含量减少到0.03%左右以抑制基体中的Cr元素析出成铬的碳化物；添加5.5%的Ni来获得单相马氏体；同时在钢材中加入微量的合金元素（例如Mo、Ti、Nb、V等），Mo元素能细化晶粒、提高材料的SSC和局部腐蚀抗力，而Ti、Nb、V等强碳化物形成元素的加入降低了超级13Cr材料的SSC敏感性。经过改进的超级13Cr马氏体不锈钢在180℃高温CO_2腐蚀环境中仍具有良好的均匀和局部腐蚀抗力，同时具有一定的抗H_2S应力腐蚀开裂的能力。

13Cr套管的机械性能应满足API SPEC 5CT中所列相应钢级材料性能要求，抗腐蚀性能应达到点蚀速率≤0.3mm/a。国产13Cr套管成分设计、机械性能和抗腐蚀性能见表2-10。

表2-10 国产13Cr套管成分设计及性能指标表

名称		成分设计及性能指标
成分设计		Cr：12.0%~14.0%、P：≤0.020%、S：≤0.010%、C：≤0.04%、Si：0.20%~0.50%、Mn：0.30%~0.60%、Ni：4.5%~5.5%、Mo：1.5%~3.0%
机械性能	拉伸、硬度	满足API 5CT中所列相应钢级材料性能要求
	冲击性能	（1）全尺寸试样0℃冲击功要求； （2）110钢级：横向≥60 纵向≥80； （3）80钢级：横向≥50 纵向≥70
抗腐蚀性能		点蚀速率≤0.3mm/a

表2-11为国内外部分13Cr及超级13Cr马氏体不锈钢的化学成分分析，结合国产13Cr及超级13Cr马氏体不锈钢的化学成分分析，从成分设计上来看，国产13Cr及超级13Cr马氏体不锈钢的化学成分设计指标均达到国外同类产品的设计要求。表2-12、

表 2-13 为国产 13Cr 及超级 13Cr 套管管体的拉伸、硬度及冲击性能的测试结果。可以看出,国产 13Cr 及超级 13Cr 油套管管体的拉伸强度及冲击韧性均满足 API SPEC 5CT 及 JFE 厂标中所列钢级材料性能要求。

表 2-11　管体化学成分分析结果　　　　单位:%(质量分数)

类别	材料	C	Si	Mn	P	S	Cr	Mo	Ni	Ti	Nb	V
1	BGL80-13Cr	0.18	0.471	0.48	0.009	0.001	13.1	—	0.09	—	—	—
	TPL80-13Cr	0.2	0.48	0.37	0.02	0.003	12.93	—	0.2	—	—	—
	HSL80-13Cr	0.19	0.52	0.6	0.018	0.005	13.12	—	0.09	—	—	—
	参考 API L80-13Cr	0.15~0.22	≤1.00	0.25~1.00	≤0.020	≤0.010	12.0~14.0	—	≤0.50	—	—	—
2	BG13Cr110	0.025	0.22	0.45	0.019	0.0031	13.01	0.94	4.32	—	—	—
	TP110-HP13Cr	0.03	0.29	0.54	0.009	0.002	13.18	0.92	5.46	0.1	0.006	0.0026
	BG13Cr110S	0.029	0.42	0.49	0.018	0.003	13.2	1.94	4.91	0.026	0.0031	0.023
	参考 JFE HP1-13Cr	0.024	0.21	0.45	0.016	0.0012	12.69	0.92	4.3	0.0036	0.0035	0.0096
	参考 JFE HP2-13Cr	0.035	0.44	0.47	0.02	0.003	13.3	1.92	4.85	0.0029	0.023	0.025

表 2-12　管体拉伸性能实验结果表

组别	样品	试样直径×标距长/(mm×mm)	屈服强度 $R_t0.5$/MPa	抗拉强度 R_m/MPa	伸长率/%
1	HSL80-13Cr	8.9×35	575	770	27.0
			590	750	26.5
			572	760	28.0
	BGL80-13Cr	8.9×35	583	740	28.0
			580	735	28.5
			582	738	28.0
	API SPEC 5CT L80-1		552~655	≥655	≥17
2	TP110-HP13Cr	8.9×35	879	900	24.0
			835	888	23.5
			845	884	24.0
	BG13Cr110S	8.9×35	887	910	23.0
			846	890	23.5
			858	897	23.5
	JFE 厂标		758~896	≥827	≥12

表 2-13 管体夏比冲击韧性实验结果表

组别	材料	温度 / ℃	纵向冲击功 AKV / J	
			实验值	平均值
1	HSL80-13Cr	0	60.0	61.0
			58.0	
			65.0	
	BGL80-13Cr	0	64.0	67.0
			67.0	
			66.0	
	API SPEC 5CT L80-13Cr	0	（全尺寸试样）≥ 27	
2	BG13Cr110S	0	70.0	71.0
			70.0	
			72.0	
	TP110-HP13Cr	0	124.0	124.0
			120.0	
			130.0	
	JFE 厂标	0	（全尺寸试样）≥ 44	

注：（1）以上冲击试样缺口深度为 2mm。
（2）TP110-HP13Cr 的纵向冲击尺寸为 7.5mm×10 mm×55mm。
（3）HSL80-13Cr、BGL80-13Cr 及 BG13Cr110S 的纵向冲击尺寸为 5mm×10mm×55mm。

3）酸性油气田套管材质选择

塔里木油田碳酸盐岩油气藏大部分为酸性油气田，普遍含 H_2S 和 CO_2 气体，其中 H_2S 含量范围 11~580000mg/m³，CO_2 含量为 1.60%~4.91%。H_2S 极易溶于水，形成弱酸，对金属是一种强烈的腐蚀剂，在湿环境中，H_2S 分压在 $1.01325×10^{-4}$MPa，就有硫化物应力腐蚀破裂的危险。H_2S 引起的腐蚀破坏主要表现有电化学腐蚀、氢致开裂和氢鼓泡，及硫化物应力开裂。CO_2 对金属也是一种强烈的腐蚀剂，同时含 H_2S 和 CO_2 时，引起的腐蚀比单纯含 H_2S 大得多。

塔里木油田各区块碳酸盐岩储层 H_2S 浓度差距较大，从安全的角度出发，研发了碳酸盐岩套管选材图版进行单井套管设计，如图 2-6 所示。对于以 H_2S 腐蚀为主的环境，使用 C110 和 T95 钢级防硫套管。对于以 CO_2 腐蚀为主的环境，当 CO_2 分压低于 0.5MPa 时，使用常规钢级套管；当 CO_2 分压大于 0.5MPa，使用 P110-3Cr 钢级套管。

3. 高强度及高抗挤套管设计

库车前陆区深层复合盐膏层对套管强度及抗挤性能提出了超出国际通用标准规定的要求，必须开发 140ksi、155ksi 钢级高强度及高抗挤套管等才能满足勘探开发的需求。高强度及高抗挤套管材料的成分设计主要是通过加入提高抗拉、抗内压、抗挤强度元素（如

Cr、Mo、W 等），控制 C、P、S 含量，控制有害元素，加入细化晶粒元素（Nb、B 等）及改善钢的显微组织，达到套管高强度性能要求。

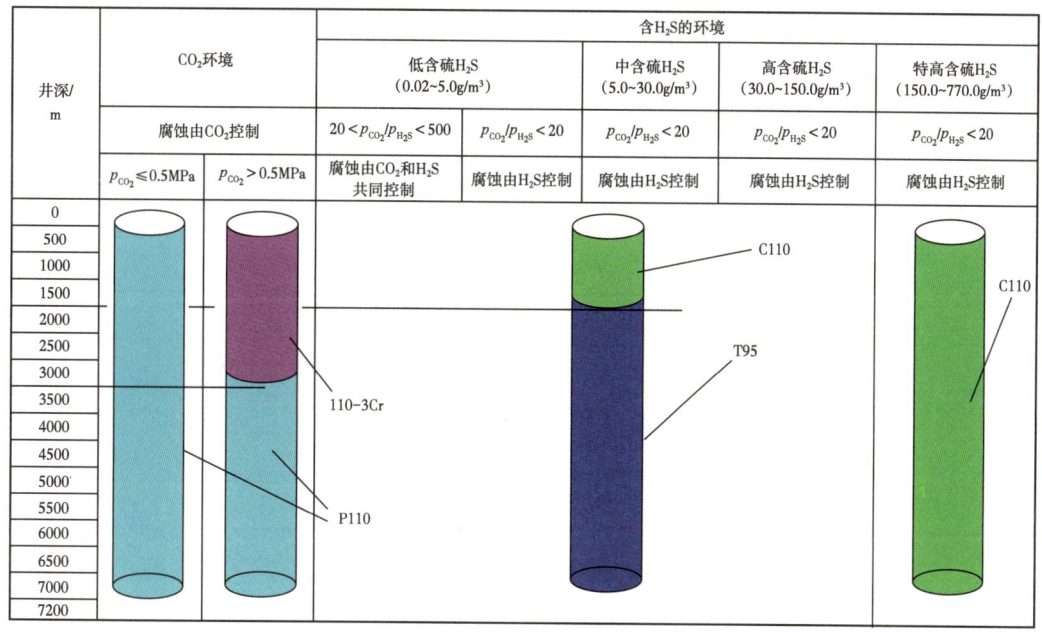

图 2-6　碳酸盐岩套管选择参考图

1）高强度套管

高强度套管机械性能、实物性能应达到塔里木油田对 140ksi、155ksi 钢级的要求，国际上钢级最高到 150ksi 钢级，155ksi 钢级属于国内首创。国产高强度套管化学成分设计、机械性能和实物性能如表 2-14 所示，国产 140ksi 钢级套管的成分设计、机械性能与国外同类产品相似（表 2-15 和表 2-16）。为了保证订货质量和使用性能，高强度套管订货技术条件重点从套管化学成分、机械性能、连接性能和抗内压性能等方面提出要求。

表 2-14　国产高强度套管化学成分设计及性能指标

名称		成分设计及性能指标
成分设计		加入提高抗拉强度和抗内压强度元素（Cr、Mo、W 等）； P 含量≤ 0.015%，S 含量≤ 0.010%
机械性能	拉伸	140ksi 钢级要求：屈服强度 965~1138kN、抗拉强度 ≥ 1034kN； 155ksi 钢级要求：屈服强度 1068~1275kN、抗拉强度 ≥ 1138kN
	冲击性能	全尺寸试样 0℃ 冲击功要求： 140ksi 钢级：横向≥ 60J　纵向≥ 80J； 155ksi 钢级：横向≥ 60J　纵向≥ 80J
实物性能		（1）连接性能达到相应规格相应钢级管体的要求； （2）抗内压性能达到相应规格相应钢级管体的要求

表 2-15　140ksi 钢级套管化学成分对比表　　　单位：%（质量分数）

生产厂家	C	Si	Mn	P	S	Cr	Mo	Ni	Nb	V	Ti	Cu
天钢	0.26	0.26	0.90	0.0087	0.0021	0.98	0.47	0.046	0.0010	0.099	0.0035	0.130
西姆莱斯	0.27	0.27	0.91	0.0120	0.0033	0.98	0.33	0.015	<0.001	0.010	0.0094	0.057
V&M	0.29	0.22	0.91	0.0130	0.0040	1.11	0.72	0.035	—	0.007	0.0070	0.030
塔里木油田要求	—	—	—	≤0.0150	≤0.010	—	—	—	—	—	—	—
JFE 要求	0.15~0.35	≤0.35	≤1.00	≤0.030	≤0.0150	0.8~1.60	0.15~1.10	≤0.10				≤0.30

表 2-16　140ksi 钢级套管机械性能对比表

规格	屈服强度 $\sigma_{0.7}$ /MPa	抗拉强度 /MPa	伸长率 /%	冲击功 /J
天钢	1068	1128	26	115（0℃）
西姆莱斯	1013	1104	24	77（0℃）
V&M	976	1167	23	104（0℃）
塔里木油田标准要求	965~1172	≥1034	≥11	60（0℃）
JFE 规定	965~1171	≥1034	5CT 规定	27（-20℃）
V&M 规定	965~1138	≥1034	5CT 规定	50（20℃）

2）高抗挤套管

对于高抗挤套管，降低管体椭圆度和壁厚不均度有利于提高抗挤毁强度，因此，需要对管体的外径和壁厚精度进行严格控制，机械性能应达到相应钢级材料性能要求，实物性能应达到：抗挤毁值大于标准值30%，残余应力较低且分布合理。

表 2-17 至表 2-20 为国产高强度抗挤套管与日本川崎公司生产的 1Cr 型抗挤套管成分、力学性能及抗挤强度的对比表。从中可以看出，国产高强度抗挤套管与住友抗挤套管相比，在成分设计上有较大的不同，在力学性能上达到国外同类产品的技术要求，在抗挤性能上有较大提高。

表 2-17　国产抗挤套管成分及性能指标表

名称		成分设计及性能指标
成分设计		加入提高抗拉强度和抗挤强度元素（Cr、Mo、W 等）； P 含量≤0.015%，S 含量≤0.010%； 加入细化晶粒元素（Nb、B 等）
机械性能	拉伸	（1）满足 API 5CT 中所列钢级材料性能要求； （2）满足高强度钢级材料性能要求
	冲击性能	满足塔里木油田标准对相应钢级冲击性能的要求
尺寸精度		弯曲度：管端 1.8m 内弦高≤2.0mm，管体全长弦高≤12.0mm，局部弦高≤1.2mm/m，管体椭圆度≤0.5%，壁厚不均度≤12%
实物性能		（1）抗挤毁值大于标准30%以上； （2）较低的分布合理的残余应力

表2-18 化学成分对比表　　　　　　　　单位：%（质量分数）

对比对象	C	Si	Mn	P	S	Cr	Mo
HS110TT	0.26	0.26	1.00	0.015	0.008	0.70	0.20
TP110TT	0.32	0.35	1.20	0.025	0.030	1.20	0.50
KO110TT	0.23	0.21	1.17	0.013	0.005	0.95	0.21
API SPEC 5CT P110	—	—	—	≤0.030	≤0.030	—	—

表2-19 力学性能对比表

对比对象	屈服强度/MPa	抗拉强度/MPa	伸长率/%	洛氏硬度	冲击功/J
HS110TT	915	1005	21.0	—	48
TP110TT	920	1010	21.0	—	49
KO110TT	950	1010	22.0	—	51
API SPEC 5CT P110	758~965	≥862	≥12.0	—	≥22.6

注：伸长率试样宽度19.05mm；冲击试样尺寸：5mm×10mm×55mm；实验温度：0℃。

表2-20 抗挤毁性能对比表

对比对象	HS110TT	TP110TT	KO110TT	API BUL 5C2 规定
抗挤毁强度/MPa	68.5	74.8	62.1	≥52.3

4. 气密封螺纹接头套管设计

高压气井目的层所采用的套管串必须具备性能优良的气密封特性，且要求使用寿命长，以满足后期开采需要。API圆螺纹和偏梯形螺纹在气密封性能上无法满足要求，必须开发具有良好气密封性能的特殊螺纹接头套管。气密封螺纹设计主要是进行密封结构、螺纹及扭矩台肩的设计。

确定密封结构的形式、尺寸和公差，要同时考虑接头的气密封性能和抗粘扣性能。密封过盈量和加工公差的确定与结构形式密切相关，其设计合理与否，不仅影响密封面接触压力的大小、接头应力分布及密封的可靠性，同时也影响加工成本和现场操作。

螺纹设计通常采用连接效率高的偏梯形螺纹，可以改进螺纹形状以提高抗复合载荷的能力，同时为兼顾上扣操作的方便性，对加工公差进行调整，包括齿高、螺距及锥度等，目的是减少螺纹干涉量，改善接头应力分布，降低峰值应力，提高螺纹的连接强度和耐腐蚀性能。

扭矩台肩的设计好坏直接影响接头的连接性能。好的设计可以保证接头的气密封性能、连接强度、抗粘扣及耐应力腐蚀等使用性能，还能提高抗压缩及弯曲变形能力。

气密封螺纹接头表面处理主要用于提高抗磨损、抗粘扣性能。国产气密封螺纹接头性能指标见表2-21。

表 2-21 国产气密封螺纹接头性能指标表

名称	性能指标要求
密封结构	(1)优良的气密封性能; (2)现场操作方便
螺纹设计	(1)连接效率高; (2)抗复合载荷能力强
扭矩台肩	(1)良好的超扭矩阻抗性能; (2)保证接头密封性能的完好; (3)提高接头的高抗压缩及弯曲变形能力
表面处理	良好的抗磨损和抗粘扣能力

国产 ϕ177.80mm×12.65mm 140ksi 钢级气密封螺纹接头与 V&M 公司同规格套管上卸扣实验、极限载荷实验及气密封性能实验的对比可知,套管在上卸扣实验中均未出现粘扣现象,国产套管连接强度、抗内压强度高于国外产品。

5. 直连型螺纹接头套管设计

为了解决库车山前窄间隙固井存在的套管和安全阀不便于下入及水泥环封固质量难以保证的问题,需要开发规格为 ϕ293.45mm、ϕ273.05mm、ϕ265.13mm、ϕ219.08mm、ϕ206.38mm、ϕ193.68mm 等尺寸的特殊直连型螺纹接头套管,即采用无接箍螺纹连接,并且螺纹连接部位的内径、外径完全相同的套管。

此类套管设计的重点是保证规格尺寸及其精度满足勘探开发的需求,且需要配套相应的新型螺纹接头,接头外台肩应具有完全止扣性能,并且气密封性能、内压强度及连接性能满足勘探开发需求。特殊直连型螺纹接头套管性能指标要求见表 2-22。

表 2-22 特殊直连型螺纹接头套管性能指标表

名称	性能指标要求
尺寸规格	ϕ293.45mm、ϕ273.05mm、ϕ265.13mm、ϕ219.08mm、ϕ206.38mm、ϕ193.68mm
尺寸精度	外径公差:$-0.2\%D$,$+1.0\%D$; 壁厚公差:$-8\%t$
接头形式	(1)管子内外表面平齐,外台肩具有完全止扣性能; (2)气密封性能、内压强度及连接性能满足勘探开发需求

注:(1)D 代表外径。
(2)t 代表壁厚。

与 API 标准直连型套管为端部加厚的套管相比,特殊直连型螺纹接头套管为内外表面平齐的套管,可以增加环空间隙、增加允许下套管的层数、允许安全阀下入、提高固井质量,是需求定制的套管。

6. 特殊间隙小接箍高强度套管设计

随着库车山前高温高压气井复杂盐膏层固井技术的突破,随钻扩眼条件下已满足有接箍套管下入,为进一步提高蠕变性地层条件下的套管下入成功率,降低套管组卡风险,且满足扶正器安放要求,特联合套管生产厂家在常规高强度套管和直连型(无接箍)套管设计基础上,研发 ϕ293.45mm、ϕ273.05mm、ϕ265.13mm、ϕ206.38mm 特殊间隙接箍特殊螺纹套管(小接箍套管),套管材料成分见表 2-23,套管实物参数见表 2-24。

表 2-23 特殊间隙接箍特殊螺纹套管材料成分及性能

套管材质	材料成分及性能								
	化学成分/%（质量分数）		屈服强度/MPa		最小抗拉强度/MPa	最小延伸率/%	最大硬度/HRC	10.0mm×10.0mm CVN 试样 0℃最小冲击功/J	
	最大 S	最大 P	最小	最大				横向	纵向
140HC	0.005	0.015	965	1171	1034	16	42	60	80

表 2-24 四种规格 140HC 特殊间隙接箍特殊螺纹套管实物技术参数

套管名称	外径/mm	壁厚/mm	通径/mm	接箍外径/mm	静水压实验最小压力/MPa	套管产品等级
206.38mm×17.25mm 140HC	206.38	17.25	168.7	220.14	69	PSL-2
265.13mm×22.00mm 140HC	265.13	22	217.16	279.48	69	PSL-3
273.05mm×26.24mm 140HC	273.05	26.24	216.6	287.48	69	PSL-4
293.45mm×23.55mm 140HC	293.45	23.55	242.38	309.28	69	PSL-5

套管名称	实物性能								
	管体				接头				
	最小抗拉强度/kN	最小压缩强度/kN	最小抗外挤强度/MPa	最小抗内压强度/MPa	拉伸效率/%	压缩效率/%	抗外挤效率/%	抗内压效率/%	保证气密封性的弯曲度/[(°)/30m]
206.38mm×17.25mm 140HC	9890	9890	150	145.2	75	75	100	85	15
265.13mm×22.00mm 140HC	16221	16221	150	144.2	70	70	100	80	15
273.05mm×26.24mm 140HC	19640	19640	180	167.0	65	65	100	80	15
293.45mm×23.55mm 140HC	19299	19299	145	139.4	70	70	100	80	15

三、超深井套管强度校核

对于表层等服役环境相对友好的套管，可只进行单轴抗外挤、抗内压及抗拉强度校核；对于地质条件复杂的高温高压深井的技术套管、生产套管，由于井下服役环境恶劣、服役工况严苛，应根据实际服役工况的复杂程度，按照 SY/T 5724—2008《套管柱结构与强度设计》《高温高压及高含硫井完整性设计准则》及 2013 年版《钻井手册》提供的校核方法（掏空、气侵），应用 Landmark 等专业软件进行三轴应力校核。套管校核安全系数、套管服役工况及管内外压力选取原则如下所述。

1. 套管校核安全系数

套管强度校核一般采用等安全系数法，安全系数推荐取值：抗外挤 1.00~1.125、抗内压 1.05~1.15、抗拉 1.6~2.0、三轴 1.25。

2. 套管服役工况及管内外压力选取原则

套管服役工况分为抗外挤、抗内压及抗拉三种类型。管内外压力选取：(1) 管内外压力选取优先考虑套管服役极端工况，若极端工况不满足，给出临界条件。如套管抗外挤工况校核，先考虑全掏空工况，若全掏空不满足，则给出下开次钻进井漏掏空极限；（2）若管外压力选取存在争议，先按极端工况考虑，若不满足，再考虑次极端工况。如下开次钻进工况（非盐层套管），若管外取地层水时抗内压不满足要求，则管外重合段取混浆水（1.05g/cm^3），裸眼段取地层压力；（3）深井超深井套管井下服役工况较多，钻井设计中套管强度校核需确保相对极端工况全覆盖，若相对极端工况满足强度要求，常规工况不再校核。

3. 塔里木油田某井套管强度校核示例

1）表层套管强度校核示例

该井表层使用 ϕ444.5mm 钻头、密度 1.05~1.15g/cm³ 钻井液钻至 1200m 中完，计划下入 ϕ365.12mm×13.88mm×P110 钢级套管封固第四系及新近系上部疏松地层。因本开次套管服役条件相对良好，仅进行抗拉、抗外挤、抗内压单轴应力强度校核。表层套管设计条件见表2-25，校核结果如图2-7所示，套管抗拉、抗外挤、抗内压强度均满足现场应用要求。

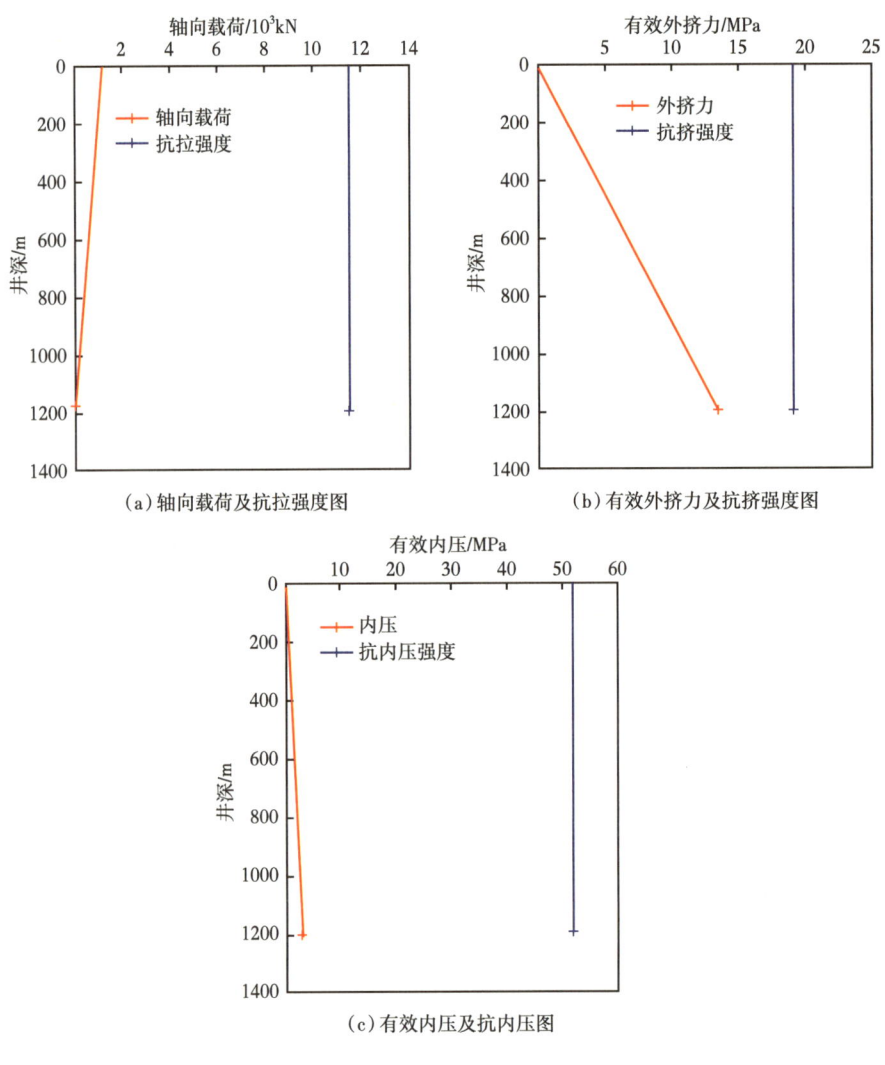

图 2-7　表层套管强度校核图

表 2-25 表层套管设计条件

井眼尺寸 /mm	套管名称	井段 /m	条件
444.5	表层套管	0~1200	强度计算模型：三维应力模型
			有效外挤力计算条件： （1）非塑性地层； （2）管外压力按本开固井时钻井液密度 1.15g/cm³； （3）管内按全掏空
			有效内压力计算条件： （1）油井，管内压力按地层压力系数 1.08、没有考虑天然气自重； （2）管外压力按地层水密度 1.05g/cm³
			有效拉力计算条件：按全井钻井液密度 1.15g/cm³ 计算套管浮重

2）三开尾管强度校核示例

本井三开使用 241.3mm 钻头、密度 1.25~1.40g/cm³ 钻井液钻至 7603m 中完，计划下入 ϕ177.8mm×10.36mm×P110 钢级套管封固石炭系、泥盆系、志留系及奥陶系一间房组以上地层。本开次套管服役条件苛刻，应进行三轴应力校核。三开尾管设计条件见表 2-26，校核结果如图 2-8 所示。

表 2-26 三开尾管设计条件

校核工况	套管内压力条件	套管外压力条件	类型	校核结果
掏空极限（管外 1.4）	四开密度 1.14g/cm³ 钻井液，掏空 45%，液面 3422m	三开密度 1.40g/cm³ 钻井液	抗外挤	有条件通过
过提 50t	三开密度 1.40g/cm³ 钻井液	三开密度 1.40g/cm³ 钻井液	抗拉	通过
套管试压	三开密度 1.40g/cm³ 钻井液管内试压 10MPa	地层水密度 1.05g/cm³	抗内压	通过
目的层关井反挤	井口压力 43MPa，密度 1.35g/cm³ 钻井液	地层水密度 1.05g/cm³	抗内压	有条件通过

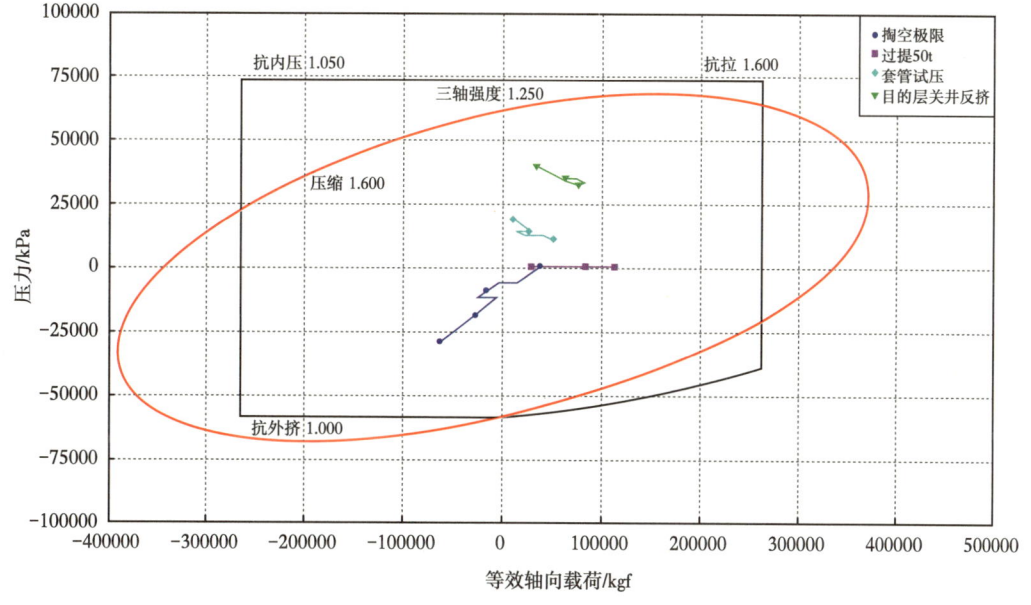

图 2-8 三开 ϕ177.8mm（5240~7603m）尾管强度校核图

结果表明：三开尾管在管内掏空 45%（液面位置 3422m）条件下，抗外挤强度满足；综合考虑二开套管，液面不宜低于 3000m。

四、固井方式选择

表层套管使用内插法固井或胶塞式单级固井。技术套管下深不超过 3000m，且无油气水封隔要求、无漏失风险，一般使用单级一次上返固井；若油气水活跃，封隔要求高或漏失风险高，可采用分级固井方式；若套管下深超过 3000m，一次上返难度大，或油气水活跃，或漏失风险高，一般采用分级固井或尾管悬挂＋回接固井方式。生产套管一般采用尾管悬挂固井方式。对于开次较少，具备套管一次性下入，可实现水泥全封固井的井，可以使用单级一次上返固井方式；若单级一次上返难度大，且目的层油气活跃程度较低，可采用分级固井方式。回接固井采用单级一次上返固井方式。

五、水泥返高要求

各层套管固井水泥浆应设计返至地面。采用尾管固井方式封固高压气水层时，**重叠段长度应不少于 100m，尾管悬挂点位置距离气层顶部应不少于 200m，设计水泥上塞段应不少于 150m**。若主要气水层距离上层套管鞋位置不足 200m，增加重叠段到 400~600m。采用多凝水泥浆封固活跃油气水层时，速凝尾浆应返至油气水层顶界以上至少 100m。表层套管下水泥塞一般 20~50m；技术套管下水泥塞一般 150~200m；尾管固井下水泥塞一般 200~300m。

六、水泥浆性能要求

水泥浆试验按照 GB/T 19139《油井水泥试验方法》执行，试验内容主要包括密度、稠化时间、滤失量、流变性能、游离液、水泥浆沉降稳定性和抗压强度等。

水泥浆密度一般要求大于同井段使用的钻井液密度 $0.05g/cm^3$，以利于浆体之间建立良好的密度梯度和摩阻梯度；对于窄密度窗口或异常高压井段应根据地层破裂压力和平衡压力原则设计水泥浆密度；对于裂缝性地层或高密度水泥浆固井时，水泥浆密度不宜超过同井段钻井液密度 $0.12g/cm^3$。

水泥浆领浆稠化时间要求施工时间附加 60~120min，尾浆稠化时间要求施工时间附加 60~90min；活跃油气水层固井宜采用双凝水泥浆，界面宜在活跃层顶界 200m 以上，缓凝段水泥浆稠化时间较速凝段一般长 1~3h。稠化时间试验温度 T 应根据实测的井底循环温度 T_C 或井底静止温度 T_S（根据实测温度、测井温度、邻井测试温度以及地区经验公式计算）确定，塔里木油田温度系数一般取 0.8~0.95。

水泥浆游离液要求技术套管领浆不大于 1.4%，尾浆不大于 1.0%，大斜度井、水平井 0，生产套管 0。

水泥浆失水要求技术套管不大于 100mL；生产套管不大于 50mL。

水泥浆沉降稳定性要求技术套管常规密度领浆不大于 $0.03g/cm^3$，常规密度尾浆不大于 $0.02g/cm^3$，低密度水泥浆不大于 $0.03g/cm^3$，高密度水泥浆不大于 $0.05g/cm^3$；生产尾管（套管）常规密度领浆小于 $0.03g/cm^3$，常规密度尾浆小于 $0.02g/cm^3$，低密度水泥浆小于 $0.03g/cm^3$，高密度水泥浆小于 $0.05g/cm^3$。水平井和大斜度井水泥浆不大于 $0.01g/cm^3$。

在井底温度超过110℃时，水泥浆要添加硅粉等防强度衰退外掺料。井温110~150℃，添加160目以上、纯度90%以上的硅粉35%；井温150~170℃，添加160目以上、纯度90%以上的硅粉45%；井温170~190℃，添加500目以上、纯度96%以上的硅粉60%；井温超过190℃以后应在添加硅粉基础上添加特殊防高温衰退剂。

水泥石抗压强度要求表层套管24h底部抗压强度不小于3.5MPa；技术套管单级固井24h底部抗压强度不小于14MPa，48h常规密度或高密度水泥浆顶部抗压强度不小于7MPa，48h低密度水泥浆顶部抗压强度不小于3.5MPa；技术套管双级固井要求一级24h底部抗压强度不小于14MPa，24h顶部抗压强度不小于3.5MPa；二级24h底部抗压强度不小于14MPa，48h常规密度或高密度水泥浆顶部抗压强度不小于7MPa，48h低密度水泥浆顶部抗压强度不小于3.5MPa；尾管固井要求24h底部抗压强度不小于14MPa，48h常规密度或高密度水泥浆顶部抗压强度不小于7MPa，48h低密度水泥浆顶部抗压强度不小于3.5MPa。

对于储气库井、注气井等井筒温压变化较大的井，还应针对性设计使用弹韧性水泥浆体系，其性能要求见表2-27和表2-28。

表2-27 1.30~1.90g/cm³水泥浆水泥石力学性能指标

密度/（g/cm³）	48h抗压强度/MPa	7天抗压强度/MPa	7天抗拉强度/MPa	7天杨氏模量/GPa	7天气体渗透率/mD	7天线性膨胀率/%
1.90	≥16.0	≥28.0	≥1.9	≤6.0	≤0.05	0~0.2
1.80	≥15.0	≥26.0	≥1.8	≤5.5	≤0.05	0~0.2
1.70	≥14.0	≥24.0	≥1.7	≤5.0	≤0.05	0~0.2
1.60	≥12.0	≥22.0	≥1.5	≤4.5	≤0.05	0~0.2
1.50	≥10.0	≥20.0	≥1.4	≤4.0	≤0.05	0~0.2
1.40	≥8.0	≥18.0	≥1.2	≤3.5	≤0.05	0~0.2
1.30	≥7.0	≥16.0	≥1.1	≤3.0	≤0.05	0~0.2

表2-28 2.00~2.40g/cm³水泥浆水泥石力学性能指标

密度/（g/cm³）	48h抗压强度/MPa	7天抗压强度/MPa	7天抗拉强度/MPa	7天杨氏模量/GPa	7天气体渗透率/mD	7天线性膨胀率/%
2.40	≥14.0	≥22.0	≥1.6	≤5.5	≤0.05	0~0.15
2.30	≥15.0	≥24.0	≥1.7	≤5.6	≤0.05	0~0.15
2.20	≥16.0	≥26.0	≥1.8	≤5.8	≤0.05	0~0.15
2.10	≥17.0	≥28.0	≥1.9	≤6.0	≤0.05	0~0.15
2.00	≥18.0	≥30.0	≥2.0	≤6.5	≤0.05	0~0.15

通过优选材料、紧密堆积及韧性改造，水泥石可在一定程度内实现较常规水泥石更高的抗压强度，此种情况下韧性水泥的杨氏模量上表按相应比例提高（抗压强度每增加5MPa，杨氏模量可相应增加0.6GPa）。

七、固井施工技术措施

1. 井眼准备

1）井筒准备

钻进过程中，严格控制井斜和全角变化率，保证井眼轨迹平滑、井壁稳定、井径规则，为固井创造良好的井筒条件。下套管前必须进行通井作业，通井钻具组合的最大外径和刚度应不小于下入套管的外径和刚度，通井到底后，按钻进时最大排量循环不少于2周，循环时所有入井钻井液都应过振动筛，做到无垮塌、无漏失、无沉砂、无油气水侵，进出口密度不大于0.02g/cm³，含砂量小于0.3%，起下钻无阻卡；对阻卡井段、电测井径小于钻头名义尺寸的井段，划眼处理；对于膏盐岩缩径井段观察时间应满足下套管要求，否则进行扩眼处理，保证套管下入。表层套管最后一趟通井时应先静探井底是否有沉砂，然后大排量循环排净沉砂，再次探底，记录此时的井深，确定最终套管串。

2）地层承压能力评估

下套管前应对地层进行承压能力评估或试验，确保满足安全下套管、固井施工预计压力要求，否则应进行堵漏作业。下套管前，对进行过堵漏作业的井，应充分循环、冲洗并清除钻井液中的堵漏剂，以免在下套管及固井过程中堵塞水眼或环空。

3）钻井液性能调整

钻井液应具有良好的稳定性、流变性、润滑性、防塌性以及携屑能力和悬浮能力。深井超深井生产套管固井（盐层、目的层、生产回接）下套管前应对钻井液进行高温老化实验，防止出现稠化、固化等性能突变。固井前要求优化钻井液性能：密度≤1.30g/cm³，屈服值＜5Pa，塑性黏度在10~20mPa·s之间；密度在1.30~1.80g/cm³时，屈服值小于8Pa，塑性黏度在15~30mPa·s之间；密度不小于1.80g/cm³时，屈服值小于15Pa，塑性黏度在25~75mPa·s之间。

4）油气上窜速度控制

下套管前必须压稳油气层，根据井下状况和油气藏条件将油气上窜速度控制在安全范围内。当地层漏失压力和孔隙压力差值很小容易发生井漏时，可以根据具体情况控制气井的油气上窜速度小于20m/h，控制油井的油气上窜速度小于15m/h。

2. 下套管

1）下套管准备

套管下入前，钻井队、录井队必须分别丈量、核对套管长度，钻井队合理调整入井管串结构，确保优选出的井口套管下在井口，利于套管坐挂和密封；

若钻遇油气水层，下套管前应换装套管闸板总成并试压合格，试压值取本次所用套管抗外挤强度的80%和井口防喷器额定工作压力两者之间最小值。下复合套管时，可只换装与段长最长的套管尺寸相匹配的闸板总成，其他尺寸套管下入前应准备好配套的防喷单根或防喷立柱；下尾管时，如果钻机和井口防喷器组合具备条件，应换装与尾管尺寸、送入钻具尺寸相符的闸板总成，如果不具备条件，可不更换尾管闸板总成，但要提前准备好与尾管配套的防喷单根或防喷立柱；尾管悬挂固井完，钻塞无后效、喇叭口试压合格、井眼与地层不连通的情况下，下回接套管时可不更换套管封芯，但要准备好配套的防喷单根或防喷立柱。

下套管前应对所有套管进行通径,对送入钻具(尾管固井)进行探伤,对固井工具及附件认真检查并测量。

2)套管居中度设计

以实际井眼条件(实测井径、井斜和方位)为基础,利用专业软件进行扶正器方案优化,提高套管居中度,原则上要求套管居中度不小于67%。

3)下套管作业

下入过程中按规定均匀涂抹合格的螺纹密封脂,使用套管扭矩仪确保套管上扣扭矩达到设计要求,并在入井前核查余扣情况达到上扣要求。

下套管过程中及时灌钻井液,一般每10根套管或10~15柱送入钻具检查灌满一次。根据实际地层承压能力控制下套管速度,严禁猛提猛放,防止压漏地层,裸眼段减少套管静止时间,防止套管粘卡;根据井况制定中途顶通循环次数,一般在接工具后、出套管鞋前应至少顶通循环一次,每次顶通至井口钻井液性能稳定、泵压稳定后继续下套管;套管下至设计位置后先小排量循环顶通,顶通后根据泵压缓慢提排量并充分循环。

对于表层套管,应在固井前坐底5~10t以再次确认套管下至井底,同时确保井口段套管处于拉伸状态,调整并保持套管与转盘中心线同轴再进行固井作业。

对于分级固井,下套管过程中应保持分级箍处于拉伸状态,防止分级箍受压。

对于尾管悬挂固井,在尾管悬挂器入井后禁止旋转管柱。中途顶通循环时顶通压力不应超过悬挂器坐挂压力的80%,循环泵压则应根据实际井况参考工具厂家建议。下至设计井深后,尾管悬挂器坐挂、顶通、倒扣丢手应按照操作规程和工具厂家要求进行精细操作;悬挂器坐挂时应保证不下压套管。

3. 固井施工作业

1)固井准备

固井施工前循环1.5周以上,排除后效,最大排量不低于固井施工排量,进出口钻井液密度差不大于0.02g/cm³。

利用专业软件进行顶替效率优化,对入井液体流变提出指标性要求,确保顶替效率大于90%。其中隔离液用量一般要求按照环空返速1.2m/s、接触时间10min计算;固井施工采用变排量顶替,一般在水泥浆出管鞋后保证环空返速1.2m/s,后期根据地层承压能力,结合现场出口返出情况实时调整顶替液排量。顶替过程中,关键层段应保证水泥浆的壁面剪应力大于45Pa(水基钻井液条件下)或大于30Pa(油基钻井液条件下)。

2)固井施工

采用三参数仪表全程监测固井施工,为固井施工、总结、分析提供准确数据。

套管坐挂应在套管不受压状态下进行,确保全程套管处于自由拉伸状态。卡瓦式套管头坐挂吨位一般要求最低不小于80t,最高不宜超过200t,特殊情况下应参考每种规格套管的坐挂吨位极限表,同时记录套管实际坐挂吨位。若套管浮重过大,应设计多凝水泥浆以控制最终套管坐挂吨位。

对于封固活跃油气水层的开次,固井施工作业结束后应采用环空加压候凝,若固井不漏,憋压压力应充分考虑全裸眼段的承压能力最终确定,推荐憋压值取易漏层固井最大动压力与顶替液到位后静压力的差值;若固井漏失,现场根据实际情况,合理确定候凝技术措施,确保压稳不漏。

技术套管单级固井，候凝时间应保证顶部水泥石抗压强度不小于 3.5MPa 后方可进行钻塞作业；技术套管单级固井，一级候凝时间应保证顶部水泥石抗压强度不小于 3.5MPa 后方可进行二级固井作业；二级固井候凝时间应保证顶部水泥石抗压强度不小于 3.5MPa 后方可进行钻塞作业；尾管悬挂固井，候凝时间应保证顶部水泥石抗压强度不小于 7MPa 方可进行钻塞作业，若尾管悬挂固井中使用了低密度领浆，则候凝时间应保证顶部水泥石抗压强度不小于 3.5MPa 方可进行钻塞作业。

第二节　固井施工设计

本节重点介绍了塔里木油田固井施工设计的格式及内容要求，明确个部分的内容要求及设计关注的关键点。

一、设计内容要求

固井公司负责结合地质情况、实钻情况、电测数据、邻井固井情况等资料，按照塔里木油田 Q/SY TZ 0644—2020《固井施工设计规范》编制固井施工设计。按设计内容共分为十三节，主要包括前言、地质资料分析、钻井资料分析、密度窗口分析、固井目的／方式／质量要求、固井难点与技术措施、套管柱／固井工具／固井附件设计、固井工艺设计、施工准备、施工组织、复杂预案、井控及 HSE 预案、附件。

二、设计书构成

固井施工设计书由封面页、审批页、目录页、设计内容、附图及附件构成。其中设计格式参照 Q/SY TZ 0644—2020《固井施工设计规范》。

三、设计要求

1. 前言

概括性介绍固井施工设计的主要内容，包括设计井基本情况、固井目的、固井难点、固井主体方案等内容。其主要目的是使施工作业方、设计审核人、设计审批人快速掌握本次固井作业的目的和主体方案，同时要求各作业方按施工设计提前做好作业准备，确保施工安全和质量。

2. 地质资料分析

地质资料分析部分主要分析裸眼井段的地质分层及岩性、油气水显示及分布、地层压力系统等，为明确固井目的和固井难点提供地质数据。

1）地质分层

根据实钻情况，详细分析裸眼段地质层序，明确不同层段的底界垂深／斜深、垂厚／斜厚。

2）裸眼岩性

根据地质录井情况详细分析，重点分析特殊岩性的分布情况和固井工具及附件位置附近岩性，用于指导通井技术措施、下套管技术措施、尾管悬挂器安放位置设计、分级箍安放位置设计等。

3）油气水显示及后效情况

根据录井和实钻情况，详细分析油气水显示、油气水层分布、油气后效等情况，指导下套管安全时间、双凝界面、压稳技术措施等的设计优化。目的层固井施工设计还应分析储层物性、流体特征、油气水层解释结果、测试井段和隔层井段具体位置等。

4）地层压力系统

介绍分析封固井段地层压力、坍塌压力、闭合压力、漏失压力、破裂压力、井区注水/气井注入段压力系数等情况，指导安全密度窗口分析、固井施工参数设计、压稳技术措施、憋压候凝措施等。

3. 钻井资料分析

钻井资料分析部分主要介绍分析钻井设备、井身结构、钻井液性能及储备情况、钻井复杂、电测数据、井眼准备等七个方面，为固井施工设计提供基础数据。

1）钻井设备

明确钻机类型、钻机提升能力、钻井泵情况（台数、缸套直径、冲程）、旋转控制头、防喷器及闸板芯子、套管头配置、环保设备等情况，为下套管载荷校核、顶替浆泵压设计、套管坐挂、控压设计等提供基础数据。

2）井身结构

分析各开次钻头尺寸、井深、套管下深、套管尺寸、套管钢级、套管壁厚、套管螺纹类型、套管材质、封固井段、分级箍、悬挂器及特殊工具的位置，为水泥浆用量计算、固井压力计算、反挤压力控制等提供基础数据。

3）钻井液性能及储备情况

明确各类型钻井液全套性能参数（含高温流变性能）、高温老化实验数据、不同密度钻井液的储备情况、有效容积、罐容情况等，为固井压力计算、下套管顶通循环措施制定、井控预案制定提供依据。

4）钻井复杂

根据实钻情况，介绍分析钻井漏失及堵漏、溢流及压井、垮塌、阻卡等复杂情况，为安全密度窗口分析、通井及下套管措施制定、固井全程压稳措施等提供设计依据。

5）电测数据

明确井径（井眼容积）、井斜、方位、全角变化率、井温、MDT 测试等情况，并标明分级箍、悬挂器及特殊工具安放位置的电测数据，用于指导水泥浆试验温度选取、水泥浆用量设计、注替排量设计等。若本开次未电测井，应根据邻井测井情况、随钻测量数据、上开电测情况等设计相关内容。

6）井眼准备要求

明确通井钻具组合、短起下、扩眼、各类钻井液性能、井眼清洁、地层承压、尾管刮壁称重、回接钻铣喇叭口、井区注水注气井关停等技术要求，为固井施工作业提供良好井眼环境。

7）邻井固井情况

根据邻井本层段固井方案、固井复杂、固井质量等资料，分析介绍邻井固井注替排量、漏失情况、水泥浆密度等，为固井方案制定提供数据参考，掌握可能存在固井复杂，为消减措施和处理预案的制定提供参考。

4. 固井安全密度窗口分析

充分结合钻井资料、邻井固井情况、邻井酸压试油等数据，评估安全密度窗口，指导水泥浆密度、注替排量、压稳防漏措施的设计优化。若评估安全密度窗口难以满足固井施工需求，需根据实现良好顶替条件下的压力模拟情况，提出所需地层承压值。

5. 固井目的及方案

1）固井目的

基于地质资料和钻井资料的充分分析，结合地质目的和工程需求，明确本次固井封固目的和必封井段，并提出满足地质目的实现、下步安全钻进、分层试采需求的固井质量要求。

2）固井方案

立足固井目的和质量要求，概括性介绍固井主体方案，包括固井方式、管串结构、下套管措施、水泥浆密度、注替排量、候凝措施等。

6. 固井难点及技术措施

从固井目的出发，结合钻井情况、固井工艺、邻井固井情况等资料分析下套管和注替水泥存在的详细难点，并从井眼准备、下套管、水泥浆体性能、注替排量等方面制定针对性技术措施。固井难点的分析必须全面完整，针对性技术措施必须可靠有效，且可操作性强。

7. 套管柱、固井工具及附件设计

1）管串结构设计

依据钻井工程设计、地质要求、实际工况，设计详细管串结构，应描述套管和固井工具及附件的下深、数量、性能参数（尺寸、钢级、壁厚、螺纹类型），形成套管串结构设计计表。设计时需考虑钻具与套管伸长量、套管回缩距、送入钻具回缩距、钻余、套余等，套管或钻具伸长量计算公式为

$$\Delta L = \frac{GL^2}{2EF} K_f \tag{2-1}$$

式中 ΔL——套管或钻具伸长量，m；

G——套管或钻具单位长度的质量，kg/m；

F——套管或钻具横截面积，cm^2；

E——套管或钻具弹性模量，一般取 2.06×10^5 MPa；

L——套管或钻具长度，m；

K_f——浮力系数，$K_f = 1 - \dfrac{\rho_{钻井液}}{\rho_{钢材}}$。

对于大斜度井和定向井，套管还应考虑所允许的套管曲率半径，推荐式（2-2）进行计算：

$$R = \frac{ED}{200Y_p} K_1 \tag{2-2}$$

式中 R——允许的套管弯曲半径，cm；

E——钢材弹性模量，$206×10^6$ kPa；

D——套管的外径，cm；

Y_p——钢材的屈服强度极限，kPa；

K_1——螺纹连接处的安全系数，推荐 $K_1=2$。

套管允许的弯曲半径应小于井眼实际的弯曲半径，否则应重新校核。

2）套管强度复核

基于套管、固井工具及附件的类型和性能参数，结合固井施工工况和套管内外压条件对管串进行抗拉、抗外挤、抗内压强度复核，并给出强度复核结果。

3）管柱居中度设计

参照塔里木油田套管扶正器推荐安放方案，基于扶正器类型及性能参数、井径、井斜和方位等数据利用固井软件计算模拟套管居中度，优化确定扶正器安放方案，并附模拟结果图。

8. 固井工艺设计

1）下套管设计

应描述下套管相关计算过程和结果，包括钻机负荷校核、刚度比计算、下放速度设计、顶通循环设计等，确保套管安全顺利下放到位。套管下放时引起的激动压力计算公式为

$$p_{激} = \frac{1}{2}\frac{\rho f L v^2}{D_H - D_h} \tag{2-3}$$

相应套管最大允许下放速度计算公式为

$$v \leqslant \left[\frac{2(p_{漏} - p_{静})(D_H - D_h)}{\rho f L}\right]^{0.5} \tag{2-4}$$

式中 v——允许套管下放速度，m/s；

$p_{激}$——下套管激动压力，MPa；

$p_{漏}$——地层漏失压力，MPa；

$p_{静}$——漏层以上静液柱压力，MPa；

D_H——井眼直径，m；

D_h——套管直径，m；

ρ——钻井液密度，g/cm³；

f——钻井液摩阻系数；

L——套管长度，m。

2）水泥浆、前置液设计及试验要求

水泥浆和隔离液是固井施工作业的物质基础，其设计依据有地层孔隙压力、地层破裂压力、地层漏失压力、地层流体性质及分布、井底静止温度和循环温度、固井工艺、封固段长度、井型、井壁稳定性、平衡压力条件等。主要设计内容包括水泥浆及前置液密度及用量、顶替量、浆柱结构、试验项目、性能要求等。

（1）水泥浆密度设计。

应根据钻井液密度确定，其基本原则是兼顾压稳与防漏，水泥浆密度应大于钻井液密度，在井下条件许可的情况下固井水泥浆密度一般应比同井使用的钻井液密度高 0.24g/cm³ 以上。对于易漏失井和异常高压井应根据地层破裂压力和平衡压力原则合理设计水泥浆密度，塔里木油田一般要求水泥浆密度较钻井液密度高 0.05g/cm³。前置液密度：一般要求比钻井液高 0.12~0.24g/cm³，比水泥浆密度低 0.12~0.24g/cm³。塔里木油田安全密度窗口窄，一般要求钻井液密度≤前置液密度＜水泥浆密度即可。

（2）水泥浆用量设计。

水泥浆用量：根据实测井径、封固段长、上下水泥塞长度、领尾浆界面等确定，并结合电测井径仪器和井下实际情况附加一定的水泥浆，一般按照实测井径附加 20%~30%，漏失井需根据情况考虑附加一定的漏失量。上水泥塞一般按照 200~300m 设计，下水泥塞一般按照 150~300m 设计。隔离液用量方面，在不造成油气侵及垮塌的原则下，一般占环空或管内（以最大的计算）高度 300~500m 或接触时间不低于 7~10min 设计。对于盐层及目的层尾管等裸眼容积较小、采用油基钻井液或井径严重不规则的井，可采用 3~4 倍裸眼环空容积设计隔离液用量，最小用量不低于 10m³，以确保冲洗效果。

（3）浆柱结构设计。

应根据地层三压力情况，地层流体性质及分布，合理设计浆柱结构。对于表层套管固井、回接固井、封固段较短的目的层固井，采用单凝水泥浆浆柱结构。其他情况宜采用双凝水泥浆浆柱结构，两凝界面根据油气水层、漏层分布情况合理设计：对于油气水活跃井，尾浆封固至油气水层以上 100m；对于低压易漏失井，采用双凝双密度水泥浆，尾浆采用常规密度水泥浆，封固漏层以下井段，领浆采用低密度水泥浆，封固漏层以上井段。

（4）水泥浆试验应根据固井工艺和固井质量要求，明确试验项目、试验条件及性能要求，确保固井施工安全和质量。

3）施工参数设计

（1）设计原则。

综合考虑密度窗口、套管居中度、浆柱结构、浆体流变性能等因素，利用固井软件以最优顶替效率为原则合理设计施工参数。首先按照一般环空返速、浆体性能、浆柱结构等要求进行施工参数初步设计，并进行顶替效率模拟；然后结合安全密度窗口和施工压力，调整确定不引起固井漏失的施工参数，并再次进行顶替效率模拟。若优化调整后的施工参数无法满足顶替效率要求，则需进一步优化调整浆柱结构和浆体流变性能，确保达到最优顶替效率。最后根据优化调整后的浆柱结构和浆体流变性能，最终确定在安全密度窗口内实现顶替效率最大化的施工参数。

（2）设计结果。

根据软件模拟计算结果列出管内外静液柱压差、循环压耗、施工泵压、井底（或关注点）动静态压力，按照全过程固井压稳为原则确认固井施工前、施工中、施工后的是否压稳地层流体，并附上顶替效率模拟图。另外，目的层及有层间封隔要求的井须给出水泥浆壁面剪应力计算结果，水基钻井液条件下水泥浆壁面剪应力不小于 45Pa，油基钻井液条件下水泥浆壁面剪应力不小于 30Pa。

水泥浆壁面剪应力公式

$$\tau_\omega = \frac{\Delta p}{4L}(D-d) \tag{2-5}$$

式中　τ_ω——流体环空流动的壁面剪应力，Pa；
　　　D——井眼直径，m；
　　　d——套管外径，m；
　　　Δp——流体一定井眼长度下环空流动摩阻，Pa；
　　　L——流体流动作用的井眼长度，m。

4）施工工艺流程及要求

应描述固井施工流程及技术要求，包括注替量、注替时间、注替排量、尾管固井注替结束后的起钻及灌浆要求、分级箍开关孔步骤、候凝技术要求、水泥浆强度养护要求、开井泄压及探塞、钻塞要求等。

9. 施工准备

介绍钻井队、固井队、套管队、气密封检测方、水泥浆服务方、工具服务方等相关作业单位的施工准备要求。

10. 施工组织

介绍施工指挥组、钻台组、泵房组、注水泥组、测量水泥浆密度组、计量组、供水组、工具服务组、环保回收组、资料组等施工小组的任务及注意事项。

11. 复杂预案

介绍本次固井井漏、溢流、工具异常、憋堵、高泵压等复杂工况的处理预案。

12. 井控及 HSE 预案

依据井控风险识别制定针对性预案，包括安全作业时间、钻井液储备、井控装备及防喷单根（立柱）、液面监测、值班坐岗等要求。根据 SY/T 5974—2020《钻井井场设备作业安全技术规程》和 SY/T 6276—2014《石油天然气工业健康、安全与环境管理体系》制定相应的健康、安全、环保预案。

13. 附件

明确附件应包括的内容，如与施工设计相关的附表、附图、报告、会议纪要、技术方案、水泥浆实验报告、固井工具草图等。

第三章　固井作业技术要求

固井作业质量是保证固井最终质量的关键，塔里木油田一直以来强化固井作业技术管理，形成了固井全过程的技术要求。本章从井眼准备及装备、下套管工具及作业、固井施工装备及施工、套管坐挂、候凝及钻水泥塞等方面阐述各个环节的技术要求，以指导现场施工作业，提高作业质量[6]。

第一节　井眼准备及装备技术要求

井眼准备是下套管、固井前重要的准备工序，需要对钻机系统、井身质量、钻井液性能、水泥浆材料准备及试验等方面进行调整优化，为套管安全下入、固井水泥浆注替施工提供良好的井筒条件与装备性能。

一、井眼准备

1. 井身质量控制

钻井过程中应确保井身质量符合塔里木油田 Q/SY TZ 0471—2020《钻井井身质量控制规范》标准，重点控制井斜角、井径扩大率、井底水平移、全角变化率。井身质量数据应通过测井手段获取，凡全角变化率超过控制规范的井，应采取措施处理，以利于套管下至设计井深。

2. 井深校核

中完或完钻时必须明确井深，井深一律以恢复悬重后（或无钻压情况下）的方式计算。下套管前应校核钻具长度，再次核实井眼深度，并分别计算好钻具的伸长量和套管的伸长量。

3. 钻井液性能要求

（1）优化钻井液流动性。下套管前，需对钻井液流动性进行调整，避免高黏切钻井液引发开泵困难、替浆泵压高等情况发生，非必要不打垫底稠浆。同时，强化滤饼质量及润滑性。

（2）提高钻井液体系抗高温稳定性。下套管前必须对钻井液进行高温老化试验，若试验后出现明显稠化现象，必须处理钻井液性能，在满足下套管施工条件后，才能组织下步施工。老化试验要求：老化温度为井底静止温度附加10℃，养护时间按照起下钻时间＋下套管时间＋附加10h，养护期间不滚动，须静止养护。

（3）控制钻井液滤饼的摩阻系数。水平位移小于500m的定向井摩阻系数控制在0.10之内，水平位移大于500m的定向井摩阻系数控制在0.08之内。井深浅于3500m的直井摩阻系数控制在0.15之内，井深大于3500m的直井摩阻系数控制在0.12之内。

(4)做好水泥浆、钻井液、隔离液相容性实验。水泥浆、钻井液、前置液间各种比例混合物的流变性和稠化时间必须满足作业要求。若井筒内钻井液与水泥浆污染严重,首先应考虑更换水泥浆外加剂或水泥,若更换后仍存在不相容的问题,则可根据情况配制满足相容性要求的保护浆,并制定详细可靠的应急预案,确保固井施工安全。新配保护浆前必须掏净钻井液罐,由钻井液工程师和固井工程师确认后方可配制。

(5)山前井下套管前钻井液主要性能推荐见表3-1和表3-2。若作业前钻井液性能达不到要求,需继续调整合格后方可进行下步固井作业。

表3-1 下套管前水基钻井液主要性能推荐表

开次	层位	黏度/s	静切力/Pa	API失水/滤饼/(mL/mm)	HTHP失水/滤饼/(mL/mm)
一开	表层	100~150	3~5/10~15	≤6/≤2	不要求
二开	盐上	60~80	2~4/10~15	≤4/≤1	不要求
三开	盐上	60~80	1~3/8~15	≤3/≤1	≤15/≤2
四开	盐层	50~75	1~3/8~15	不要求	≤15/≤2
五开	目的层	50~75	1~3/8~15	不要求	≤15/0.5~2

表3-2 油基钻井液主要性能推荐表

层位	黏度/s	静切力/Pa	HTHP失水/滤饼/(mL/mm)
盐层	75~120	3~6/6~10	≤10/≤2
目的层	65~100	3~5/6~10	≤8/0.5~2

(6)固井施工前性能调整。注水泥前应以不小于钻进时的最大环空返速至少循环2周。固井施工前,钻井液主要性能推荐要求:钻井液密度低于1.30g/cm^{3}时,屈服值应小于5Pa,塑性黏度应在10~20mPa·s之间;钻井液密度在1.30~1.80g/cm^{3}范围内,屈服值应小于8Pa,塑性黏度应在15~30mPa·s之间;钻井液密度高于1.80g/cm^{3}时,屈服值应小于15Pa,塑性黏度应在25~75mPa·s之间。

4. 地层承压要求

应根据井下情况进行地层承压试验或承压能力评估,确保承压能力应满足固井施工要求。地层承压试验作业要求如下。

(1)首先根据固井过程中最薄弱层位置的最大ECD(循环当量密度)确定所需实际承压值的大小;

(2)将钻具起至上层套管鞋内,打开钻井四通至节流管汇之间的平板阀,关半封闸板,开钻井泵缓慢打压,观察套压表压力值,当套压表的压力值达到设计承压值时,停泵观察半小时,如果压力降不大于0.5MPa,则承压成功;

（3）如果在打压过程中或打压到设定值后发现压力有下降的趋势，则应停止打压，观察压力变化情况，如果压力持续下降，则表示地层承压达不到要求，可以开展堵漏作业，提高地层承压能力；

（4）堵漏作业后，应充分循环钻井液排净堵漏液，并进行短起下划眼，确保附着在井壁表面的堵漏材料排除干净；循环干净后，起钻至上层套管鞋内，再次按照承压步骤进行承压；

（5）对于碳酸盐岩目的层等压力敏感地层，采用静态承压可能会引起大漏的情况下，可采用动态承压方法，即在通井期间通过逐步增大循环排量或节流循环等方式，逐步增加井底压力，并利用水力学软件反算薄弱地层位置的循环当量，以此确定薄弱地层的实际承压值。

（6）对于无法通过堵漏达到提高地层承压能力的井，可以采用特殊固井工艺或固井工具解决。

5. 通井作业要求

（1）下套管前必须进行通井作业，对阻、卡井段应认真划眼。最后一趟通井钻具组合的最大外径和刚度应不小于原钻具组合，不同通井钻具组合刚度比计算见表3-3。对于深井、大斜度井和水平井，通井距离钻头最近的一个扶正器外径欠尺寸必须在1~3mm范围（相较于钻头尺寸），通井钻具组合的刚度应不低于下入套管的刚度，刚度比计算公式为

$$\frac{mI_{钻铤}L_{钻铤} + nI_{稳}L_{稳}}{I_{套管}\left(mL_{钻铤} + nL_{稳}\right)} > 1 \quad (3-1)$$

式中　$I_{钻铤}$——钻铤截面惯性矩，cm^4；

　　　$L_{钻铤}$——钻铤长度，cm；

　　　$I_{稳}$——钻井稳定器截面惯性矩，cm^4；

　　　$L_{稳}$——钻井稳定器长度，cm；

　　　m——钻铤根数；

　　　n——稳定器个数。

界面惯性距计算公式为

$$I_x = \frac{\pi\left(D^4 - d^4\right)}{64} \quad (3-2)$$

式中　I_x——界面惯性矩，cm^4；

　　　D——外径，cm；

　　　d——内径，cm。

（2）针对山前井下套管，一开采用近钻头三扶通井；二开、三开若是采用垂钻工具钻进的井眼，则电测完直接三扶通井；四开下技术尾管悬挂，直接采用双扶1+1通井；五开油层下尾管悬挂，直接采用双扶1+1通井，针对前期钻井钻具组合配套通井钻具组合形式见表3-4和表3-5。

表 3-3 不同通井钻具组合刚度比计算公式

通井钻具组合类型	刚度比
钻头 +1 根钻铤 +1 个稳定器 + 钻铤若干（单扶钻具）	$\dfrac{I_{钻铤}L_{钻铤}+I_{稳}L_{稳}}{I_{套管}(L_{钻铤}+L_{稳})}$
钻头 +1 根钻铤 +1 个稳定器 +1 根钻铤 +1 个稳定器 + 钻铤若干	$\dfrac{I_{钻铤}2L_{钻铤}+I_{稳}2L_{稳}}{I_{套管}(2L_{钻铤}+2L_{稳})}$
钻头 +1 个稳定器 +1 根钻铤 +1 个稳定器 +1 根钻铤 +1 个稳定器 + 钻铤若干（满眼钻具）	$\dfrac{I_{钻铤}2L_{钻铤}+I_{稳}3L_{稳}}{I_{套管}(2L_{钻铤}+3L_{稳})}$
钻头 +2 根钻铤 +1 个稳定器 + 钻铤若干	$\dfrac{I_{钻铤}2L_{钻铤}+I_{稳}L_{稳}}{I_{套管}(2L_{钻铤}+L_{稳})}$
钻头 +2 根钻铤 +1 个稳定器 +1 根钻铤 +1 个稳定器 + 钻铤若干（钟摆钻具）	$\dfrac{I_{钻铤}3L_{钻铤}+I_{稳}2L_{稳}}{I_{套管}(3L_{钻铤}+2L_{稳})}$
钻头 +3 根钻铤 +1 个稳定器 + 钻铤若干	$\dfrac{I_{钻铤}3L_{钻铤}+I_{稳}L_{稳}}{I_{套管}(3L_{钻铤}+L_{稳})}$

注：表中假设每个通井钻具组合中的稳定器、钻铤的几何尺寸相同，不相同时需分别计算。

表 3-4 通井钻具组合表示形式

通井钻具组合形式	通井钻具组合工具串结构
双扶正器	钻头 +1 根钻铤 +1 个稳定器 +1 根钻铤 +1 个稳定器 + 钻铤若干
近钻头单扶正器	钻头 +1 个稳定器 + 钻铤若干

表 3-5 不同通井钻具组合推荐表

开次	井眼尺寸/mm	常规钻具组合	Power-V 钻具组合	钻具组合	套管尺寸（外径×壁厚）/mm	钻铤尺寸/mm（in）	常规钻具组合刚度比	Power-V 钻具组合刚度比	通井钻具组合刚度比
一开	762	钟摆	—	三扶满眼（0+1+1）	609.6×15.24	279.4（11）	0.87	1.16	1.58
一开	660.4	钟摆	—	三扶满眼（0+1+1）	508×12.7	228.6（9）/279.4（11）	0.95/1.21	1.29/1.54	1.77/2.01
一开	558.8	钟摆	Power-V 工具 +0+1	三扶满眼（0+1+1）	473.08×16.48	228.6（9）/279.4（11）	0.58/0.83	0.75/1	0.99/1.23
二开	444.5	钟摆	Power-V 工具 +0+1	三扶满眼（0+1+1）	374.65×18.65/365.13×13.88	228.6（9）	0.66/0.92/1.13（11 钻铤与 374mm 套管）	0.78/1.09/1.24（11 钻铤与 374mm 套管）	0.95/1.33/1.4（11 钻铤与 374mm 套管）
二开	431.8	钟摆	Power-V 工具 +0+1	三扶满眼（0+1+1）	365.13×24.89/339.7×13.06	228.6（9）	0.54/1.16/0.94（11 钻铤与 365.13mm 套管）	0.63/1.36/1.02（11 钻铤与 365.13mm 套管）	0.76/1.64/1.14（11 钻铤与 365.13mm 套管）

续表

开次	井眼尺寸/mm	常规钻具组合	Power-V钻具组合	钻具组合	套管尺寸/mm 外径×壁厚	钻铤尺寸/mm（in）	常规钻具组合刚度比	Power-V钻具组合刚度比	通井钻具组合刚度比
三开	333.4	钟摆	Power-V工具+0+1	三扶满眼（0+1+1）	293.45×23.55+273.05×13.84	228.6（9）	0.85/1.63	0.9/1.74	0.98/1.9
三开	311.2	钟摆	Power-V工具+0+1	三扶满眼（0+1+1）	265.13×22+244.5×11.99	228.6（9）	1.18/2.5	1.24/2.62	1.32/2.79
四开	241.3	钟摆	Power-V工具+0+1	双扶（1+1）	206.38×17.25+196.9×12.7	177.80（7）	1.15/1.7	1.21/1.78	1.21/1.78
四开	215.9	钟摆	Power-V工具+0+1	双扶（1+1）	182×14.8+177.8×12.65	177.80（7）	1.84/2.24	1.89/2.29	1.89/2.29
五开	168.30	光钻具	单扶	双扶（1+1）	139.7×12.09	127（5）	1.23	1.41	1.41
五开	149.2	光钻具	单扶	双扶（1+1）	127×9.5	120.7（4 3/4）	1.65	1.8	1.8

注：（1）双扶：钻头+1根钻铤+1个稳定器+1根钻铤+1个稳定器+钻铤若干。

（2）三扶满眼：钻头+1个稳定器+1根钻铤+1个稳定器+1根钻铤+1个稳定器+钻铤若干。

（3）长裸眼井通井，应针对易垮塌段附近的糖葫芦井眼，充分携砂，以防止大肚子堆集大量掉块及岩屑后期形成砂桥。

（4）当存在蠕变地层时（如膏盐层、塑性泥岩等），必须充分掌握地层蠕变及通井钻具通过规律，并采取相应措施，满足下套管要求。对区域地层蠕变规律认识不足及单井地层蠕变规律掌握不清时，必须测地层蠕变，且观测时间应不低于下套管安全作业时间。

（5）井眼清洁。

下套管前根据井筒情况，使用纤维或稠浆充分携砂洗井。在经过堵漏作业或加有随堵材料的钻井液必须清除堵漏材料，彻底清洁钻井液，裸眼段必须仔细划眼清除井壁黏附堵漏材料，并对钻井液罐进行清理。对于斜度井或水平井，应采用分段循环携砂措施，确保井眼清洁，钻井液清洁。含油气水层井段还需充分循环排净后效。

6. 其他井眼准备要求

对于尾管固井作业，除上述要求外还应做到如下两点。

（1）钻具探伤。

采用尾管固井的井在中完通井期间应对送入钻具按照《塔里木油田钻工具管理与使用办法》进行探伤检测。钻工具使用方负责探伤部位清理、耦合剂喷洒作业，并配合现场探伤。探伤过程中起钻至探伤部位时应停顿，待探伤人员完成探伤操作后方可继续起钻，探伤人员应采用防爆影像设备记录探伤过程，影像记录应留存一年。发现有伤或怀疑有伤钻具时，应停止起钻作业，立即拆甩并进行标识，严禁再次入井。

（2）刮壁称重。

采用常规刮壁器或者一体化刮壁管柱进行刮壁作业，对坐挂位置以上100m至管鞋以上30m井段反复刮壁3次，刮壁到位后起钻至预定坐挂点进行称重和试排量，必须记录指重表和录井以下数据：不开泵上提、不开泵下放、不开泵静止的对应悬重，开泵上提、开泵下放、开泵静止对应的悬重，开泵排量和压力，（排量应为设计施工排量和上下浮动排量）。对于一体式刮壁器应分别记录空游车称重、刮壁器入井称重、坐挂点称重。数据格式见表3-6。

表3-6 刮壁称重数据记录表

称重井深/m			称重钻具组合			
称重数据	工况			泵压/MPa	悬重/t		
					静止	上提	下放
	停转盘	未开泵					
		开泵（ L/s）					
		开泵（ L/s）					
		开泵（ L/s）					
	转转盘（转速）	未开泵					
		开泵（ L/s）					
		开泵（ L/s）					
		开泵（ L/s）					
刮壁情况							

（3）铣喇叭口和回接筒（回接固井）。

下回接套管前应认真进行铣喇叭口作业，推荐采用分体式的铣锥铣柱，确保回接时插入头插入顺利。铣喇叭口作业前应确认铣锥铣柱的尺寸与回接筒匹配；应采用合金粒堆焊的铣锥，铣锥锥形外径与回接筒内径一致部分，上下5cm合金齿必须完好，平面磨损深度误差-1mm以内；铣柱直径要求与标准值误差-1mm以内。钻具组合：铣锥、铣柱钻具组合应带6~9根钻铤，两趟钻具组合应与刮壁+复探喇叭口的钻具组合保持一致，便于准确判断喇叭口位置及保障回接筒铣磨到位。喇叭口铣磨分为探、磨、验、查四个阶段。

①探喇叭口：距离原实探喇叭口位置最后一个单根，提前开泵至正常排量，泵压稳定后记录好泵压，缓慢下放至铣锥底端距离原实探喇叭口位置约0.5~1m，充分洗井30min，后继续下探喇叭口。下探喇叭口期间，若发现泵压上升，钻压增加，标明钻具位置并记录好喇叭口位置，继续送钻至钻压4~5t，且泵压稳定后，则记录喇叭口位置为$H_{开泵}$。停泵，上提钻具2~3m，以同样排量开泵，开转盘30~40r/min，以同样方式再探喇叭口，记录喇叭口位置为$H_{旋转}$。停泵停转盘，上提钻具2~3m，转动钻具以不同方位，以同样方式开泵下探喇叭口，并记录喇叭口位置为$H_{转动}$。上提钻具2~3m，停泵停转盘复探喇叭口，若钻压增加，则记录此喇叭口位置为$H_{停泵1}$。上提钻具2~3m，转动钻具以不同方位，以同样

方式下探喇叭口，并记录喇叭口位置为 $H_{停泵2}$。若 $H_{开泵}$、$H_{旋转}$、$H_{转动}$ 基本吻合，$H_{停泵1}$、$H_{停泵2}$ 基本吻合，且与钻上塞期间原实探喇叭口位置基本吻合，则分别记录 $H_{开泵}$、$H_{停泵}$ 为开泵与不开泵状态下的实探喇叭口位置。

②铣磨喇叭口：开泵开转盘探到喇叭口后，对井口钻具进行标记，并开始磨铣喇叭口，磨铣参数：转速 30~40r/min，钻压 1~2t。每磨铣 15~20min，上提一次钻具。对于磨铣无进尺，且扭矩平稳的井，可适当增加磨铣钻压和磨铣时间，最高可磨铣 120min。对于磨铣有进尺，最多可磨进 5~10cm，或至扭矩基本平稳。每磨铣一段时间后，应上提循环，观察出口返出情况，以进一步确定磨铣时间。铣磨喇叭口完，应在距离喇叭口 1~3m 位置，充分循环清洁井筒后方可起钻。

③验喇叭口：采用探喇叭口方式，钻具转动至不同方位，以开泵、停泵两种方式探喇叭口，探喇叭口期间，观察铣锥进入喇叭口（试插）是否通畅，并对比不同方位喇叭口位置有无差异，若无差异，则记录停泵状态下所探喇叭口位置为后期铣柱铣回接筒及回接插入的参考依据。

④核查铣磨情况：起出铣锥检查磨损情况，重点检查对应回接筒内径处铣锥表面的磨损情况，以确定是否磨铣到位。

⑤铣回接筒：距离原实探喇叭口位置最后一个单根，提前开泵至正常排量，泵压稳定后记录好泵压，缓慢下放至铣柱底端距离原铣锥实探喇叭口位置约 0.5~1m，充分循环 10min。启动转盘后继续下探至喇叭口位置开始铣回接筒。进喇叭口转盘转速 15~20r/min，铣柱全部进入后转盘转速 30~40r/min。铣柱进入喇叭口深度不得少于回接插入密封插入部分长度，底端应尽可能抵至反扣位置。铣磨期间应多次反复提划 3~4 次后，停泵停转盘，转动钻具至不同方位，下放至铣磨终端，检验是否通畅。铣回接筒完，充分循环至出口无铁屑等杂物、钻井液进出口密度一致或密度差小于 $0.02g/cm^3$ 后起钻，必要时可对铣磨终端以上打优质钻井液封闭。起出铣柱检查表面及底端磨损情况，以确定是否磨铣到位。同时检查柱体侧面评估回接筒内部光滑程度。

铣完喇叭口和回接筒后进行深度校核：通过下入铣锥和铣柱钻具组合的深度差值，判断回接筒的有效长度，并与理论长度进行对比。

第二节　下套管工具及作业技术要求

一、下套管设备及工具

1. 套管吊卡

套管吊卡是套扣在套管接箍下面，用以悬挂、提升和下入套管的工具。塔里木油田常用的套管吊卡为侧开式平台阶套管吊卡，主要由主体、活门、开口销、手柄等部件组成，如图 3-1 所示。

套管吊卡的尺寸应与对应套管相匹配。塔里木油田常用尺寸有 20in、18⅝in、14⅜in、13⅜in、10¾in、9⅝in、8⅛in、7¾in、7in、5½in、5in 等。按照提升能力分为 350t、500t、750t 三种规格。

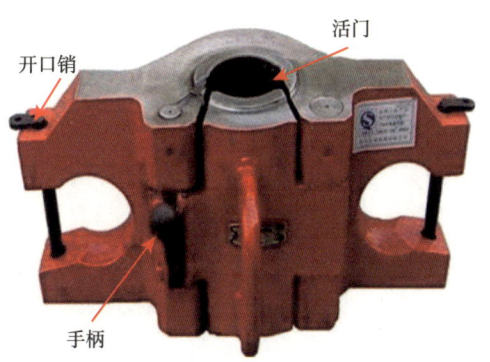

图 3-1 套管吊卡

2. 套管卡盘

套管卡盘是专门用于悬挂重型套管柱或无接箍套管的下套管设备（图 3-2），大尺寸套管（套管外径≥244.5mm）浮重大于200t、气密封螺纹套管浮重大于100t、无接箍套管，必须使用卡盘作业，可以有效提拉套管，同时避免接箍变形影响上扣。适用于套管的外径范围为114.3~609.6mm，需要配套长吊环，其主要结构包括本体、铰链销、连接块、卡瓦总成、气动锁紧总成、气动上举总成、气动覆盖总成、气动总成、上举螺栓、防护帽、连接块销、安全弹簧和锁紧总成等。上卡盘、下卡盘均是以压缩空气（动力源如图3-3所示）带动气缸中的活塞运动来实现卡盘的夹紧动作，从而实现对套管的抱紧。上卡盘、下卡盘构造结构略有不同，上卡盘悬挂在游车吊环上使用，底部带锥形导向环，下卡盘安装在井口转盘上使用，底部无锥形导向环。塔里木油田目前使用的卡盘主要由350t、500t和750t卡盘，工作尺寸范围114.3~609.6mm。

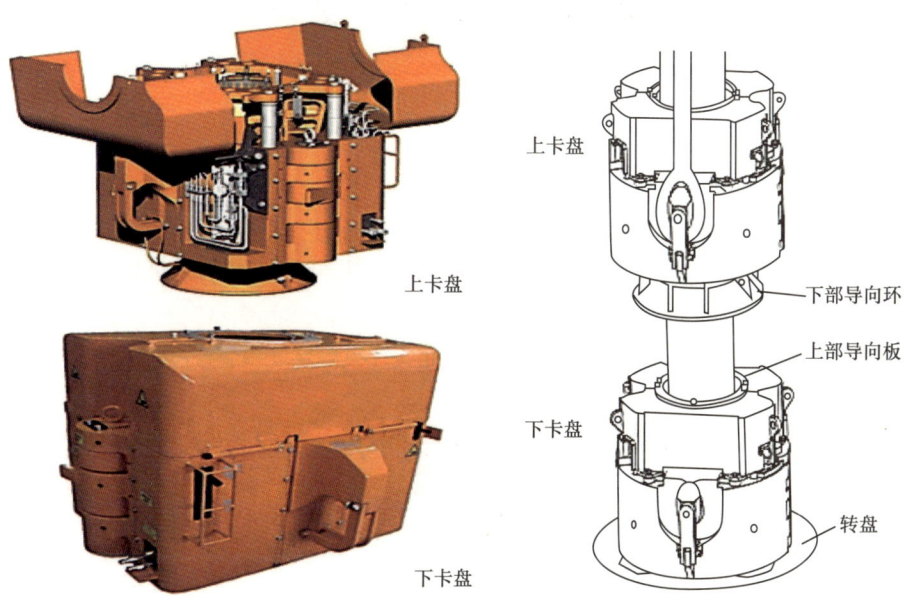

图 3-2 套管卡盘

图 3-3　液压泵站（动力源）

3. 吊环

吊环是用于游车或顶驱悬挂吊卡的工具，如图 3-4 所示。按结构型式可分为单臂吊环和双臂吊环。按照提升能力分为 350t、500t、750t 三种规格。其长度应满足固井前循环及固井施工等作业，若不满足需加使用长吊环。

图 3-4　不同长度和吨位的单臂吊环

4. B 型钳

B 型钳是用于旋紧或卸开钻柱、套管及类似杆件连接螺纹的工具，如图 3-5 所示，一般在下套管初期上扣时做背钳，防止套管旋转。主要由钳头、钳柄及吊杆组成，多扣合钳可通过更换扣合钳，变换各扣合钳台肩来改变扣合尺寸。

图 3-5　B 型钳

5. 套管钳

套管钳是一种由液压马达驱动的对套管进行上扣和卸扣的装置,主要由液压系统、传动系统、颚板系统、弹簧悬挂器、扭矩仪组成,如图 3-6 所示。

工作原理:通过动力源提供的液压动力,经过三位四通阀驱动液压马达,从而带动齿轮箱齿轮组转动,齿轮箱齿轮组带动主钳驱动齿轮转动,将动力传输到套管钳,套管钳夹持管柱后,通过顺时针或逆时针旋转实现上卸扣的功能。

截至目前常用的套管钳分为常规套管钳、大尺寸套管钳和无牙痕套管钳,常规套管钳适用于套管的外径范围为 114.3~355.6mm,最大上扣扭矩 105000N·m;大尺寸套管钳适用于套管的外径范围为 365.13~609.6mm,最大上扣扭矩 95000N·m。无牙痕套管钳适用于超级 13Cr 材质套管,套管外径范围为 114.3~177.8mm,最大上扣扭矩 35000N·m。性能见表 3-7。

图 3-6 套管钳

表 3-7 套管钳类型

类型	适用范围 / mm	最大扭矩 / (N·m)
常规套管钳	114.3~355.6	105000
大尺寸套管钳	365.13~609.60	95000
无牙痕套管钳	114.3~177.8	35000

套管钳牙板是钳头的关键件,用于咬合套管紧扣,根据套管材质的要求,牙板分为常规型牙板和无牙痕型牙板,如图 3-7 所示。

常规型牙板　　　　　　　　　　无牙痕型牙板

图 3-7　套管钳牙板

6. 扭矩仪

扭矩仪是一种扭矩信号处理控制记录系统，可监测、显示、记录套管上扣过程中的扭矩仪与套管钳配合使用，实现上扣扭矩自动控制，主要由主机、扭矩传感器、圈数传感器、显示器、液压动力控制输出等装置组成，如图 3-8 所示。

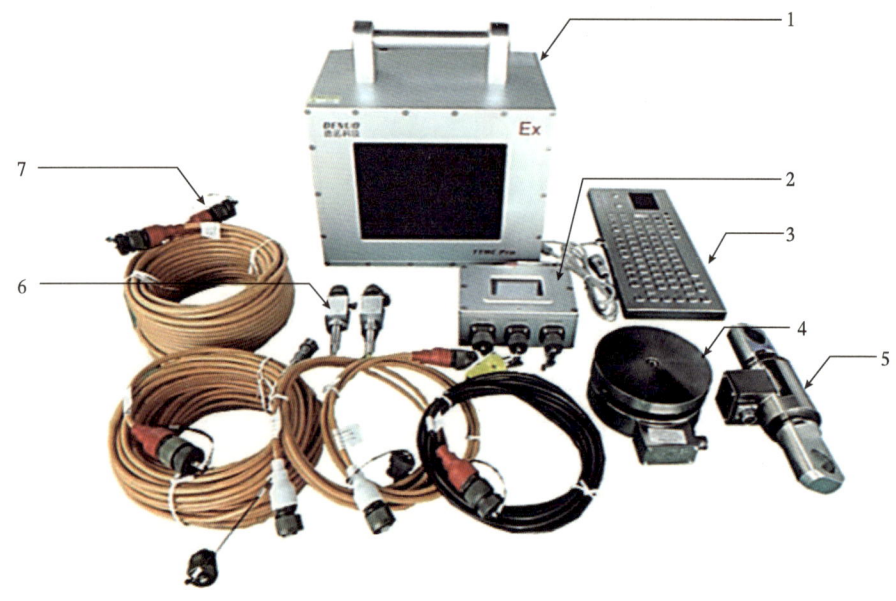

图 3-8　扭矩仪

1—显示器；2—主机；3—键盘；4—圈数传感器；5—扭矩传感器；6—压力传感器；7—传感器线缆

工作原理:(1)力式。如果忽略钳头与钳体之间摩擦力和上扣角加速度的影响,套管的上扣扭矩值等于套管钳尾绳所受张力与套管钳臂长的乘积。拉力扭矩传感器串接在套管钳尾绳上,上扣过程中测量钳尾绳的张力,将力转换成电信号输出,由主机采集电信号后通过显示器直观显示出套管钳上扣扭矩;(2)圈数式:接近开关式圈数传感器采用接近开关测量,传感器安装在套管钳侧部,低档感应大齿圈转过的齿数,输出与大齿圈齿数相对应的脉冲,将脉冲转换成电信号输出,由主机采集电信号后通过显示器直观显示出套管钳上扣扭矩,并记录保留。

不同类型套管螺纹由于其密封形式不同,上扣扭矩曲线表现在扭矩图上是有所不同的,可以通过曲线初步判断上扣是否正常,再结合上扣位置综合判断上扣是否合格。常规偏梯螺纹主要靠螺纹密封,因此其上扣曲线一般呈斜线上升,主要靠管体上的"△"钢印标准为参照物进行上扣控制,其典型上扣曲线图如图3-9所示。

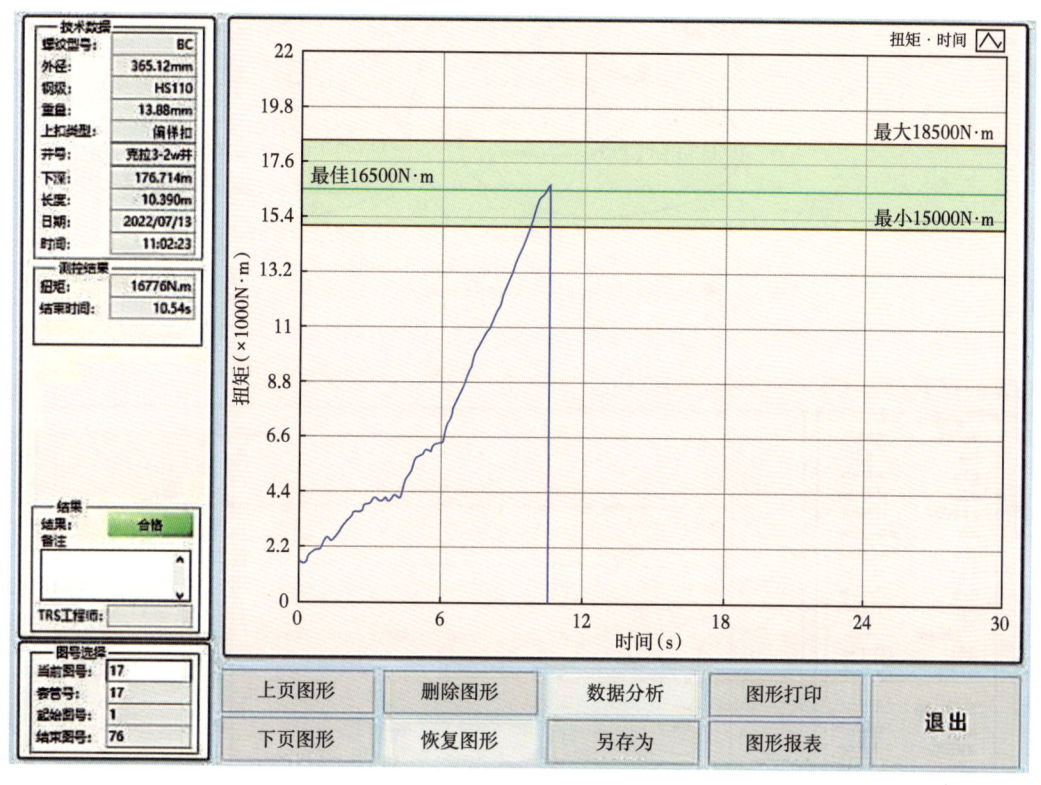

图3-9 偏梯螺纹上扣曲线

气密封螺纹的种类有很多,例如3SB、VAMTOP、TPCQ、BGT1、BGT2等,但气密封螺纹的共同特点是均采用锥面—锥面密封形式,其上扣曲线会呈现出典型的台肩,台肩比也是判断气密封螺纹上扣是否合格的主要依据,上扣曲线图如图3-10和图3-11所示。

此外,塔里木油田小尺寸套管还用了长圆螺纹,该螺纹类型上扣控制接箍端面与螺纹消失点齐平,余扣不超过正负两扣。

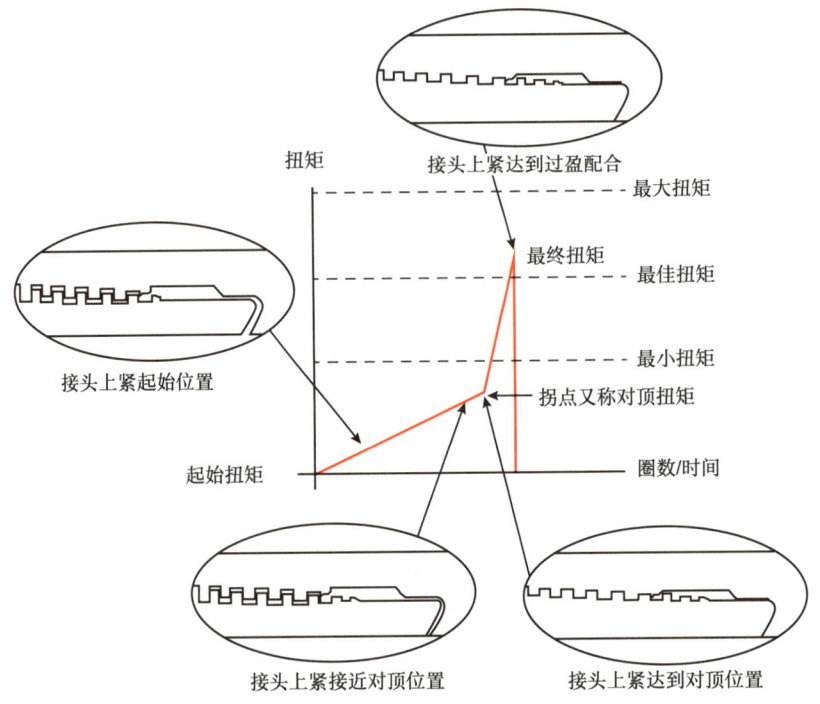

图 3-10　气密封螺纹套管标准扭矩曲线

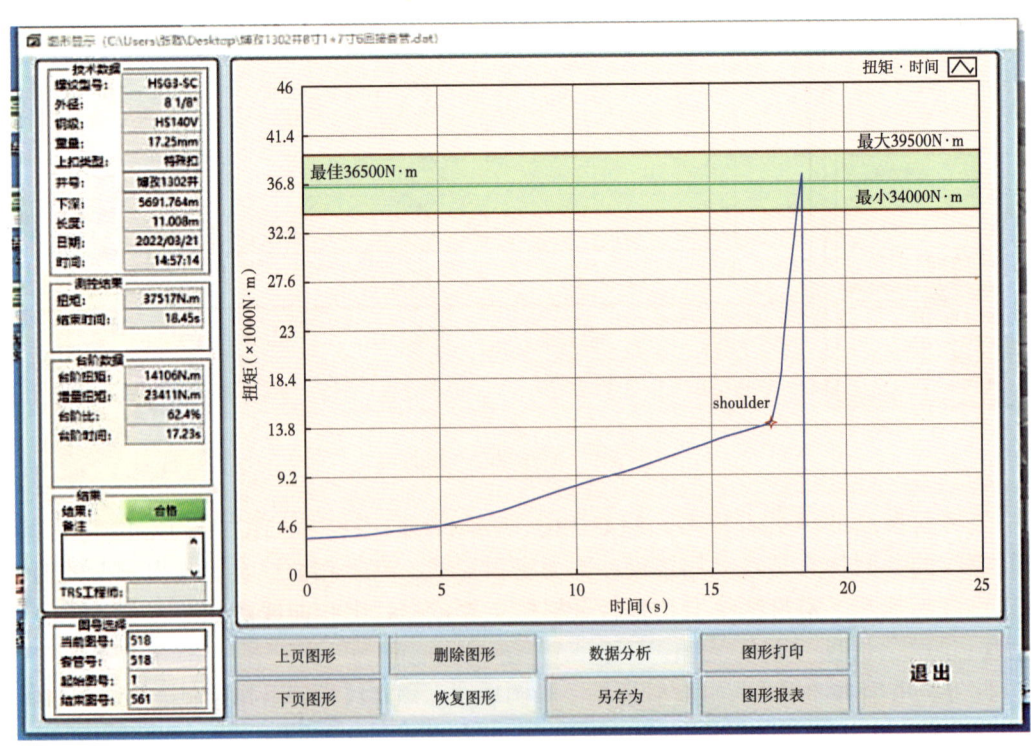

图 3-11　气密封螺纹套管现场上扣曲线图

7. 气密封检测仪

气密封检测仪是检测油套管螺纹密封性能的专用设备，主要用于对油套管连接部位进行快速、高效、无损的密封性检测，主要由动力系统（水力泵）、储能器、检测工具、控制台、检测集气套、氦气质谱仪组成，如图 3-12 所示。检测时首先在油套管内下入带上下两个卡封器的检测工具，分别在螺纹连接部位上下卡封，然后往螺纹与检测工具之间的密封空间内注入高压检测气体，用高灵敏度的探测器在螺纹外检测，在规定的时间内检测气体泄漏情况，如图 3-13 和图 3-14 所示。

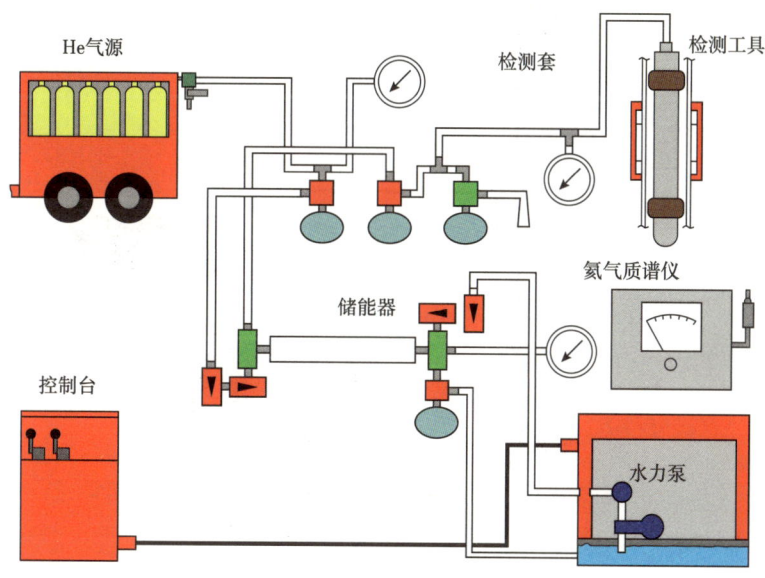

图 3-12 密封检测仪组成

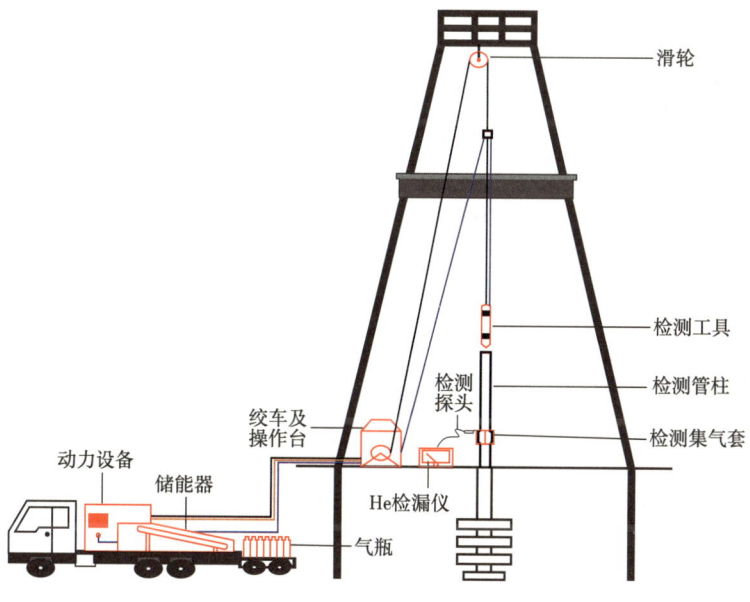

图 3-13 气密封检测现场示意图

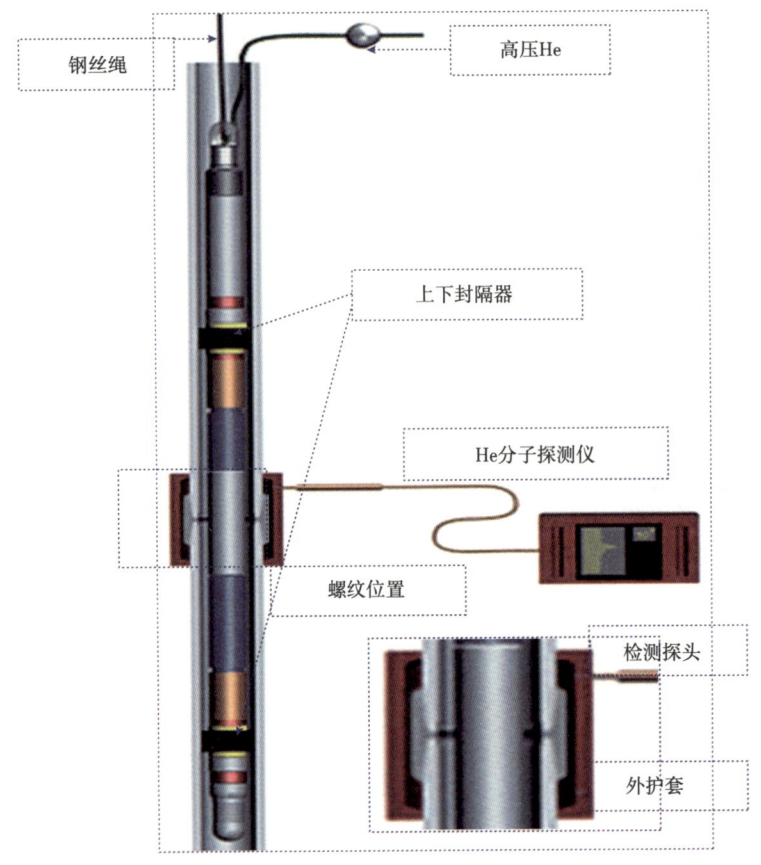

图 3-14 气密封检测原理

图 3-15 常规循环头

8. 循环头

循环头是用于下套管过程中连接套管和地面管汇之间建立循环的井口工具,如图 3-15 所示,主要由内螺纹端(钻杆扣的短节)和外螺纹端(套管螺纹的短节)连接而成,内螺纹端钻杆螺纹类型常用的有 310、410、510 等,外螺纹端套管螺纹类型常用的有 BC、TPCQ、BGT2、HSG3-TLM、TSH Blue R2 等;塔里木油田常用循环头的尺寸有 20in、$18\frac{5}{8}$in、$14\frac{3}{8}$in、$13\frac{3}{8}$in、$10\frac{3}{4}$in、$9\frac{5}{8}$in、$8\frac{1}{8}$in、$7\frac{3}{4}$in、7in、$5\frac{1}{2}$in、5in 等。常规循环头只有密封功能,不能有提拉吨位。

由于塔里木地区井况复杂、井控风险高,为满足现场井控需要,定制加工了可提拉一定吨位的整体式循环头,整体式循环头为整体锻造结构,不允许采用焊接组合形式,现场使用时应提前标明可提拉吨位。结构示意如图 3-16 所示,有 A 型和 B 型两种,整体式循环头结构参数和抗拉性能见表 3-8 和表 3-9。

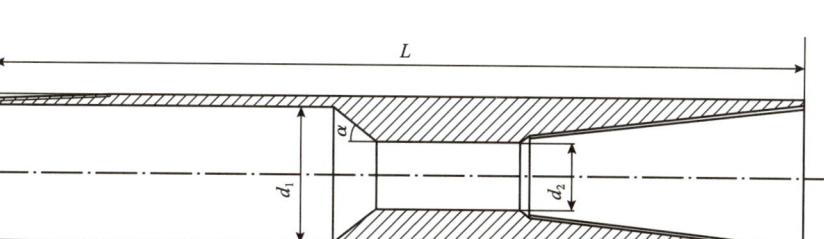

L—本体总长；L_1—外螺纹长度；D_1—本体外径；d_1—套管端内径；d_2—钻杆端内径

（a）A型结构

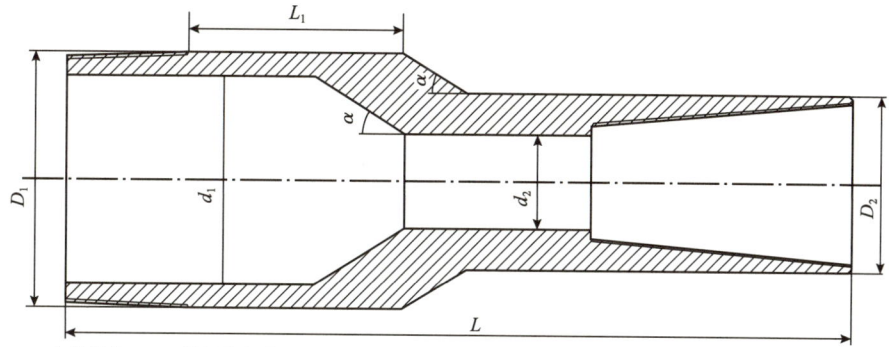

L—本体总长；L_1—外螺纹长度；D_1—套管端外径；D_2—钻杆端外径；d_1—套管端内径；d_2—钻杆端内径

（b）B型结构

图 3-16 整体式循环头结构示意图

右边为上部连接钻杆的内螺纹接头，左边为下部连接套管的外螺纹接头

表 3-8 整体式循环头结构参数

序号	规格 /（in×in）	D_1 / mm	d_1 / mm	L_1 / mm	D_2 / mm	d_2 / mm	连接钻杆螺纹类型	连接钻杆上扣扭矩 /（kN·m）	采用结构类型
1	14.375×5.875	393.89	337.36	122.24~142	184.20	101.60	139.7mm FH 双台肩	58.0	B型
2	13.375×5.875	365.12	315.34	122.24~142	184.20	101.60	139.7mm FH 双台肩	58.0	B型
3	10.75×5.875	298.45	245.37	122.24~150	184.20	101.60	139.7mm FH 双台肩	58.0	B型
4	9.625×5.875	277.00	220.50	122.24~147	184.20	101.60	139.7mm FH 双台肩	58.0	B型
5	7.75×5	231.78	171.63	119~151	172.00	100.00	NC52T	42.0	B型
6	7×5	200.03	152.50	114.3~133	172.00	100.00	NC52T	42.0	B型
7	5.5×4	159.00	115.52	104~128	—	65.10	DS40	27.0	A型
8	5×3.5	141.30	108.62	85.73~112.8	—	54.00	NC38	18.0	A型
9	4.5×2.875	127.00	101.60	76.2	89.00	41.30	XT26	12.3	B型

表 3-9 整体式循环头的抗拉性能

序号	规格 /（in×in）	抗拉强度 / MPa	连接套管部位接头抗拉强度 / kN	连接钻杆部位接头抗拉强度 / kN	整体抗拉强度 / kN
1	14.375×5.875	965	18011	5638	5638
2	13.375×5.875	965	15019	5638	5638
3	10.75×5.875	965	12162	5638	5638
4	9.625×5.875	965	13740	5638	5638
5	7.75×5	965	12825	6431	6431
6	7×5	965	7032	6431	6431
7	5.5×4	965	4806	3276	3276
8	5×3.5	965	3340	3988	3340
9	4.5×2.875	965	2694	1556	1556

注：以上连接套管部位接头抗拉强度按照 BC 螺纹 /TZ-BC 螺纹进行计算，厂家应按照最终设计图纸进行力学校核以证明可以满足整体强度要求。

二、下套管准备

1. 套管的检查与签收

钻井工程师按照钻井工程设计逐根查验套管情况，包括规格、外观、钢级、壁厚、螺纹类型、外（内）螺纹护丝、接箍、管体、螺纹外表缺陷，特殊螺纹套管应按订货合同规定或推荐项目与方法检查。发现不合格的套管暂不签收，签收后按照相关规定摆放套管。然后对到井套管进行检测、丈量和螺纹清洗，进行编号，记录场地号、炉号、钢号、批次号等数据，见表 3-10。使用符合标准要求的通径规逐根通径，通径规不能通过的套管不能入井，并做好标记。

表 3-10 套管检查表

检查项	标准要求	执行人签字	完成时间	监督人签字	完成时间
套管丈量	录井 根数： 长度 /m： 井队 根数： 长度 /m：	录井队长： 钻井工程师：		地质监督： 钻井监督：	
短套管丈量、合扣	录井 根数： 长度 /m： 井队 根数： 长度 /m： 根数和长度满足下套管固井要求	录井队长： 钻井工程师：		地质监督： 钻井监督：	
变扣丈量、合扣	录井 根数： 长度 /m： 井队 根数： 长度 /m：	录井队长： 钻井工程师：		地质监督： 钻井监督：	
套管（含短套管及变扣）通径规	外径 /mm： 长度 / mm： 通径情况：	钻井工程师：		地质监督： 钻井监督：	
套管螺纹清洗、检查	清洗干净、并检查螺纹有无损坏	钻井工程师： 套管厂家： 固井工程师：		固井监督：	
检查套管钢级、壁厚、螺纹类型	符合管串设计要求	钻井工程师： 套管厂家：		固井监督：	
套管螺纹长度	确认套管螺纹长度无误	钻井工程师： 套管厂家：		固井监督：	
入井管串排列	套余（钻余）和口袋符合固井协作会要求，变扣短节数量满足管串连接要求	钻井工程师： 固井工程师：		固井监督：	

2. 套管摆放要求

（1）套管应整齐摆放，18.625in 及以上尺寸套管摆放高度不超过二层，18.625in 至 9.625in 之间尺寸套管摆放高度不超过三层，9.625in 以下尺寸套管摆放高度不超过四层，每层套管摆放时必须便于清洗下层套管。

（2）套管应摆放在管排架上，原则上套管离地高度不低于 20±5cm，摆放高度在两层以上的，层间应垫上断面为 60mm×300mm 的枕木或油管，严禁将套管摆放在地面上或随意堆放。

（3）管排架挡杆使用圆管（参数：外径≥73mm，壁厚≥5.51mm），固定卡子宜采用放喷管线压板 Q235 钢（参数：宽≥100mm，厚≥10mm，螺栓≥ϕ30mm）或管排架挡杆使用方钢（参数：长×宽≥100mm×100mm，厚≥5mm），采用销子固定。

（4）管排架挡杆高度至少高于摆放套管水平面 30cm，且管排架每一边至少立 2 个挡杆，保证套管在管排架上被固定牢靠，满足防套管滚落要求。

（5）富满、塔中等风沙较大地区套管摆放后应做好外螺纹、内螺纹防风沙措施。

3. 固井工具及附件检查与签收

钻井工程师联合固井工程师核对固井工具及附件的尺寸、螺纹类型、钢级、壁厚是否与套管匹配并合扣，检查合格后签收，测量绘制草图，见表 3-11。签收后妥善保管固井工具及附件，其中橡胶件不可暴露于室外，其余附件必须整齐摆放于专门位置，便于查找和使用。

表 3-11 固井工具及附件检查表

检查项	标准要求	执行人签字	完成时间	监督人签字	完成时间
套管专用密封脂	符合作业标准，满足施工要求	钻井工程师：		固井监督：	
浮鞋、浮箍	检查其完整性，仔细测绘草图，并丈量尺寸，并提前合扣	钻井工程师： 工具方：		固井监督：	
套管胶塞	检查其完整性，仔细测绘草图，并丈量尺寸，满足固井施工要求	钻井工程师： 工具方： 固井工程师：		固井监督：	
分级箍（双级）	检查其完整性，仔细测绘草图，并丈量尺寸，并提前合扣	钻井工程师： 工具方： 固井工程师：		固井监督：	
开孔塞、关孔塞、重力弹（双级）	检查其完整性，仔细测绘草图，并丈量尺寸，重力弹称重，满足固井施工要求	钻井工程师： 工具方： 固井工程师：		固井监督：	
球座、密封短节、悬挂器（尾管）	检查其完整性，仔细测绘草图，并丈量尺寸，并提前合扣	钻井工程师： 工具方： 固井工程师：		固井监督：	
钻杆胶塞、铜球（尾管）	检查其完整性，仔细测绘草图，并丈量尺寸，铜球用一备一	钻井工程师： 工具方： 固井工程师：		固井监督：	
钻杆胶塞长度与水泥头匹配情况（尾管）	胶塞长度： 水泥头内腔长度： 胶塞硬质部分外径及羽翼最大外径： 水泥头内径：	工具方： 固井工程师：		固井监督：	

续表

检查项	标准要求	执行人签字	完成时间	监督人签字	完成时间
插入式浮箍、回接筒（回接）	检查其完整性，仔细测绘草图，并丈量尺寸，并提前合扣	钻井工程师： 工具方： 固井工程师：		固井监督：	
套管扶正器	绘制草图，丈量尺寸与长度，数量与尺寸满足固井施工设计要求	钻井工程师： 固井工程师：		固井监督：	

尾管固井时，还需认真检查及准备悬挂器：厂家服务人员、固井工程师、钻井工程师对悬挂器组件数量、包装、外观、扣型等项目进行检查，特别应注意卡瓦及连接部分、液压式悬挂器的液缸和剪切销钉是否有变形和损坏，对悬挂器各组件进行测绘，并校对尺寸数据。使用规定的通径规对悬挂器各组件通径，按产品说明书或在厂家指导下清洗连接螺纹、涂抹螺纹密封脂。由厂家服务人员负责在车间组装好悬挂器，并进行必要的压力试验。

（1）钻井提升系统的检查（包括不同钻机提升能力）。

下套管前校核套管载荷，确保钻机有效载荷的80%不小于管串浮重，满足下套管安全要求。下质量较大的套管，必须找正井口，彻底检查钻机底座、井架销子、死活绳头等重点部位，如有必要，需对游车等部位进行悬重承载能力校核。对于套管浮重超过400t的下套管作业，钻井公司必须安排设备管理人员驻井检查和确认设备能力，并提供有效的检测报告或证书。

（2）下套管设备准备及检查。

钻井队检查钻机设备设施，包括井架、绷绳、死活绳头、防碰天车、天车、刹车系统、传动系统、气路系统、悬吊系统、循环系统、指重表、泵压表、防喷设施、电气设备及电路等，见表3-12。确保钻井液罐间各阀门灵活可靠、罐与罐阀门互不窜通、钻井泵缸套满足固井施工设计排量压力要求、钻井泵上水平稳良好且运转正常、高压管汇及阀门不刺不漏、指重表及压力表灵敏可靠。

表3-12 下套管前钻机设备设施检查

检查项	要求	执行人签字	完成时间	监督人签字	完成时间
起升系统	钢丝绳是否满足本次作业要求	钻井工程师：		钻井监督：	
	死、活绳头固定是否符合标准要求	钻井工程师：		钻井监督：	
	指重表、记录仪工作是否正常，传压器、管线是否渗漏	钻井工程师：		钻井监督：	
	三级防碰天车是否灵活好用	钻井工程师：		钻井监督：	
	井架承载能力是否满足本次作业要求	钻井工程师：		钻井监督：	
循环系统	除砂器、除泥器、除气器、离心机、搅拌器、振动筛等固控设备是否工作正常	钻井工程师：		钻井监督：	
	钻井泵安全阀是否灵活、可靠，无锈蚀	钻井工程师：		钻井监督：	
	剪切式安全销是否按钻井泵缸套额定压力选用并穿在规定的位置上	钻井工程师：		钻井监督：	
	高压循环管线压力等级是否符合固井要求	钻井工程师：		钻井监督：	
动力系统	柴油机、发电机等设备是否处于良好状态	钻井工程师：		钻井监督：	

续表

检查项	要求	执行人签字	完成时间	监督人签字	完成时间
传动系统	联轴器、离合器、变速箱、皮带传动、链条传动等装置是否处于良好状态	钻井工程师：		钻井监督：	
控制系统	机械控制、气控制、电控制、液控制等设备是否处于良好状态	钻井工程师：		钻井监督：	
钻机底座系统	钻台底座及承载能力是否满足本次作业需求	钻井工程师：		钻井监督：	
辅助设备系统	供气设备、辅助发电设备、井口防喷设备、辅助起重设备等是否处于良好状态	钻井工程师：		钻井监督：	

钻井队检查下套管井口工具，发现问题及时整改。根据套管尺寸、型号、吨位，准备足够数量的套管吊卡、吊环、卡瓦、B型大钳、液压大钳等辅助工具，并提前合扣检查，见表3-13。尾管固井提前准备好作业所需钻杆和短钻杆，并按规定进行探伤、检查、更换，尽量保持送入钻具同径。

表3-13 下套管井口工具检查表

检查项	要求	执行人签字	完成时间	监督人签字	完成时间
套管吊卡	数量与吨位满足下套管和固井要求	钻井工程师： 固井工程师：		固井监督：	
吊环	数量、高度与吨位满足下套管和固井要求	钻井工程师：		固井监督：	
钻杆吊卡（尾管）	数量与吨位满足下尾管要求	钻井工程师： 工具方：		固井监督：	
短钻杆（尾管）	数量： 长度： 螺纹类型： 长短不一，满足尾管固井需求	钻井工程师： 工具方：		固井监督：	
提升系统（含顶驱）	检查大绳和顶驱系统，满足下套管和固井要求	平台经理（书记）：		钻井监督：	
B型大钳钳头	与套管匹配性好、性能良好	平台经理（书记）：		固井监督：	
钻井液泵	台数与缸套尺寸、保险销子满足固井施工要求	平台经理（书记）：		固井监督：	
钻井液罐	密封性良好，搅拌器及保温设备正常运转	平台经理（书记）： 钻井液工程师：		固井监督：	
灌浆装置	需有过滤装置，供浆管线至少8成新	平台经理（书记）：		固井监督：	
中途循环工具	套管循环头必须为整体式，对应变螺纹和高压软管线	钻井工程师：		固井监督：	
套管头两侧变扣接头	螺纹良好，合扣正常	钻井工程师：		固井监督：	
吊车	□有备用 □无备用，制定吊车故障应急预案，满足下套管作业	平台经理（书记）：		钻井监督：	
排放混浆方案	保证排放混浆排量、容积，做好排污时环保方案	平台经理（书记）：		钻井监督： 固井监督：	
其他相关设备检查	要求性能良好、满足下套管、固井施工要求	平台经理（书记）：		钻井监督：	

套管队根据套管尺寸型号、吨位准备匹配的套管钳、卡盘等下套管设备，检查合格，并确认套管螺纹、套管护丝清洁完好，见表3-14。目的层下尾管作业，套管队应准备与下入尾管相匹配的循环头，循环头应进行强度校核，确保满足应急抢接关井要求。对于路程在600km以上的井应配备双套设备上井（包括动力源），确保连续作业。

表3-14 下套管设备检查清单

设备及工具	检查内容	状况	备注
电动机动力源	检查电机外观是否清洁，有无杂物或漏油		
	检查各操作按钮或阀门是否处于正确位置		
	检查确认使用电源的参数与电动机是否匹配		
	检查确认电动机运转为正转		
	检查确认电动机运转指示灯显示正常		
	查看各管线及接头是否有油液泄漏		
	查看各仪表显示是否正常		
	检查各紧固件是否有松动		
	检查液压油量是否充足		
	检查回油滤油器性能是否良好		
	检查液压油油质		
	检查电缆线状况		
	查看电控箱密封情况		
	设备探伤是否在有效期内		
	运转测试情况		
	送出装箱时附件齐全确认情况		
扭矩仪	扭矩仪主机状况，启动是否正常		
	电磁控制阀状况		
	电磁卸压切断状况		
	电磁阀信号控制传输线状况		
	电磁控制阀管线接头状况		
	扭矩传感器状况		
	信号传输线状况		
	显示器状况		
	数据采集仪状况		
	键盘、鼠标性能状况		
	O/I通道接头状况		
	USB接口状况		
	确认接机箱地线是否接地		
	正确连接主机电源，开机检验主系统，设置油管或套管、工具等入井相关资料参数设置状况		
	防爆检验是否在有效期内		
	连接测试状况		
	送出装箱时附件的齐全确认情况		

续表

设备及工具	检查内容	状况	备注
气动卡盘	检查卡芯安装尺寸是否与所下套管尺寸匹配		
	检查气动管线接头及连接状况		
	卡盘开关操作手柄应操作灵活可靠		
	检查润滑脂系统和润滑点,确保所有的润滑点都润滑(卡瓦体背面)		
	防护盖板是否牢固可靠		
	卡盘吊耳是否完好		
	检查卡瓦牙板磨损情况		
	检查各插销和固定销是否变形,且安全销齐全		
	检查卡盘的吊点和探伤区域都在有效期		
	检查所有紧固件是否有松动		
	检查操作台是否安全牢固		
	检查气动卡盘配套设备及附件是否齐全		
	设备探伤是否在有效期内		
	运转测试情况		
	送出装箱时附件齐全确认情况		
套管钳	全面保养包括所有黄油嘴注油、转盘轴承检查抹油、各活动处润滑及上防锈油等工作检查情况		
	液压管线接头及连接状况		
	操作手柄应处在空挡位置且操作灵活可靠		
	传感器性能状况		
	钳头是否与套管尺寸匹配		
	钳头配套数量是否齐全		
	钳牙及钳牙挡销状况		
	钳尾受力部位状况是否良好		
	定位销(逆动销)状况		
	弹簧悬挂器性能		
	钳体的调整平衡状况		
	刹车带松紧平稳状况		
	钳体底部的螺栓松紧状况		
	大齿圈运转状况		
	钳门安全装置状况		
	钳头爬坡轮情况		
	运转测试情况		
	设备探伤是否在有效期内		
	送出装箱时附件的齐全确认情况		

(3)编制下套管设计。

固井工程师和钻井工程师按照实际井况完善固井施工设计中的下套管要求、明确控制指标。设计内容包括但不限于套管、固井工具附件、送入钻具的尺寸、钢级、壁厚、数量、下深、扶正器安放方案等,并对套管强度进行复核,重点设计套管下放速度、顶通循环设计、到位开泵循环设计等,见表3-15。

表3-15 下套管过程设计

下放速度设计 /(m/s)		
上层套管内	裸眼段	易漏层
中途顶通设计		
顶通井深 /m	顶通压力控制 /MPa	顶通循环排量 /(L/s)
到位开泵设计		
开泵排量 /(L/s)	开泵压力控制 /MPa	循环排量 /(L/s)
复杂处理预案		

(4)井控装备准备及检查。

在钻开油气水层后,下套管前应换装套管闸板总成,并试压合格,试压值取本次所用套管抗外挤强度的80%和井口防喷器额定工作压力两者之间最小值,见表3-16。

①下尾管时如钻机和井口防喷器组合具备条件,应换装与尾管尺寸、送入钻具尺寸相符的闸板总成,若不具备条件的,可不更换尾管闸板总成,但要提前准备好与尾管配套的防喷单根或防喷立柱;

②下复合套管时,可只换装与段长最长的套管尺寸相匹配的闸板总成,其他尺寸套管下入前也要准备好配套的防喷单根或防喷立柱;

③尾管悬挂固井完,钻塞无后效、喇叭口试压合格、井眼与地层不连通的情况下,下回接套管时可不更换套管封芯,但要准备好配套的防喷单根或防喷立柱;

④在下入无对应闸板封芯的套管时发生溢流,除正常连接防喷单根或防喷立柱实施关井外,如遇突出井涌等紧急情况,可使用环形防喷器关井。

表3-16 井控装备准备

检查项	要求	执行人签字	完成时间	监督人签字	完成时间
井控设备	□换套管封芯: □未换套管封芯,原因: 钻井、录井井控设备均处于待命状态,运行正常可靠	钻井工程师: 录井队长:		钻井监督: 地质监督: 井控专家:	
井控预案	制定有针对性的下套管井控应急预案,并给班组人员交代清楚	钻井工程师:		井控专家:	

三、下套管作业技术要求

1. 下放速度

应根据钻井液性能、管串结构、井身结构、裸眼井径等参数,采用专业软件模拟计算激动压力,并结合地层承压能力分段设计套管下放速度,见表3-17,并严格执行,严禁猛提猛放,防止压漏地层。

表3-17 下套管速度设计表

井段/m	下套管速度/(m/s)	激动压力/MPa	备注

2. 灌浆要求

(1)下套管前根据井筒情况,必须使用纤维或稠浆充分携砂洗井,使用好固控设备,至少循环1.5~2周,反复过滤净化钻井液,保证地面钻井液干净、清洁。

(2)在经过堵漏作业或加有随堵材料的钻井液必须清除堵漏材料,彻底清洁钻井液,裸眼段必须仔细划眼清除井壁黏附堵漏材料,并对钻井泵、上水管线、过渡槽、缓冲槽以及钻井液罐(重点是灌浆罐和配备堵漏液所用钻井液罐)进行清理。

(3)灌浆管线必须使用九成新以上高压软管线,并在高压软管线和立管之间安装过滤装置。过滤装置结构推荐如图3-17所示:两端小中间大,中间加装过滤网,滤网孔直径不大于5mm。一般要求与立管管汇采用活接头硬连接。

图3-17 过滤装置

(4)灌浆管线最前端加工1节90°硬弯管线,方便放入套管或钻具中去,要求硬弯管线能和高压软管线活接头直连,硬弯管线处严禁安装闸阀。所有装置连接好前先用气管线进行吹扫,以确保畅通。

(5)灌浆推荐使用灌浆泵灌浆,如果因其他原因需使用钻井泵灌浆,则钻井泵必须把回水阀门打开一定阀度,以确保灌浆安全,灌浆时高压软管线宜用绳套绑定在吊卡上,每6h检查并清洗过滤装置滤网,若杂质较多应缩短清洗间隔时间。

(6)下送入钻具时不允许直接通过顶驱或水龙头灌浆,也不允许通过钻杆上接头灌浆,防止气体滞留在钻具内。

(7)灌浆时套管根根灌,每10根检查灌满一次,下钻杆立柱利用游车上行时间灌浆,每5~10柱检查灌满一次。

（8）套管出管鞋前灌满，出管鞋后充分利用游车上行时间灌浆，大尺寸套管应适当延长单根灌浆时间，减少静止灌浆时间。中途静止灌浆时须活动套管，活动幅度应大于管柱拉伸距。

（9）接浮箍或带好浮箍的套管前，须提前将浮箍以下管串灌满钻井液。

（10）下送尾管时，在下到底前根据钻井液密度，水眼内少灌浆掏空一定高度，造负压差 5~7MPa，以验证浮箍、浮鞋、密封短节是否有效。

3. 套管上扣要求

司钻根据套管队井口操作人员指挥缓慢匀速下放套管对扣，井口人员负责扶正套管，防止套管外螺纹磕碰井口套管；对扣完成后由套管队操作人员进行引扣和上扣，要求尽量做到匀速、平稳。上扣时按 API 规定或厂家推荐的扭矩连接螺纹，可根据所用螺纹密封脂调整最佳上扣扭矩。使用扭矩仪监测上扣扭矩，并记录实际套管螺纹紧扣/卸扣扭矩值、套管根数、遇阻、遇卡等复杂情况值，施工结束后交井队保存。特殊螺纹套管连接时应精心操作，如有必要需进行引扣或使用对扣器，严防错扣、碰扣，损坏密封面。上扣期间发现异常立即停止上扣并检查，确认无误后方可继续上扣；如发现错扣应立即倒开重新对扣，如有损坏及时更换。

接尾管悬挂器前必须灌满钻井液；接悬挂器时放松提升吊卡，采用链钳引扣，防止错扣，严禁夹、压液缸位置（分级箍本体同样严禁使用套管钳）。接悬挂器后对套管串称重并记录；将回接筒和中心管环空灌满铅油；下放悬挂器缓慢通过转盘、防喷器、上层套管分级箍或尾管悬挂器；悬挂器入井后不能转动钻具（可旋转悬挂器除外）。

一般情况下，常规偏梯螺纹依靠管体上的"△"钢印标准为参照物进行上扣控制，气密封螺纹依靠台肩比判断上扣是否合格，长圆形螺纹上扣是否合格的判断标准为接箍端面与螺纹消失点齐平，余扣不超过正负两扣。

4. 中途顶通要求

严格按照设计井深开泵顶通，并根据实际顶通泵压、下放摩阻等合理加密顶通频次。顶通时应以不憋漏地层为原则控制泵压，顶通后待泵压平稳，可逐步提高循环排量进一步破坏钻井液结构，最大循环排量以不压漏地层为原则确定。下送尾管中途顶通或循环时还需控制泵压不超过悬挂器坐挂压力的 80%。

5. 防落物及防卡

套管上钻台前再次检查管内是否有堵塞物，必要时可再次通径；看管好钻台面手工具，如扳手、钳牙、手套等，同时要防止套管柱落井；一旦发现井下落物，立即汇报相关人员，并视情况做好起套管准备。结合施工设计和地层情况，测定安全下套管时间；减少套管在裸眼段静止时间，静止时间超过 5min 时活动套管；下套管时精心操作，遇阻严禁猛提猛压。

6. 遇阻活动要求

下套管期间，若遇阻可采用上下活动、开泵循环等方式解除。允许最大上提吨位计算公式为

$$P=\frac{P_{钻杆或套管}}{K_{钻杆或套管}} \tag{3-3}$$

式中　P——允许最大上提力，kg；

　　　$P_{钻杆或套管}$——钻杆或套管的抗拉强度，kg；

　　　$K_{钻杆或套管}$——钻杆或套管的抗拉强度安全系数。

允许最大下压吨位计算公式为

$$F=\frac{\delta_s}{\left(\dfrac{1}{A_S}+\dfrac{Dr}{4I}\right)K_1K_2} \tag{3-4}$$

式中　F——允许最大下压力，kg；

　　　δ_s——套管钢材最小屈服强度，kg/cm²；

　　　A_S——下部套管横截面积，cm²；

　　　D——套管外径，cm；

　　　r——套管与井眼间隙半径，$r=(D_{井眼内径}-D_{套管外径})/2$，cm；

　　　I——套管惯性矩，cm⁴；

　　　K_1——应力集中系数，取 2；

　　　K_2——安全系数，取 1.5~2。

另外，下送尾管或带分级箍的管串时，还需注意以下事项：

（1）下送尾管：悬挂器入井后锁定转盘，不能转动钻具，避免悬挂器倒扣；接尾管悬挂器前必须灌满钻井液，然后接悬挂器对套管串称重并记录；悬挂器过转盘、防喷器、上层套管分级箍或尾管悬挂器时务必小心；尾管串进入裸眼后，若遇阻卡只能上提下放活动，严禁转动钻具，如需开泵循环，开泵循环泵压听从现场工具方指挥，循环泵压读取应以钻井泵泵头压力显示值为准；下送全程必须操作平稳，禁止猛提、猛刹、猛放。

（2）下分级箍：若遇阻卡需下压通过时，须保证分级箍不受压，防止后期开关孔异常。

7. 液面监测要求

根据井下情况及施工设计要求，组织液面监测队进行井下液面实时监测，并及时向现场监督汇报液面情况。尤其是井漏风险高的井，应提前通知液面监测队驻井，一旦井漏，全程做好液面监测工作。

8. 到位开泵要求

除表层套管外，其他套管原则上不探底。下放到位后应缓慢开泵顶通，在压力平稳、井底沉砂上行较长距离（已通过小间隙处）后逐步提高排量，最大排量不超过设计施工排量。循环时间应不少于一周，确保清洗干净井内沉砂及下套管刮下的滤饼，钻井液进出口密度差不大于 0.02g/cm³，产层固井还应将后效排尽。

第三节　固井施工装备及技术要求

一、固井设备及工具

1. 钻井泵

钻井泵是钻井循环的主要设备，如图 3-18 所示，是提供钻井液循环的动力装置，一一般由动力端、液力端、灌注泵、底座等组成。按泵的缸数分类,有单缸、双缸、三缸、五缸等,现场以三缸的泵为主,按功率又可以分为1600、2200和3000等型号。

图 3-18　钻井泵

塔里木油田常用钻井泵的主要性能参数见表 3-18 至表 3-21。

表 3-18　1600 型钻井泵排量表　　　　　　　　　　　　　单位：L/s

泵冲/ （次/min）	缸套直径 180mm；最高 压力 23.1MPa	缸套直径 170mm；最高 压力 25.9MPa	缸套直径 160mm；最高 压力 29.2MPa	缸套直径 150mm；最高 压力 33.2MPa	缸套直径 140mm；最高 压力 38.1MPa	缸套直径 130mm；最高 压力 44.2MPa
1	0.39	0.35	0.31	0.27	0.24	0.20
10	3.88	3.46	3.07	2.69	2.35	2.02
20	6.76	6.92	6.14	5.38	4.70	4.04
30	10.14	10.38	9.21	8.07	7.05	6.06
40	13.52	13.84	12.28	10.76	9.40	8.08
50	16.90	17.30	15.35	13.45	11.75	10.10
60	20.28	20.76	18.42	16.14	14.10	12.12
70	23.66	24.22	21.49	18.83	16.45	14.14
80	27.04	27.68	24.56	21.52	18.80	16.16
90	30.42	31.14	27.63	24.21	21.15	18.18
100	33.80	34.60	30.70	26.90	23.50	20.20

表 3-19　2200HL 型（3 缸）钻井液泵排量表　　　　　　　　　　　　　　　　　单位：L/s

泵冲 /（次 / min）	缸套直径 230mm；最高压力 19.0MPa	缸套直径 220mm；最高压力 20.8MPa	缸套直径 210mm；最高压力 22.8MPa	缸套直径 200mm；最高压力 25.1MPa	缸套直径 190mm；最高压力 27.9MPa	缸套直径 180mm；最高压力 31.0MPa	缸套直径 170mm；最高压力 34.8MPa	缸套直径 160mm；最高压力 39.3MPa	缸套直径 150mm；最高压力 44.7MPa	缸套直径 140mm；最高压力 51.3MPa	缸套直径 130mm；最高压力 52.0MPa
1	0.74	0.68	0.62	0.56	0.50	0.45	0.40	0.36	0.31	0.27	0.24
10	7.39	6.77	6.17	5.59	5.05	4.53	4.04	3.58	3.15	2.74	2.36
20	14.79	13.53	12.33	11.18	10.09	9.06	8.08	7.16	6.29	5.48	4.72
30	22.18	20.30	18.50	16.78	15.14	13.59	12.12	10.73	9.44	8.22	7.09
40	29.58	27.06	24.66	22.37	20.18	18.12	16.16	14.31	12.58	10.96	9.45
50	36.97	33.83	30.83	27.96	25.23	22.65	20.20	17.89	15.73	13.70	11.81
60	44.36	40.60	37.00	33.55	30.28	27.18	24.24	21.47	18.88	16.44	14.17
70	51.76	47.36	43.16	39.14	35.32	31.71	28.28	25.05	22.02	19.18	16.53
80	59.15	54.13	49.33	44.74	40.37	36.24	32.32	28.62	25.17	21.92	18.90
90	66.55	60.89	55.49	50.33	45.41	40.77	36.36	32.20	28.31	24.66	21.26
100	73.94	67.66	61.66	55.92	50.46	45.30	40.40	35.78	31.46	27.40	23.62

表 3-20　2200HL 型（5 缸）钻井液泵排量表　　　　　　　　　　　　　　　　　单位：L/s

泵冲 /（次 / min）	缸套直径 190mm；最高压力 17.8MPa	缸套直径 180mm；最高压力 19.8MPa	缸套直径 170mm；最高压力 22.2MPa	缸套直径 160mm；最高压力 25.1MPa	缸套直径 150mm；最高压力 28.6MPa	缸套直径 140mm；最高压力 32.8MPa	缸套直径 130mm；最高压力 38.0MPa	缸套直径 120mm；最高压力 44.6MPa	缸套直径 110mm；最高压力 52.0MPa
1	0.71	0.64	0.57	0.50	0.44	0.38	0.33	0.28	0.24
10	7.09	6.36	5.68	5.03	4.42	3.85	3.32	2.83	2.38
20	14.18	12.72	11.35	10.05	8.84	7.70	6.64	5.65	4.75
30	21.26	19.09	17.03	15.08	13.26	11.55	9.96	8.48	7.13
40	28.35	25.45	22.70	20.11	17.67	15.39	13.27	11.31	9.50
50	35.44	31.81	28.38	25.14	22.09	19.24	16.59	14.14	11.88
60	42.53	38.17	34.05	30.16	26.51	23.09	19.91	16.96	14.25
70	49.62	44.53	39.73	35.19	30.93	26.94	23.23	19.79	16.63
80	56.71	50.89	45.40	40.22	35.35	30.79	26.55	22.62	19.01
90	63.79	57.26	51.08	45.24	39.77	34.64	29.87	25.44	21.38
100	70.88	63.62	56.75	50.27	44.19	38.49	33.19	28.27	23.76

表 3-21　3000 型（5 缸）钻井液泵排量表　　　　　　　　单位：L/s

泵冲/ （次/min）	缸套直径 180mm；最高 压力 27MPa	缸套直径 170mm；最高 压力 30.3MPa	缸套直径 160mm；最高 压力 34.2MPa	缸套直径 150mm；最高 压力 39MPa	缸套直径 140mm；最高 压力 44.7MPa	缸套直径 130mm；最高 压力 51.9MPa
1	0.64	0.57	0.50	0.44	0.38	0.33
10	6.40	5.70	5.00	4.40	3.80	3.30
20	12.80	11.40	10.00	8.80	7.60	6.60
30	19.20	17.10	15.00	13.20	11.40	9.90
40	25.60	22.80	20.00	17.60	15.20	13.20
50	32.00	28.50	25.00	22.00	19.00	16.50
60	38.40	34.20	30.00	26.40	22.80	19.80
70	44.80	39.90	35.00	30.80	26.60	23.10
80	51.20	45.60	40.00	35.20	30.40	26.40
90	57.60	51.30	45.00	39.60	34.20	29.70
100	64.00	57.00	50.00	44.00	38.00	33.00

2. 注水泥设备及工具

注水泥设备主要由水泥车/橇、批混车、灰罐车、立式灰罐、固井水罐、集灰器、压风机、水泥头、高压管汇、三参数仪（流量计）、供水泵、供水带、供液分配器等组成，如图 3-19 所示。

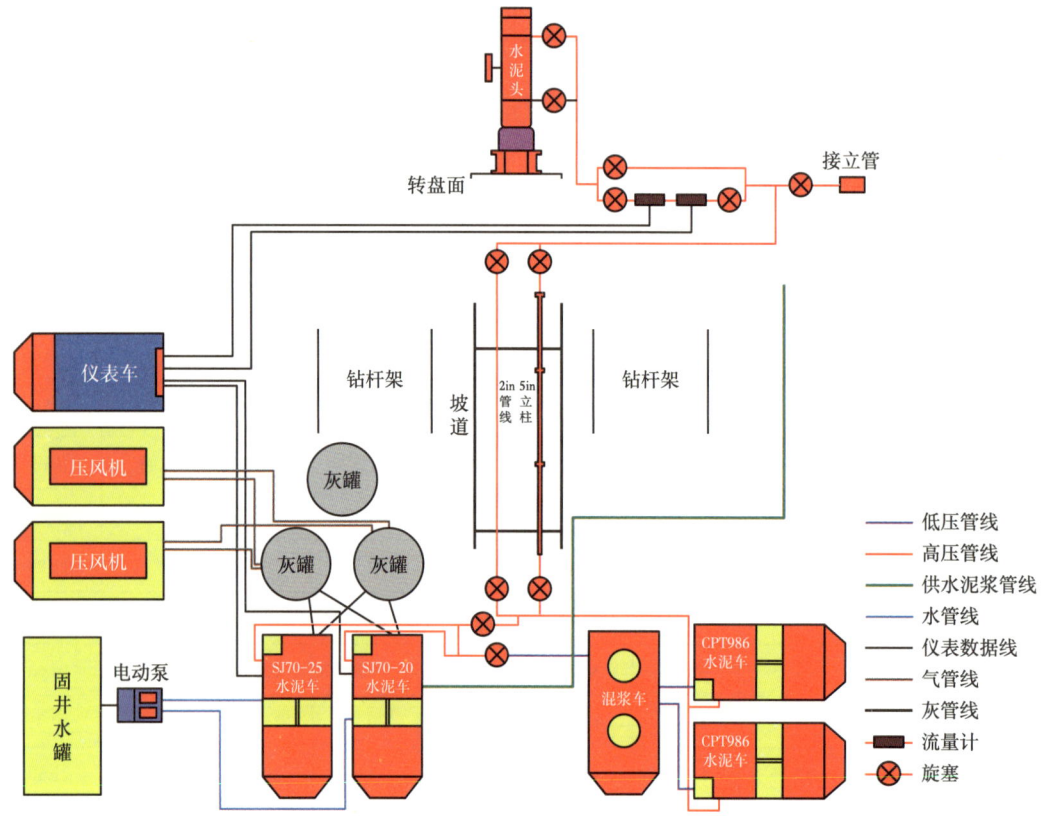

图 3-19　固井地面施工流程图

（1）灰罐车/立式灰罐。

灰罐车又称粉粒物料运输车，适用于水泥、粉煤灰、石灰粉、矿石粉、颗粒碱等颗粒直径不大于0.1mm粉粒干燥物料的散装运输，是一种在工业、农业、商业、电厂、建筑业等方面得到广泛应用的专用汽车，按照安装形式分为立式和卧式，如图3-20所示。

图3-20　灰罐车

灰罐车主要由汽车底盘和粉粒散装运输专用装置两部分组成；上装部分主要包括传动系统、罐体、供气管路系统、附属装置、副梁等部分。

工作原理：汽车发动机动力经取力器、传动轴等传动装置传递给空气压缩机，由空压机产生压缩空气进入罐体，经气化装置把粉粒物料气化，在罐内外压差作用下，粉粒物料随空气一起沿卸料管路输送到指定位置。粉粒气化介绍：当气体从容器下部通过流化布（流化布使压缩空气形成细微、均匀的气流）进入粉料层后，气体流速超过一定值时（水泥为0.015m/s），气体与粉粒体的摩擦力与粉粒体的质量相等，粉粒体不再靠流化床支撑，此时它们可以自由移动，从高处流向低处，使粉料层上平面保持水平，类似液体的性质。如果此时容器的侧壁开有孔，粉料也可以从孔中喷出，这叫流态化现象。灰罐车利用粉料流态化特性实现卸货。

立式灰罐广泛用于油田钻井现场，储存固井用水泥、铁矿粉、重晶石粉等。采用压缩空气将粉粒流态化，通过流道输送物料。立式灰罐具有下灰速度快，可任意调节出灰量，无剩灰等优点。立式灰罐主要由进灰管、排气管、底座、气化系统、出灰管、压力表、安全阀、牵引耳板等组成，如图3-21和图3-22所示。

图3-21　立式灰罐外观

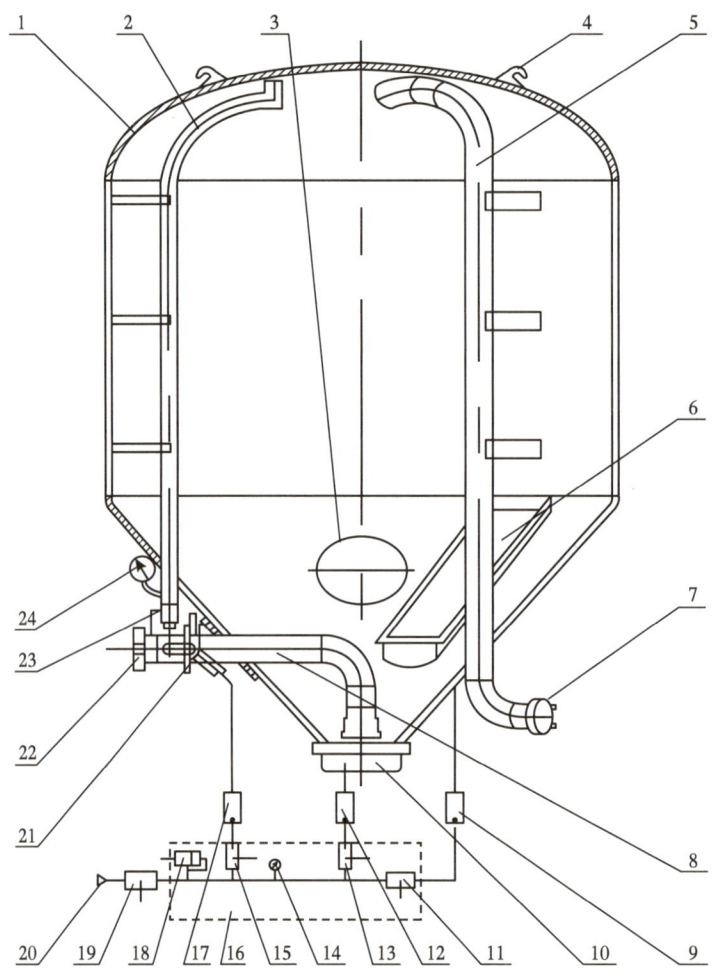

图 3-22 立式灰罐及罐底气化室结构示意图

1—罐体总成；2—放空管总成；3—人孔总成；4—吊耳；5—上灰管总成；6—气化器；7—上灰管接头；8—出灰管总成；9—侧风进气单向阀；10—底风气化器；11—侧风进气球阀；12—底风进气单向阀；13—底风进气球阀；14—管汇压力表；15—助风进气球阀；16—配气系统；17—助风进气单向阀；18—安全阀；19—总进气球阀；20—外接气源接口；21—出灰碟阀；22—出灰管接头；23—放空球阀；24—放空管压力表

图 3-23 常用固井水罐

立式下灰罐工作原理：立式下灰罐借助流化装置，以压缩空气为动力，使压缩空气透过气化床，将储料罐内的灰料逐渐流态化，在罐内外压差作用下流化态灰料经出灰管口通过操作碟阀来控制出灰量（出灰管上装有助风扫气装置，以排除堵塞）。

（2）固井水罐。

固井水罐是存储和配制固井液的容器，主要由罐体、搅拌器、保温盘管等组成，如图 3-23 所示。工作原理：将水放到预设量，添加相关固井外加剂通过搅拌器搅拌，使其与水搅拌均匀并储存。

由于普通固井液罐、搅拌器高度、潜水泵的限制，为保证固井施工按照设计要求顺利进行，每个固井液罐附加固井液量均在 5~7m³，此部分固井剩液增加了井队的环保治理压力及费用、固井公司水泥浆外加剂成本支出，塔里木油田根据施工特点对固井水罐进行了改造，将罐区后部增高约 22cm，由后至前逐步降低高度至 10cm，罐区前部设置沉砂池，改造后可以保证罐余小于 0.2m³，提高了固井液体利用率，节约了成本，改造后的水罐结构图如图 3-24 和图 3-25 所示。

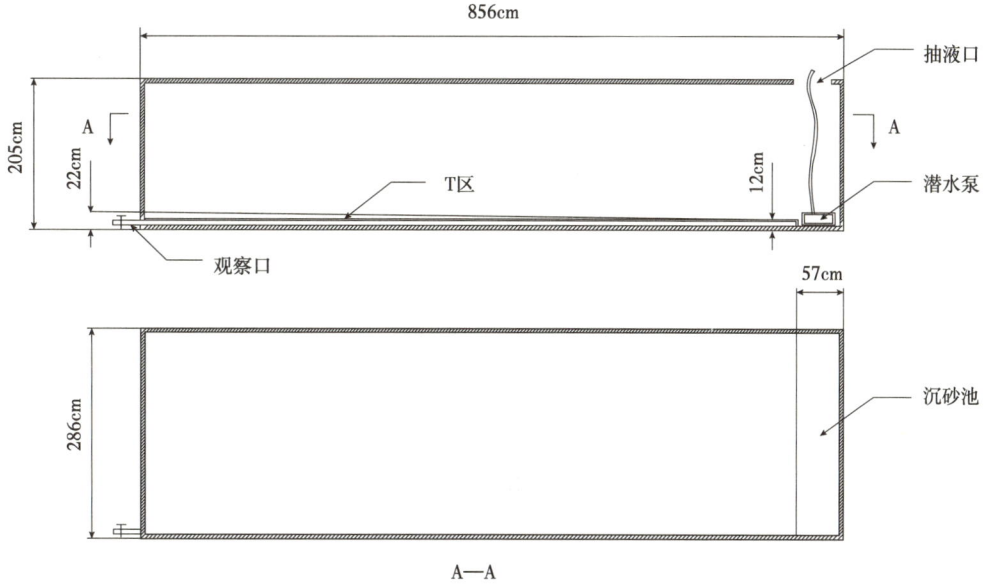

图 3-24 改进固井水罐剖面与俯视图

图 3-25 改造后固井水罐内部实物图

（3）集灰器。

为了保证多罐多车联合作业时能为多车同时均匀输送水泥，保证在多罐下灰速度不均匀下仍能使多罐水泥能同时打完，任何一台水泥车都不会因为某一个灰罐无水泥输送而停泵，塔里木油田特别设计了供灰集灰器。集灰器主要用于固井作业中水泥的集中与分配作业，由进灰管、排气管、底座、气化系统、出灰管、压力表、安全阀等组成。塔里木油田在用的集灰器主要由卧式和立式两种，如图 3-26 和图 3-27 所示。

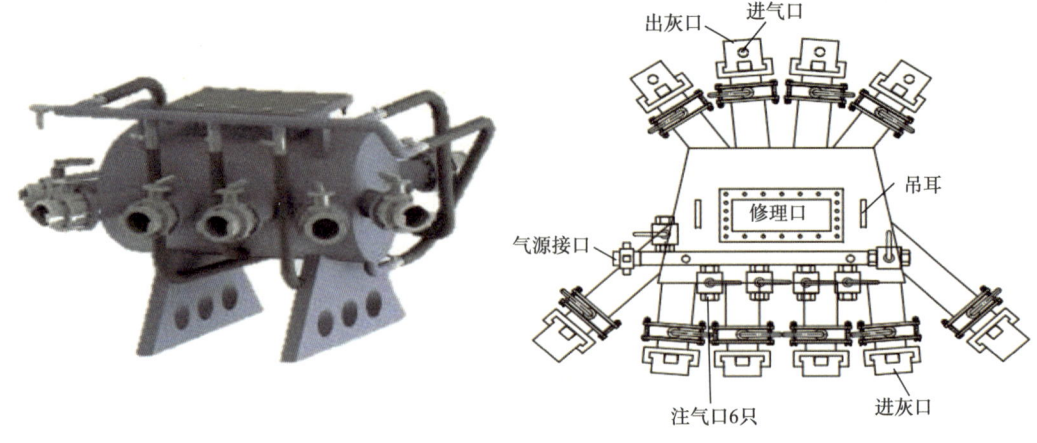

图 3-26　卧式集灰器

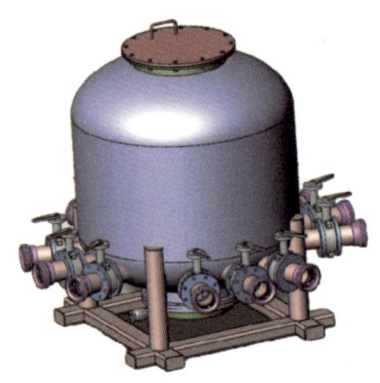

图 3-27　立式集灰器

工作原理：借助灰罐流化装置推动水泥流动，进入集灰器，将水泥集中在集灰器进行二次分配输送至水泥车进行混配作业，利用灰罐内压力高于集灰器压力、集灰器压力大于外界压力，将水泥输送至水泥车混配系统进行水泥浆的混配作业。集灰器现场连接方式如图 3-28 所示。

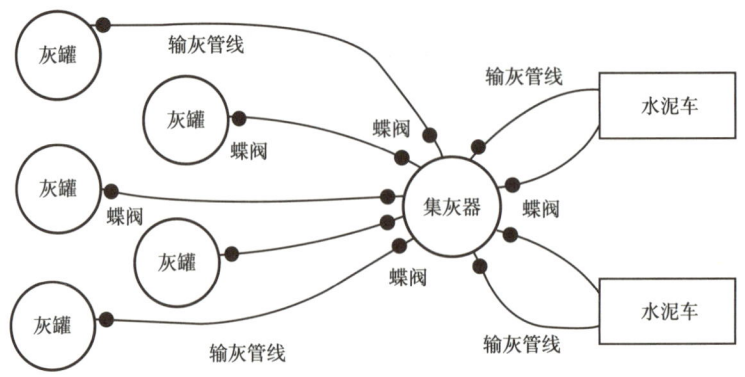

图 3-28　集灰器现场连接示意图

（4）压风机。

压风机主要为立式灰罐中的粉粒提供动力（压缩空气），使粉粒气化进入水泥车的混浆系统。按压缩空气方式可分为螺杆式压风机和活塞式压风机，按动力可分为电动压风机和柴油机压风机。压风机主要由空气流程系统、润滑系统、冷却系统、安全保护系统、控制系统及电气线路组成，如图 3-29 所示。

螺杆式压风机工作原理：电动机或者柴油机通过联轴器或带轮带动主动轴转动，主动轮带动从动轮按相反方向同步旋转，使啮合的转子相随转动，从而与机壳形成空间，气体从进气口进入该空间，受到压缩后形成压缩空气后从出气口排出，与此同时，另一个转子与机壳另一边形成新空间，产生新的压缩空气，如此循环运动，可连续排出压缩空气。

活塞式压风机工作原理：电动机或柴油机带动曲轴旋转时，通过连杆带动活塞做往复运动，由气缸内壁、气缸盖和活塞顶面构成的工作容积发生周期性变化。活塞从气缸盖处开始运动时，气缸内的工作容积逐渐增大，气体推开进气阀进入气缸，直到工作容积达到最大时进气阀关闭。当活塞反向运动时，气缸内工作容积缩小，气体压力升高，当气缸内压力达到并略高于排气压力时，排气阀打开，气体排出气缸，直到活塞运动到极限位置时，排气阀关闭，活塞如此往复运动，连续排出高压气体。

图 3-29　固井压风机

（5）供水设备。

固井作业的供水设备主要由供水泵、供液分配器和供水带组成。

①供水泵。

供水泵主要是在注灰作业中将固井工作液从固井水罐泵输至水泥车上，辅助完成固井作业。供水泵主要由电动机和泵体组成，按工作方式可分为潜水泵和管道泵，如图 3-30 所示。

（a）管道泵　　　　　（b）污水泵

图 3-30　供水泵

②供水带。

供水带是固井工作液从供水泵到水泥车之间的管线。主要由带内衬防腐蚀的消防水带和连接卡扣组成,如图 3-31 所示。

图 3-31 供水带

③供液分配器。

塔里木油田大排量施工较多,为了满足大排量施工供水要求,研发了供液分配器,通过控制各分路阀门,将供水泵泵输的固井工作液分配到各水泥车上的一种工具。主要由分配器本体、进水系统、出水系统、排水系统组成,如图 3-32 所示。

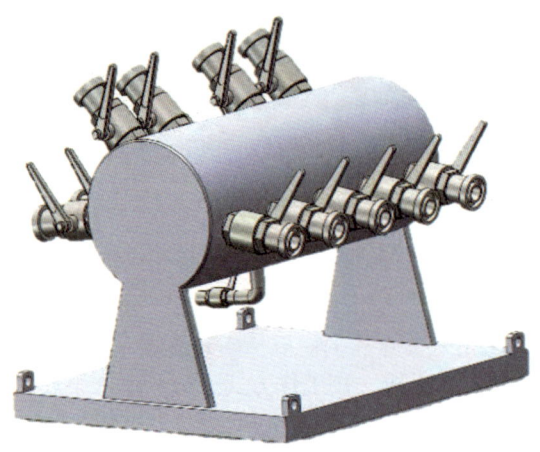

图 3-32 供液分配器

(6) 水泥车。

水泥车主要用于油田固井作业的浆体混配和高压泵送,也可用于替液、洗井等作业,如图 3-33 所示。水泥车按照装载方式分为车载固井设备、半挂拖装固井设备、橇装固井设备。其中固井橇多用于沙漠腹地固井作业;按传动方式分为液力机械传动和机械传动;按柱塞泵的缸数可分为三缸单作用卧式柱塞泵和五缸单作用卧式柱塞泵;按照柱塞泵个数可分为单机泵、双机泵;按混浆方式分为轴流式和斜流式。水泥车主要组成部分:底盘部分、车台部分、动力系统、传动系统、管路系统、液压系统、混浆系统、操作控制系统等。

工作原理：灰罐的粉粒经过管线输送到高能混合器，清水泵在液压马达驱动下，向高能混合器提供有一定压力的清水。清水进入高能混合器后，在其内部形成高速喷射水流，并形成真空将粉粒吸入高能混合器，与流体混合形成一次混浆。混合后的浆体在混浆槽中经液压系统驱动的搅拌叶片进一步混合，由循环泵将混合后的浆体经过加压再次输送到高能混合器，实现浆体的二次和多次混合。循环管线旁路上装有密度计，可将浆体的真实密度反馈给计算机，并在屏幕上显示。操作者通过调整下灰计量阀和水阀开口大小，控制浆体密度，充分混合后将达到要求的浆体通过高压柱塞泵泵入井内。水泥车工作参数见表 3-22 和表 3-23。

图 3-33　水泥车

表 3-22　大功率固井水泥车基本参数

参数	参数值
最高工作压力 / MPa	84.5
最大排量 / (m^3/min)	2.83
密度范围 / (g/cm^3)	1.0~2.6
控制精度 / (g/cm^3)	±0.02
离心泵排出管线标称直径 / mm	80、100
泵吸入管线标称直径 / mm	125、150

表 3-23　双泵固井水泥车基本参数

参数	参数值
最高工作压力 / MPa	71.7
最大排量 / (m^3/min)	3.0
密度范围 / (g/cm^3)	1.0~2.6
控制精度 / (g/cm^3)	±0.02
离心泵排出管线标称直径 / mm	80、100
泵吸入管线标称直径 / mm	125、150

（7）批混车。

批混车是为保证水泥浆密度均匀，专门进行注水泥作业和其他挤注作业批量混配水泥浆和其他入井流体使用的特种车辆，与水泥车配合使用方可完成混、注作业。塔里木油田在用的批混车有两种类型，一种是具备混浆功能的批混车，另外一种是仅具备循环储浆功能的批混车。

①具备混浆功能批混车主要由底盘部分、车台部分、动力系统、管路系统、液压系统、混浆系统、操作控制系统组成。其工作原理：灰罐的粉粒经过管线输送到高能混合器，清水泵在液压马达驱动下，向高能混合器提供药水。药水进入高能混合器后，在其内部形成高速喷射水流，并形成真空将粉粒吸入高能混合器，与流体混合形成一次混浆。混合后的浆体在混浆槽中经液压系统驱动的搅拌叶片进一步混合，由循环泵将混合后的浆体经过加压再次输送到高能混合器，实现浆体的二次和多次混合。循环管线旁路上装有密度计，可将浆体的真实密度反馈给计算机，并在屏幕上显示。操作者通过调整下灰计量阀和水阀开口大小，控制浆体密度，充分混合后将达到要求的浆体通过增压泵（离心泵）输送至批混罐里进行存放，达到预设总量后，由水泥车抽取泵送至井内或由批混车上的离心泵供到水泥车上，由水泥车再次泵入井内。批混车基本参数见表3-24，如图3-34所示。

表3-24 批混车基本参数表

参数	参数值
离心泵最高工作压力/MPa	0.35
离心泵最大排量/（m³/min）	3.18
密度范围/（g/cm³）	1.0~2.6
混浆能力/（m³/min）	2.3
批混罐有效容积/m³	2×8

图3-34 具备混浆功能批混车

②仅具备循环储浆功能的批混车适用于固井作业时水泥浆的混合作业。该批混车主要由底盘车、离心泵、$2×8m^3$ 的批混罐、低压管汇、搅拌器等部件组成,如图 3-35 所示。

图 3-35　具备循环储浆功能的批混车

两个 50BBL（$8m^3$）批混罐上半部分为椭圆形敞口,底部为锥形,可以避免出现循环和流动死角,作业结束后无剩余。罐顶设可拆卸的栅格,便于观察和走动。每个罐内设置一台搅拌器,装有上、下 2 个叶轮,转速可调,可防止水泥浆沉降、结块,使混合质量更均匀。搅拌器由液压系统通过减速箱驱动。两个批混罐各配置一套混合装置。该装置的作用为在循环过程中添加干灰和加重材料,并使之与水泥浆快速混合。混合装置配置有下料漏斗,方便加重剂的添加,如图 3-36 所示。

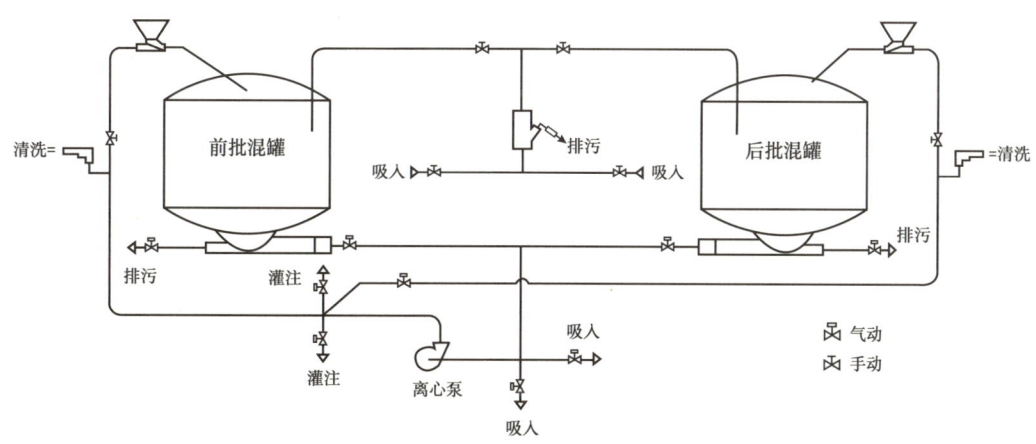

图 3-36　批混车工作流程

（8）水泥头。

水泥头是固井作业时使各种注入管线汇集于套管（尾管固井时为钻杆）的工具。水泥头使用时安装于套管串（尾管固井时为钻杆）顶部，主要用于安装胶塞和连接固井管汇，是固井注水泥、替钻井液和压胶塞的汇接工具。

水泥头按功用可分为常规固井水泥头和特殊固井水泥头。常规固井水泥头是用于常规固井工艺施工的水泥头；特殊固井水泥头是用于特殊固井工艺施工的水泥头，如：分级固井水泥头和旋转水泥头等。水泥头按可装胶塞数量可分为单塞水泥头和双塞水泥头；按使用的管串可分为套管水泥头和钻杆水泥头；套管水泥头用于全井下套管固井作业，钻杆水泥头用于尾管固井作业。按功能可分为不可旋转水泥头和旋转水泥头。

常规水泥头包括单塞水泥头和双塞水泥头，如图3-37所示。单塞水泥头由提环、水泥头盖堵、压塞管线接头、胶塞定位杆、胶塞挡销、平衡管、注水泥管线接头和替钻井液管线接头等部件组成。双塞水泥头由提环、水泥头盖堵、上压塞管线接头、胶塞定位杆、上胶塞挡销、平衡管、下压塞管线接头、下胶塞挡销、注水泥管线接头和替钻井液管线接头等部件组成。钻杆水泥头和套管水泥头结构基本相同，只是尺寸和接头螺纹类型不同。

工作原理：将水泥头本体与套管连接，高压管汇与注水泥管线连接，形成水泥车到套管（钻杆）之间的流动通道，同时可实现释放胶塞和倒换流程的功能。

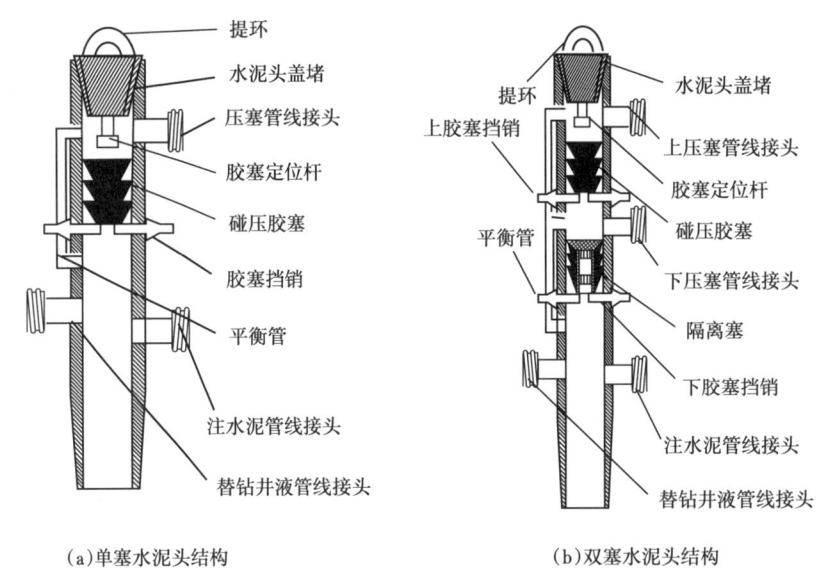

(a) 单塞水泥头结构　　　　(b) 双塞水泥头结构

图 3-37　常规水泥头

旋转水泥头包括转盘驱动旋转水泥头和顶驱驱动旋转水泥头，如图3-38所示。转盘驱动旋转水泥头由水泥头盖堵、压胶塞管线接头、注水泥管线接头、钻杆接头、管体、胶塞挡销及控制手轮、替钻井液管线接头和旋转弹子盘总成等部件组成。顶驱驱动旋转水泥头由顶钻杆外内螺纹接头、压胶塞及循环钻井液阀门、替钻井液管线接头、替钻井液管线阀门、旋转轴承外壳、管体、胶塞挡销、管汇旋转轴承压盖、"V"形密封圈、管汇旋转轴承、注水泥阀门、注水泥管线接头、旋转轴承压盖和承重旋转滚珠等部件组成。

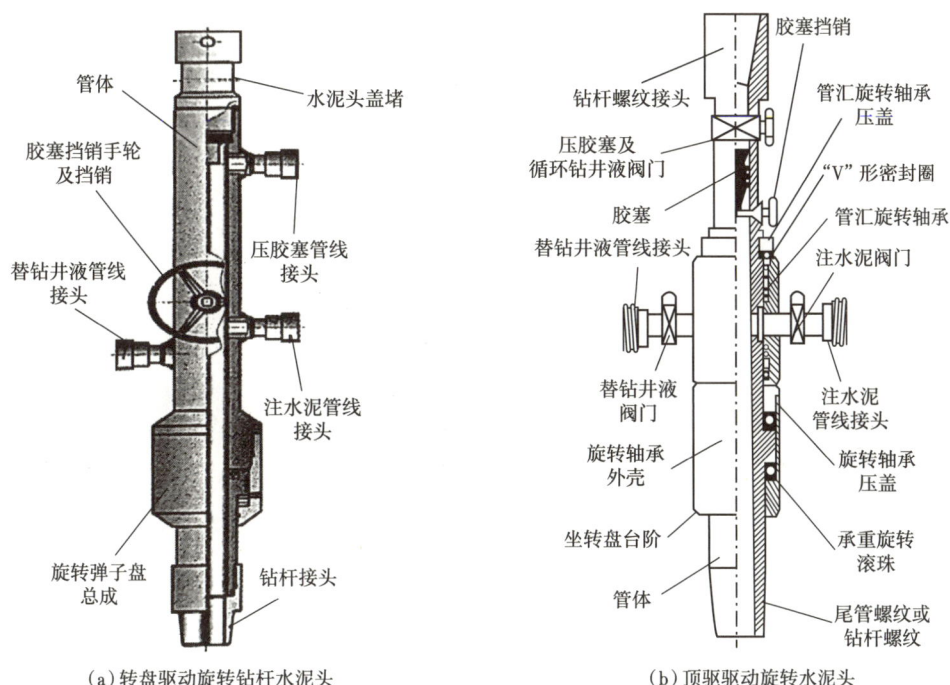

(a) 转盘驱动旋转钻杆水泥头　　(b) 顶驱驱动旋转水泥头

图 3-38　旋转水泥头

（9）高压管汇。

高压管汇是固井过程中在水泥车与水泥头之间形成流动通道的设备，主要由高压直管、高压弯头、高压短节、高压三通、高压旋塞阀组成，现场按需求组装，见表 3-25，如图 3-39 所示。

表 3-25　塔里木油田常用高压管汇技术参数

压力级别 / MPa	通径 / in	连接方式	密封方式
35/70/105	2	活接头连接	挤压密封

图 3-39　高压固井管汇

（10）三参数仪。

三参数仪也称智能高压流体计量仪，主要记录施工过程中流体的密度、压力、流量、总量等。现在国内普遍使用的三参数仪为涡轮计量仪和电磁计量仪。主要由计量仪本体、传感器、感应传输系统、检测分析系统构成，如图3-40和图3-41所示。

图3-40 三参数仪

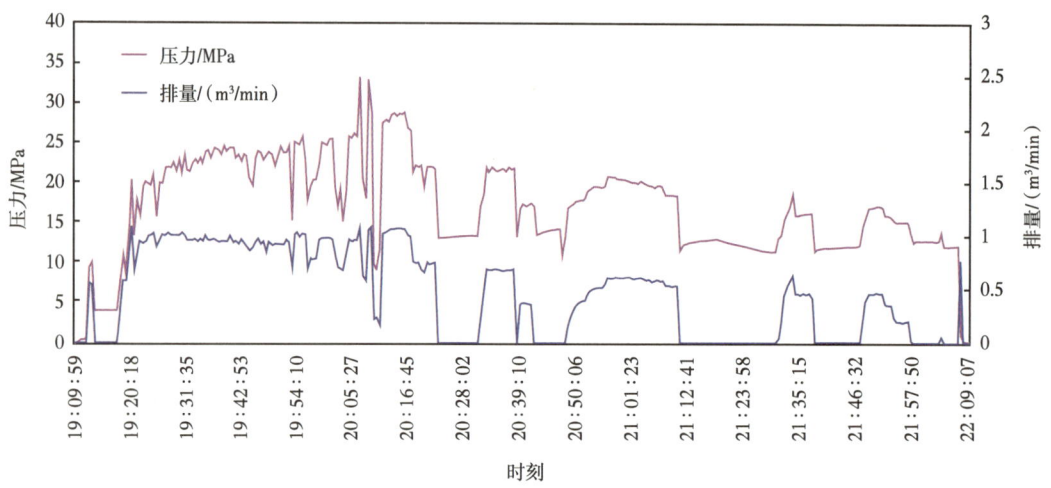

图3-41 现场典型施工参数曲线

主要技术参数：
（1）测量流量范围：0~7m³/min；
（2）压力测量范围：0~105MPa；
（3）流量测量误差：≤3%；
（4）压力测量误差：1%；
（5）测量流体类型：前置液、水泥浆、钻井液；
（6）测量流体密度：0.8~3.0g/cm³。

3. 塔里木油田常用固井工具

塔里木油田常用固井工具包括内插工具、分级箍、悬挂器、挤水泥工具、回接固井工具、选择性固井工具等。库车山前井以进口固井工具为主，台盆区以国产固井工具为主。

(1)内插固井工具。

内插固井工具是用于大直径表层套管和技术套管固井的工具。内插固井工具主要包括插入式浮箍(浮鞋)和配套的插入头、钻杆扶正器。插入头结构由钻杆内螺纹接头、扶正块、插头、密封圈等部件组成。

①插入式浮箍(浮鞋)。

插入式浮箍和插入式浮鞋是一种带有插座的浮箍和浮鞋,是内插法固井专用工具,如图3-42所示。采用内插法固井时,将插入式浮箍(浮鞋)安装在套管串底部,然后下入带有插入头的内管,将插入头插入插座内,进行注水泥作业。插入式浮箍(浮鞋)与常规浮箍(浮鞋)相比有以下特点:配有一个插座,与内插法固井使用的内插头尺寸相匹配;内插法固井时,为防止固井过程中套管漂浮,要通过内管向浮箍加压,要求插入式浮箍和浮鞋正向承压能力强,性能参数见表3-26和表3-27。

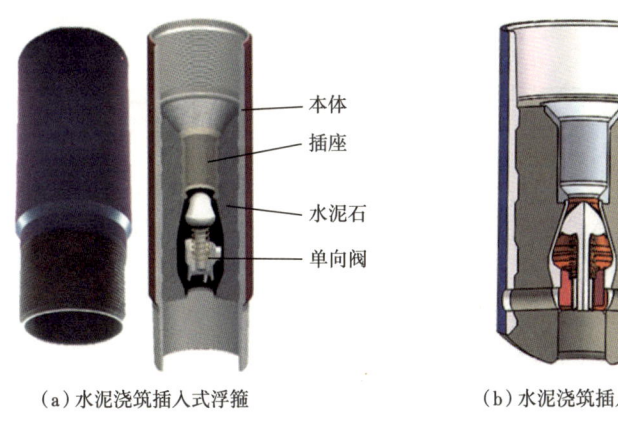

(a)水泥浇筑插入式浮箍　　(b)水泥浇筑插入式浮鞋

图3-42　插入式浮箍、浮鞋结构图

表3-26　插入式浮鞋主要性能参数

规格/ in(mm)	外径/ mm	长度/ mm	流量孔/ mm	插座承载力/ kN	插头与插座之间的密封压力/ MPa
9.625(224.5)	φ270	≥610	φ60~φ70	≥400	≥21
10.75(273.05)	φ299	≥620	φ60~φ70	≥400	≥21
13.375(339.7)	φ365	≥640	φ60~φ70	≥400	≥21
13.625(346)	φ371	≥640	φ60~φ70	≥400	≥21
14.375(365)	φ390.4	≥640	φ60~φ80	≥300	≥14
18.625(473.05)	φ508	≥650	φ60~φ80	≥150	≥7
18.84(478.56)	φ508	≥650	φ60~φ80	≥150	≥7
20(508)	φ533.4	≥650	φ60~φ80	≥150	≥7
24(609)	φ635	≥680	φ60~φ80	≥150	≥7

注:插入式浮鞋只能单独使用;当已选用了插入式浮箍时,配套的浮鞋应采用常规结构。

表 3-27 插入式浮箍的主要尺寸参数

规格 / in（mm）	外径 / mm	长度 / mm	流量孔 / mm	插座承载力 / kN	插头与插座之间的密封力 / MPa
9.625（224.5）	φ270	≥700	≥φ60	≥400	≥21
10.75（273.05）	φ299	≥700	≥φ60	≥400	≥21
13.375（339.7）	φ365	≥800	≥φ60	≥400	≥21
13.625（346）	φ371	≥800	≥φ60	≥400	≥21
14.375（365）	φ390.4	≥800	≥φ60	≥300	≥14
18.625（473.05）	φ508	≥800	≥φ60	≥150	≥7
18.84（478.56）	φ508	≥800	≥φ60	≥150	≥7
20（508）	φ533.4	≥800	≥φ60	≥150	≥7
24（609）	φ635	≥800	≥φ60	≥150	≥7

②插入头。

在内插法固井中，插入头（图 3-43）连接于钻杆串（也称为内管）的下端，钻杆串下到位置后，将插入头插入浮箍或浮鞋的插座内，并下压一定吨位，通过钻杆串与环空建立循环通道。塔里木油田表层套管尺寸较大，所需的排量也较大。国内常规的插入头一般为 3 道"O"形橡胶密封圈，如图 3-44 所示，施工过程中橡胶密封经常发生刺漏。因此，为提高插入头密封效果，塔里木油田对插入头的密封结构进行了改进，如图 3-45 所示：密封槽由矩形槽改为燕尾槽；密封圈截面形状由"O"形圈改为"U"形圈；增加了插头与插入座的密封长度，密封圈的数量由 3 道改为 4 道；根部密封胶盘由小胶盘改为大胶盘。

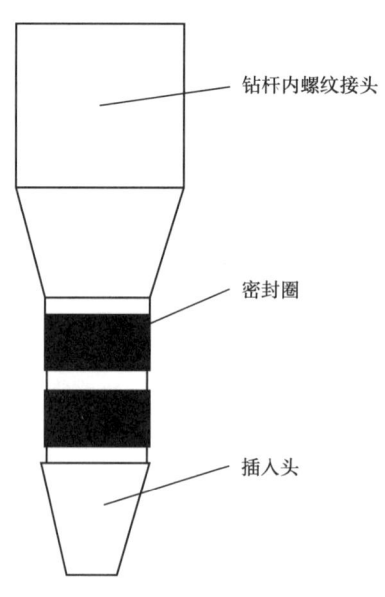

图 3-43 插入头结构示意图

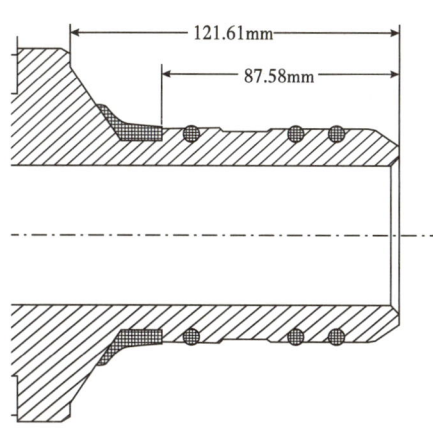 

图 3-44 常规插入头结构

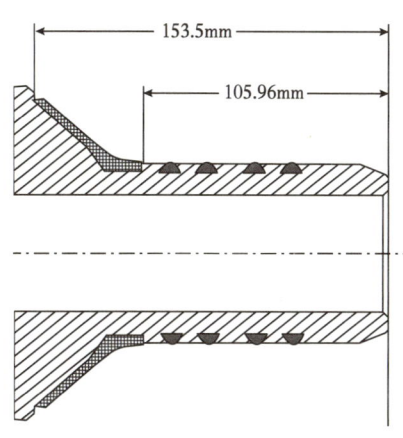 

图 3-45 塔里木油田改进型插入头结构

③钻杆扶正器。

钻杆扶正器的主要作用是用于扶正钻杆，便于插入头插入插入座，主要为弹性扶正器。弹性钻杆扶正器主要由套箍、弹性扶正片等组成，如图 3-46 所示。

（2）分级箍。

分级箍是分级注水泥作业的专用工具，主要分为机械式分级箍、压差式分级箍，分级箍结构图如图 3-47 所示。塔里木油田在用的分级箍均为机械式分级箍，包括普通机械式分级箍和封隔式分级箍。

①普通机械式分级箍。

机械式分级箍主要由套管螺纹、本体、开孔滑套、关闭滑套、打开座、循环孔等组成，其相关配件主要有挠性塞（一级塞）、打开塞（重力塞）、关闭塞、碰压座（承托环），其结构如图 3-48 所示。

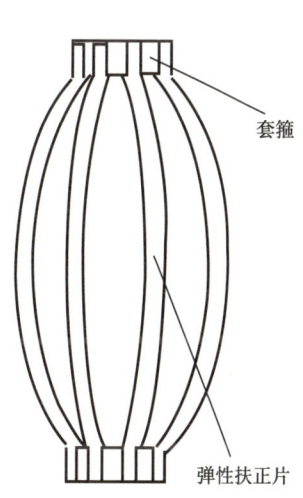

图 3-46 钻杆扶正器结构

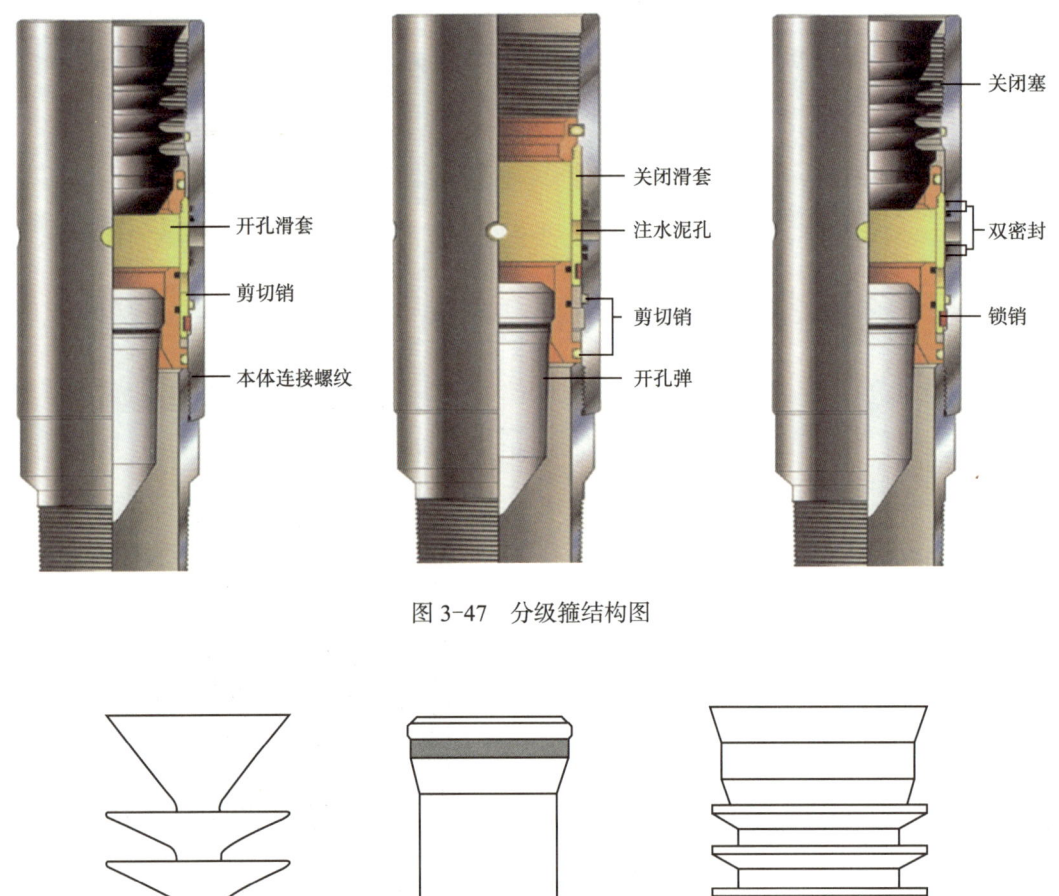

图 3-47 分级箍结构图

(a) 挠性塞　　　　(b) 打开塞　　　　(c) 关闭塞

图 3-48 普通机械式分级箍配件

工作原理：将分级箍连接于套管串设计位置，分级箍的原始状态循环孔处于关闭位置，进行一级注水泥作业，注水泥结束后，投挠性塞并替浆，替浆完成后投打开塞，当打开塞到达开孔套时，井口憋压直至开孔套销钉剪断，循环孔打开，建立循环。之后可进行二级注水泥作业，二级注水泥结束投关闭塞并替浆，关闭塞到达关闭套时，压力升高，关闭套销钉剪断，关闭循环孔，固井结束。

机械式分级箍主要特点：采用重力塞打开开孔套，比较可靠；下套管过程不受压力影响，中途可大排量循环钻井液，不受套管上提或下放速度影响；比较适用于深井、复杂井的双级固井作业。

塔里木油田在用的分级箍全部为机械式分级箍，主要厂家有戴维斯（表 3-28）、德州大陆架等。

表 3-28 Davis 分级箍标准尺寸参数表（778MC 型机械式）

套管尺寸/mm	最大直径/mm	套管磅级/(lb/ft)	钻通内径/mm	长度/mm	打开 压力/MPa	打开 屈服值/t	关闭 压力/MPa	关闭 屈服值/t	778MC 打开座内径/mm	778MC 关闭座内径/mm
73.0	93.0	6.4~7.8	62.0	628.7	7.0	2.1	10.5	4.4	44.5	54.0
88.9	111.3	7.7~10.2	74.4	628.7	8.4	3.7	10.5	7.0	44.5	54.0
		12.7~14.1								
114.3	141.3	9.5~13.5	100.3	692.2	8.4	9.5	10.5	11.3	69.9	77.8
127.0	154.7	11.5~15.0	109.2	692.2	8.4	11.8	10.5	15.0	69.9	82.6
139.7	168.3	14.0~17.0	124.3	695.5	8.4	14.5	10.5	17.7	95.3	103.2
		20.0~23.0	122.2							
168.3	200.0	20.0~28.0	153.2	723.9	8.4	20.4	10.5	25.9	117.5	127.0
177.8	210.2	17.0~23.0	159.4	723.9	8.4	22.2	10.5	28.1	117.5	130.2
		26.0~29.0	157.5							
		32.0~38.0	152.5							
193.7	227.0	26.4~33.7	173.4	733.6	8.4	26.8	10.5	33.6	120.7	141.0
219.1	257.2	24.0~32.0	203.2	736.6	7.0	32.2	8.4	38.6	146.1	171.5
244.5	282.6	32.3~40.0	226.6	749.3	7.0	35.4	8.4	42.6	177.8	196.9
		43.5~53.5	218.4							
273.1	314.3	40.5~45.5	252.7	784.4	7.0	45.4	8.4	54.4	203.2	222.3
298.5	339.7	42.0~54.0	275.0	784.4	7.0	51.7	8.4	62.1	203.2	222.3
339.7	381.0	54.5~61.0	317.9	784.4	6.3	60.3	7.0	67.1	266.7	285.8
		68.0~72.0	315.3							
406.4	457.2	65	384.2	822.5	3.5	40.8	4.9	57.2	333.4	355.6
		75.0~84.0	378.0							
473.1	528.3	87.5	451.0	835.2	2.8	44.9	4.2	67.6	368.3	406.4
508.0	558.8	94.0~133.0	475.7	835.2	2.8	49.9	4.2	74.8	406.4	444.5
558.8	609.6	114.8~170.2	520.7	879.6	2.8	61.2	4.2	103.4	457.2	482.6

②封隔式分级箍。

封隔式分级箍主要由套管螺纹、本体、封隔器单元、关闭套、上滑套、下滑套、打开座、循环孔等组成，其相关配件主要由挠性塞（一级塞）、打开塞（重力塞）、关闭塞、碰压座（承托环），其级构如图 3-49 所示。

工作原理：是在常规机械式分级箍的基础上增加了封隔器单元，在打开循环孔前胀封封隔器，封隔一级、二级环空，循环孔打开后可进行二级固井施工，二级固井替浆到量后实现碰压关孔。

图 3-49 封隔式分级箍

封隔式分级箍操作要点：封隔式分级箍操作与常规机械式分级箍操作增加了一步封隔器胀封程序，其余程序相同，一级固井结束后，打开水泥头投重力打开塞，重力打开塞到达打开塞座后，使用水泥车或钻井泵进行小排量打压，压力控制要求大于封隔器注液打开压力且小于封隔器注液关闭压力的 80%，分梯度憋压并每次稳压不少于 5min，保证封隔器完全胀封，此过程中压力过高可适当停泵。封隔器胀封完成后继续憋压直至打开循环孔建立循环，大排量洗井，循环出多余水泥浆。

塔里木油田常用 ϕ200.03mm、ϕ244.5mm、ϕ273.05mm 三种封隔式分级箍，分别适用于塔标Ⅲ井、塔标Ⅰ井、塔标Ⅱ井井身结构，其性能参数见表 3-29 至表 3-31。

表 3-29 200.03mm 封隔式分级箍性能参数

参数	数值	参数	数值
外径 / mm	228	额定载荷 / t	200
内径 / mm	171	10% 井径扩大率封隔压力 / MPa	> 25
封隔器长度 / mm	1100	整体密封能力 / MPa	70
总长 / mm	4200	井径尺寸 / mm	241.3~277.5
封隔器注液孔打开压力 / MPa	6~7	适用井眼套管 / mm	241.3/200.03
循环孔打开压力 / MPa	13~15	适用于套管壁厚 / mm	14.2
循环孔关闭压力 / MPa	4.5~5.5	附件钻除钻头尺寸 / mm	168.3

表 3-30 244.5mm 封隔式分级箍性能参数

参数	数值	参数	数值
外径 / mm	285	额定载荷 / t	310
内径 / mm	218	10% 井径扩大率封隔压力 / MPa	35
封隔器长度 / mm	1120	整体密封能力 / MPa	70
总长 / mm	3226	井径尺寸 / mm	311.15~358
封隔器注液孔打开压力 / MPa	6~8	适用井眼套管尺寸 / mm	311.2/244.5
循环孔打开压力 / MPa	14~16	适用于套管壁厚 / mm	11.05/11.99
循环孔关闭压力 / MPa	4~6	附件钻除钻头尺寸 / mm	215.9

表 3-31 273.05mm 封隔式分级箍性能参数

参数	数值	参数	数值
外径 / mm	312	额定载荷 / t	370
内径 / mm	244	10% 井径扩大率封隔压力 / MPa	30（击穿极限 37）
封隔器长度 / mm	1120	整体密封能力 / MPa	55
总长 / mm	3343	井径尺寸 / mm	333~367
封隔器注液孔打开压力 / MPa	6~8	适用井眼套管 / mm	333.4/273.05
循环孔打开压力 / MPa	14~16	适用于套管壁厚 / mm	12.57/3.84
循环孔关闭压力 / MPa	4~6	附件钻除钻头尺寸 / mm	241.3

（3）尾管悬挂器。

尾管悬挂器是尾管固井中专用的一套固井工具（图 3-50 和图 3-51），其相关配套工具主要包括浮鞋、浮箍、球座（碰压座）、回接筒、顶部封隔器（选装）、套管胶塞、钻杆胶塞、憋压球。按功能可分为常规尾管悬挂器、带顶封的尾管悬挂器和膨胀式尾管悬挂器，塔里木油田常用常规尾管悬挂器和带顶封的尾管悬挂器。

①常规尾管悬挂器。

常规尾管悬挂器采用投球憋压的方式实现坐挂（图 3-52）。使用时配合专用的送入工具，将尾管悬挂器及尾管下入到设计井深，循环干净后投球，当球到达球座后通过井口憋压，压力通过悬挂器本体上的传压孔传到液缸内，剪断液缸剪钉，推动活塞、液缸、推杆支撑套及卡瓦上行，卡瓦楔入悬挂器锥体（锥套）与外层套管之间。当钻具下放时，尾管悬重被悬挂在外层套管上。继续打压，憋通球座，建立正常循环。然后进行正转倒扣、注水泥、替浆作业。最后将送入工具提离悬挂器并循环出多余水泥浆，起钻，候凝。

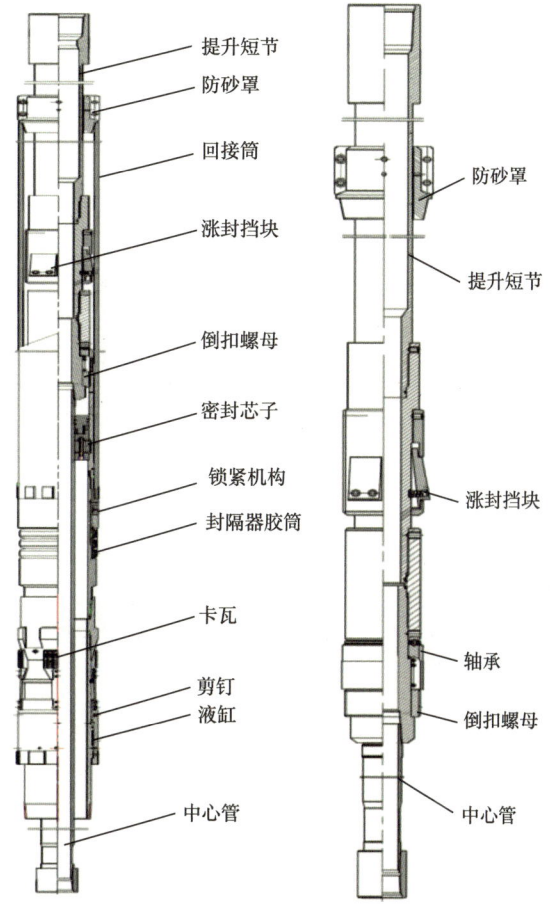

图 3-50 非内嵌式悬挂器结构图

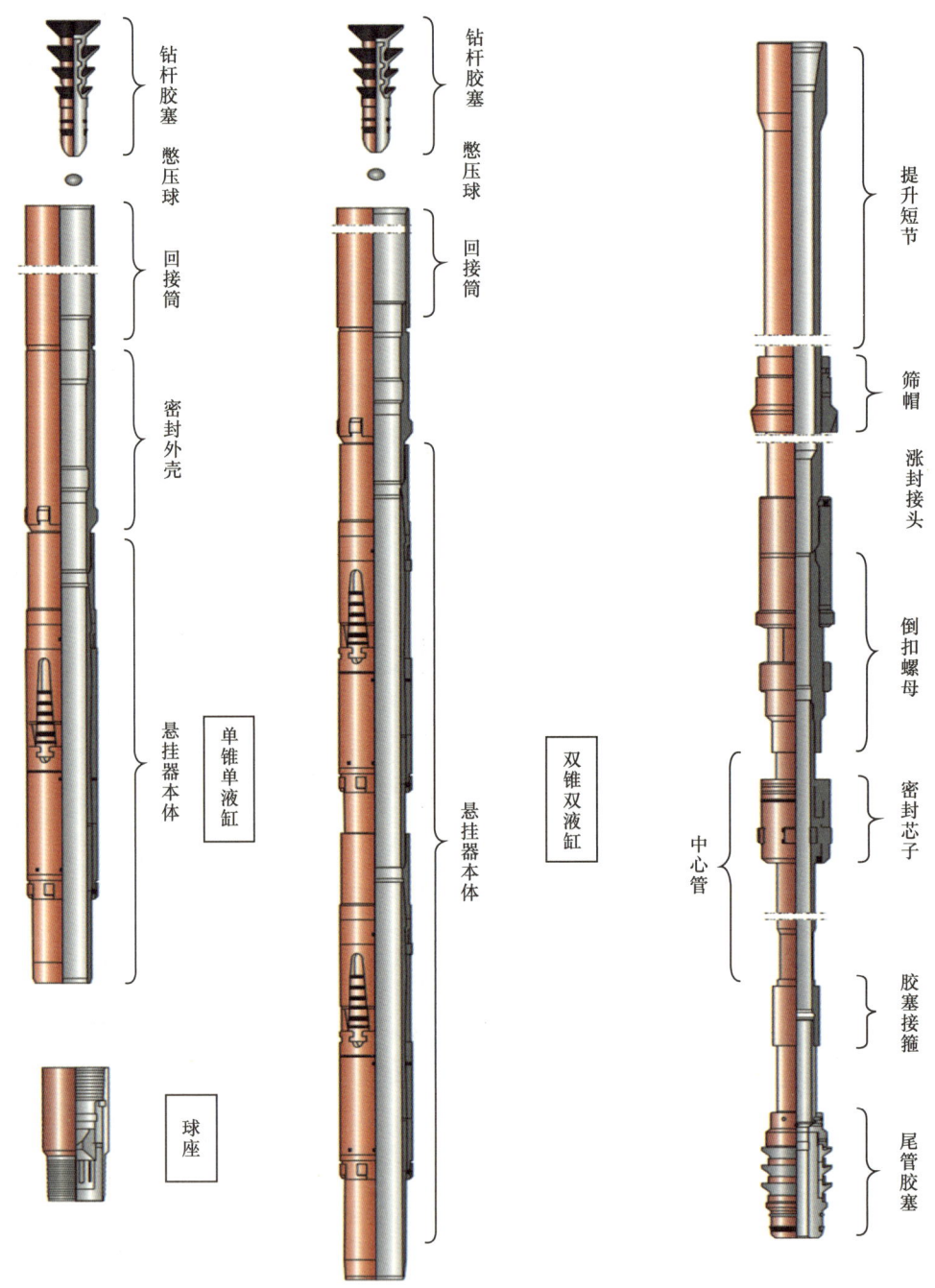

图 3-51 典型内嵌式悬挂器结构图

塔里木油田的常规尾管悬挂器采用"液压坐挂、机械丢手"的方式完成作业。尾管串下送到位后，投球憋压剪断坐挂销钉实现悬挂器坐挂，然后下放送入钻具验证是否坐挂成功，若实际悬重降低值与下放距离的比值与理论一致，则证明悬挂器坐挂成功。尾管悬挂器与送入工具通过反扣连接，丢手时正转钻具，若旋转圈数超过反扣接头螺纹圈数且扭矩降低，则可试提中心管，但需控制上提中心管的距离不超过中心管底端距密封芯子的距离。试提时若悬重减少且基本等于送入钻具浮重，则证明倒扣成功。因此，在下送尾管期间，严禁转动送入钻具，防止提前丢手。

图 3-52　尾管悬挂器反扣

塔里木油田在用的常规尾管悬挂器厂家主要有贝克休斯、斯伦贝谢、威德福、川庆钻探、德州大陆架、安东石油。

②带顶封尾管悬挂器。

带顶封悬挂器整体结构与常规悬挂器基本相似，在常规悬挂器的本体和回接筒之间增加了一套机械式封隔器总成（图 3-53）。

与常规悬挂器工作流程一致，不同的是在固井施工作业后，上提送入工具坐封弹爪自动张开，然后下压回接筒使封隔器胀封，实现尾管与上层套管间环空封隔，有效防止候凝期间高压油气水窜。塔里木油田在用带顶封尾管悬挂器主要有川庆钻探和德州大陆架。

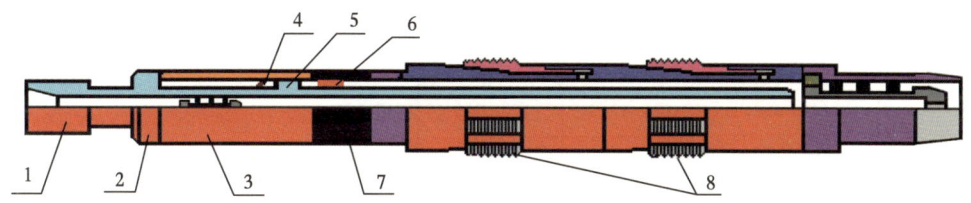

图 3-53　带顶封尾管悬挂器结构示意图

1—送入工具；2—防砂罩；3—回接筒；4—坐封弹爪；5—倒扣机构；6—密封总成；7—封隔器总成；8—悬挂器总成

（4）回接固井工具。

①插入密封。

插入密封是尾管回接固井的专用工具，应与回接筒在尺寸、长度等参数匹配。插入密封主要由接箍、密封件单元、引头组成（图 3-54）。回接固井替浆结束后，将插入密封回插到回接筒内，插入密封的密封件与回接筒实现过盈密封，一般密封压力可达 35MPa 以上。

图 3-54　插入密封结构示意图

②回接式浮箍。

回接式浮箍与常规浮箍相比，在内部的阀体上有1~2个泄压孔，回接固井替浆碰压后，下放插管插入喇叭口时，喇叭口以下套管内的高压水泥浆得不到释放，回接式浮箍能够起到泄压作用（图3-55）。

（a）实物图　　　　　　　　（b）结构示意图

图3-55　回接式浮箍示意图

③铣锥。

铣锥是一种用于回接前对喇叭口进行磨铣修整的专用工具。铣锥主要由接头、本体、磨铣棱组成（图3-56）。常用尺寸有 $7\frac{3}{4}$ in、$9\frac{5}{8}$ in 和 7in。

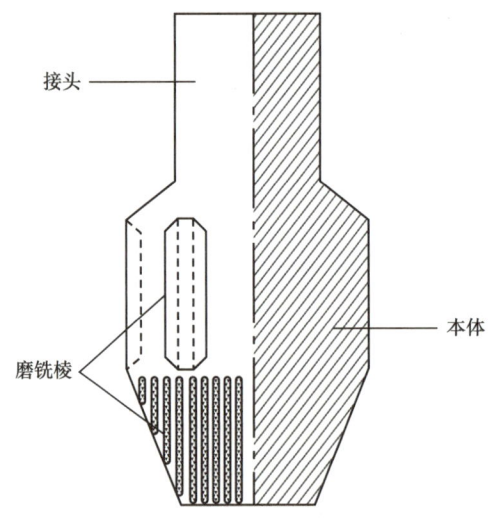

图3-56　铣锥示意图

④铣柱。

铣柱是一种用于回接前对回接筒进行磨铣修整的专用工具。铣柱主要由接头、本体、磨铣棱组成（图3-57）。常用尺寸有 $7\frac{3}{4}$ in、$9\frac{5}{8}$ in 和 7in。

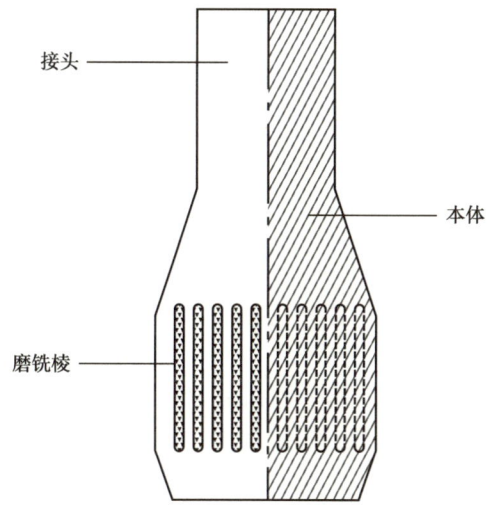

图 3-57 铣柱示意图

⑤磨铣一体化工具。

磨铣一体化工具兼顾铣锥和铣柱功能，可以实现一趟钻完成喇叭口和回接筒的磨铣和修整（表 3-32）。

表 3-32 磨铣一体化工具参数

回接筒尺寸／in	有效磨铣深度／m	铣柱直径／mm	铣锥最大直径／mm	调长短节螺纹类型	铣锥上端螺纹类型
10.75	1.7	274	320	411×410	410
9.625	1.6	260	300	411×410	410
8.625	1.8	218	240	411×410	410
7.75	1.7	200	235	411×410	410
7	1.8	184	215	311×310	310
5.5	1.8	142	168	311×310	310
5.5	铣反扣部分直径 130mm，长度 250mm				
5	1.8	130	148	211×210	310
5	铣反扣部分直径 115mm，长度 250mm				

（5）选择性固井工具。

选择性固井工具是用以对特定井段进行注水泥封固的固井配套工具。选择性固井工具主要有盲板、旋流短节或分级箍组成。塔里木油田常用的选择性固井管串结构主要有"盲板+旋流短节"简易结构和"盲板+封隔器+分级箍"标准结构两种。

①盲板+旋流短节。

盲板是内部不连通的套管短节。盲板主要由本体、套管外螺纹、套管内螺纹和盲芯组成。旋流短节通常是下端带有螺旋孔洞的套管。

工作原理：水泥浆到达套管串底端后，盲板阻止其在套管内下行，经旋流短节进入环空，实现封固旋流短节上部环空的目的。

②盲板+封隔器+分级箍。

根据分级箍工作方式可分为液压式和机械式。

a.液压式选择性固井工具。

液压式选择性固井工具主要由盲板、液压式封隔器和液压式分级箍组成。

工作原理：套管串下至设计井深后，通过井口憋压，胀封封隔器（防止水泥浆下沉或漏至下部地层），继续憋压打开分级箍建立循环，注替水泥浆，替浆碰压时关闭分级箍，实现封固分级箍上部环空井段的目的。

液压式封隔器胀封：封隔器下到合适位置后，地面小排量憋压，达到开启压力时开启阀的销钉剪断，高压钻井液打开单流阀，经关闭阀进入胶筒的膨胀腔内。在压力作用下封隔器膨胀变形与井壁紧密接触形成密封，待膨胀腔内压力达到关闭阀关闭压力时，关闭阀的销钉剪断，回压推动关闭阀将进液孔堵死，实现永久坐封。

塔里木油田常用管外封隔器性能参数见表3-33。

表3-33 塔里木油田常用管外封隔器性能参数

公称尺寸/mm	最大外径/mm	通径/mm	总长度/mm	胶筒长度/mm	适应井径/mm	承压范围/MPa	额定温度/℃
101	133	88.3	>3900	>700	152~168	7~28	150
114	148	100	>3900	>700	152~185	7~28	150
127	148	112	>3900	>700	152~185	7~28	150
140	200	120	>3900	>700	215~290	7~28	150
168	225	150	>3900	>700	242~295	7~28	150
178	225	160	>3900	>700	242~295	7~28	150
245	285	224	>3900	>700	312~390	7~28	150

液压式分级箍开关孔：当井口憋压到一定值，打开套在压差的作用下，将打开套上的剪钉剪断，打开套下行露出循环孔，建立循环，然后进行注替水泥作业。当关闭塞坐于关闭座后继续憋压，将关孔套剪钉剪断后，关闭座、关孔套、打开套、挡环等一同下行止于下接头，关闭循环孔。关闭套上的特殊机构防止关闭套倒退，此时关闭套实现永久关闭。其主要结构如图3-58所示。

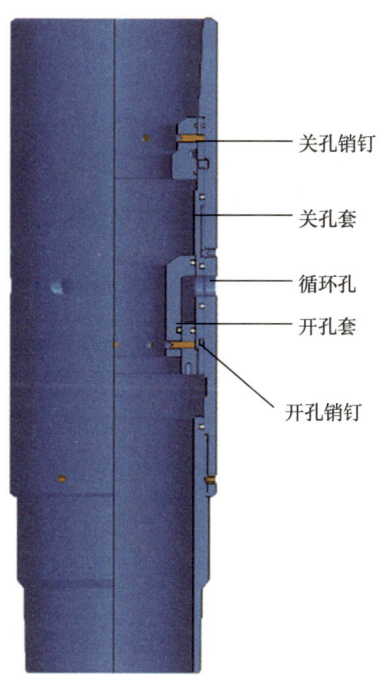

图 3-58 液压式分级箍主要结构

表 3-34 国内外主要厂家液压式分级箍性能参数

厂家	参数
哈里伯顿 ES-Type-H	尺寸：ϕ114.3~339.7mm； 打开压力：8.27~22.75MPa； 关闭压力：3.79~9.62MPa； 密封压力：25MPa
贝克休斯 PAC	压差式分级箍有 10 个尺寸系列； 尺寸 73~244.5mm； 打开压力、关闭压力可以调节
山东赛瓦 HY 型	打开压力：4.2~21MPa； 关闭压力：4.2~10.5MPa； 密封压力：25MPa
国内其他厂家	一般尺寸：ϕ139.7mm、ϕ177.8mm、ϕ244.5mm； 打开压力：7MPa； 关闭压力：5MPa； 密封压力：25MPa

b. 机械式选择性固井工具。

塔里木油田常用的机械式选择性固井工具主要由 TAM 管外封隔器、机械式分级箍、内管工具等组成。其中内管工具由皮碗、开孔锁槽、关孔锁槽等部件组成，主要用于封隔器的胀封、分级箍开关孔等关键作业，需在固井管串下送到位后单独下入。

工作原理：机械式选择性固井工具下到设计井深，坐挂悬挂器，正转送入钻具脱手并起出。然后下入内管工具胀封封隔器、打开分级箍，建立循环，注替水泥浆，替浆结束后采用内管工具关孔，完成选择性固井作业。TAM 机械式分级箍内管工具如图 3-49 所示，性能参数见表 3-35。

图 3-59　TAM 机械式分级箍内管工具

表 3-35　内管工具性能参数

尺寸	内径 / mm	外径 / mm	循环排量 /（m^3/min）
ϕ114.3mm 内管工具	31.75	88.9	0.8
ϕ127mm 内管工具	34.29	103.6	0.9
ϕ139.7mm 内管工具	43.18	114.3	1.1

机械式封隔器坐封：下内管工具到管外封隔器位置，投球，对皮碗进行试压，试压后将内管工具出液孔提至封隔器打压孔位置，对封隔器进行打压胀封，后续胀封原理与普通封隔器类似。其工作原理如图 3-60 所示，主要性能参数见表 3-36。

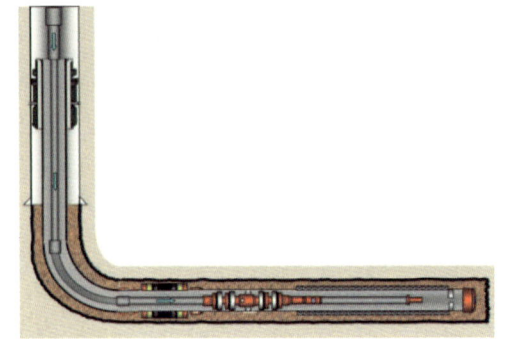　　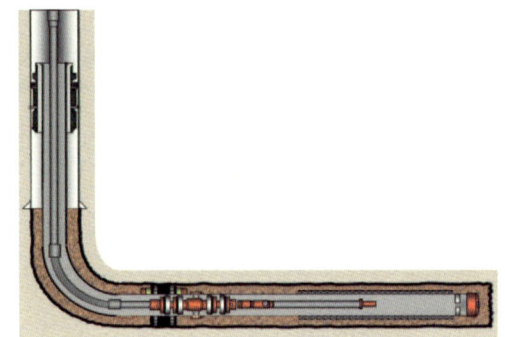

（a）投球，皮碗试压　　　　　　　　　　　（b）内管工具出液孔对准封隔器进液孔

图 3-60　机械式封隔器胀封封隔器工具原理

表 3-36　TAM 管外封隔器坐标主要性能参数

公称直径 / mm	最大外径 / mm	胶皮长度 / mm	总长度 /mm
48	79	939	2591
60	91	914	2566
		1524	3149
		6096	9144
		1524	4572
		3048	5691

续表

公称直径/mm	最大外径/mm	胶皮长度/mm	总长度/mm
73	104	914	2539
		3048	4368
		6096	9144
		1524	4572
		3048	5691
89	120	914	2539
		3048	4368
		6096	9144
		1524	4572
		3048	5691
	114	914	2539

机械式分级箍开关孔：上提内管工具，将开孔锁槽放置于开关孔短节滑套台阶上，对皮碗试压，下压一定吨位推动滑套下行，实现分级箍开孔，建立循环，注替水泥浆。注替结束后，旋转内管工具，将关孔槽放至开关孔短节滑套台阶处，上提内管工具，关孔滑套上行，实现分级箍关孔，加压验证关孔情况。确认关孔后，旋转管柱将内管工具与开孔短节脱开，起钻，循环洗井。其性能参数见表3-37

表3-37 TAM机械式分级箍性能参数

尺寸/mm	滑套内径/mm	内径/mm	工具外径/mm	胶筒长度/m	工具长度/m	抗内外压力	封隔器承压差	耐温/℃
114.3	100.58	与套管一致	139.7	无	0.960	与套管一致	无	210
127.0	114.30	与套管一致	161.8	无	0.986	与套管一致	无	210
139.7	125.98	与套管一致	171.5	无	0.986	与套管一致	无	210

（6）挤水泥工具。

挤水泥工具主要有水泥承留器和RTTS封隔器两种。

①水泥承留器。

水泥承留器主要用于油、气、水层临时或永久性封堵以及二次固井作业，将水泥浆挤入环空或地层以达到封堵和补漏目的的一种专用挤注水泥工具（图3-61）。水泥承留器主要由上接头、上下双向卡瓦、上下锥体、弹性锁紧机构、内中心管、外密封胶筒、内密封段、内阀体等组成。

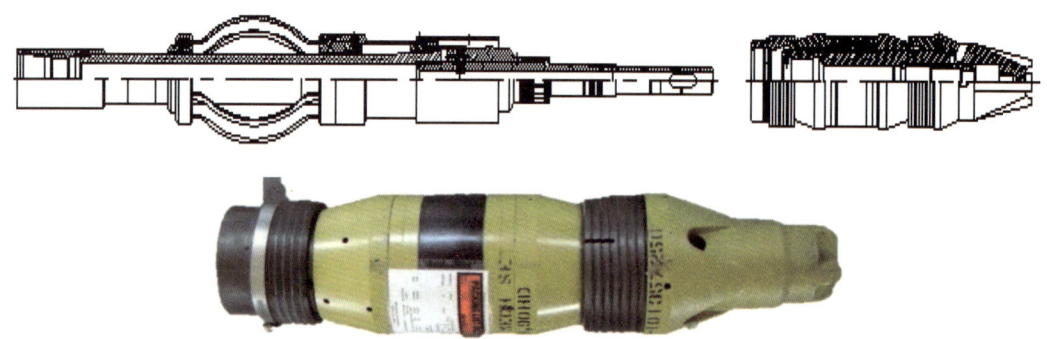

图 3-61 水泥承留器

工作原理：水泥承留器与机械坐封工具连接后，通过钻杆或油管下放到预定位置，上提、旋转、下放，释放上卡瓦，提拉管柱坐封水泥承留器，旋转后丢手，再次将机械坐封工具插入承留器中，打开阀体，即可进行挤注水泥作业。

主要特点：整体式卡瓦，结构紧凑、外径小，避免中途坐封且易于钻除。可直接用机械坐封工具坐封，一趟管柱即可完成坐封、挤注。棘轮锁环保持坐封负荷，保证压力变化下仍能可靠密封。单胶筒和平滑的金属背圈组成可靠的双向密封，承压能力高。压力平衡阀的开、关由地面控制，方便、可靠。其主要参数见表 3-38。

表 3-38 水泥承留器主要参数

套管 / in	外径 / mm	工作套管内径		坐封力 / t	最高工作压差 / MPa
		最小 / mm	最大 / mm		
4.5	90	97.18	103.89	12.7~13.6	70
5	100	105.56	115.82		
5.5	110	116.33	128.12		
5.76	120	124.1	134.37		
6.625	136	142.1	155.83		
7	144	152.5	166.07		
7.625	160	168.27	180.98		
8.625	180	190.78	205.67		
9.625	206	214.25	230.2	20.4~22.7	55
10.75	240	245.36	258.88		35
11.75	265	273.61	283.21		27
11.75	252	258.88	273.61		27
13.375	300	309.25	322.96		21
16	360	370.23	387.35		10.5

② RTTS 封隔器。

RTTS 封隔器是一种机械坐封、水力锚定的封隔器，主要用于挤水泥、套管试压、中途测试（DST）、完井酸化压裂、临时井眼封隔等作业（图 3-62）。RTTS 封隔器主要由 J 形槽换位机构、机械卡瓦、胶筒、水力锚组成。

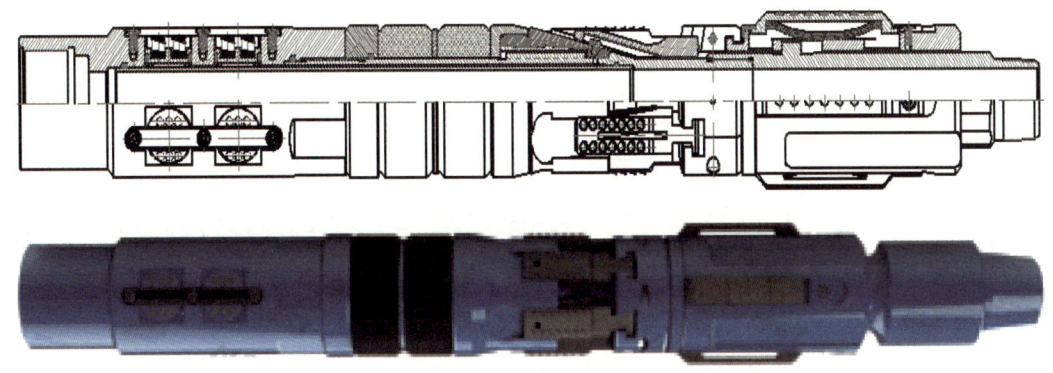

图 3-62 RTTS 封隔器

工作原理：RTTS 封隔器下井时，胶筒处于自由状态，当封隔器下到预定井深时，先上提管柱，然后右旋管柱 1~3 圈，保持扭矩的同时，下放管柱施加坐封载荷，卡瓦锥体下行把卡瓦张开，卡瓦上的合金块嵌入套管壁，胶筒随之受压而膨胀，直到两个胶筒都紧贴在套管壁上，形成密封。当封隔器胶筒下部压力大于封隔器下部静液柱压力时，下部压力将通过容积管传到水力锚，使水力锚卡瓦片张开，从而使封隔器牢固地坐封在套管内壁上，阻止管柱上窜。如需起出封隔器，只需施加拉伸管柱，水力锚卡瓦自动收回，再继续上提，胶筒泄掉压力而恢复原来的自由状态，锥体上行卡瓦随之收回，即可将封隔器起出井筒。

主要特点：结构紧凑，集锚定、扶正、坐封、密封多功能于一体，组配简单。工具坐封简单且成功率高，同时解封载荷小，施工安全可靠。胶筒耐高温、高压，密封性能可靠。其主要参数见表 3-39。

表 3-39 RTTS 封隔器主要参数

型号	适应套管/ mm	总长/ mm	最大外径/ mm	最小通径/ mm	工作压力/ MPa	坐封载荷/ kN
RTTS-110	118~124	1515	110	44	25~80	80~120
RTTS-114	121~124	1515	114	48	25~80	100~130
RTTS-140	148~153	1515	140	60	25~80	120~140
RTTS-152	154~162	1515	148	60	25~80	120~140

（7）套管刮壁器。

套管刮壁器是用于清除套管内壁的水泥块、钻井液、结蜡、积砂、污垢、毛刺等附着物的专用工具。塔里木油田常用的套管刮壁器有弹簧式套管刮壁器和一体式套管刮壁器两种。

①弹簧式套管刮壁器。

弹簧式套管刮壁器主要由壳体、刀板、刀板座、固定块、螺旋弹簧、内六角螺钉等组成，如图 3-63 和图 3-64 所示。

工作原理：套管刮壁器进入井筒后，在弹簧的作用下使刀刃紧贴套管内壁，在上下往复运动或者右旋上下往复运动过程中，用刀刃切除内壁附着物并将切割面修复至光滑。塔里木油田常用的规格系列及性能参数见表 3-40。

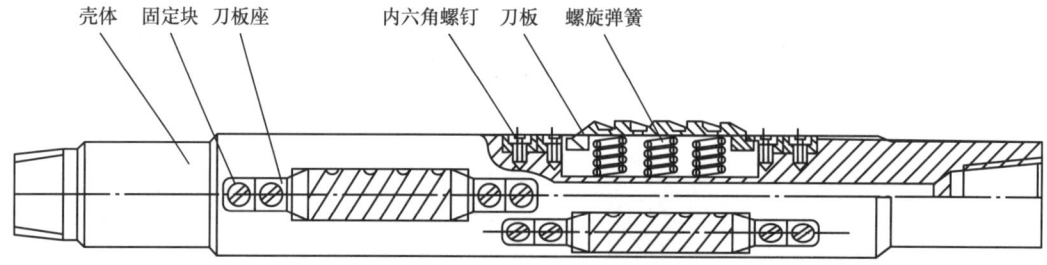

图 3-63　弹簧式套管刮削器结构图

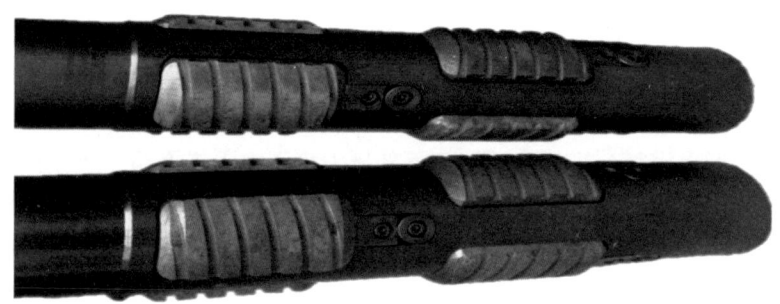

图 3-64　弹簧式套管刮削器实物图

表 3-40　弹簧式套管刮削器规格系列及性能参数

型号 / in	刀片伸出最大外径 / mm	刀片伸出最小外径 / mm	刮削范围 / mm	水眼直径 / mm	壳体外径 / mm	接头螺纹代号
GX127T（5）	120	104	106~116	18	100	NC26
GX140T（5.5）	133	115	117~128	25	110	NC26 NC31
GX178T（7）	170	146	148~166	30	136	3½ REG 3½ IF
GX245T（9.625）	238	210	216~231	56	200	4½ REG 4IF
GX340T（13.375）	328	288	294~321	65	254	NC56

②一体式套管刮壁器。

一体式套管刮壁器是一种新型刮壁工具，可以实现钻、磨、铣一趟钻，可节约 1~2 趟钻，提高作业效率。

一体式套管刮壁器（Ⅰ型）：由本体、灯笼体、磨铣环、扶正套筒等组成，如图3-65所示。工作原理：单根一体式的本体带着上下铣环一起自由旋转，中间配置的扶正套筒固定扶正灯笼式刮管刀翼保持不转动状态对套管内壁进行刮削（图3-65）。当钻塞、铣磨、扩眼、通井等作业完成后，不需要起出作业管柱，直接就可以上提下放或旋转管柱进行刮壁作业。

塔里木油田常用7in、9⅝in两种型号的一体式套管刮壁器，工具耐温234℃，性能参数见表3-41。

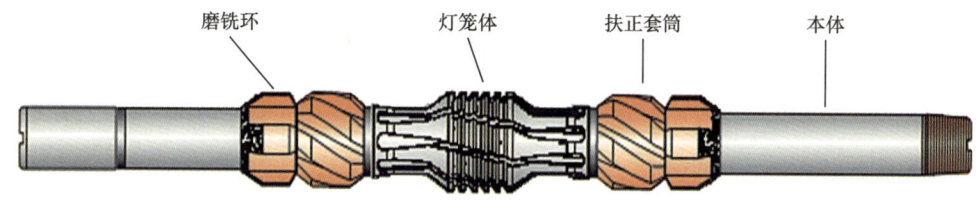

图3-65　一体式套管刮壁器Ⅰ结构图

表3-41　一体式套管刮壁器Ⅰ性能参数

工具型号/in	抗拉强度/kN	抗扭强度/(N·m)	工作温度/℃	寿命/h	长度/mm	最大外径/mm	内径/mm	螺纹类型	适用常用套管	
									外径/mm	内径/mm
7	283862	220311	234	300	2400~2700	162.56	50.8	3½ in IF	177.8/182/184.15/188.3	152.5~157.08
9.625	364684	49130	234	300	2400~2700	228.6	71.4	4½ in IF	244.8/250.83/265.13/273.05	219.07~221.13

注：（1）抗拉抗扭极限为扣型部分，且包含10%的安全系数，本体强度大约是其2倍。
（2）井下工作寿命，时间仅作参考值，能否重复入井以起钻之后状态评价决定。

一体式套管刮壁器（Ⅱ型）：由一体式芯轴总成、刮刀模块（上扶正器、刮刀，下扶正器）和底部短节三大部分组成，如图3-66所示。芯轴顶部为常规API钻杆螺纹，方便与钻具连接；抗拉和抗扭强度均高于钻杆螺纹强度。刮刀模块可根据施工作业需求灵活选择跟随或者不跟随本体转动。底部短节为常规API钻杆螺纹，可方便与普通钻具或工具（如强磁、井筒过滤器等）配合使用。工作原理：刮刀通常有两种模式，即非旋转模式和旋转模式，一般情况下，工具随钻具以非旋转模式入井，中心轴转动时，刀片与套管壁接触实现刮壁功能。若工具意外遇阻卡时，通过上提管柱，使得剪切环剪切销钉剪断，安全离合器啮合，工具将从非旋转模式切换至旋转模式，便于解卡解堵。

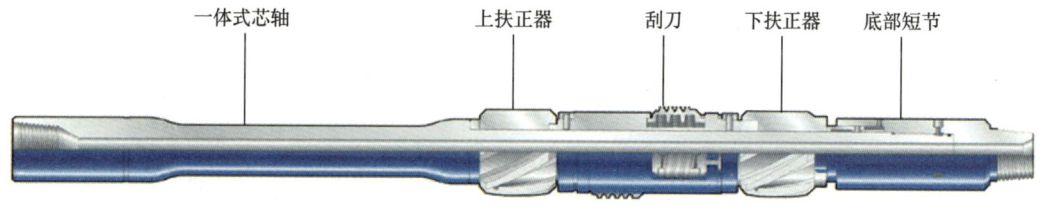

图3-66　一体式套管刮壁器Ⅱ整体结构

塔里木油田常用 7in、9⅝in、10¾in 三种工具尺寸的一体式套管刮壁器，性能参数见表 3-42。

表 3-42　一体式套管刮壁器 II 性能参数

工具尺寸/in	套管磅级/(lb/ft)	内部流道面积/in²	外部流道面积/in²	内径/in	顶部螺纹类型	底部螺纹类型
7	35	0.785	1.709	1	2⅞in PAC DSIbox	2⅞in PAC DSIpin
9.625	47	3.976	2.772	2.69	NC50 box	NC50 pin
10.75	51	5.675	4.964	2.69		
10.75	60.7	5.675	3.753	2.69		

注：工具抗拉强度和抗扭强度由底部短节和芯轴之间的螺纹类型决定。

4. 塔里木油田常用固井附件

（1）浮鞋。

浮鞋是引导套管下入的专用工具，主要分为水泥式浮鞋（图 3-67）和铝芯式浮鞋（图 3-68）两种，主要由球面或锥形引鞋、套管内螺纹、铝合金或水泥加工的阀座、阀体（球、半球或锥体）等组成，其中尾管固井的浮鞋一般在引头部分会设计有三到四个凸块，阻止套管旋转，称为"S"形引鞋（图 3-69）。

工作原理：在弹簧弹力作用下阀体正常是处于关闭位置，当套管内钻井液或水泥浆流经阀体时，将阀体推开与环空建立流动通道，停泵后阀体自动关闭，阻止钻井液或水泥浆倒返。其主要性能参数见表 3-43。

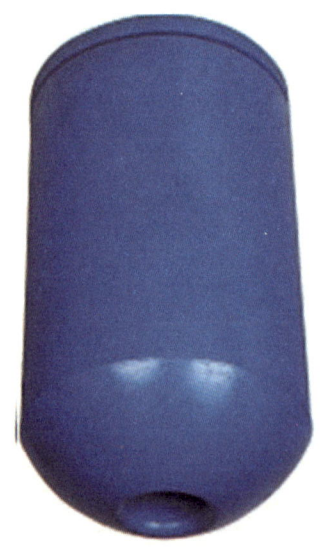 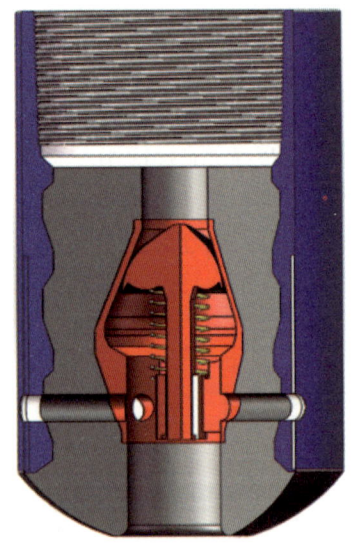

图 3-67　水泥浇筑式浮鞋

 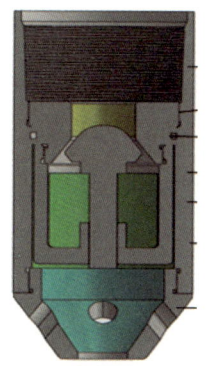   

图 3-68　铝芯式浮鞋　　　　　　　　图 3-69　尾管用"S"形引鞋

表 3-43　塔里木油田常用浮鞋主要性能参数

规格 / in（mm）	外径 / mm	长度 / mm	通径 / mm	流量孔 / mm	正向承压 / MPa	反向承压 / MPa
4.5（114.3）	φ127	≥420	≥98.42	≥φ46	28	35
5（127）	φ141	≥420	≥105.44	≥φ46	28	35
5.5（139.7）	φ154	≥450	≥118.18	≥φ46	28	35
5.5（139.7）	φ157	≥450	≥112.34	≥φ46	28	35
5.5（139.7）	φ159	≥450	≥112.34	≥φ46	28	35
7（177.8）	φ200	≥500	≥153.9	≥φ46	28	35
7.165（182）	φ200	≥500	≥149.23	≥φ46	28	35
7（177.8 浮球式）	φ200	≥500	≥153.9	≥φ46	28	35
7.75（196.85）	φ219	≥500	≥168.28	≥φ46	28	35
7.875（200.03）	φ222	≥500	≥175.01	≥φ46	28	35
7.875（200.03）	φ222	≥500	≥175.01	≥φ46	28	35
7.875（200.03）	φ222	≥500	≥175.01	≥φ46	28	35
7.875（200.03）	φ222	≥500	≥175.01	≥φ46	28	35
7.875（200.03）	φ222	≥500	≥175.01	≥φ46	28	35
206.38（206.38 无接箍）	φ206.38	≥500	≥168.7	≥φ46	28	35
9.625（245）	φ270	≥600	≥216.53	≥φ60	28	35
10.2（259）	φ277	≥600	≥216	≥φ60	21	35
10.75（273.05）	φ299	≥600	≥246.22	≥φ60	21	35
10.75（273.05）	φ299	≥600	≥241.4	≥φ60	21	35
10.75（273.05 无接箍）	φ273	≥600	≥216.60	≥φ60	21	35

续表

规格 / in（mm）	外径 / mm	长度 / mm	通径 / mm	流量孔 / mm	正向承压 / MPa	反向承压 / MPa
10.44（265.13 无接箍）	φ265	≥ 600	≥ 217.16	≥ φ60	21	35
11.55（293.45 无接箍）	φ294.9	≥ 600	≥ 242.38	≥ φ60	21	28
13.375（340）	φ365	≥ 650	≥ 311.37	≥ φ60	21	28
13.375（340）	φ365	≥ 650	≥ 309.65	≥ φ60	21	28
13.625（346）	φ371	≥ 650	≥ 311.37	≥ φ60	21	28
14.375（365）	φ390	≥ 650	≥ 311.37	≥ φ60	21	28
14.375（365）	φ390	≥ 650	≥ 333.38	≥ φ60	21	28
14.75（374.65）	φ394	≥ 650	≥ 333.38	≥ φ60	21	28
18.625（473.05）	φ508	≥ 700	≥ 446	≥ φ60	21	21
18.625（473.05）	φ508	≥ 700	≥ 435.36	≥ φ60	21	21
18.84（478.56 侧孔 50mm）	φ508	≥ 700	≥ 431.80	≥ φ60	21	21
20（508）	φ533.4	≥ 700	≥ 477.84	≥ φ60	21	21
24（609）	φ635	≥ 700	≥ 574.42	≥ φ60	21	21

（2）水力旋转引鞋。

水力旋转引鞋是连接在套管串最下端具有水力旋转功能的特种引鞋。水力旋转引鞋主要由偏心引头、旋转内套、叶轮、浮鞋本体等组成（图3-70）。

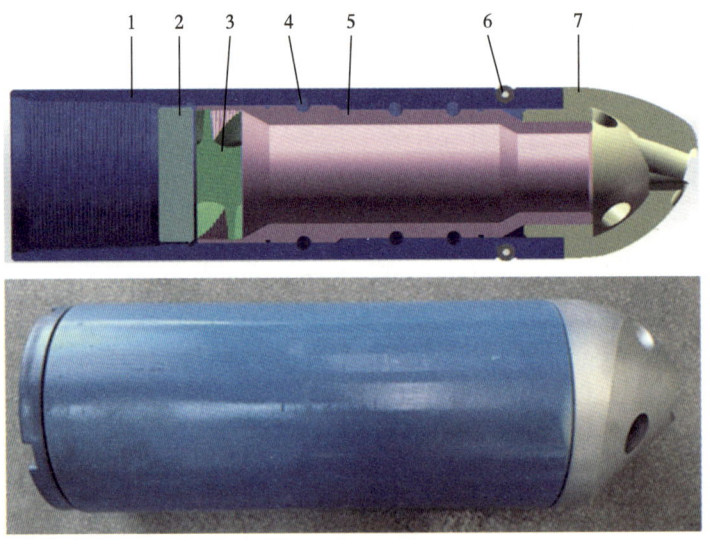

图 3-70　水力旋转引鞋
1—本体；2—挡板；3—叶轮；4—滚珠；5—旋转内套；6—扶正滚轮；7—偏心引头

工作原理：套管串下入不顺畅或遇阻时，偏心式引头可根据井眼轨迹自动旋转方向，导引管串顺利下入。当遇到砂桥开泵循环时，钻井液通过挡板的射流孔冲击叶轮，叶轮在冲击力的作用下快速旋转，并带动旋转内套和偏心引头一起旋转，同时液流由旋流孔喷出并射向岩屑床，将岩屑床冲散并循环出井筒，消除套管下放阻力。

主要特点：旋转内套与本体靠台阶固定，与叶轮采用螺纹连接，耐磨性、耐冲刷性强。旋转内套、旋转套与本体间有止推轴承，叶轮与挡板之间有滚动轴承，可有效减少转动摩阻。其技术参数见表3-44。

表3-44 水力旋转引鞋技术参数

规格/mm	外径/mm	本体内径/mm	长度/mm	侧流孔个数
127	φ147	104	550	4
139.7	φ154	116	550	4
177.8	φ195	146	700	4
244.5	φ270	214	700	6
339.7	φ365	309	800	8

（3）浮箍。

浮箍是安装在套管串中的单流装置，主要起单流阀和碰压座作用。浮箍主要分为水泥式浮箍和铝芯式浮箍两种，主要由本体、套管内螺纹、套管外螺纹、铝合金或水泥加工的阀座、阀体（球、半球或锥体）等组成，其中插入式浮箍在阀座上部设计有插入座（图3-71）。

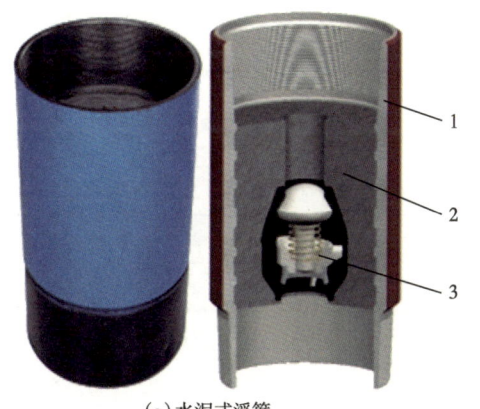 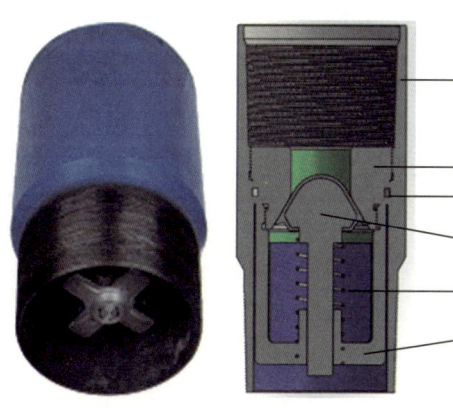

(a) 水泥式浮箍
1—本体；2—水泥石；3—单向阀

(b) 铝芯式浮箍
1—本体；2—阀座；3—"O"形密封圈；4—挂胶球；
5—弹簧；6—花篮

图3-71 常规浮箍

工作原理：单流阀工作原理与浮鞋相同。替浆过程中，固井顶塞到达浮箍时，阻止胶塞下行，泵压升高，起到碰压作用。其主要性能参数见表3-45。

表 3-45 塔里木油田常用浮箍主要性能参数

规格 /in（mm）	外径 /mm	长度 /mm	通径 /mm	流量孔 /mm	正向承压 /MPa	反向承压 /MPa
4.5（114.3）	φ127	≥500	≥98.42	≥φ46	28	35
5.0（127.0）	φ141	≥500	≥105.44	≥φ46	28	35
5.5（139.7）	φ154	≥500	≥118.18	≥φ46	28	35
5.5（139.7）	φ157	≥500	≥112.34	≥φ46	28	35
5.5（139.7）	φ159	≥500	≥112.34	≥φ46	28	35
7.0（177.8）	φ200	≥600	≥153.90	≥φ46	28	35
7.165（182）	φ200	≥600	≥149.23	≥φ46	28	35
7.75（196.85）	φ219	≥600	≥168.28	≥φ46	28	35
7.875（200.03）	φ222	≥600	≥175.01	≥φ46	28	35
7.875（200.03）	φ222	≥600	≥175.01	≥φ46	28	35
7.875（200.03）	φ222	≥600	≥175.01	≥φ46	28	35
7.875（200.03）	φ222	≥600	≥175.01	≥φ46	28	35
7.875（200.03）	φ222	≥600	≥175.01	≥φ46	28	35
8.125（206.38）无接箍	φ206.38	≥600	≥168.70	≥φ46	28	35
9.625（244.5）	φ270	≥700	≥216.53	≥φ60	28	35
10.2（259）	φ277	≥700	≥216	≥φ60	21	35
10.75（273.05）	φ299	≥700	≥246.22	≥φ60	21	35
10.75（273.05）	φ299	≥700	≥241.4	≥φ60	21	35
10.75（273.05）(无接箍)	φ273	≥700	≥216.60	≥φ60	21	35
10.44（265.13）无接箍	φ265	≥700	≥217.16	≥φ60	21	35
11.55（293.45 无接箍）	φ294.9	≥700	≥242.38	≥φ60	21	28
13.375（340）	φ365	≥800	≥311.37	≥φ60	21	28
13.375（340）	φ365	≥800	≥309.65	≥φ60	21	28
13.625（346）	φ371	≥800	≥311.37	≥φ60	21	28
14.375（365）	φ390	≥800	≥311.37	≥φ60	21	28
14.375（365）	φ390	≥800	≥333.38	≥φ60	21	28
14.75（374.65）	φ394	≥800	≥333.38	≥φ60	21	28
18.625（473.05）	φ508	≥800	≥435.36	≥φ60	21	21
18.84（478.56 侧孔 50mm）	φ508	≥800	≥431.80	≥φ60	21	21
20（508）	φ533.4	≥800	≥477.84	≥φ60	21	21
24（609）	φ635	≥800	≥574.42	≥φ60	21	21

（4）套管扶正器。

套管扶正器是在套管下入井内时，用来扶正套管以提高套管居中度和水泥浆顶替效率的装置。扶正器主要分为弹性扶正器、刚性/半刚性扶正器和特殊扶正器。

工作原理：所有扶正器的工作原理都是通过弹性或刚性支撑使套管离开井壁向井眼中心位置靠近，提高套管居中度。

①弹性扶正器。

弹性扶正器主要分为焊接式、铰链编织式和整体式扶正器（图3-72），目前塔里木油田主要应用整体式弹性扶正器。弹性扶正器主要由套箍和弓形弹簧片组成。

焊接式弹性扶正器　　　铰链编织弹性扶正器　　　整体式弹性扶正器

图3-72　弹性扶正器

弹性扶正器具有以下特点：由于可变形的特点，易在复杂或小井眼处下入；加工制造相对简单；在支撑力够的情况下扶正效果好；套管下入时不能转动；在复杂井眼下易损坏。

编织式弹性扶正器与焊接式弹性扶正器相比，由于焊接式焊口易脆裂，所以焊接式弹性扶正器在井下易断裂损坏。

整体式弹性扶正器与编织式弹性扶正器或焊接式弹性扶正器相比，由于整体式扶正器的套箍与扶正片没有重叠部分，所以收缩后的外径最小，易于在小间隙井中使用，也不易破坏，且整体式扶正器具有高偏离间隙比（85%）及高复位力，下入摩阻小的特点。

②刚性/半刚性扶正器。

刚性扶正器由扶正器筒体和刚性扶正条组成。刚性/半刚性扶正器按扶正条可分为直条和螺旋扶正器；按材质可分为钢质、铝合金扶正器；按可变形程度可分为刚性、半刚性扶正器（图3-73）。

刚性扶正器具有以下特点：强度高、不易损坏；易使用于井壁较硬的井眼和要求扶正力大的井眼；下入阻力大；由于与井眼或外层套管必须保留足够的间隙，因此扶正效果差；难以通过具有缩径性质的复杂井眼。

不同刚性扶正器对比：直条刚性扶正器与螺旋刚性扶正器相比具有下入阻力小、加工简单的特点，但旋流扶正器在水泥浆上返时可产生旋流，更有利于水泥浆顶替效率的提高。

半刚性扶正器与刚性扶正器相比具有质量轻、可变形的优点,更易于通过阻卡井段,但半刚性支撑力不及刚性扶正器。

图 3-73　刚性 / 半刚性扶正器

③特殊扶正器。

为满足井下复杂工况或特殊工艺要求,塔里木油田常用的特殊扶正器主要有滚轮扶正器(图 3-74)、滚珠扶正器(图 3-75)、高温树脂减阻扶正器(图 3-76)等。

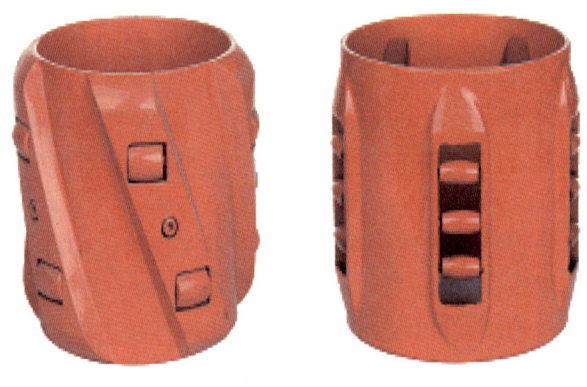

图 3-74　滚轮扶正器

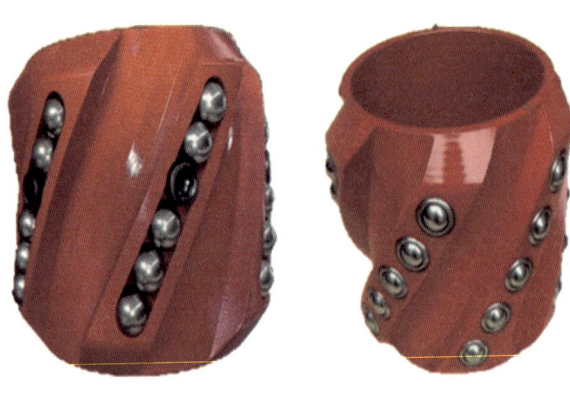

图 3-75　滚珠扶正器

 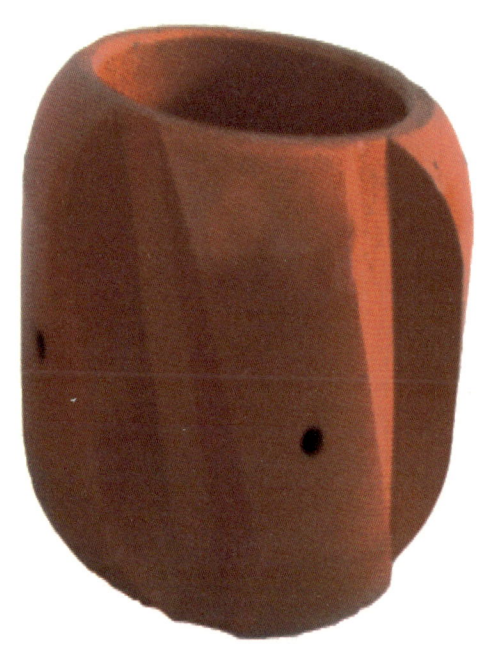

图 3-76 高温树脂螺旋耐磨减阻扶正器

滚轮扶正器：滚轮扶正器是在扶正条上装有滚轮，将滑动摩擦变为滚动摩擦实现减少下套管摩阻的扶正器。滚轮扶正器主要由扶正筒体、扶正条和滚轮组成。主要用于大斜度定向井、大位移井、长段水平井等下套管阻力较大的井，有以下特点：下套管摩擦阻力小；具有刚性扶正器的其他特点；加工工艺较复杂；不适用于松软地层井段和过于粗糙不平滑的井眼；适用于重合套管段和较硬的裸眼井段。

滚珠扶正器：滚珠扶正器是在扶正条上加工球形沟槽，然后镶嵌高强度轴承滚珠，将滑动摩擦变为滚动摩擦实现减少下套管摩阻的扶正器。滚轮扶正器主要由扶正筒体、扶正条和滚珠组成。主要用于大斜度定向井、大位移井、长段水平井等下套管阻力较大的井，有以下特点：下套管摩擦阻力小，可多方向旋转；具有刚性扶正器的其他特点；加工工艺较复杂；不适用于松软地层井段和过于粗糙不平滑的井眼。

高温树脂减阻扶正器：高温树脂减阻扶正器是由一种耐高温树脂材料加工而成的一种特殊刚性扶正器，外形与刚性螺旋扶正器相似，直接由高温树脂材料热成型体。具有以下特点：高温树脂材料有较小的摩擦系数，因此扶正器与井壁或外层套管之间的摩擦力小；在高温、高压下不变形，有较强的支撑力，与刚性扶正器类似；摩擦力小，比较适合于旋转套管固井；由于外形和强度类似于刚性扶正器，因此具有刚性扶正器的优缺点。

（5）固井胶塞。

固井胶塞是用于固井施工中隔离钻井液、隔离液与水泥浆的一种具有多级盘状胶翼的橡胶塞。固井胶塞按固井工艺不同，可分为常规固井用套管胶塞、分级固井胶塞、尾管固井胶塞等。其主要尺寸参数见表 3-46。

表 3-46 固井胶塞的主要尺寸参数

套管规格		最大外径/ mm	长度/ mm	唇部直径/ mm	主体直径/ mm	下胶塞胶膜破裂压力/MPa	胶塞橡胶耐温/℃
in	mm						
5	127	127~130	120~210	120~123	90~93	1~3	-25~180
5.5	140	140~145	120~210	130~135	100~103	1~3	
7	178	178~183	150~240	168~173	130~135	1~3	
7.875	200.03	199~204	150~245	188~195	150~155	1~3	
7.75	196.85	196~201	150~240	182~189	145~150	1~3	
9.625	244	244~249	180~265	234~239	192~197	1~3	-25~150
10.75	273	273~279	220~300	262~268	209~213	1~3	
13.375	340	340~348	260~300	326~334	264~269	1~3	
14.375	365	362~368	260~305	342~352	280~285	1~3	
18.625	473	473~483	360~450	460~470	386~392	1~3	
20	508	508~519	360~450	490~501	425~435	1~3	

①单级固井胶塞。

常规固井胶塞（图 3-77）按功能可分为隔离塞（下胶塞或底塞）和碰压塞（上胶塞或顶塞）。隔离塞主要用于隔离钻井液（或隔离液）与水泥浆。碰压塞用于隔离水泥浆与钻井液（或隔离液）的同时，起到碰压作用。

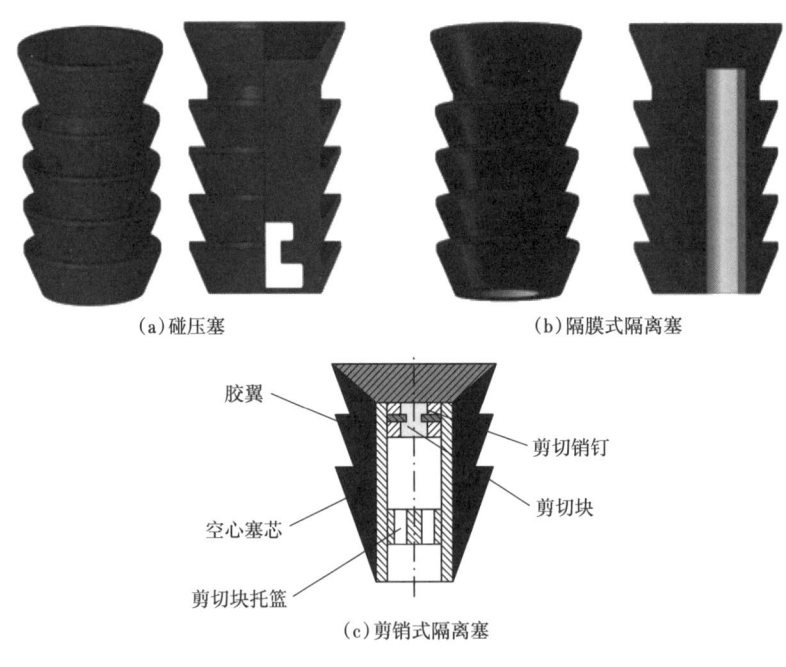

(a) 碰压塞　　　　　　(b) 隔膜式隔离塞

(c) 剪销式隔离塞

图 3-77 常规固井胶塞

隔离塞有隔膜式和剪销式两种形式，主要由空心塞芯、胶翼和隔膜（剪切总成：剪切块、剪切销钉、剪切块托篮）组成。碰压塞主要由胶翼和铝制塞芯组成。

隔膜式隔离塞特点是结构简单，成本相对低，破坏的隔膜容易卡浮箍阀，造成回压阀工作失灵，隔膜击穿压力误差大。

剪销式隔离塞特点是销钉剪切压力误差小，销钉剪切后剪切块落在托篮上，对浮箍回压阀没有影响，使用方便、性能可靠，结构相对复杂，成本相对高。

②双级固井胶塞。

分级固井胶塞包括挠性塞（一级塞）、打开塞（重力塞）、关闭塞（图3-78）。挠性塞在一级固井中起到隔离水泥浆与钻井液（或隔离液）和固井碰压作用。打开塞用于一级固井施工结束后，依靠自重下行至分级箍打开座，憋压打开循环孔，建立循环。关闭塞用于二级固井替浆中隔离水泥浆与钻井液（或隔离液）和固井碰压及关闭分级箍循环孔作用。重力塞和关闭塞结构参数需分别与开孔塞座和关孔塞座匹配，确保开关孔工作顺利，挠性塞结构参数需确保通过分级箍，并与一级碰压座匹配，确保顺利碰压。

图3-78 双级固井胶塞

③尾管固井胶塞。

尾管固井胶塞包括钻杆胶塞和尾管空心胶塞。钻杆胶塞在钻杆内起到隔离水泥浆与钻井液（或隔离液）作用，当与空心胶塞复合后形成密封，剪切掉空心胶塞销钉后共同下行，实现隔离尾管内水泥浆与钻井液（或隔离液）和碰压功能（图3-79）。钻杆胶塞一般提前安装于水泥头内，尾管空心胶塞通常安装在中心管下端或以短节形式接于套管串中（图3-80）。

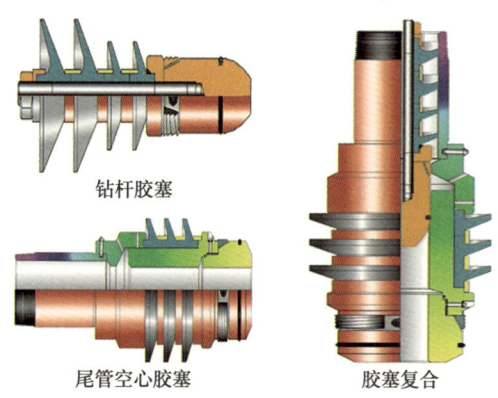

图3-79 尾管固井胶塞

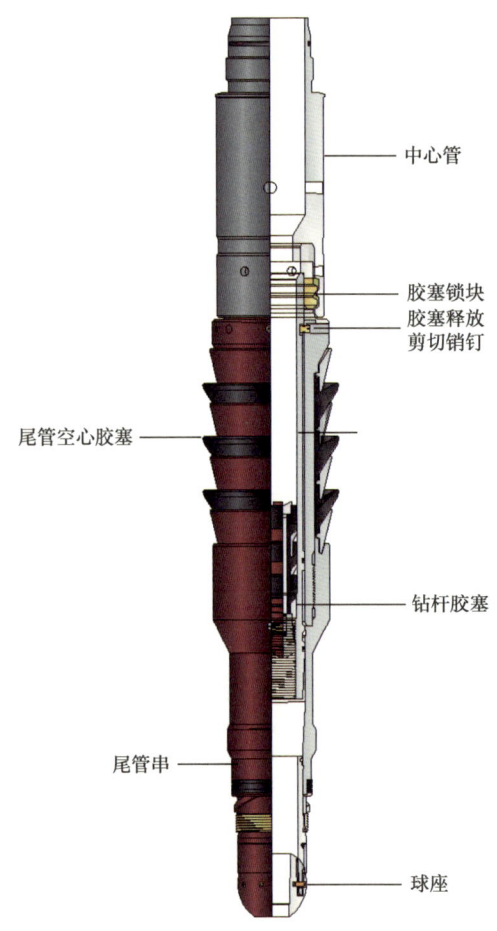

图 3-80　尾管空心胶塞与中心管连接

二、固井施工准备要求

1. 固井前井筒准备

固井施工前性能调整。注水泥前应以不小于钻进时的最大环空返速至少循环 2 周。固井施工前，钻井液主要性能推荐要求：钻井液密度低于 $1.30g/cm^3$ 时，屈服值应小于 5Pa，塑性黏度应在 $10\sim20mPa\cdot s$；钻井液密度在 $1.30\sim1.80g/cm^3$ 范围内，屈服值应小于 8Pa，塑性黏度应在 $15\sim30mPa\cdot s$；钻井液密度高于 $1.80g/cm^3$ 时，屈服值应小于 15Pa，塑性黏度应在 $25\sim75mPa\cdot s$。

下回接套管前应认真进行铣喇叭口作业，推荐采用分体式的铣锥铣柱，确保回接时插入头插入顺利。铣喇叭口作业前应确认铣锥铣柱的尺寸与回接筒匹配；应采用合金粒堆焊的铣锥，铣锥锥形外径与回接筒内径一致部分，上下 5cm 合金齿必须完好，平面磨损深度误差 -1mm 以内；铣柱直径要求与标准值误差 -1mm 以内。钻具组合：铣锥、铣柱钻具组合应带 6~9 根钻铤，两趟钻具组合应与刮壁+复探喇叭口的钻具组合保持一致，便于准确判断喇叭口位置及保障回接筒铣磨到位。喇叭口铣磨分为探、磨、验、查四个阶段。

(1) 探喇叭口：距离原实探喇叭口位置最后一个单根，提前开泵至正常排量，泵压稳定后记录好泵压，缓慢下放至铣锥底端距离原实探喇叭口位置约 0.5~1m，充分洗井 30min，后继续下探喇叭口。下探喇叭口期间，若发现泵压上升，钻压增加，标明钻具位置并记录好喇叭口位置，继续送钻至钻压 4~5t，且泵压稳定后，则记录喇叭口位置为 $H_{开泵}$。停泵，上提钻具 2~3m，以同样排量开泵，开转盘 30~40r/min，以同样方式再探喇叭口，记录喇叭口位置为 $H_{旋转}$。停泵停转盘，上提钻具 2~3m，转动钻具以不同方位，以同样方式开泵下探喇叭口，并记录喇叭口位置为 $H_{转动}$。上提钻具 2~3m，停泵停转盘复探喇叭口，若钻压增加，则记录此喇叭口位置为 $H_{停泵1}$。上提钻具 2~3m，转动钻具以不同方位，以同样方式下探喇叭口，并记录喇叭口位置为 $H_{停泵2}$。若 $H_{开泵}$、$H_{旋转}$、$H_{转动}$ 基本吻合，$H_{停泵1}$、$H_{停泵2}$ 基本吻合，且与钻上塞期间原实探喇叭口位置基本吻合，则分别记录 $H_{开泵}$、$H_{停泵}$ 为开泵与不开泵状态下的实探喇叭口位置。

(2) 铣磨喇叭口：开泵开转盘探到喇叭口后，对井口钻具进行标记，并开始磨铣喇叭口，磨铣参数：转速 30~40r/min，钻压 1~2t。每磨铣 15~20min，上提一次钻具。对于磨铣无进尺，且扭矩平稳的井，可适当增加磨铣钻压和磨铣时间，最高可磨铣 120min。对于磨铣有进尺，最多可磨进 5~10cm，或至扭矩基本平稳。每磨铣一段时间后，应上提循环，观察出口返出情况，以进一步确定磨铣时间。铣磨喇叭口完，应在距离喇叭口 1~3m 位置，充分循环清洁井筒后方可起钻。

(3) 验喇叭口：采用探喇叭口方式，钻具转动至不同方位，以开泵、停泵两种方式探喇叭口，探喇叭口期间，观察铣锥进入喇叭口（试插）是否通畅，并对比不同方位喇叭口位置有无差异，若无差异，则记录停泵状态下所探喇叭口位置为后期铣柱铣回接筒及回接插入的参考依据。

(4) 核查铣磨情况：起出铣锥检查磨损情况，重点检查对应回接筒内径处铣锥表面的磨损情况，以确定是否磨铣到位。

(5) 铣回接筒：距离原实探喇叭口位置最后一个单根，提前开泵至正常排量，泵压稳定后记录好泵压，缓慢下放至铣柱底端距离原铣锥实探喇叭口位置约 0.5~1m，充分循环 10min。启动转盘后继续下探至喇叭口位置开始铣回接筒。进喇叭口转盘转速 15~20r/min，铣柱全部进入后转盘转速 30~40r/min。铣柱进入喇叭口深度不得少于回接插入密封插入部分长度，底端应尽可能抵至反扣位置。铣磨期间应多次反复提划 3~4 次后，停泵停转盘，转动钻具至不同方位，下放至铣磨终端，检验是否通畅。铣回接筒完，充分循环至出口无铁屑等杂物、钻井液进出口密度一致或密度差小于 0.02g/cm³ 后起钻，必要时可对铣磨终端以上打优质钻井液封闭。起出铣柱检查表面及底端磨损情况，以确定是否磨铣到位。同时检查柱体侧面评估回接筒内部光滑程度。

铣完喇叭口和回接筒后进行深度校核：通过下入铣锥和铣柱钻具组合的深度差值，判断回接筒的有效长度，并与理论长度进行对比。

2. 水泥浆材料准备及试验

(1) 水泥准备及混灰要求。

①质量检验要求。固井所用水泥和外加剂必须采用质量检验合格产品，混灰前应对用于施工的水泥、外加剂和外掺料抽样检查，合格后方可使用。同时使用两种以上的外加剂

时应进行复合使用性能测试。设计循环温度大于 90℃ 的深井所使用水泥的存放期应在 1 月以上。注水泥塞、尾管悬挂、分级固井一级作业及特殊井作业，应使用同一生产批号的水泥、外加剂和外掺料。

②外加剂温度区间选择。根据作业井温度区间，应避免选择在该温度区间存在浆体敏感、并可能影响施工安全的外加剂。

③水泥和外加剂的保管。井队应妥善保管到井水泥和外加剂，防潮湿、防日光暴晒。冬季液体外加剂应保温防冻，保证固井施工前的配药工作顺利进行。

④干混质量要求。使用高密度或低密度水泥浆固井时应严格按设计比例干混加重材料或减轻材料。干混完成后应按设计水泥浆配方抽样检查混拌成品的水泥浆密度，符合设计后方可使用。长途运输干混水泥到现场后应重新抽样检查密度变化，必要时重新混拌。固井灰罐运送到井后，应在现场对固井灰罐的数量与标识进行检查，每个罐的显眼位置应悬挂标识牌，标识牌上应注明井号、水泥灰的用途、数量、混灰的组成、混灰时间等信息。按照固井施工要求进行均匀混灰，并运输至井场灰罐内，对于低密度和高密度水泥干灰，应进行现场倒罐，确保均匀。

⑤按照施工要求准备重晶石粉、铁矿粉、微锰等隔离液加重材料及悬浮材料，并在固井施工前配制好隔离液基液。

灰罐和水罐标识牌见表 3-47 和表 3-48。

表 3-47 灰罐标识牌样式

井号	类型	开次	组分	混拌时间

表 3-48 水罐标识牌样式

井号	类型	开次	水来源	组分	配制时间

（2）水泥浆试验。

①试验分类。

单井水泥浆试验分为小样试验、半大样试验、大样复查试验。

a. 小样试验：为了确定某次固井施工的水泥组成与送井外加剂数量所进行的室内配方试验。使用的水泥及干混料样品均为库房新取样品，外加剂样品为试验室自备样品（每季度应至少更新一次），该试验须在方案制定前完成。

b. 半大样试验：为了确定配水配方而进行的室内正式配方试验。使用的水、外加剂样品及他相关材料均应来自现场，灰样（干灰）可在混灰站取样，应具有足够的代表性，该试验须在设计前完成。

c.大样复查试验：在配水完成后及施工之前进行的用于确定能否安全施工的复查试验。使用的水泥组成（干灰）、配浆水均应来自现场。大样复查试验的干灰、配浆水、隔离液、钻井液等所有样品均需取两份，分别由固井公司、水泥浆监测服务公司保存，特殊井需取三份样品，其中一份交由实验检测研究院保存，待固井质量测井结果解释5个工作日后方可由保存方自行处理。

②试验条件。

井底静止温度。一般采用电测获取，如无电测井底温度，可参照区域或区块邻井或本井上开电测井底温度推算该井地温梯度，进而推算井底温度；如无可参考的数据，井底温度可按下式计算：井底静止温度（BHST）=27+（1.6~1.8）×h/100（其中，h为井深，m）。

井底循环温度。一般按 BHCT=BHST×k 确定，其中，BHST 为电测井底静止温度、BHCT 为井底循环温度、k 为温度系数。一般情况下，井深不大于6500m时，k取值0.75~0.85；井深大于6500m，k取值0.85~0.90。油基钻井液环境下，系数k可在此基础上提高0.05；挤水泥与水泥塞作业推荐温度系数0.9~1.0；水泥封固段长超过1000m，可适当降低系数。

试验温度选取。稠化时间、API失水、超声波强度、静胶凝强度等按相应的井底循环温度进行；底部强度、顶部强度等按照相应位置的静止温度进行；流变性应在常温测量基础上增加对应循环温度测量，当循环温度低于90℃时，以实际循环温度搅拌养护20min后按循环温度进行，当循环温度高于90℃时，需在增压稠化仪中以循环温度搅拌养护20min后取出，在90℃下进行。

试验压力应以相应井底静液柱压力作为试验压力，具体试验压力还应考虑试验设备能力做合理调整优化。

升温时间应根据注替排量、水泥浆用量、井深、管柱内容积等计算水泥浆从井口到达井底的时间，并以此确定升温时间。

③试验项目。

不同固井方式对应的基本试验项目要求见表3-49至表3-51，特殊试验项目根据现场需求确定，其中，目的层半大样试验中超声波及静胶凝强度过渡时间为必做项。施工前所有试验数据必须齐全且满足施工要求。

部分试验要求如下：

稠化时间（密度高点）：指在高于设计水泥浆密度、相同试验条件下的稠化时间试验，常规密度水泥浆（加硅粉水泥1.86~1.88g/cm³，纯水泥1.89~1.91g/cm³）按比设计密度高0.05g/cm³，其他密度水泥浆按比设计密度高0.03g/cm³考虑，用于指导施工时的密度控制。

稠化时间（温度高点）：指在温度高于设计试验温度、其他试验条件相同情况下的稠化时间试验，主要检验水泥浆遭遇异常温度情况时的安全性能，比设计试验温度高5℃进行。

稠化时间（升降温）：在稠化时间试验中，按照升温程序，将温度升到试验温度并恒温20min后，再将试验温度降温至顶部试验温度而测得的稠化时间，降温时间及降至温度根据现场实际确定（原则上降至顶部循环温度与顶部静止温度之间）。

表 3-49 单级 / 双级 / 回接固井试验项目表

固井方式		单级固井、双级固井、回接固井					
项目名称		小样	完成时间	半大样	完成时间	大样	完成时间
密度		√	接到试验通知后两天内完成；如污染稠化7:3通过，可不做⊙，如7:3不能通过，则依次作⊙	√	确定下套管前完成；如污染稠化7:3通过，可不做⊙，如7:3不能通过，则依次作⊙	√	套管下到底前一天完成；如污染稠化7:3通过，可不做⊙，如7:3不能通过，则依次作⊙。*强度根据现场施工的领尾浆密度立即在室内用大样灰和大样水配制养护，现场仍需取样按相同条件养护
流动度		√		√		√	
游离液		√		√		√	
API 失水		√		√		√	
流变性		√		√		√	
领浆稠化时间	正常点	√		√		√	
	密度高点	√		√		√	
	升降温停机	/		√		√	
尾浆稠化时间	正常点	√		√		√	
	温度高点	√		√		√	
	密度高点	/		√		√	
污染稠化	水:泥=7:3	√		√		√	
	水:泥:隔=7:2:1	⊙		⊙		⊙	
	水:泥:隔=7:1:2	⊙		⊙		⊙	
	水:隔=9:1	/		√		/	
领浆强度	顶部强度	√		√		*	
尾浆强度	底部强度	√		√		*	
隔离液密度差		√		√		/	

表 3-50 尾管固井试验项目表

固井方式		尾管固井					
项目名称		小样	完成时间	半大样	完成时间	大样	完成时间
密度		√	接到试验通知后两天内完成；如污染稠化7:3通过，可不做⊙，如7:3不能通过，则依次作⊙	√	确定下套管前完成；如污染稠化7:3通过，可不做⊙，如7:3不能通过，则依次作⊙	√	套管下到底前一天完成；如污染稠化7:3通过，可不做⊙，如7:3不能通过，则依次作⊙。*强度根据现场施工的领尾浆密度立即在室内用大样灰和大样水配制养护，现场仍需取样按相同条件养护
流动度		√		√		√	
游离液		√		√		√	
API 失水		√		√		√	
流变性		√		√		√	
领浆稠化时间	正常点	√		√		√	
	密度高点	√		√		√	
	升降温停机	/		√		√	
尾浆稠化时间	正常点	√		√		√	
	温度高点	√		√		√	
	密度高点	/		√		√	
领尾浆混合稠化时间	领浆:尾浆=1:1	/		√		√	
污染稠化	水:泥=7:3	√	接到试验通知后两天内完成；如污染稠化7:3通过，可不做⊙，如7:3不能通过，则依次作⊙	√	确定下套管前完成；如污染稠化7:3通过，可不做⊙，如7:3不能通过，则依次作⊙	√	套管下到底前一天完成；如污染稠化7:3通过，可不做⊙，如7:3不能通过，则依次作⊙。*强度根据现场施工的领尾浆密度立即在室内用大样灰和大样水配制养护，现场仍需取样按相同条件养护
	水:泥:隔=7:2:1	⊙		⊙		⊙	
	水:泥:隔=7:1:2	⊙		⊙		⊙	
	水:隔=9:1	/		√		/	
领浆强度	顶部强度	√		√		*	
尾浆强度	底部强度	√		√		*	
尾浆静胶凝强度				√			
隔离液密度差		√		√		/	

表 3-51 挤水泥及水泥塞试验项目表

固井方式		挤水泥及水泥塞					
项目名称		小样	完成时间	半大样	完成时间	大样	完成时间
密度		√	接到试验通知后两天内完成；如污染稠化7:3通过，可不做⊙，如7:3不能通过，则依次作⊙	√	确定下套管前完成；如污染稠化7:3通过，可不做⊙，如7:3不能通过，则依次作⊙	√	套管下到底前一天完成；如污染稠化7:3通过，可不做⊙，如7:3不能通过，则依次作⊙，*强度根据现场施工的领尾浆密度立即在室内用大样灰和大样水配制养护，现场仍需取样按相同条件养护
流动度		√		√		√	
游离液		√		√		√	
API 失水		√		√		√	
流变性		√		√		√	
稠化时间	正常点	√		√		√	
	温度高点	√		√		√	
	密度高点	√		√		√	
	停机试验	/		√		√	
污染稠化	水:泥 =7:3	√		√		√	
	水:泥:隔 =7:2:1	⊙		⊙		⊙	
	水:泥:隔 =7:1:2	⊙		⊙		⊙	
	水:隔 =9:1	√		√		√	
抗压强度	抗压强度	√		√		*	
隔离液密度差		√		√		/	

稠化时间（停机）：在稠化时间试验中，按照升温程序，将温度升到试验温度并停机 20min 后，再继续开机而测得的稠化时间和停机前后稠度值变化情况，升降温和停机试验可根据需要合并进行。

抗压强度（顶部）：指在固井施工完成后水泥浆柱顶部的温度条件下进行的抗压强度试验，主要用于指导开井候凝及下钻探塞的时间。

超声波强度与静胶凝强度：为测试水泥浆起强度时间与静胶凝强度发展情况（过渡时间：静胶凝强度从 48~240Pa 的时间）而开展的试验，做到水泥浆起强度为止。

④性能要求。

应根据固井工艺需求，设计水泥浆性能，主要包括稠化时间、API 失水、游离液、流动度、顶部及底部抗压强度等。

a. 稠化时间：是指水泥浆稠化试验中水泥浆稠度达到 100Bc 的时间，要求稠化曲线正常，初始稠度应不大于 30Bc。正常点稠化时间。领浆稠化时间为施工时间附加 60~120min，尾浆稠化时间为开始注尾浆到注替结束时间附加 60~90min；单凝水泥浆稠化时间参照领浆稠化时间设计；水泥浆返出地面需立即坐卡瓦的井，稠化时间为施工时间（含坐卡瓦时间）附加 3~5h；水泥塞、挤水泥等特殊施工根据实际情况决定。其他稠化时间密度高点稠化时间应短于正常点，且不得少于施工时间；温度高点稠化时间应短于正常点,且不得少于施工时间;升降温稠化时间不得少于正常点的稠化时间;停机时间不得少于施工时间,且停机前后稠度值增加不超过10BC;特殊情况根据井下实际情况决定。

b. 失水量:一般井固井时水泥浆滤失量应小于150mL(6.9MPa,30min),气井、定向井、大位移井和水平井以及尾管固井时应控制水泥浆滤失量小于50mL。根据地层条件,充填水泥浆滤失量一般不大于250mL。挤水泥作业:高孔高渗透地层小于50mL;低渗透地层小于200mL;极低渗透地层小于300mL;裂缝性地层小于500mL。

高温稳定性(上下密度差)及游离液:技术套管固井领浆游离液量应不大于1.4%,尾浆游离液量不大于1.0%;一般井生产套管固井水泥浆游离液量不大于0.4%,水平井和大位移井、高压油气井、页岩气井、储气库注采井以及尾管固井应控制为零;超高密度水泥浆上下密度差不大于0.05g/cm³,水平井和大斜度井上下密度差不大于0.02g/cm³,其余水泥浆上下密度差不大于0.03g/cm³。特殊情况根据现场情况决定。

c. 流动度:一般要求常规密度21~23cm,高密度及低密度:18~21cm。

d. 流变性能:根据实际井况,在确保固井不漏和良好顶替效率前提下,提出浆体流变性能具体要求。

e. 抗压强度:表层套管固井底部水泥石24h抗压强度应不低于3.5MPa,技术套管固井底部水泥石24h的抗压强度应不低于14MPa;生产套管固井顶部水泥石48h抗压强度不低于7MPa,井底至产层顶部以上200m水泥石24h抗压强度应不低于14MPa。大温差、长封固段固井时,根据实际情况确定水泥石抗压强度。

f. 相容性:水泥浆相容性试验分为污染试验及污染稠化试验。试验比例及要求按表3-52执行。要求各种比例浆体流动度大于18cm,各种比例污染稠化试验,稠化时间大于施工时间。小样、半大样、大样复查均需进行相容性试验并在报告中提交相应数据与曲线。

表3-52 水泥浆相容性试验比例及要求

类型	序号	混合比例			常流/cm	高流/cm	稠化时间/min	备注
		水泥浆	钻井液	隔离液				
污染试验	1	100						
	2		100					
	3			100				
	4	70	30	—				
	5	70	20	10				
	6	20	70	10				
	7	30	70	—				
	8	95	5	—				
	9	5	95	—				
	10	50	50	—				
	11	33	33	33				

续表

类型	序号	混合比例			常流/cm	高流/cm	稠化时间/min	备注
		水泥浆	钻井液	隔离液				
污染稠化试验	1	70	30	—				必做项目
	2	90	—	10				必做项目
	3	70	20	10				必做项目
	4	70	10	20				若3#试验不能通过时，该项必做

注：（1）高流污染试验条件：温度取93℃，常压，2h水浴养护后取出。
（2）污染稠化试验条件与水泥浆稠化试验条件相同。
（3）必须分别选取常流及高流污染试验最严重的一组做污染稠化试验。
（4）污染试验浆体流动度应不低于18cm。
（5）相容性试验仅作为固井施工参考的必要条件之一。

g. 隔离液和冲洗液性能：隔离液应具有良好的悬浮顶替效果，动塑比应介于钻井液与水泥浆之间；与钻井液、水泥浆具有良好的相容性，不严重影响水泥浆滤失量，不缩短水泥浆的稠化时间；隔离液滤失量可控，在井底循环温度、压差6.9MPa条件下，30min滤失量应低于250mL；不影响水泥环的胶结强度；隔离液高温条件下上下密度差直井应不大于$0.03g/cm^3$，斜井、定向井、水平井应不大于$0.05g/cm^3$（静置时倾斜45°）；不腐蚀套管。冲洗液流变性应接近牛顿流体，对泥饼具有较强的浸透力，冲刷井壁、套管壁效果好。

（3）现场药水配制要求。

①配制药水前的复核试验。现场固井药水配制前应对现场水、水泥和外加剂取样并按设计规定条件和配方进行复核试验（即半大样试验），合格后再配制混合水。

②固井水罐清洗及清水准备。固井清水入罐前必须彻底将水罐清洗干净，内壁无液体或者固体残留物，清水入罐后不变色，并按照固井要求准备好足量清水，清水入罐后不能随意动用。

③配制要求。配制药水时应按顺序加入外加剂并充分循环，达到均匀稳定。配制完成后应取样并进行复查试验，检查混配质量。

④固井药水保管。固井药水配制结束后，固井工程师应组织水泥浆监测工程师和井队平台经理（或钻井工程师）三方共同测量罐面余量高度，填写《固井专用水罐签字确认表》，三方签字确认，并在显眼位置悬挂标识牌，应注明药水用途、数量、液面高度、配制时间、配制人及联系电话。含有外加剂的混合水配制完成后应防止杂物进入和液体流失。常规固井配制完成72h后仍未固井时，固井前应重新进行现场复核试验。尾管悬挂、注水泥塞等特殊注水泥作业，要求配制完成48h后仍未固井时，作业前应重新进行现场复核试验。特殊情况复核时间要求可根据需要调整。

⑤固井药水液面高度确认。固井施工前，由钻井队、固井队、水泥浆服务公司三方共同再次测量液面高度，准确无误后方可进行固井施工。若发现液面异常，固井工程师应立即安排重新取样进行相关试验复查，根据试验结果进行调整。

⑥固井药水的保温。冬季固井施工前，固井水必须保温，注水泥施工前固井水的温度在15~20℃，采用蒸汽保温时，蒸汽管线不得直接插入固井水罐，药品的装卸、保温、保管和回收均由井队负责。

(4)水泥浆试验结果分析。

固井施工前完成的小样试验、半大样试验、大样试验均应开展试验结果分析。小样试验重点分析水泥浆稠化时间、沉降稳定性、相容性、流变性等性能是否满足固井施工要求,决定能否使用该套水泥浆体系,若满足则按小样配方准备水泥、外加剂、外掺料等,若不满足则更换水泥浆体系。半大样试验重点分析现场干灰混配后对水泥浆相关性能的影响,若所有性能均满足固井施工要求,则按照半大样配方配置现场固井药水,若不满足固井施工要求则调整配方。大样试验重点核查水泥浆关键性能是否满足固井施工需求,若满足则按大样灰和大样药水进行固井施工,若不满足则需调整配方。

三、固井施工技术要求

1. 钻井设备准备及检查

(1)钻井设备。

固井前应检查钻井设备,包括仪器仪表及记录装置、循环系统、钻机提升及动力系统、控制系统、照明系统、供电系统和井控设备;重点检查参与固井施工计量的钻井液罐,确保阀门挡板灵活可靠,做到计量方便、准确,并准备好临时供浆管线、供气管线、密度计等固井施工备用设备。其检查表见表3-53。

表3-53 钻井设备检查表

钻机型号		钻机编号	
提升能力/kN		防喷器及闸板芯子	
钻井液泵型号		钻井液泵数量	
钻井液泵缸套直径/mm		钻井液泵保险销压力值/MPa	
钻井液泵额定排量/(L/s)		旋转控制头(胶芯性能参数)	
套管头配置		钻井液罐(阀门、上水情况、液面探头)	

(2)钻井液。

按照固井施工要求储备足量的隔离浆、钻井液、加重液及混浆排污罐容。其储备情况表见表3-54,钻井液性能表见表3-55。

表3-54 钻井液储备情况

名称	密度/(g/cm³)	钻井液罐编号	钻井液罐罐容/m³	数量/m³
膨润土浆				
胶液				
钻井液1				
钻井液2				

表 3-55 钻井液性能（固井前）

体系				取样日期		
密度 / (g/cm³)	黏度 / s	塑性黏度 / (mPa·s)	屈服值 / Pa	HTHP 失水 / mL	HTHP 滤饼 / mm	含油 / %
固含 / %	含砂 / %	氯离子 / (mg/L)	钙离子 / (mg/L)	初切 / Pa	终切 / Pa	摩阻系数
旋转黏度计读数	φ600mm	φ300mm	φ200mm	φ100mm	φ6mm	φ3mm

（3）水罐要求。

固井水罐要求使用不小于 40m³ 水罐，山前井罐容量不低于 160m³，台盆区不低于 80m³，特殊井固井水罐应根据要求增加水罐，固井水罐应标有刻度尺。每个固井水罐必须按照钻机配备要求装配搅拌器（20m³/ 个），搅拌器的功率（7.5kW 以上）和线路必须满足固井施工要求，搅拌器采用双层浆叶，下层浆叶距罐底不超过 20cm。固井水罐之间必须断开连接、单独隔离，保证不窜不漏，固井水罐的出口应是 6in 或 4in（6 孔）标准阀兰盘，保证每个罐能单独上水且罐余不大于 6 m³。固井专用水罐均配置相关的保温或加温设施，冬季保障水温在 15~20℃。每年入冬前应对水罐内蒸汽盘管进行密封性检查并及时更换。固井水罐要求能够遮盖严实，防风沙、雨水进入。固井专用水罐配置照明设施，方便夜间施工。

2. 固井设备准备及检查

（1）固井设备。

按照固井施工要求，配备好固井施工设备。确认药品水罐、灰罐内物资种类、数量、质量准确，确认供水系统、供灰系统可正常工作；确认固井车、对讲机、计量设备、管线等数量充足，功能正常。作业设备配备最低要求见表 3-56 和表 3-57。

表 3-56 表层套管、技术套管固井作业设备配备最低要求

序号	设备名称	性能要求	单位	注灰量 / t				
				≤ 100	100~150	150~200	200~250	> 250
				数量				
1	双机泵水泥车	排量≥ 2.0m³/min；压力≥ 70MPa	台	1	1	1	2	2
2	单机泵水泥车	排量≥ 1.5m³/min；压力≥ 40MPa	台	0	0	1	1	1
3	压风机	供气量≥ 9m³/min；压力≥ 7MPa	台	1	1	1-2	2	2
4	供水	供水量≥ 1.0m³/min	台	1	1	2	2	2

续表

序号	设备名称	性能要求	单位	注灰量 / t ≤100	100~150	150~200	200~250	>250
				数量				
5	管汇	载重≥5t	台	1	1	1	1-2	1-2
6	车载混浆车	罐容量≥15m³	台	0	0	1	1	1
7	仪表	排量、压力、密度三参数监测	台	1	1	1	1	1
8	吊车	起重≥5t	台	1	1	1	1	1
9	立式灰罐	储灰量≥30t	台	满足储灰要求				
10	对讲机	每套数量≥6只	套	1	1	1	1	1

表 3–57 尾管及回接固井作业设备配备最低要求

序号	设备名称	性能要求	单位	注灰量 / t ≤50	50~100	100~150	150~200	>200
				数量				
1	双机泵水泥车	排量≥2.0m³/min；压力≥70MPa	台	1	2	2	2	2
2	单机泵水泥车	排量≥1.5m³/min；压力≥40MPa	台	1	1	1	1	1
3	压风机	供气量≥9m³/min；压力≥7MPa	台	1	1	1	1-2	2
4	供水	供水量≥1.0m³/min	台	1	1	1	1	1
5	管汇	载重≥5t	台	1	1	1	1	1
6	车载混浆车	罐容量≥15m³	台	1	1	1	1	1
7	仪表	排量、压力、密度三参数监测	台	1	1	1	1	1
8	吊车	起重≥5t	台	1	1	1	1	1
9	立式灰罐	储灰量≥30t	台	满足储灰要求				
10	对讲机	每套数量≥6只	套	1	1	1	1	1

（2）人员要求。

固井人员要求及配置达到表 3-58 中的要求，重点、难点井要求工程师和水泥车主操有同类型施工 5 井次以上经历。

表 3-58 人员配置最低要求

序号	岗位名称	数量	本专业最低工作年限	技术职称要求
1	经理（或类似岗位）	1	8	中级及以上职称
2	责任工程师	2	5	中级及以上职称
3	工程师	2	3	初级及以上职称
4	水泥车主操	4	5	中级工及以上
5	其他辅助工作人员	12	2	初级工及以上

（3）管线连接。

套管下到位前做好管线连接准备（大尺寸套管提前将水泥头与转换接头在场地上与最后一根套管连好）；管线连接好后应试运转并仔细检查相关设备，应有专人负责检查与巡视，确认各设备、管线连接无误。

3. 注替作业要求

（1）注替作业前期准备。

①完善固井施工设计。根据最终情况，如管串情况、地层承压、井眼准备、钻井液性能、油气水层位等，进一步完善确认固井施工设计，检查固井施工应急技术预案、HSE预案，并制定固井施工交底书。检查、核对前置液、配浆水、替浆液、水泥量和水泥浆试验数据。

②固井前循环。注水泥前应以不小于钻进时的最大环空返速至少循环2周，并控制钻井液粘切，检查确认钻井液性能和钻井泵排量满足固井施工要求。

③胶塞安装。固井注液前安装胶塞装，严禁循环期间装入。由专业人员完成安装，且固井工程师应在现场，尾管固井胶塞安装时工具服务工程师也应在现场。

④密度测量准备。钻井队准备好密度计，并提前做好同固井队（或水泥浆监测服务公司）密度计的校核，确保水泥浆、隔离液密度测量准确。录井队准备好密度指示牌，做好施工密度记录和现场指示工作。

⑤固井协调会。组织召开固井协调会，会上对钻进情况、钻井液储备情况、固井流程、注意事项、复杂预案等做好技术交底，并对施工期间参与人员做好任务分工。

⑥流量校核和试压。固井队、钻井队、录井队三方一起对计量设备的流量和泵效进行校核。按不小于预计最高施工压力的1.2倍对注水泥管线试压。

尾管固井时，除上述技术要求外，还需做好如下几点：

①坐挂：投入憋压球，下放至悬挂器设计坐挂位置；小排量泵送憋压球到达球座，缓慢提高泵压超过设计坐挂压力附加20%以上（或超过2~3MPa），但不超过设计憋通压力的80%，憋压5~10min。平稳下放管柱使悬重等于送入管串称重值，在送入管串上标记实际坐挂起始位置和实际坐挂终了位置，两个位置间距应等于回缩距。上提钻杆，悬重值不超过尾管浮重的30%和送入管串浮重之和，再次下放至坐挂终了位置，悬重仍等于送入管串称重值，则证明坐挂成功。下放至坐挂终了位置，提高泵压剪断球座销钉，恢复循环。

②试丢手：下压100~300kN，用低于30r/min的转速倒扣、观察扭矩变化。判断倒扣

成功后在安全长度内上提送入管串，指重表指示悬重保持在送入管串称重值时表明已丢手成功。

（2）配灰及泵注。

固井队按照施工设计要求提前确认好配浆水和水泥灰量，水泥浆服务防及固井工程师确认药水类型，由专人负责确认领尾浆入井顺序。严格按照固井施工设计合理调配下灰和供水流量，确保施工连续稳定，并在施工过程中记录使用量，结合计量数量确认入井水泥浆量。对于一类井、重点井、复杂井（包括注水泥堵漏、挤水泥作业）和所有尾管等注水泥施工作业，宜用批混设备进行地面配浆。

（3）密度控制。

入井隔离液和水泥浆测密度取样频率应不低于1个点/2min；取样人员由井队负责、记录人员和举牌人员由录井队负责；水泥试验人员负责现场密度计校核；隔离液和水泥浆平均密度为设计密度 $\pm 0.02 g/cm^3$。

（4）计量。

计量由钻井队人工计量、固井队仪表计量、录井队泵冲计量三方组成，正常情况以钻井队人工计量为准；固井施工前必须对固井仪表计量及人工计量进行校核，同时还必须对录井泵冲进行校核。计量时尤其做好水泥浆出管鞋或返至漏层后的计量工作。

（5）替浆。

替浆时应在碰压前提前降低排量，碰压附加值宜控制在3~5MPa，原则上多替量最多不超过碰压位置下部套管内容积的1/3~1/2；若施工压力高，钻井液泵顶替困难时，宜改用水泥车完成顶替作业。

尾管固井时，胶塞重合前3~5m³时降低排量，观察钻杆胶塞与套管胶塞重合时的压力变化情况并校核顶替量；胶塞重合后，将排量提高至设计施工排量。注替结束确认无回流后，拆水泥头并快速起钻至水泥塞面以上，大排量循环排完混浆后再上提3~5柱后憋压候凝。循环过程中应低速转动钻柱，专人观察出口返出情况，及时排掉返出的隔离液、混浆和水泥浆。起钻过程中应足量连续灌浆，确保压稳油气水层。

（6）坐岗。

固井施工期间，严格坐岗，观察好出口，测量钻井液密度、黏度、返出量等工作，有漏失、溢流等异常情况及时汇报。坐岗记录表见表3-59。

表3-59 钻井液工坐岗记录表

时间	排量/(L/s)	注入量/m³	返出量/m³	入口密度/(g/cm³)	入口黏度/s	出口密度/(g/cm³)	出口黏度/s

（7）其他要求。

整个固井施工由固井工程师统一指挥协调，所有参与人员保持通信畅通，各家阀门由各家派专人负责开关；倒换阀门、释放胶塞时，确认人员提前到位，做到工序衔接良好，操作准确；停泵后泄压检查回流，记录回水量；根据井况，完成拆除水泥头及管线等井口作业；混浆排出前，人员提前到位，记录混浆排出时间、体积、密度等并做好留样工作；根据注替量和施工压力掌握浆体在套管内外的实时位置，并兼顾防漏和良好顶替效率合理调整注替排量；施工过程发生任何异常，要及时汇报，根据实际井况，快速做出判断并启动应急预案。

4. 现场留样要求

固井施工前固井水泥浆服务公司应取大样水和大样灰留存，用于后续可能存在的固井事故复杂分析，待胶结测井结果出来且固井质量满足下步作业需求后可自行处理。固井公司应对领浆顶部、尾浆底部、双凝界面、井口等位置现场入井水泥浆取样，施工结束后应及时将现场所取样品进行强度养护。

5. 特殊固井工艺技术要求

（1）表层套管固井。

①一开钻至设计井深时需将钻头提离井底后下探确定完钻井深，通井时务必先静探井底是否有沉砂，然后下到井底大排量循环一周以上再次探底，记录此时的完钻井深和沉砂高度，以便确定最终套管串。

②套管下到底后先静探井底深度，下压吨位至少10t，然后灌满钻井液，采用循环头大排量循环一周后再次下探井底深度是否有变化，下压吨位至少10t，以确保套管确实下到井底。

③固井前校正套管时井底下压5t以上，顶丝校正后方可固井。

④若套管下到位时未能探到井底，必须立即向业主汇报，严禁私自固井。

⑤固井队送井的水泥量应保证纯水泥浆返出地面，一是根据邻井施工情况，计算平均井径扩大率值；二是原则上按井径扩大率不低于15%来组织所需水泥量。

⑥表层固井纯水泥返出地面10m³后，才能停止注水泥。

⑦表层固井必须做正常稠化试验和污染试验。水泥浆取样地面养护起强度之后才能割套管，进行装井口作业。

⑧候凝结束后，检查井口是否充满水泥浆，若不满，则环空反灌至井口。固井队需提前留一部分水泥，用于灌满环空。

表层套管固井宜采用插入式固井方式，应遵循以下技术要求：

固井施工前须确保套管串悬重大于套管串所受浮力，确保套管串不被浮起，否则需提高套管串内钻井液密度。另外，需根据施工最大泵压和密封面积计算密封压力，并确保插入头插进浮箍密封套时一次加足坐封力，实际施加坐封力应为（1.2~1.5）倍密封压力。施工中应注意观察套管内有无钻井液溢出，若有钻井液溢出，应立即采取加坐封力的措施处理，但坐封力不宜过大，防止钻具弯曲导致密封失效。

（2）双级固井。

一级固井：按设计水泥浆用量和排量注替水泥浆。

分级箍开孔：一级固井胶塞过分级箍时适当降低排量，防止提前开孔；预计开孔弹到达分级箍位置后缓慢开泵尝试开孔，如确认开孔后小排量顶通建立循环，逐渐将排量提至设计施工排量循环不少于两周，循环过程中及时排出一级固井混浆。

二级固井：若一级固井未有效封固油气水，二级固井前应调整钻井液密度和浆柱结构，确保压稳后再进行二级固井施工。

分级箍关孔：替浆至离设计量还有 5~10m³ 时，根据替浆泵压合理确定关孔排量，碰压压力应高于设计关孔压力、一次性关闭循环孔，稳压 5min。

（3）尾管固井。

胶塞重合前 3~5m³ 时降低排量，观察钻杆胶塞与套管胶塞重合时的压力变化情况并校核顶替量；胶塞重合后，将排量提高至设计施工排量；注替结束确认无回流后，拆水泥头起钻。替浆结束后快速起钻至水泥塞面以上，大排量循环排完混浆后再上提 3~5 柱后憋压候凝。循环过程中应低速转动钻柱，专人观察出口返出情况，及时排掉返出的隔离液、混浆和水泥浆。起钻过程中应足量连续灌浆，确保压稳油气水层。

（4）回接固井。

铣喇叭口和回接筒：回接固井施工前用相应尺寸铣锥和铣柱磨铣喇叭口和回接筒，并在过程中准确确认喇叭口位置，最后一趟起钻前在喇叭口位置充分循环。

下套管：库车山前高压气井下回接套管时进行气密封检测，直井推荐插入头以上 10 根套管不加扶正器，斜井插入头以上套管可使用刚性扶正器和整体式弹扶交替加放。下至回接筒以上 100m 左右时降低下入速度，密切关注悬重变化。接最后一根套管之后称重，记录上提和下放悬重。下回接套管到位，在喇叭口以上充分循环至少一个循环周，并调整好钻井液性能，要求排量恒定情况下，泵压基本稳定，再次上提和下放称重。

试插作业程序：

第一步：开泵，压力稳定后带泵小排量缓慢下放，见到压力明显上升后（此时插入头前端进入回接筒，压力不超过 3MPa），立即停泵、泄回水，在管柱上做标记一（与喇叭口基准位置进行对比）。

第二步：缓慢下放，记录摩阻变化，将插入密封插入回接筒，直到指重表上观察到明显的悬重下降，划线做标记二（减掉插入头插入部分长度后得到的深度再次与喇叭口基准位置进行对比），对比实际下放的长度与理论插入长度。

第三步：①继续下压 10t 画线做标记三，记录实际回缩距，并于理论回缩距进行对比。②试插到位后逐步憋压至 8~10MPa，停泵观察稳压 10min 合格。停泵观察有压降的井，在判断地面设备无泄压情况时，可上提套管转动方位后再次试插打压。在能准确判断试插到位，但压力不稳的情况下，应及时汇报以确定下步措施。③若试插遇阻且判断未插入到位，则遇阻吨位不得超过 5t。遇阻应上提插入头到喇叭口以上后缓慢转动套管，调整方位再次试插。严禁试插遇阻后，直接加大吨位下插。多次调整方位无效，在可准确判断插入头已进入喇叭口，逐步增加吨位下插，最高下压 30t。下插期间应及时对比下插位移与回缩距，以判断有效插入深度。④操作过程中严禁憋压上提管柱，以防止损坏密封圈。⑤通过试插探得的喇叭口位置，上提插入头距离喇叭口 5m 以上循环准备固井。

固井：①检查钻井队参与固井施工的钻井泵、钻井液罐、混浆排放池，钻井泵保险销子设置在 45MPa 以上；②预计施工泵压在钻井泵的承受范围内，全程用钻井泵施工，水泥车正常备用；③套管回接固井要求水泥浆返出地面 15m³ 以上，采用油基钻井液时，可考虑适当降低返出水泥浆量。

坐挂：使用芯轴式坐卡流程：提开井口防喷器组合，缓慢下放套管串在插入头接近喇叭口时卸回水，继续下放套管串下插和让芯轴悬挂器在套管头上坐挂，对比下插遇阻位置有无变化；使用卡瓦式坐卡流程：缓慢下放套管串在插入头接近喇叭口时卸回水，继续下放套管串下插，对比下插遇阻位置有无变化，提开井口防喷器组合，使用居中器将套管居中，坐卡瓦；吨位要求：悬挂器回接筒位置下压吨位原则上不超过30t，防止回接筒变形及插入头上部套管过度弯曲，套管坐卡吨位应按照要求控制，避免过大导致套管弯曲。

（5）封隔式双级固井。

应将封隔式分级箍安放在漏层顶部井径规则岩性稳定的砂岩段。

一级固井：按正常双级固井注替水泥浆，注水泥完毕投挠性塞，替浆直至挠性塞与碰压短节重合，完成碰压。胀封封隔器：投开孔弹憋压至6~8MPa打开注液通道（滑套下行，管内进液孔与封隔器入液孔连通），憋压至10~12MPa关闭注液通道，完成封隔器胀封。憋压期间需精心操作，逐级憋压。分级箍开孔：滑套下行关闭注液通道的同时打开循环孔，缓慢顶通准备二级固井。二级固井：按设计用量和排量泵注水泥浆，注水泥浆完毕后投关闭塞，然后继续按设计用量和排量替浆。分级箍关孔：替浆至离设计量还有5~10m³时，根据替浆泵压合理确定关孔排量，碰压压力应高于设计关孔压力、一次性关闭循环孔，稳压5min。

（6）注水泥塞。

一般采用平衡法注水泥塞，替浆至管柱内水泥面略高于管外水泥面即可停止替浆。对于易喷易漏井，可采用平推法注水泥塞，并保障井控安全。作业前必须将井筒泥浆充分循环净化，保持井筒清洁无油气水后效，且必须在井口附近钻具接旋塞，并安装旋转控制头。对于不能建立正常循环及易喷易漏等特殊井注水泥塞，现场需准备好不少于井筒容积1.5倍的泥浆。裸眼水泥塞长度一般为100~300m，有效长度一般不小于60m。注裸眼水泥塞位置应根据测井资料选择地层较为坚硬、井径规则的井段，避免在易坍塌、高渗透、大井径井段注水泥塞，严禁在漏层或漏层下部注水泥塞。注塞管柱要求探伤时间应至少在油田应急中心规定的期限之内，且安全期限内未处理过复杂或进行过特殊工艺施工。除抢险等特殊情况以外，严禁使用原井筒内的管柱进行注水泥塞施工，应起出井内所有管柱后在注塞施工前检查后下到设计注塞位置。严禁注水泥塞管柱带浮阀、钻头、钻铤、稳定器和加重钻杆等特殊工具，应采用光钻杆或油管进行施工，底部可考虑接与注塞管串内径一致，外径与钻具本体或接头一致的铣齿接头。注塞管柱须在井口转盘面附近1~2m处安装旋塞式内防喷工具。注水泥塞前应压稳油气水层，并合理调整钻井液性能，保持井眼畅通。注水泥塞作业前，应将注塞管柱下到井底或注塞井段以下25~100m充分循环，大排量洗井两周以上，确保钻井液充分循环，进出口钻井液密度差必须小于0.02g/cm³。停泵观察回压，短起1~2柱观察水眼内钻井液是否反冒，为注替到位管内外压差设计提供依据。裸眼段注水泥塞施工前须用高黏度、携砂能力强的钻井液多级段塞，配合不低于注替排量进行携砂作业，确保井内无沉砂后方可进行注塞作业，对于水平段长超过500m，或者存在多台阶的水平井，要求全井筒使用钻井液携砂。

水泥浆试验条件依据具体井况确定。非目的层侧钻水泥塞温度系数取0.85~0.95，目的层及试油水泥塞温度系数取0.9~1.0。静止温度确定以电测温度为主，同时参考邻井温度。裸眼注水泥塞应控制水泥浆滤失量小于50mL。根据实际情况优选隔离液，在易漏、易坍塌井段以及长裸眼井，严禁采用清水或配浆水作为隔离液。注水泥塞应使用前置液和后置液并进行相容性实验。静止井温超过130℃和水泥浆量在20m³以内时，要求水泥浆批混入井。注水泥塞施工期间管柱静止时间不能超过2min。应采用低转速与上下活动相结合的方式进行活动，井斜不小于30°的井注水泥塞或挤水泥必须采用转动为主的方式进行活动。

施工期间除使用人工及泵冲计量外，还应使用固井仪表计量。替浆结束后应将注水泥塞管柱上提至预计水泥面至少1个立柱以上，同时应控制上提注水泥塞管柱的速度，防止污染水泥塞。水泥塞候凝时间依据水泥石强度养护试验而定。一般采用钻进方式加20~100kN钻压检验水泥塞质量。报废井及封堵底水的水泥塞应加压检验。探水泥塞面时应采取安全措施防止未凝固水泥固结钻具或憋泵。

（7）挤水泥。

应根据挤水泥层段的地层物性、井下套管状况、挤水泥压力等因素选择适宜的挤水泥方法和程序。

挤水泥前应进行试挤作业。当试挤压力可能压裂或压漏挤入位置以下的裸眼地层时，应在挤入位置以下坐封桥塞或注水泥塞。试挤压力应不超过桥塞的额定工作正压差。关闭井口试挤时试挤压力应不超过套管抗内压强度的70%和井口额定工作压力。封隔器试挤时的坐封位置应与挤水泥时的坐封位置相同且至少应高于挤水泥层位30m。试挤压力应不超过套管抗外挤强度的70%或封隔器的额定工作负压差。水泥承留器试挤时试挤压力应不超过套管抗外挤强度的70%或承留器的额定工作负压差。应记录试挤排量、压力、挤入量和回吐量，以及停泵后压力随时间的变化曲线。

挤入层位以下应有水泥塞或可钻式桥塞或可回收式桥塞封堵下部井段。用于封堵套管"漏点"，提高井筒承压能力的挤水泥作业，宜采用先注塞后起钻至安全井段循环排混浆后关闭井口反挤的工艺。需要通过炮眼挤水泥时应根据岩性、钻时、测井曲线等确定射孔位置和孔密，射孔位置应避开套管接箍。应综合考虑地层物性、生产历史、挤水泥目的和井下具体情况确定挤水泥所需的水泥浆量。施工期间除使用人工及泵冲计量外，还应使用固井仪表计量。

采用水泥承留器进行挤水泥作业时，挤水泥管柱下部必须接安全接头。必须验证管柱及承留器的密封性。水泥浆试验条件依据具体井况确定，一般温度系数取0.9~1.0。水泥浆滤失量要求小于50mL。水泥浆与钻井液直接接触的相容性实验提前稠化或安全时间不满足施工要求的，严禁采用水泥承留器挤水泥作业。水泥浆量设计应考虑水泥浆完全不被地层吃入的风险及采用反循环处理时高套压风险。应合理设计前置液，前置液必须部分出钻具水眼后方可插入承留器，前置液用量应考虑插入前管内外压差、下插操作时间等因素。替浆应"留有余地"，管内水泥浆预留量以对应套管内水泥塞高度50~100m为宜。替量设计要考虑混浆及泥浆罐计量精度。挤注期间必须派专人监测井口，有钻井液返出立即汇报。注替完毕应停泵观察压力变化2~5min，并记录压力稳定值。拔出插管后应按正常速度起钻至安全井段后循环，排完混浆后，起钻5柱憋压候凝。拔出插管后应观察出口是否有返钻井液，以及返出量是否正常，以推断承留器是否成功关闭。应至少做好水泥浆在管内、部分进入地层情况下，出现高挤注压力或地层不再吃入液体的技术预案。

第四节 大吨位井口坐挂技术要求

一、井口坐挂技术要求

1. 坐挂总体要求

套管坐挂前应确认井口套管居中，坐挂吨位应以不引起井口套管变形和井底套管变形为原则。套管坐挂前应根据回缩距，提前准备好短套管，以备下放需要，同时做好套管坐挂前的相关井口准备工作，防止水泥浆凝固后无法坐挂套管。水泥浆起强度前严禁提前活动套管，影响水泥石界面胶结。采用套管卡瓦坐挂的应提前在场地上试合扣，确保井口套管能满足坐挂要求，否则应及时更换井口套管。套管回接固井，悬挂器回接筒位置下压吨位不超过30t，防止回接筒变形及插入头上部套管过度弯曲。另外，不同工况坐卡瓦时井口预留螺栓应遵循以下原则。（1）先固井后坐卡瓦：井口安装不少于8颗螺栓；（2）先坐卡瓦后固井且平衡压在10MPa以内：井口安装不少于8颗螺栓；（3）先坐卡瓦后反挤且需打平衡压：井口螺栓全部上紧；（4）未坐卡瓦，需关井实施反挤：井口螺栓全部上紧。

2. 吨位控制

芯轴式悬挂器的坐挂吨位原则上只要不超过螺纹连接强度即可。对于卡瓦式悬挂器，在保证套管拉伸状态下，现场应尽量按照80~120t的推荐吨位进行套管坐挂；如果坐挂吨位超出推荐要求，应采取分级固井、双凝水泥等技术措施降低坐挂吨位。如果因井下漏失等客观原因无法降低坐挂吨位的工况，现场坐挂吨位控制应综合考虑自由套管重量、套管强度、套管头试压等因素，确保井口套管的安全。极端工况下，按套管抗外挤强度80%试压，套管头推荐最大允许坐挂吨位及最高环空压力见表3-60。

表3-60 卡瓦式套管头推荐最大允许坐挂吨位及最高环空压力

套管外径/mm	套管壁厚/mm	套管钢级	按抗外挤强度80%试压最大允许坐挂吨位/t	考虑坐挂影响后的允许环空带压值	
				坐挂80t最高允许环空压力值/MPa	最大坐挂吨位最高允许环空压力值/MPa
473.08	16.48	P110	668（WE卡瓦）	13.23	1.2
365.13	13.88	P110	360（WE卡瓦）	22.8	9.0
339.70	13.06	P140	390（WE卡瓦）	22.3	9.1
339.70	12.19	P110	360（WE卡瓦）	14.5	5.2
273.05	13.84	P140	250	54.2	42.4
273.05	11.43	P110	300	22.7	13.1
244.50	11.99	P140	220	50.3	28.4
244.50	11.99	110S	260	32.8	9.5
206.38	17.25	P140	254	127.5	71.8
206.38	15.80	C110	240	75.1	22.6
200.03	10.92	P110	210	44.0	30.2
196.85	12.70	P140	240	82.3	68.6
177.80	10.36	P110	204	50.0	20.2
177.80	12.65	P140	260	105.0	44.1

注：此处允许环空压力值未考虑外层套管抗内压强度、本层套管抗外挤强度和井口装备的密封压力。

3. 坐挂时间

原则上套管坐挂时间均应在固井之后进行。单级固井坐挂吨位若满足推荐吨位，则可在替浆结束后直接坐挂，否则应等尾浆纯水泥浆抗压强度不低于 3.5MPa 后方可进行套管坐挂作业。采用正注反挤的正注固井以及双级固井的一级固井结束后，应在顶部水泥浆终凝，且纯水泥浆及水泥浆：钻井液 =8:2 的水泥石抗压强度均不低于 3.5MPa 后方可进行套管坐挂作业。

二、井口坐挂工具

1. 套管头

套管头是采用符合 API SPEC 6A 规范的低合金钢或不锈钢制造而成，是钻井过程中，控制井口压力的重要设备。其主要作用是用来固定钻进井的井口，连接井口套管柱，用以支持技术套管和油层套管的重力，密封各层管间的环形空间，为安装防喷器、油管头，采油树提供过渡连接，并且通过套管头本体上的两个侧口，可进行补挤泥浆、监控和加注平衡液等施工作业。套管头主要由顶丝、顶丝压帽、密封填料垫片、密封填料、悬挂器总成、套管头本体组成，如图 3-81 所示。

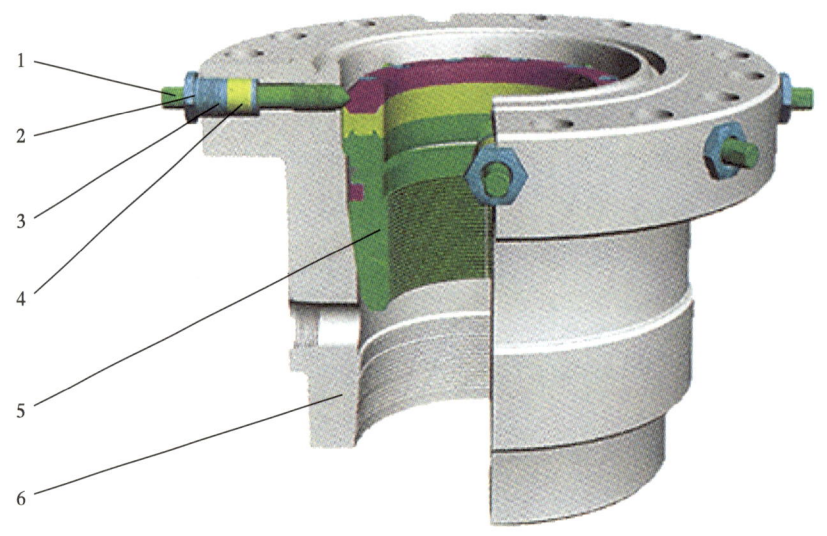

图 3-81 套管头结构

1—顶丝；2—顶丝压帽；3—密封填料垫片；4—密封填料；5—悬挂器总成；6—套管头本体

塔里木油田常用套管头按悬挂套管层数套管头可分为：单级套管头、双级套管头、三级套管头等（图 3-82 至图 3-84）。按套管悬挂器的结构形式可分为：卡瓦式套管头、螺纹式套管头（芯轴式），其中卡瓦式套管头又可细分为 WD 型卡瓦、WE 型卡瓦和 W 型卡瓦。卡瓦式套管头主要依靠橡胶密封，芯轴式套管头主要依靠金属密封，塔里木油田表层套管连接采用 WD 型卡瓦，ϕ339.7mm 及以上尺寸套管主要采用 WE 型卡瓦，小于 ϕ339.7mm 的套管主要采用 W 型卡瓦，生产套管一般采用芯轴式（当出现芯轴悬挂器不能座挂到位时，可采用应急卡瓦座挂）。

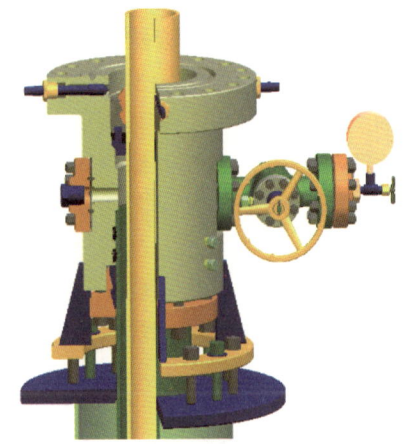

图 3-82　表层套管头

图 3-83　二级套管头

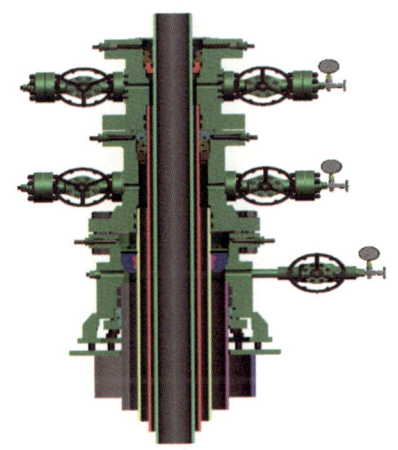

图 3-84　三级套管头

2. 套管悬挂器

套管悬挂器是固定套管与套管头相对位置的专用设备，结构形式分为卡瓦式和芯轴式。

卡瓦式悬挂器利用卡瓦牙咬入套管，同时利用被套管头头本体台阶限位的卡瓦座限制卡瓦牙的相对移动，实现套管与套管头相对位置固定；卡瓦式悬挂器又分为 WD 型、WE 型和 W 型三种（图 3-85）。WD 型，俗称倒卡瓦，是表层套管头与表层套管相连的专用悬挂器。WE 型是依靠套管悬重激发卡瓦牙咬入套管，套管头与套管环空的密封依靠后期人工紧固上部螺钉激发。W 型是依靠套管悬重激发卡瓦牙咬入套管，同时带动上部卡瓦座下行，挤压密封件，实现套管头与套管环空的密封。

芯轴式悬挂器利用螺纹与套管相连，利用套管头头本体台阶限制悬挂器下行，实现套管与套管头相对位置固定和套管头与套管环空的密封（图 3-86）。

（a）WD 型套管悬挂器

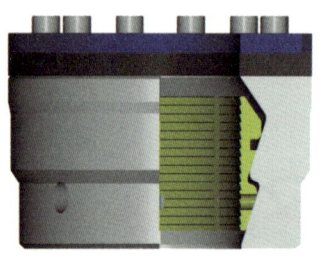
（b）WE 型套管悬挂器

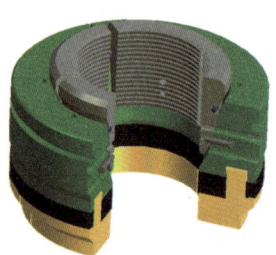
（c）W 型套管悬挂器

图 3-85　卡瓦型套管悬挂器

图 3-86　芯轴式套管悬挂器

第五节　候凝及钻塞技术要求

一、候凝技术要求

1. 候凝方式

固井施工结束后，应严格执行固井设计和固井施工协调会制定的候凝措施。无油气水显示的井可敞井候凝；有油气水显示的井应采用环空施加压力、循环加压等措施进行候凝，若因漏失无法憋压，需关井候凝，如盐层、油气水层、目的层固井、试油水泥塞等；当浮箍（浮鞋）失效时，应采用管内憋压方式候凝，且需专人观察井口压力。其他特殊情况可根据实际情况选择适宜候凝方式。

2. 憋压值

憋压值应根据地层承压能力、注替结束后易漏层处静液柱压力、水泥浆失重压力等合理确定，确保不溢不漏。若固井不漏，则按易漏层处固井期间的最大动压力与注替结束后该处静态压力之差憋压。憋压时应确定最大泵入量，灌满钻井液情况下泵入量最大不得超过 $1m^3$，憋压时以套压为主，关井候凝期间监测井口压力并做记录。

3. 候凝时间

候凝时间应根据水泥浆强度养护试验确定，固井公司应对现场入井水泥浆取样，取样点不少于 6 个，并标明取样时间和样品密度，密封保存。施工结束后应及时将现场所取样品进行强度养护。强度养护结果出来后，固井公司应立即向固井监督或生产单位固井工程师汇报，后者根据养护结果决定是否开井进行下步作业。

（1）技术套管、回接套管、双级二级固井：候凝时间应保证顶部水泥石抗压强度不小于 3.5MPa。

（2）尾管固井、双级一级固井：候凝时间应保证顶部纯水泥浆及水泥浆∶隔离液（钻井液）=8∶2 的水泥石抗压强度不低于 3.5MPa；

（3）低密度水泥浆固井：候凝时间应保证顶部水泥石抗压强度不小于 3.5MPa。

4. 开井泄压

在水泥浆强度养护满足要求时方能进行开井作业。泄压开井必须记录回流量，原则上回流量不超过憋入量，一旦出现回流量超过憋入量等异常情况，应关闭流动通道并及时汇报。尾管固井候凝泄压后应循环一周，气测值、钻井液密度无异常方能起钻。

二、钻塞技术要求

1. 探塞技术要求

探水泥塞面时应采取安全措施防止未凝固水泥固结钻具或憋泵。钻软水泥时应控制钻压，并在钻水泥塞前处理好钻井液。不应完全依赖悬重变化判断水泥塞面，应以开泵探塞至无法下行时的井深为准。井眼较大时应在理论预计的水泥面位置以上 2 个立柱开泵循环，井眼较小时应在理论预计的水泥面位置以上 3~4 个立柱开泵循环。下钻发现悬重下降时应上提 2 个立柱后再开泵循环。

2. 钻塞技术要求

钻塞时合理选择钻头类型、钻压、排量、转速、钻井液性能等，避免切削套管，提高钻塞时效，具体要求如下：

（1）喇叭口、分级箍、斜井和水平井段钻塞原则上使用牙轮钻头，其余需使用 PDC 钻头时，必须为无保径齿、无磨边齿，最外端切削齿出露低于钻头保径，防止切削套管。

（2）尾管固井后至少应有一趟钻采用相应尺寸的牙轮钻头扫塞至喇叭口，扫塞时应准确判断喇叭口位置（无进尺、扭矩波动明显、有轻微憋跳等）。

（3）双级固井宜采用牙轮钻头钻分级箍，钻分级箍过程中若长时间不见进尺、扭矩异常等不可盲目加大钻压。

（4）钻塞时应按照下开钻进钻铤数量要求，确保下部钻具稳定，防止损伤套管和水泥胶结质量。钻塞开始阶段使用小钻压、低转速，正常后调至正常钻压（10~25kN）和转速（60~120r/min）。

（5）在套管内径变化的井段应充分循环，防止水泥碎屑沉降。

（6）钻塞期间，全程监控好钻压、扭矩、钻时、返出物等，录井队每 10m 捞一次砂样，有异常及时汇报并加密捞砂，若出现钻时、扭矩异常、返出铁屑等现象，井队立即停止钻塞作业，循环。

（7）油气水层钻塞还应加强气测录井，并监测好出口密度，有异常及时汇报，为后期论证水泥塞封固质量提供依据。

（8）钻塞时应密切关注钻井液性能变化，及时处理钻井液，特别做好钻井液防钙侵处理。

（9）钻分级箍用时不超过 8h，钻浮箍、浮鞋、球座用时不超过 4h，超出上述用时需立即停钻汇报。

（10）钻水泥塞至人工井底后，循环处理钻井液 2 周以上再实施下步工序。

第四章　超深井固井水泥浆体系

针对塔里木油田复杂的工程地质特点，油田水泥浆体系发展了经历了引进、消化、联合攻关、自主攻关等阶段，形成了全井段系列水泥浆体系，包括抗盐高密度水泥浆体系、高温防气窜水泥浆体系、低密度/超低密度水泥浆体系[7-10]、大温差水泥浆体系、韧性水泥浆、自愈合水泥浆等特色水泥浆体系，满足了塔里木盆地复杂地层的勘探开发技术需求。

第一节　常用固井水泥浆外加剂

经过三十多年的发展和积淀，塔里木油田固井水泥浆外加剂体系逐步实现从国外引进到完全国产化的跨越，并且形成了成熟的高温、高密度超深井固井水泥浆外加剂体系[11]。本节以塔里木油田目前在用的欧美克、渤星和中国石油工程院三家水泥浆外加剂体系为例，介绍塔里木油田水泥浆体系特点。除此以外，塔里木油田在用的水泥浆体系还有乾益、古莱特、新疆贝肯。

一、OMEX 抗高温外加剂体系

1. 主要组成

（1）高温缓凝剂 HX-36L。

HX-36L 属于乙烯基丙烯酰胺聚合物，为淡红色液体。该产品对水泥浆缓凝效果明显，稠化时间与加量呈线性关系，且稠化曲线呈"直角"；水泥石早期强度发展快，适用于长封固大温差井况，封固段顶部（100℃温差）不超缓凝。HX-36L 有一定的分散作用，HX-36L 适用于 API 的所有水泥，适用温度为 75~180℃，加量范围为 0.05%~5%（BWOC），同其他外加剂配伍性好，适用于各种水质及饱和盐水。

（2）高温降失水剂 HX-11L。

HX-11L 油井水泥降滤失剂为黑红色凝胶液体，以磺化苯乙烯树脂为主料，以亚硫酸钾为辅料经聚合而成，具有优良的抗盐和降滤失性能。

加有 HX-11L 的配浆水黏度低，配浆较使用其他高聚合物降滤失剂容易。对稠化时间和强度无影响，并且浆体稳定，游离水低，配制的水泥浆综合性能优良。使用 HX-11L 易调配出失水低、强度高、流变性能好、拌和性好的高密度水泥浆。在高浓度盐水中（NaCl ≥ 8%）HX-11L 呈不同粒径微胶粒可使盐水水泥浆失水很低而且增加水泥石韧性和渗透率降低，有利于提高盐层固井质量。油井水泥降滤失剂 HX-11L 适用于 API 的所有水泥，适用温度为 10~180℃，加量范围为 4%~10%（BWOC），同其他外加剂相溶性好，适应各种水质和高浓度盐水（NaCl ≥ 8%）。使用时与水同时过泵减少溶解时间，盐水水泥浆中使用先将 HX-11L 溶解完全后再加盐。

（3）高温降失水剂 HX-12L。

降失水剂 HX-12L 为 AMPS 吡咯烷酮聚合物，加入该产品的水泥浆失水低、流变性能好、浆体稳定、游离水低，对稠化时间无影响，水泥石早期强度发展迅速。该产品在高密度水泥浆体系中易配浆，浆体性能好，水泥石强度高，具有一定的分散作用。降失水剂 HX-12L 适用于 API 的所有水泥，适用温度为 10~180℃，加量范围为 2%~8%（BWOC），同其他外加剂配伍性好，适用于各种水质。

（4）高温减阻剂 HX-21L。

HX-21L 油井水泥抗盐减阻剂为褐色液体，以萘和甲醛为主料，以亚硫酸钠为辅料，经聚合而成。它具有良好的抗盐、分散减阻作用。

在固井施工中，加有 HX-21L 可改善水泥浆综合性能，显著降低施工泵压，易实现低速紊流和提高顶替效率，并且不影响水泥浆的稠化时间。尤其在高密度水泥浆体系中，可以降低水灰比，改善水泥浆的流变和施工性能，并可在较低的排量、泵压下实现紊流，提高了顶替效率。减阻剂 HX-21L 适用于 API 的所有水泥，适用温度为 20~180℃，加量范围为 0.2%~4%（BWOC），同其他外加剂相溶性好，适应各种水质和饱和盐水（盐水中需要增加用量）。

（5）防气窜剂 FLOK-2。

FLOK-2 为灰白色粉状产品，不溶于水，使用温度为 25~180℃。

该产品可对水泥石局部应力产生屏蔽效应，改善水泥石工程力学性能即具有增加水泥石抗冲击韧性，降低弹性模量，增加泊松比。用于油井水泥中可明显提高水泥环抗射孔、压裂和震击等破坏的能力，延长油气井寿命。该剂还有提高水泥浆稳定性，降低游离水，填塞孔隙，增加致密性利于防腐蚀，提高黏结力，使水泥石早期强度发展快，用于长井段封固，顶部不超缓凝等防窜作用。它同其他外加剂配伍性好，适应各种水质及 API 的各种水泥。

（6）弹塑剂 ELP-1S。

油井水泥用弹塑剂改性橡胶粉 ELP-1S 为灰黑色粉末，分为中温型和高温型两种。加入该产品可改善水泥石工程力学性能，增加水泥石抗冲击韧性，降低弹性模量，增加泊松比。用于油井水泥中可明显提高水泥环抗射孔、压裂、震击等破坏的能力，延长油气井寿命。该产品还有提高水泥浆稳定性，降低游离水，填塞孔隙，增加致密性利于防腐蚀，提高黏结力，使水泥石早期强度发展快的优点。ELP-1S 适用于 API 的所有水泥，适用温度为 25~150℃，加量范围为 2.0%~8.0%（BWOC），同其他外加剂相溶性好，适应各种水质和饱和盐水。

2. 典型高温外加剂体系

（1）配方设计与组成。

采用 60% 硅粉和超高温聚合物外加剂组合，解决超高温水泥浆热稀释沉降稳定性差、失水大、稠化曲线和稠化时间难控制的技术难题。优选高温缓凝剂 HX-36L，高温稠化时间可控，直角稠化；优选组合降失水剂 HX-12L，超高温改性单体，高温失水能力控制强，高温分散弱，沉降稳定性好；优选减阻剂 HX-21L，常温减阻分散效果好，高温具有改善流态特征，利于控制水泥浆高温稳定性；在干灰配方中加入弹韧性材料 FLOK-2、ELP-1S，水泥浆防窜能力强，水泥石强度发展快，韧性好；加入 60% 的 500 目超细硅粉，解决高温水泥石强度衰退。2021 年，现场最高应用温度 210℃，固井质量合格。

（2）性能特点。

①常温拌浆容易，浆体流动性好；

②高温沉降稳定性好；

③高温浆体摩阻低；

④水泥石抗压强度高，防窜能力强，韧性好；

⑤适用于盐水、淡水水质。

（3）现场应用。

近年来，在塔里木油田循环温度大于150℃超高温水泥浆固井达9井次，表4-1列出了高温水泥浆在塔里木油田典型井的应用情况。其中克深901井ϕ139.7mm尾管固井，套管下深7972m，循环温度157℃，水泥浆密度2.05g/cm³，固井质量优秀。

表4-1 高温水泥浆在塔里木油田典型井应用情况

井号	井别	固井类型	套管下深/m	流体密度/（g/cm³）			循环温度/℃
				钻井液	隔离液	水泥浆	
KS901	评价井	139.7mm 尾管	7972	2.0	2.03	2.05	157
KS901	评价井	封井水泥塞	—	—	2.0	2.05	150
KS131	评价井	139.7mm 短回接	7001.88	1.87	1.9	1.95	154
克深907	评价井	139.7mm 尾管	—	—	—	1.85	158
克深133	评价井	139.7mm 尾管固井	7456	2.31	2.32	2.35	155
克深133	评价井	水泥塞	—	1.93	1.96	2.00	163
克深133	评价井	水泥塞	—	1.93	1.85	2.10	159
克深132-1	开发井	196.85+206.38mm 尾管	7382.8	2.57	2.58	2.62	150

3. 典型高密度外加剂体系

（1）配方设计与组成。

通过颗粒剂级配，使用胶粒类降失水剂，防窜剂，高温稳定性好的减阻剂，形成高温高密度水泥浆体系，具有液固比低，配浆水黏度低，高温沉降稳定性好等特点。通过优化硅粉、微硅、微锰、高密度加重剂的加量配比实现三级颗粒级配；优选降失水剂HX-11L，胶粒类降失水剂，配浆水黏度低，充填颗粒间，沉降稳定性好；优选减阻剂HX-21L，低温分散能力强，高温流态改善，沉降稳定性好；干灰配方中加入弹韧性材料FLOK-2、ELP-1S，水泥浆防窜能力强，水泥石强度发展快，韧性好。

（2）性能特点。

采用独有的低配浆水黏度外加剂体系，无须批混和再次加重，水泥车可配制2.60g/cm³水泥浆；通过微细颗粒进行颗粒级配，水泥车可配制3.00g/cm³水泥浆。采用高密度加重剂（7.20g/cm³）配制出的高密度水泥浆，凝固后的水泥石具有更高的强度。技术特点如下：

①常温拌浆容易，浆体流动性好；

②高温沉降稳定性好；

③高温浆体摩阻低，与常规密度水泥浆相似；

④具有更低的液固比；

⑤水泥石抗压强度高,大于20MPa;
⑥适用于盐水、淡水水质。
(3)现场应用。

表4-2列出了高密度水泥浆在塔里木油田典型井应用情况。现场应用抗盐高密度水泥浆施工最高密度2.65g/cm³。

表4-2 高密度水泥浆在塔里木油田典型井应用情况

井号	固井方式	实验温度/℃	水泥浆密度/(g/cm³)	服务单位	固井质量
克深24-1	244.5mm 尾管	123	2.45	二勘固井	优秀
中秋1井	265.13mm 尾管	108	2.45	四勘固井	优秀
克深1T	265.13mm 尾管	128	2.50	二勘固井	优质
克深243	265.13mm 双级	105	2.50	四勘固井	良好
克深9-2	206.38mm 尾管	135	2.65	二勘固井	良好
克深14	206.38mm 尾管	145	2.45	二勘固井	优秀
克深243	206.38mm 尾管	120	2.45	四勘固井	良好
克深1T	139.7mm 尾管	150	2.40	二勘固井	优质
克深21	206.38mm 尾管	145	2.45	二勘固井	优秀
克深9-2	139.7mm 尾管	151	2.55	四勘固井	良好
大北304-1	244.5mm 尾管	121	2.42	一勘固井	优秀
克深19	206.38mm 尾管	153	2.45	二勘固井	优秀

二、BX抗高温外加剂体系

1. 主要组成

(1)中高温缓凝剂BCR-320L。

中高温缓凝剂BCR-320L是一种AMPS多元聚合物类缓凝剂,具有适用温度范围宽,稠化时间易调节,水泥适应性强等特点。BCR-320L对水泥浆的失水性能、浆体稳定性影响小,适用于高温深井及大温差固井,可以有效解决其他缓凝剂高温下加量敏感、温度敏感问题,及大温差条件下顶部强度发展缓慢的问题。中高温缓凝剂BCR-320L适用温度范围为70~200℃(BHCT),加量范围为2.0%~7.0%(BWOC)。

(2)高温缓凝剂BCR-300L。

高温缓凝剂BCR-300L是一种聚合物类的有机酸盐缓凝剂,该缓凝剂抗温可达230℃,在高温下具有良好的缓凝能力和抗温性能,稠化时间易调节,无倒挂和超缓凝剂现象,适用于国标各级油井水泥,对水质无特殊要求。高温缓凝剂BCR-300L适用温度范围为100~230℃(BHCT),加量范围为1.0%~7.0%(BWOC)。

(3)防窜型高温降失水剂BCG-201L。

防窜型高温降失水剂BCG-201L是兼具降失水和防窜功能的聚合物防气窜剂。该产品抗盐耐温性能好,其抗盐能力可达饱和,抗温可达230℃,滤失控制能力强(图),有适度的增黏和提切作用。加有BCG-201L的水泥浆具有低失水、微增稠、轻触变、阻气窜、高强度等特点，静胶凝过渡时间小于 15min。防窜型高温降失水剂 BCG-201L 适用温度范围为 20~230℃（BHCT），加量范围为 3.0%~7.0%（BWOC），与其他高温外加剂配伍性良好。

（4）高温减阻剂 BCD-211L。

高温减阻剂 BCD-211L 是一种磺酸盐类有机减阻剂，棕红色液体，该产品能有效改善水泥浆的流变性能，显著降低水泥浆的触变性，与其他高温外加剂配伍性良好。高温减阻剂 BCD-211L 适用温度范围为 20~230℃（BHCT），加量范围为 1.0%~4.0%（BWOC）。

（5）高温悬浮剂 BCJ-300S。

高温悬浮剂 BCJ-300S 是由无机材料和有机材料复合得到的一种高温悬浮剂，具有良好的高温悬浮能力，有效改善水泥浆的稳定性。该产品具备低增黏或不增黏以及一定的抗盐性能，高温下不易降解、悬浮效果好。加有 BCJ-300S 的水泥浆具有不增稠、零游离液、低失水、浆体稳定等特点。高温悬浮剂 BCJ-300S 适用温度范围为 20~230℃，加量范围为 0.5%~2.5%（BWOC），可干混，也可湿混。

2. 典型高温外加剂体系

（1）配方设计与组成。

高温固井水泥浆配方设计采用油井水泥、抗高温稳定材料、高温降失水剂、高温缓凝剂、减阻剂、高温悬浮剂等为基本组成的水泥浆体系。优选耐温性、加量和温度敏感性较好的高温缓凝剂 BCR-300L；优选耐高温降失水剂 BCG-201L，确保水泥浆在高温下仍具有良好的降失水性能；加入耐高温减阻剂 BCD-211L，改善水泥浆的流动性；选用常温不过分增稠，高温不过分稀释的高温悬浮剂 BCJ-300S，有效改善水泥浆高温下的沉降稳定性。基于水泥石高温稳定机理，加入不同掺量和细度的硅粉，防止高温下水泥石强度衰退。同时加入配套使用的加重材料、减轻材料、防窜剂、增韧剂、自愈合剂等其他功能外加剂，实现水泥浆的密度调节、防窜、改善浆体流变性和稳定性等功能。

通过优化高温外加剂和外掺料体系，形成适用于塔里木油田高温深井的高温水泥浆体系，表 4-3 列出了常用的常规密度高温水泥浆基础配方。耐高温水泥浆体系主要用于库车山前超深层高压天然气井目的层固井中，满足超深井井高温复杂工况下固井施工安全风险和井筒长期密封完整性要求，适用温度范围为 130~190℃。

表 4-3 常规密度高温水泥浆基础配方

序号	循环温度 BHCT/℃	水泥浆组成 / %（质量分数）					
		水泥	硅粉	稳定剂	BCG-201L	BCR-300L	BCD-211L
A1	130	100	35	1.0	5	1.2	2
A2	150	100	35	1.5	5	2.0	2
A3	170	100	45	1.5	6	3.5	3
A4	180	100	60	1.5	6	5.0	3
A5	190	100	60	1.6	6	6.0	3

（2）性能特点。

130~190℃ 温度条件下水泥浆综合性能见表 4-4。在不同温度下，水泥浆具有良好的失水性能（失水量小于 50mL）和沉降稳定性（上下密度差小于 0.05g/cm³），稠化性能可调，整体施工性能满足固井施工要求。水泥石24h抗压强大于14MPa，28天强度未发生衰退，可有效确保井筒长期密封完整性。

表4-4 常规密度高温水泥浆性能

序号	密度/(g/cm³)	流动度/cm	API失水量/mL	游离液/%	上下密度差/(g/cm³)	稠化时间/min	抗压强度（BHCT）/MPa		
							24h	72h	28d
A1	1.88	24	32	0	0.02	405	18.2	21.5	24.9
A2	1.88	24	38	0.1	0.03	425	20.6	23.9	25.2
A3	1.88	24	45	0.2	0.03	471	19.5	21.4	26.3
A4	1.88	24	45	0.2	0.03	402	18.6	20.6	23.8
A5	1.88	25	48	0.2	0.03	417	18.6	22.8	24.5

（3）现场应用。

耐高温水泥浆体系已广泛应用于塔里木油田深层复杂井目的层固井中，取得了良好的应用效果。其中，以满加4井139.7+127mm尾管固井为例，该井目的层井深6906m，井底温度190℃，是塔里木油田已钻温度最高井。采用渤星BXF系列耐高温水泥浆体系，固井施工顺利。全井段固井质量合格率96.4%，优质率60.6%；重合段合格率和优质率均为99.8%；酸压屏障段固井合格率为100%，实现了目的层的有效封固。

3. 典型高密度外加剂体系

（1）配方设计与组成。

高密度水泥浆体系一般基于紧密堆积原理设计，采用粒度大小不同加重剂或粒度大小、密度不同的复合加重剂进行优化设计，以获取更高的密度和更好的综合性能。

以Fuller最优粒径分布模型为依据，优选超细材料、加重剂等外掺料，在分析水泥颗粒粒径分布的基础上，加入不同比例的硅粉、微硅、微锰、铁矿粉等粗细外掺料，使得混合体系的颗粒粒径分布在颗粒级配曲线的上下限之间的范围内，且最大程度的接近最优分布曲线（Fuller曲线）。

根据颗粒级配和流变学改善效应原理，优选出了三种类型加重材料，一种为超细微球加重剂锰矿粉（密度4.8g/cm³），一种为常见的赤铁矿粉加重剂（密度5.0g/cm³），第三种为铁粉（密度7.5g/cm³）。超细微球加重材料具有更好的表面形貌，球形度达到了0.92，它可以在其他大颗粒之间起"滚珠"的作用，减小摩阻，使水泥浆流动性增加。

优选含强分散性能单体的低黏型抗高温降失水剂BCF-230L，可有效改善浆体的下灰时间和流变性能；优选了一种具有梳型结构的高效抗盐聚羧酸减阻剂BCD-210L，能有效分散含盐高密度、常规密度和低密度水泥浆；优选高温缓凝剂BCR-300L，水泥浆在高温下稠化时间可调，对温度和掺量变化不敏感；通过加入硅质抗高温强度衰退材料，防止水泥石的高温强度衰退，硅粉掺量根据实际温度确定；加入配套使用的防气窜剂、悬浮剂等其他功能外加剂，提高水泥浆的防窜、浆体稳定性等功能。

（2）性能特点。

基于多元连续颗粒体系紧密堆积模型，通过优化高温外加剂和外掺量体系，形成适用于塔里木油田高温深井的抗盐高密度水泥浆体系。密度为2.40g/cm³和2.60g/cm³的水泥浆配方见表 4-5 和表 4-6。实验温度为 80℃、120℃ 和 150℃，当静止温度超过 110℃ 时，在水泥中掺入 35% 的硅粉。

表 4-5　密度 2.40g/cm³ 的水泥浆基础配方

序号	温度/℃	水泥/g	硅粉/g	铁矿粉/g	锰矿粉/g	水/g	盐/g	降失水剂/g	分散剂/g	缓凝剂/g	消泡剂/g
1	80	100	0	60	32	46.6	7.65	4	2.0	0.4	0.07
2		100	0	60	32	47.0	7.65	4	2.0	0	0.07
3	120	100	35	82	32	54.5	9.0	4.5	2.7	1.0	0.07
4		100	35	82	32	54.2	9.0	4.5	2.7	1.3	0.07
5	150	100	35	82	32	50.7	9.0	5	2.7	4.8	0.07
6		100	35	82	32	49.5	9.0	5	2.7	6.0	0.07

表 4-6　密度 2.60g/cm³ 的水泥浆基础配方

序号	温度/℃	水泥/g	硅粉/g	铁矿粉/g	锰矿粉/g	水/g	NaCl/g	降失水剂/g	分散剂/g	缓凝剂/g	消泡剂/g
1	80	100	0	170	28	66.1	11	4.0	2.0	0.5	0.05
2		100	0	170	28	65.8	11	4.0	2.0	0.64	0.05
3	120	100	35	233	37	87.2	14.0	5.9	2.7	1.5	0.1
4		100	35	233	37	86.7	14.0	5.9	2.7	2.0	0.1
5	150	100	35	233	37	84.2	14	5.9	2.7	4.5	0.1
6		100	35	233	37	82.7	14	5.9	2.7	6.0	0.1

密度为 2.40g/cm³ 和 2.60g/cm³ 的水泥浆综合性能实验数据见表 4-7 和表 4-8。由实验结果可知，2.40~2.60g/cm³ 抗盐高密度水泥浆在 80~150℃ 范围内，水泥浆体系稠化性能可调，失水量可控制至 50mL 以内，流变性能 n 大于 0.80，k 小于 0.50，沉降稳定性上下密度差小于 0.05g/cm³，水泥浆具有良好的流变性能和沉降稳定性能（上下密度差），水泥石的抗压强度发展快，满足工程要求。

表 4-7　密度 2.40g/cm³ 的水泥浆综合性能

序号	实验条件	流动度/cm	失水/mL	稠化时间/min	初始稠度/Bc	游离液/mL	24h 抗压强度/MPa
1	80℃，60MPa	25	43	428	22	0	23.6
2		23	—	495	25	0	24.2
3	120℃，90MPa	23	42	429	23	0	22.4
4		23.4	—	450	24	0	21.7
5	150℃，120MPa	23	46	407	26	0	24.7
6		23.5	—	480	26	0	20.2

表 4-8 密度 2.60g/cm³ 的水泥浆综合性能

序号	实验条件	流动度/cm	失水/mL	稠化时间/min	初始稠度/Bc	游离液/mL	24h 抗压强度/MPa
1	80℃，70MPa	22	—	427	30	0	—
2		—	36	438	24	0	15.9
3	120℃，100MPa	20	48	488	28	0	16.9
4		—		420		0	
5	150℃，120MPa	22	48	423	25	0	19.3
6		22	—	406	23	0	15.6

（3）现场应用。

高密度水泥浆体系在山前高压盐层固井中广泛应用，有效应对了高压盐层固井难题，取得了良好的应用效果。博孜 302 井四开尾管固井为例，本井四开盐层 241.3mm 井眼钻进至 6031m，下入 φ206.38mm+φ196.85mm 尾管进行悬挂固井作业，封固 5122~6031m 井段，井底温度 87℃（BHCT）。采用密度 2.43g/cm³ 超高密度双凝水泥浆体系。固井全过程施工顺利，钻塞全过程无后效和盐水溢出，喇叭口试压 10MPa，稳压 30min 不降。测井结果显示，全井段固井质量合格率 91%，优质率 65%。下一开目的层降密度至 1.91g/cm³ 继续钻进，未发现高压盐水，实现了本开封固目的。

三、DR 抗高温外加剂体系

1. DR 抗高温水泥外加剂

（1）抗高温水泥浆降失水剂 DRF-1L（DRF-1S）。

适用温度范围为 30~210℃。DRF-1L 在淡水水泥浆中加量一般为 2%~5%（占水泥量，下同），含盐水水泥浆中加量一般为 4%~6%，均可将水泥浆失水量可以控制在 100mL 以内。DRF-1L 低温下的缓凝作用较弱，水泥石强度发展良好，24h 抗压强度一般可达到 20MPa 以上。此外，水泥浆流变性易调节。

随着 DRF-1L 加量的增大，水泥浆的失水量逐渐降低。当 DRF-1L 加量为 1.5% 时可将水泥浆的失水量控制在 150mL 以内；加量为 2% 时可将水泥浆的失水量控制在 100mL 以内；加量 3% 时可将水泥浆的失水量控制在 50mL 以内。

水泥浆的失水量随实验温度的升高逐渐增大，通过增大 DRF-1L 的加量可以降低高温下水泥浆的失水量。当 DRF-1L 加量为 5% 时，在 180℃ 条件下，水泥浆的失水量可以控制在 100mL 以内。

由于盐溶液是一种强电解质溶液，在不同的温度和浓度下，会使水泥浆产生分散、闪凝和缓凝等不同效应，导致水泥浆失水量控制困难、稠化时间不易调节等问题。不同温度下，半饱和盐水水泥浆、饱和盐水水泥浆的失水量变化情况如图 4-1 所示，其中 NaCl 浓度为 18% 时，DRF-1L 加量为 4%；NaCl 浓度为 36% 时，DRF-1L 加量为 6%，水灰比均为 0.44。随着实验温度的升高，含盐水泥浆的失水量逐渐增大，但仍能将半饱和盐水水泥浆和饱和盐水水泥浆的失水量控制在 100mL 以内，表明 DRF-1L 具有良好的抗盐性能。

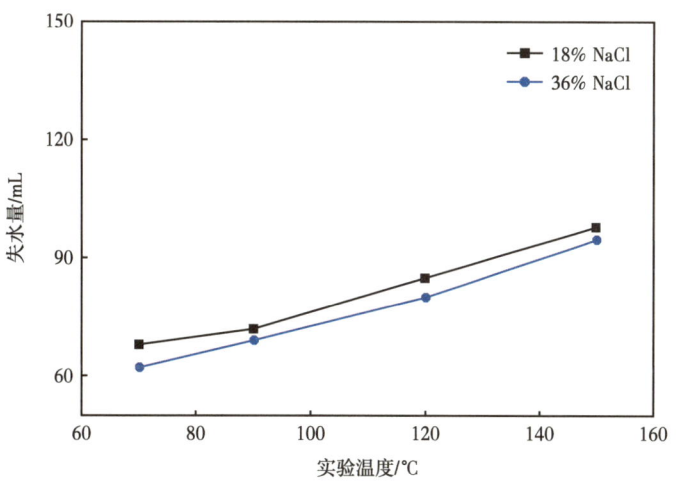

图 4-1 含盐水泥浆在不同温度下的失水量

不同降失水剂 DRF-1S 加量的水泥浆失水量随试验温度的变化情况见表 4-9。水泥浆配方为：胜潍 G 级水泥 +25% 硅粉 +15% 高温增强材料 DRB-2S+5% 微硅 +X% 降失水剂 DRF-1S+6% 缓凝剂 DRH-2L 缓凝剂 +0.5% 分散剂 DRS-1S+1.5% 高温悬浮剂 DRY-S2+Y% 稳定剂 DRK-3L+ 水，水泥浆密度为 1.88g/cm³。水泥浆的失水量随实验温度的升高逐渐增大，通过增大 DRF-1S 的加量可以降低高温下水泥浆的失水量。当 DRF-1S 加量为 2% 时，配合 4% 高温稳定剂 DRK-3L，在 210℃ 条件下，水泥浆的失水量可以控制在 100mL 以内，表明 DRF-1S 具有良好的抗高温性能。

表 4-9 160~210℃范围内不同降失水剂及稳定剂加量变化对水泥浆失水量影响评价

降失水剂 DRF-1S 加量 / %	稳定剂 DRK-3L 加量 / %	温度 / ℃	失水量 / mL
1.5	0	160	45
1.5	0	180	64
2.0	4	200	66
2.0	4	210	88

（2）抗高温水泥浆降失水剂 DRF-2L。

DRF-2L 降失水剂的适用温度范围为 90~200℃，在淡水水泥浆中加量一般为 2%~5%，含盐水泥浆中加量一般为 4%~6%，均可将水泥浆的失水量控制在 100mL 以内。高温下水泥石强度发展良好，24h 抗压强度一般可达到 20MPa 以上。此外，该降失水剂还具有一定的分散作用，增大掺量不会使水泥浆增稠。但是，DRF-2L 在低温下的缓凝作用较强，不建议低于 90℃ 条件下使用。

不同 DRF-2L 降失水剂掺量的水泥浆失水量随温度的变化情况如图 4-2 所示。当 DRF-2L 加量为 6% 时，在 180℃ 条件下，水泥浆的失水量可以控制在 100mL 以内，证明了 DRF-2L 具有良好的抗高温性能。

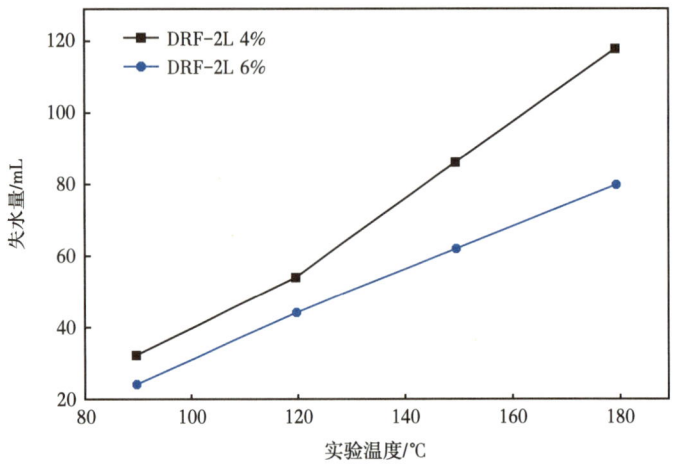

图 4-2 水泥浆失水量随温度的变化情况

不同温度下，含 DRF-2L 降失水剂的水泥浆在半饱和、饱和盐水中的失水量变化情况如图 4-3 所示，加量为 4% 的 DRF-2L 半饱和盐水水泥浆和加量为 6% 的 DRF-2L 饱和盐水水泥浆，均能使水泥浆的失水量控制在 100mL 以内。

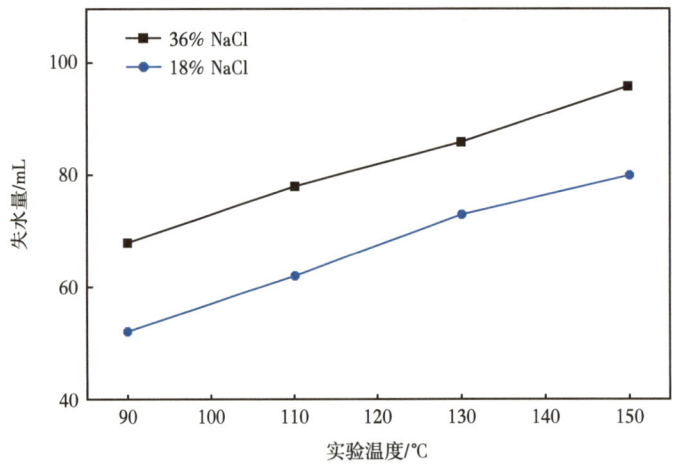

图 4-3 含盐水泥浆不同温度下失水量变化情况

（3）抗高温水泥浆缓凝剂 DRH-2L。

DRH-2L 缓凝剂在不同温度下的稠化性能见表 4-10。水泥浆配方：胜潍 G 级油井水泥 +35% 硅粉 +4% 降失水剂 DRF-2L+ 缓凝剂 DRH-2L +0.6% 分散剂 DRS-1S+48.3% 水。缓凝剂 DRH-2L 具有很好的耐高温性能，在 70~200℃ 范围内能有效地调节水泥浆的稠化时间，且过渡时间短；并且在 130~180℃ 范围内，缓凝剂 DRH-2L 的加量对稠化时间不敏感，便于水泥浆稠化时间调节。

表 4-10 缓凝剂 DRH-2L 的缓凝性能评价

编号	DRH-2L 加量 / %	测试条件	稠化时间 / min	过渡时间 / min
1	0.2	70℃/40MPa	337	9
2	0.5	90℃/45MPa	353	8
3	1.0	110℃/55MPa	301	7
4	1.5	120℃/60MPa	283	8
5	2.0	130℃/65MPa	326	6
6	2.5	130℃/65MPa	397	6
7	2.5	140℃/70MPa	356	5
8	2.5	150℃/75MPa	313	3
9	2.5	160℃/75MPa	292	2
10	3.0	160℃/75MPa	360	3
11	3.0	170℃/80MPa	309	2
12	3.5	180℃/80MPa	315	2
13	4.0	200℃/90MPa	303	2

DRH-2L 在 120~200℃ 范围内对温度的敏感性如图 4-4 所示，缓凝剂 DRH-2L 对温度敏感性较小，且具有良好的耐温性能，在循环温度为 200℃ 时仍具有良好的缓凝性能。在相同 DRH-2L 加量下，水泥浆稠化时间随着温度变化且具有良好的线性关系；在同一温度下，水泥浆的稠化时间随缓凝剂 DRH-2L 加量的增大而延长，也基本呈线性关系。

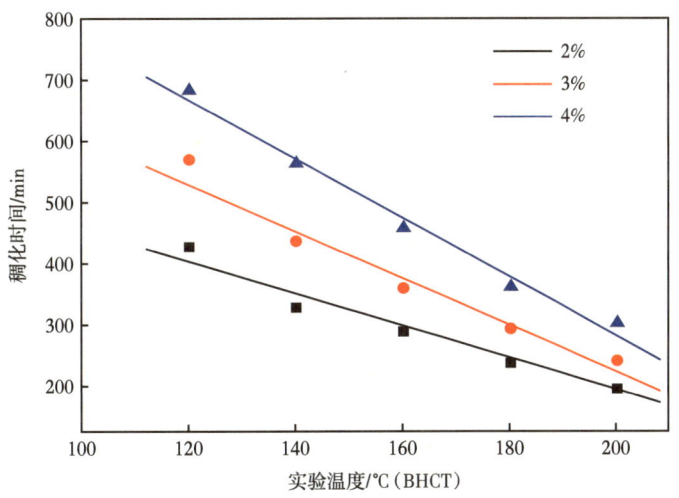

图 4-4　不同 DRH-2L 加量下水泥浆稠化时间与温度的关系

从图 4-5 可以看出，180℃ 高温下，水泥浆稠化过程中没有出现"鼓包"和"闪凝"等异常现象；水泥浆初始稠度约为 20Bc，具有良好的流动性能；稠化曲线过渡时间很短，呈"直角"稠化，有利于防止环空油气水窜，可以满足高温深井的固井施工要求。

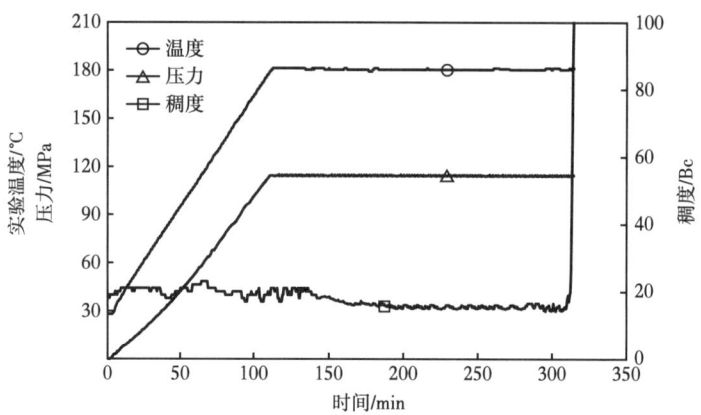

图 4-5 水泥浆在 180℃下的稠化曲线

130℃温度下,盐对含缓凝剂 DRH-2L 水泥浆稠化时间的影响见表 4-11,缓凝剂 DRH-2L 具有良好的抗盐性能。含盐量为 8% 的水泥浆稠化时间和淡水水泥浆稠化时间基本相同;当含盐量为 15% 时,缓凝剂仍具有良好的缓凝性能,并且水泥浆稠化时间随着 DRH-2L 加量的增大而变长。

表 4-11 缓凝剂 DRH-2L 的抗盐性能评价

序号	水泥浆配方	含盐量 / %	稠化时间 / min	过渡时间 / min
1	基浆 +2%DRH-2L	0	326	6
2	基浆 +2%DRH-2L	8	324	7
3	基浆 +2%DRH-2L	15	346	5
4	基浆 +2.2%DRH-2L	15	373	4

图 4-6 是按配方 4 配制的水泥浆在 130℃下的稠化曲线。从图中可以看出,含盐水泥浆的稠度曲线平稳,无"鼓包"和"包心"等异常现象,且过渡时间短,基本呈"直角"稠化,说明缓凝剂 DRH-2L 可以适用于盐水水泥浆体系的固井作业。

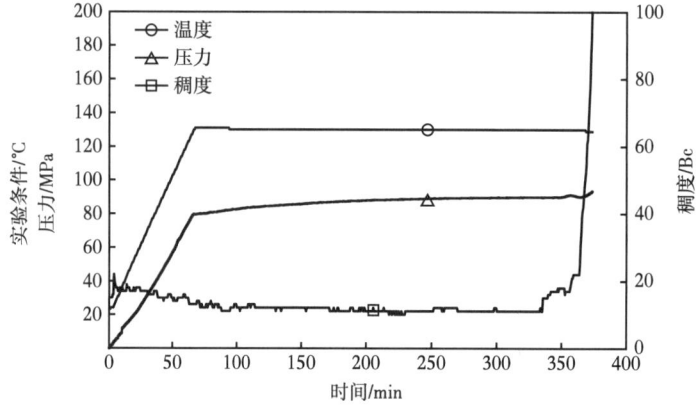

图 4-6 配方 4 水泥浆在 130℃下的稠化曲线

(4)抗高温稳定剂 DRK-3L 及 DRY-S2。

160~210℃温度范围内的水泥浆沉降稳定性评价结果见表 4-12。水泥浆配方 A：胜潍 G 级水泥 +25% 硅粉 +15% 高温增强材料 DRB-2S+5% 微硅 +2% 降失水剂 DRF-1S+6% 缓凝剂 DRH-2L 缓凝剂 +0.5% 分散剂 DRS-1S+1.5% 高温悬浮剂 DRY-S2+ 水；水泥浆配方 B：山东胜潍 G 级水泥 +25% 硅粉 +15% 高温增强材料 DRB-2S+5% 微硅 +2% 降失水剂 DRF-1S+6% 缓凝剂 DRH-2L 缓凝剂 +0.5% 分散剂 DRS-1S+1.5% 高温悬浮剂 DRY-S2+4% 稳定剂 DRK-3L+ 水；密度均为 1.88g/cm³。当温度在 160~180℃时，通过掺加高温悬浮稳定剂 DRY-S2，可控制水泥浆沉降稳定性不高于 0.03g/cm³，当温度在 190~210℃时，通过高温悬浮稳定剂 DRY-S2 和高温稳定剂 DRK-3L 复配，可控制水泥浆沉降稳定性不高于 0.04g/cm³。

表 4-12 水泥浆配方 A 及配方 B 在 160~210℃高温范围内的沉降稳定性

配方	温度 /℃	沉降稳定性 /（g/cm³）
A	160	0.02
A	170	0.02
A	180	0.03
B	190	0.03
B	200	0.03
B	210	0.04

2. DR 抗高温水泥外掺料

通过大量室内实验，优选出了含铝、镁等元素的硅酸盐与磷酸盐类材料，通过优化配比形成了高温增强材料 DRB-2S 及防衰退材料 DRB-3S，其高温下与水泥水化产物发生反应，生成高温下有胶结能力的晶相，减少甚至消除无胶结相，有效提高了水泥石的高温稳定性；同时，在高温条件下，采用增韧剂 DRN-1S 实现对高温水泥石降脆增韧改造，增韧剂 DRN-1S 中的无机晶须类材料可增强水泥石韧性。

水泥石在 230℃和 250℃条件下高温水泥石抗压强度评价结果见表 4-13。水泥浆配方 C：G 级水泥 +30% 硅粉 +20% 高温增强材料 DRB-2S+2% 降失水剂 DRF-1S+6% 缓凝剂 DRH-2L 缓凝剂 +0.5% 分散剂 DRS-1S+1.5% 高温悬浮剂 DRY-S2+4% 稳定剂 DRK-3L+3% 增韧剂 DRN-1S+ 水；水泥浆配方 D：配方 C+10% 防衰退材料 DRB-3S；水泥浆密度均为 1.88g/cm³。水泥浆配方 C 通过采用硅粉配合高温增强材料 DRB-2S，水泥石 7 天抗压强度可以达到 30MPa 以上，但 28 天抗压强度大幅衰减，230℃条件下 28 天抗压强度衰退率 48.7%，250℃条件下 28 天抗压强度衰退率 58.0%。水泥浆配方 D 在配方 C 的基础上添加 10% 防衰退材料 DRB-3S 后，在 230℃和 250℃超高温条件下，水泥石 7 天抗压强度均能达到 45MPa 以上，且 28 天抗压强度均未出现衰退。从图 4-7 中可以看出：水泥浆配方 D 在 230℃条件下养护 28 天后，水泥石内部结构较配方 C 更加致密。

表 4-13 水泥浆配方 C 及配方 D 在 230℃ 及 250℃ 下的 7 天及 28 天水泥石抗压强度

配方	养护温度 / ℃	7 天抗压强度 / MPa	28 天抗压强度 / MPa
C	230	38.8	19.9
C	250	31.4	13.2
D	230	47.8	50.4
D	250	55.4	56.1

对配方 C 及配方 D 水泥石 230℃ 养护 28 天后内部微观结构进行了扫描电镜测试，如图 4-7 所示。可以看出，配方 C 高温养护后水泥石内部结构较为疏松，配方 D 水泥石内部结构致密，结合水泥石抗压强度数据，可以证实防衰退材料 DRB-3S 可以保持高温条件下水泥石内部结构致密性，防止水泥石发生高温强度衰退。

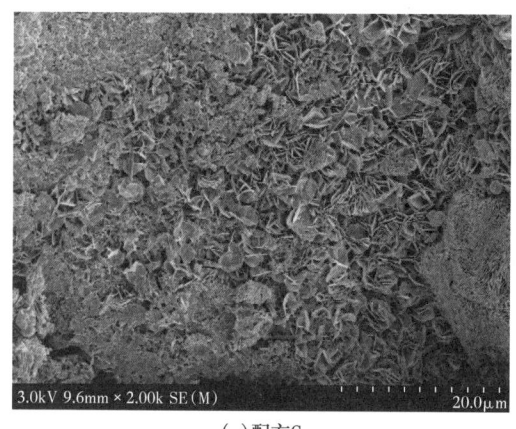

（a）配方C　　　　　　　　　　　　（b）配方D

图 4-7　230℃ 条件下配方 C 与配方 D 水泥石养护 28 天电镜照片

3. DR 抗高温水泥体系综合性能

（1）高温水泥浆常规性能评价。

160~210℃ 范围内水泥浆综合性能见表 4-14。水泥浆在 210℃ 的稠化曲线如图 4-8 所示。超高温水泥浆综合性能良好，失水量控制在 100mL 以内，水泥浆稠化时间满足施工要求，稠化过渡时间短，呈"直角"稠化，高温及超高温条件下 2 天抗压强度均高于 40MPa，满足固井施工要求。

基础配方：山东胜潍 G 级油井水泥 +30% 硅粉 +20% 高温增强材料 DRB-2S+2% 降失水剂 DRF-1S+1.5% 高温悬浮剂 DRY-S2+0.5% 分散剂 DRS-1S+3% 增韧剂 DRN-1S+0.2% 消泡剂 DRX-1L+ 水（密度 1.88g/cm³）。

1# 基础配方 +3% 缓凝剂 DRH-2L（密度 1.88g/cm³）；

2# 基础配方 +3.5% 缓凝剂 DRH-2L（密度 1.88g/cm³）；

3# 基础配方 +4.0% 缓凝剂 DRH-2L（密度 1.88g/cm³）；

4# 基础配方 +5.0% 缓凝剂 DRH-2L+4.0% 稳定剂 DRK-3L（密度 1.88g/cm³）；

5# 基础配方 +6.0% 缓凝剂 DRH-2L+4.0% 稳定剂 DRK-3L+10% 防衰退材料 DRB-3S

（密度1.88g/cm³）；

6#基础配方+7.0%缓凝剂DRH-2L+4.0%稳定剂DRK-3L+10%防衰退材料DRB-3S（密度1.88g/cm³）。

表4-14 高温水泥浆体系在160~210℃条件下综合性能评价

配方	密度/（g/cm³）	循环温度/℃	失水量/mL	稠化时间/min	过渡时间/min	2天抗压强度/MPa
1#	1.88	160	45	398	2	45.2
2#	1.88	170	58	309	1	44.5
3#	1.88	180	66	298	1	47.3
4#	1.88	190	58	325	1	41.8
5#	1.88	200	66	317	1	40.2
6#	1.88	210	88	312	1	42.2

注："2天抗压强度"下的养护温度为表中循环温度除以0.9系数所得温度。

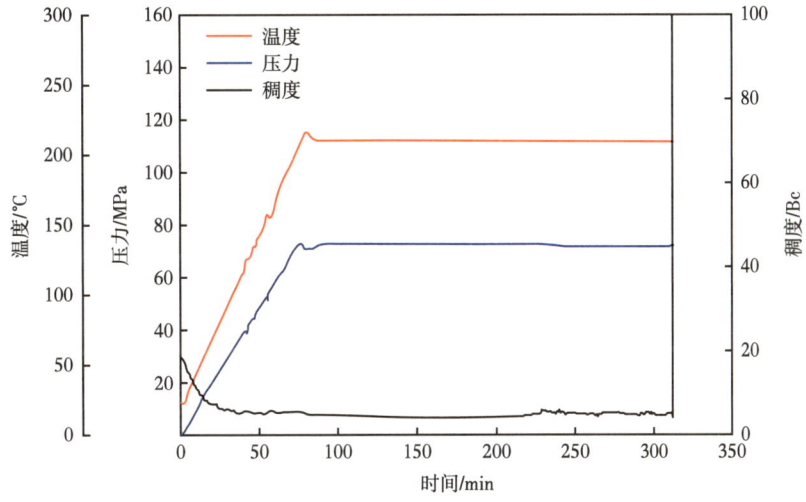

图4-8 水泥浆在210℃超高温下稠化曲线

（2）高温水泥浆体系在大温差条件下的适应性。

①以缓凝剂DRH-2L为主剂的高温水泥浆体系在大温差条件下的适应性。

在不同井底循环温度条件下，水泥浆顶部静止温度分别为90℃、70℃和30℃下的强度发展情况见表4-15。在不同循环温度条件下，稠化时间大于300min的水泥浆在对应的井底静止温度下养护24h后，均拥有较高的抗压强度（大于20MPa）。在不同顶部温度条件下养护，水泥石具有良好的早期强度，例如井底循环温度160℃、稠化时间296min的水泥浆，在顶部温度为30℃下养护2天后，水泥石已有强度，养护3天后达到12.6MPa，能够满足长封固段大温差固井的施工要求；含盐量为8%的水泥石强度发展和淡水水泥石基本一样，但含盐量为15%的水泥浆在低温下的强度发展比淡水水泥浆慢，但 3 天后强度大于 3.5MPa，能够满足固井要求。加入缓凝剂 DRH-2L 的水泥浆体系可以满足温差为 50~130℃ 的长封固段大温差固井作业，并且在大温差条件下水泥石强度发展快，没有出现超缓凝或长期不凝的现象，对水泥石后期强度发展无不良影响。

表 4–15　大温差下水泥石的强度发展情况

编号	BHCT/ ℃	24h 顶部抗压强度 / MPa	90℃，MPa		60℃，MPa		30℃，MPa	
			48h	72h	48h	72h	48h	72h
1#	150	26.4	17.2	25.2	12.8	21.8	4.8	16.9
2#	160	27.8	16.5	22.8	8.4	19.4	2.6	14.4
3#	190	29.6	10.4	21.4	4.2	18.6	1.2	12.6

图 4-9 是井底循环温度为 130℃，稠化时间为 326min 的水泥浆在 70℃ 下的超声波强度发展情况。水泥浆在 20h 时强度开始迅速发展，28h 时强度达到 14MPa 以上。

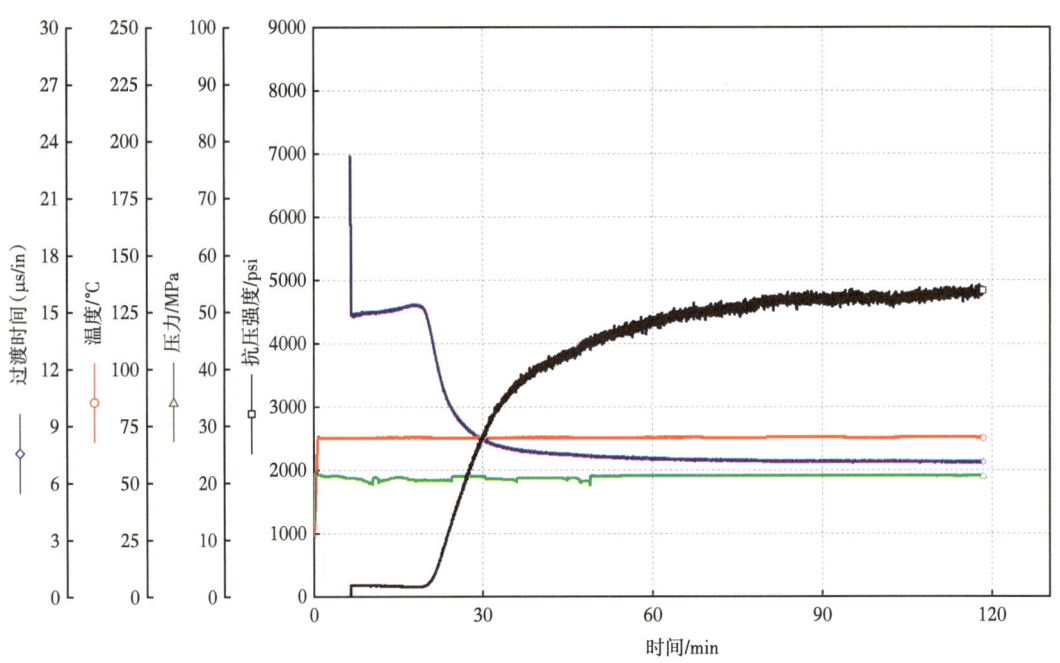

图 4-9　配方 1 水泥浆在 70℃ 时静胶凝强度发展曲线

②以缓凝剂 DRH-3S/DRH-4S 为主剂的高温水泥浆体系在大温差条件下的适应性。

含降失水剂 DRF-2L 和缓凝剂 DRH-3S、DRH-4S 的水泥浆体系在不同温度下水泥石顶部与底部强度发展情况见表 4-16。循环温度为 140~180℃ 时，水泥浆稠化时间在 320~380min 之间，温差为 80℃ 时，水泥石 48h 顶部抗压强度均在 15MPa 以上，水泥石的早期强度较高，不会出现超缓凝问题，满足现场固井施工要求。

表 4-16 以降失水剂 DRF-2L 和缓凝剂 DRH-3S、DRH-4S 为主剂的水泥浆大温差适应性

循环温度 / ℃	静止温度 / ℃	稠化时间 / min	48h 顶部强度 / MPa	48h 底部强度 / MPa
140	170	362	20.3	28.9
150	180	326	21.0	30.2
160	190	385	18.2	31.0
170	200	359	16.5	30.8
180	210	322	17.6	32.5

注：顶部抗压强度为静止温度减去 80 ℃养护 48 h 测得，底部抗压强度为静止温度条件下养护 48 h 测得。

图 4-10 为以降失水剂 DRF-2L 和缓凝剂 DRH-3S、DRH-3S 为主剂的水泥浆在 170 ℃条件下的稠化曲线，水泥浆呈"直角"稠化，稠度基本平稳，满足固井施工要求。

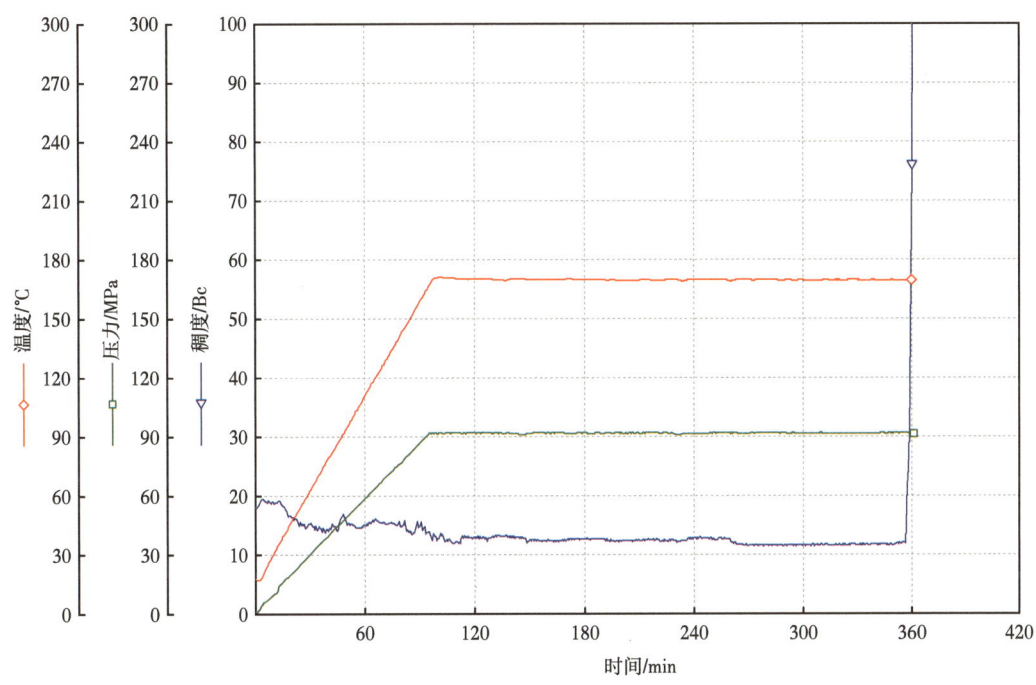

图 4-10 170℃条件下水泥浆稠化曲线

第二节 水泥浆（石）性能试验

固井水泥浆（石）的性能直接关系到固井质量、油气井寿命和油气采收率。塔里木油田是我国最大超深油气田，井深普遍在 6000m 以深，近年来逐渐向 8000m 超深层、9000m 以深特深层迈进，实钻的超深井井底温度普遍超过 150℃，最高达到 190℃，不仅对水泥浆性能提出严格要求，而且对水泥石长期力学性能也提出相应要求。为确保水泥浆（石）性能满足施工和后期开采要求，除对固井水泥浆开展一系列施工性能试验外，还需

根据后期开采需要对水泥石性能开展相关性能试验。

本节主要从固井水泥浆（石）试验项目、基本概念、试验仪器、试验方法等方面介绍塔里木油田超深井固井水泥浆性能试验的做法。

一、稠化时间试验

1. 基本概念

水泥浆稠化时间是指水泥浆在流动过程中丧失流动性的时间。水泥浆的流动性能通常用稠度表示，稠度的单位是 Bc（无量纲），水泥浆在模拟井下温度与压力条件下恒速搅拌，随着试验的进行，其稠度逐渐增加，当达到 100Bc 时，水泥浆彻底丧失流动性能，从试验升温升压开始计时，直至稠度达到 100Bc 的这段时间被定义为稠化时间。稠化时间通常与水泥矿物的水化速度、水泥—水凝胶体系的凝聚过程、加水量和外加剂等因素有关。因此，就广义上说，凡是能改变水泥的水化速度、凝聚过程和加水量状态的外加剂均可调节水泥浆的稠化时间。一般情况下，对于一定的温度条件，可以通过加入促凝剂或缓凝剂来调节水泥浆的稠化时间。业界普遍认为：当水泥浆稠度小于等于 40Bc 易于泵送，大于 40Bc 难于泵送，大于 70Bc 不可泵送。

稠化时间试验结果反映水泥浆在井下保持可泵性的时间，试验条件应能准确代表水泥浆在泵送期间所经历的时间、承受的温度和压力。在固井施工中，对稠化时间的要求非常严格，它是决定固井作业成败的关键。一般要求稠化时间在确保施工安全的前提下尽可能短，以便缩短候凝时间，减少水泥浆析水和失水以及可能遭受的水侵或气侵，并使水泥石及早达到可以开钻的机械强度（抗压强度 3.5MPa），为继续钻进赢得时间。水泥浆稠化时间试验温度主要取井底循环温度（BHCT），试验压力为井底压力。为满足套管注水泥条件，水泥浆从地面到达井底时间作为养护升温时间。考虑到固井施工安全，一般是将施工时间（注水泥时间+驱替钻井液时间）附加 60~90min（安全因子）作为稠化时间要求。

2. 试验仪器

水泥浆稠化时间由增压稠化仪（图 4-11）测定。该仪器由高温高压釜、控温、控压系统、动态稠度测试装置、增压泵、密封驱动装置、浆杯、浆叶及电位计等组成。多数增压稠化仪最高试验温度和压力为 250℃ 和 200MPa；而有些增压稠化仪的最高试验温度和压力可达 315℃ 和 275MPa。

仪器工作原理：将用水泥浆搅拌器（图 4-12）配制好的水泥浆装入稠化仪浆杯（含搅拌浆叶总成）中，将稠化仪浆杯放入釜体并装好电位计，釜体充满烃类油并盖好釜盖，确保密封，浆杯以 150±15r/min 恒速旋转，在设定的时间内升温升压至要求温度和压力并保持恒定至试验结束。当浆杯恒速旋转时，水泥浆稠度的不同产生的扭矩不同，旋转产生的扭矩通过电位计转换成电信号输出，再转换成相应的稠度并自动绘制成稠度随时间的变化曲线即稠化时间曲线，曲线上同时记录相应的温度和压力。

3. 试验方法

增压稠化仪试验方法如下：

（1）组装浆杯和往浆杯灌注制备好的水泥浆。

（2）安装浆杯总成。将充满水泥浆的浆杯总成放入高压釜体内，使浆杯开始旋转，放入电位计,向高压釜体内注入烃类油。然后,拧紧高压釜体的顶盖总成,插入温度传感器,当高压釜体注满烃类油后,拧紧温度传感器上的螺栓,完成釜体密封。

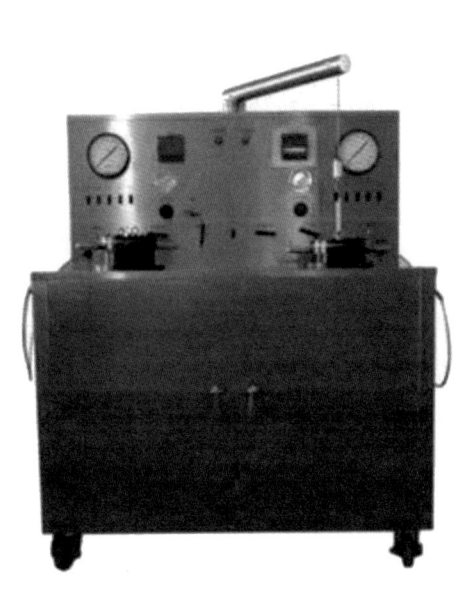

图 4-11　典型的增压稠化仪

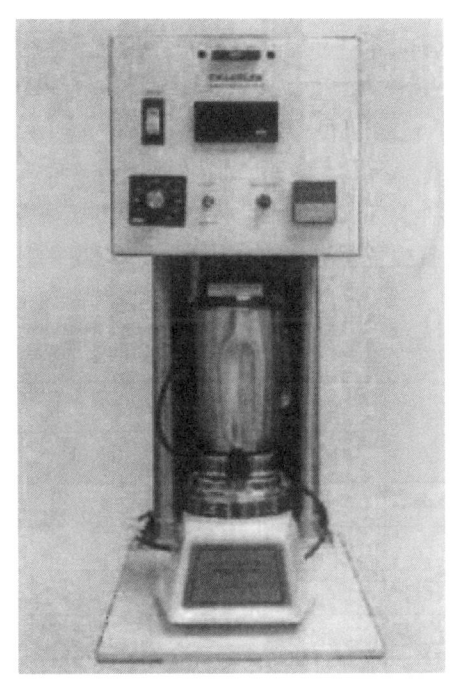

图 4-12　典型的水泥浆搅拌器

(3)温度压力控制设置。在电脑软件设定试验目标温度、压力、升温速率和升压速率。

(4)开始试验。电脑上运行自动控制程序,打开仪器控制面板加热器,通过软件自动控制系统,对浆杯中水泥浆升温加压。

(5)试验结束。当水泥浆稠度达到 100Bc 后,仪器自动停止试验,手动关闭软件控制界面、加热器,待釜体内温度降至室温,压力降为零,将浆杯从釜体中拆出,结束试验。

4. 扩展试验

为了适应现场施工实际需要,保证固井施工安全,除正常设计的稠化时间试验之外还需做如下扩展试验:

(1)密度高点试验:主要考虑在现场施工时,水泥车操作手的密度控制能力不同,会有一定范围的波动。具体做法是:仅通过调节液固比来提高水泥浆密度,其他试验条件不变,重复进行稠化时间试验,根据其变化情况给施工密度控制以参考(常规密度比设计密度高 0.05g/cm³,高密度和低密度比设计密度高 0.03g/cm³),所有固井施工的水泥浆必须开展此项试验。

(2)温度高点试验:试验温度是根据电测温度取经验系数计算得来而非实测,主要考虑测温的准确性和系数的取值对施工安全的影响,同时考察水泥浆稠化时间是否存在温度倒挂。具体做法是:其他条件不变,仅改变试验温度,重复进行稠化时间试验(比设计试验温度高 5℃)。不分领尾浆的和分领尾浆的尾浆必须开展此项试验。

（3）升降温试验：主要针对替浆结束还需在水泥浆柱顶部进行其他作业的情况而进行的试验，以确保作业的安全性，同时也可考察水泥浆稠化时间是否存在温度倒挂。具体做法是：所有试验条件不变，将温度升至试验温度后，恒温30min，在一定时间内（模拟上返时间）将温度降至水泥柱顶部的温度继续试验，超过正常稠化时间未稠即可终止试验，不分领尾浆的和分领尾浆的领浆必须开展此项试验。

（4）停机试验：主要考虑固井施工过程中突发状况造成停顿时，对固井施工安全的保障情况。具体做法是：所有试验条件不变，在升到试验温度并恒温1小时后停电动机（停止搅拌），30min后再开电动机（重新搅拌），观察稠度增加的数值，继续进行试验直至结束，超过正常稠化时间未稠可结束试验。

（5）陈化试验：从固井药水配制到施工有一定的时间间隔，该试验主要考察固井药水放置陈化后的稠化时间影响情况，以保证固井施工安全。具体做法是：按照配方配制固井药水（考虑蒸发，不少于2倍量配制）和混灰，混灰密封保存，将固井药水和混灰放置7天后，重复稠化时间试验（所有试验条件不变）。评价新的外加剂或体系时，必须开展此项试验。

（6）升降温试验和停机试验可单独进行，也可两个试验合并进行。

二、失水试验

1. 基本概念

失水试验是指水泥浆在一定的温度和压差条件下，在规定时间内通过过滤介质所滤失的液体量，以mL计。由于水泥浆是由固相和液相组成，为了使水泥浆保持适当的可泵性，需要加入超过水泥水化所需的水量。水泥浆失水后改变了原来的水灰比，使水泥浆的密度变大、稠度上升、流动度变小、稠化时间变短。水泥浆失水有可能使顶替泵压增加，压漏低压地层；严重时则有可能使水泥浆发生"闪凝"，出现打实心套管的危险。因此，在水泥浆中一般需要加入降失水剂来控制水泥浆的失水量。降失水剂的作用是束缚多余的水分并防止这些水分从水泥浆中被分离出去，从而使水泥浆的水灰比变化不大。

固井施工时，水泥浆在压力下经过渗透性地层时将发生"渗滤"，水泥浆滤液进入地层从而导致水泥浆失水。水泥浆失水分两个阶段：一是注水泥顶替过程的动失水；二是水泥浆候凝阶段的静失水。降低水泥浆失水量对浆体质量及固井质量都有较好的作用。

2. 试验仪器

失水试验仪器有静态滤失仪（图4-13）或搅拌型滤失仪（图4-14）、常压稠化仪或增压稠化仪。

对于温度不高于90℃的试验，水泥浆在常压稠化仪或增压稠化仪中搅拌后，使用静态滤失仪或搅拌型滤失仪进行试验。对于温度高于90℃的试验，水泥浆在增压稠化仪中搅拌，用静态滤失仪或搅拌型滤失仪进行试验。无论水泥浆在稠化仪中搅拌还是在搅拌型滤失仪中搅拌，滤失量都是在静态下测定，实验室测量的通常是水泥浆静态滤失量。

仪器工作原理：高温高压滤失仪或搅拌型滤失仪的滤失仪浆筒底部装有一个滤网，该滤网单个网格边长$45\mu m$（250目），过滤面积为$22.6cm^2$，滤网背面装有一个$250\mu m$（60目）的衬网。将水泥浆倒入滤失仪浆筒内，滤失仪浆筒上端连接高压管线，通过高压管线模拟地层压力，从水泥浆上部施加一定的压力（一般为$7000kPa\pm300kPa$），在压差的作用下，水泥浆中液体通过底部滤网向下滤失，产生的滤液通过滤失仪浆筒下端的出口流出，用量筒（或冷凝器）收集并测量滤液的体积，试验时间为30min，最终通过计算得到水泥浆的失水量。

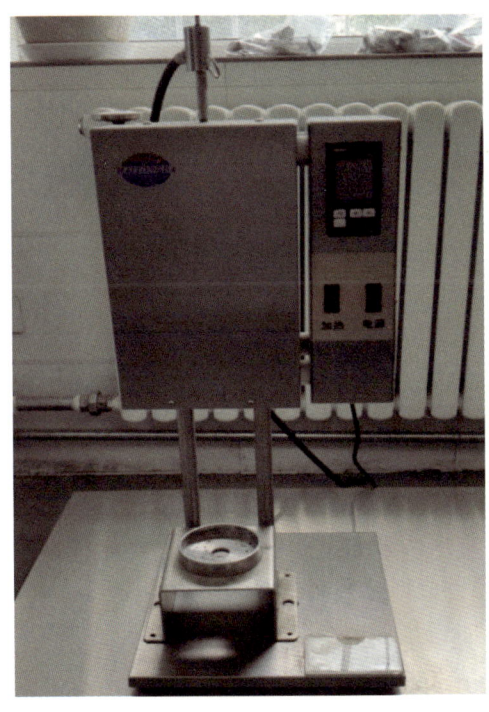

图4-13 静态滤失仪

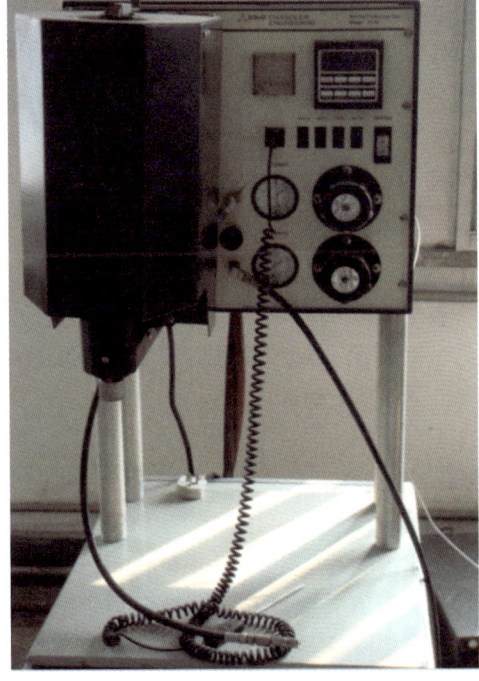

图4-14 搅拌型滤失仪

3. 试验方法

（1）温度不高于90℃的水泥浆搅拌方法。

有常压稠化仪、增压稠化仪、搅拌型滤失仪三种搅拌水泥浆方式，介绍常用的常压稠化仪搅拌水泥浆方法如下：

①在制备完水泥浆后的1min内，将水泥浆倒入常压稠化仪浆杯中；

②按照最接近现场实际条件的模拟稠化时间试验方案将水泥浆加热至预计井底循环温度或预计挤水泥温度；

③搅拌结束后，取出搅拌叶，用刮刀不断搅拌水泥浆以确保水泥浆均匀；

④按③将水泥浆倒入静失水仪。

（2）温度高于90℃的水泥浆搅拌方法。

有增压稠化仪、搅拌型滤失仪两种搅拌水泥浆方式，介绍常用的增压稠化仪搅拌水泥浆方法如下：

①制备水泥浆，把水泥浆倒入增压稠化仪的浆杯中并开始稠化时间试验；

②按最接近现场实际条件的模拟稠化时间试验方案加压升温；

③方案结束时，关闭加热器，并尽可能快速地冷却水泥浆。在水泥浆被冷却至约90℃之后，缓慢释放压力（放压速率约为1400kPa/s）；

④从稠化仪中取出浆杯，保持杯盖向上，以免油混入水泥浆；

⑤拧下浆杯顶部锁紧环，从浆叶轴上取下驱动片、垫圈和橡胶隔膜盖；

⑥用注射器和纸巾吸去橡胶隔膜上面的油；

⑦取下橡胶隔膜和支撑环；

⑧用注射器和纸巾吸去水泥浆上面所有残留的油，如果油的污染严重，则废弃该水泥浆并重新开始试验；

⑨取出搅拌叶，用刮刀不断搅拌水泥浆以确保水泥浆均匀；

⑩按③将水泥浆倒入失水仪。由于热膨胀，水泥浆可从失水仪浆筒中溢出并导致危险。使用时不要超过仪器厂家推荐的最大温度、压力和倒入失水仪浆筒中水泥浆的体积。

（3）将水泥浆倒入静失水仪。

①在水泥浆搅拌时间结束时，准备好失水仪，以便倒入水泥浆；

②对于试验温度不低于90℃的试验，将失水仪预热至90±3℃；

③在关闭加压阀的情况下，对于长度为12.7cm的失水筒，将水泥浆倒入失水筒至滤网支撑台下面2.5±0.6cm处；对于长度为25.4cm的失水筒，将水泥浆倒入失水筒至滤网支撑台下面5.1±0.6cm处；

④将滤网和"O"形圈放入失水筒，并将端盖固定在失水筒上。给失水仪施加3500±300kPa的压力，不要关闭试验阀；

⑤对于试验温度不高于90℃的失水试验，应尽快开始试验，从完成水泥浆搅拌到失水试验开始的时间不应超过6min。水泥浆搅拌的完成即是升温方案的结束；

⑥对于试验温度高于90℃的失水试验，用加热套将失水筒快速加热到试验温度。从完成水泥浆搅拌到加热开始所经过的时间不应超过6min；

⑦关闭失水筒顶阀，放出氮气管线中的压力并断开氮气管线；

⑧倒置失水筒，使滤网位于失水筒底部；

⑨将回压接收器（或冷凝器）连接到滤液出口阀杆上。如果使用回压接收器，应给回压接收器施加足够的压力，以防止水泥滤液在试验温度下沸腾；

⑩将氮气管线与顶阀连接，然后打开失水筒顶阀，给失水筒施加并保持7000±300kPa的压差。

（4）失水试验。

在倒置失水筒后30s内打开底阀，开始失水试验。在试验期间保持规定的试验温度。收集滤液并记录30s、1min、2min、5min、7.5min、10min、15min、25min和30min的滤液体积，精确至±1mL。如果试验不到30min就发生"气穿"，则记录发生"气穿"时的滤液体积和时间。关闭失水仪上所有的阀门并关闭加热器。

计算失水量，用mL/30min表示。对于满30min未发生"气穿"的试验，测量所收集的滤液体积，并乘以2作为失水值。对于不到30min发生"气穿"的试验，用式（4-1）计算失水量。

$$失水量 = 2V_t\sqrt{\frac{30}{t}} \quad (4\text{-}1)$$

式中 V_t——发生"气穿"时所收集的滤液体积，mL；

t——发生"气穿"的时间，min。

在水泥浆的失水试验报告中,试验满 30min 的失水应记录为"失水量",试验不到 30min 发生"气穿"的失水应记录为"计算的失水量"。

三、流变性试验

1. 基本概念

水泥浆流变性是指水泥浆在外力作用下的变形和流动性质,一般由流性指数 n(无量纲)和稠度系数 k($Pa \cdot s^n$)来表征。控制水泥浆的流变性能是注水泥技术的重点之一。掌握好水泥浆流变学对于固井设计、施工和评价都很重要,直接关系到固井作业的安全和质量。水泥浆流变性能是注水泥流变学设计的基本参数,对固井作业的影响主要表现在以下两方面:

(1)计算和控制注水泥顶替过程的循环压耗,优选固井工具和设备,并防止井眼出现憋漏现象。

(2)设计注水泥顶替过程的最佳流态和两相液体的稳定顶替界面,达到提高水泥浆顶替效率和注水泥质量的目的。

2. 试验仪器

实验室通常采用旋转黏度计(图 4-15)测定水泥浆的流变性能。

最常见的旋转黏度计采用同轴圆筒式结构(图 4-16),它由两个同轴心不同直径的垂直圆筒构成,两圆筒的环形空间充满着被测定的流体。

同轴旋转黏度计广泛用于钻井液、水泥浆、压裂酸化液等石油工程类非牛顿流体流变性的测量。根据测量时的环境条件,这类仪器有常温常压型和高温高压型,高温高压型更能真实地模拟钻井液、水泥浆在高温高压条件下的流变性变化,并测定其流变曲线。

图 4-15 典型的旋转黏度计

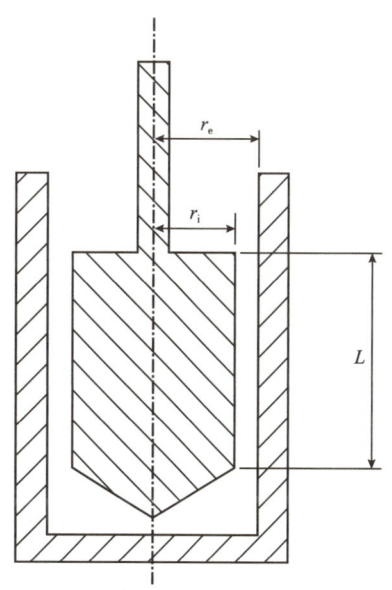

图 4-16 同轴旋转黏度计原理图

r_e—套筒内半径,mm;r_i—转子半径,mm;
L—转子长度,mm

仪器工作原理：旋转黏度计按转筒的工作情况分为外筒旋转式和内筒旋转式两种类型。以外筒旋转式为例，将被测流体装满于内外筒间隙中。当外筒以某一恒定转速旋转时，由于流体具有黏滞性，外筒旋转逐层带动了各层流体以不同的剪切速率旋转，这样内筒随之旋转。当与内筒相连的弹簧阻力矩与流体各层间的摩擦力矩相平衡时，内筒不再转动，此时刻度盘指示的弹簧扭矩即流体内摩擦扭矩，内摩擦扭矩可以换算成相应的剪切应力，改变外筒的旋转速度将得到不同的剪切应力，这样就可以绘制出流体相对应的剪切速率与剪切应力流变曲线，同时计算出被测流体的流变参数值。

3. 试验方法

（1）制备水泥浆。

（2）将制备好的水泥浆立即倒入常压稠化仪或增压稠化仪的浆杯中进行搅拌，加热至所需的试验温度。

（3）在升到所需的试验温度（和压力）后，继续搅拌水泥浆20min。如果水泥浆在增压稠化仪中搅拌，在释放稠化仪的压力之前，将水泥浆尽快冷却到90℃，如果试验温度低于90℃，则冷却到试验温度，然后才能将增压稠化仪安全打开，并取出水泥浆浆杯。

（4）将水泥浆立即倒入黏度计样品杯中至刻度线。

（5）将转子以最低转速旋转，升高浆杯，直至水泥浆液面位于转子上的刻线位置。

（6）在转子以最低转速（3r/min）连续旋转10s后，读取初始刻度盘读数。剩下的所有读数应首先按转速递增次序（3r/min、6r/min、100r/min、200r/min、300r/min），然后按递减次序（300r/min、200r/min、100r/min、6r/min、3r/min），在转子以每一转速连续旋转10s后读取。在读取每一读数后，应立即将转速调到下一档。

（7）计算每一个转速下按递增次序和按递减次序测量的读数之比，该比值可用来帮助鉴定水泥浆的某些性能，列举如下：

①当所有转速下的读数比值均近似为1时，表明水泥浆在平均试验温度下无沉降；

②大多数比值大于1时，表明水泥浆在平均试验温度下可能发生沉降；

③大多数比值小于1时，表明水泥浆在平均试验温度下可能发生胶凝；

当读数差别很大时，表明水泥浆不稳定，即水泥浆易于发生严重的沉降或过度胶凝，应考虑调整水泥浆组分。

（8）按（6）记录的读数，以同一转速下两次读数的平均值来计算水泥浆的流变参数。流变参数可采用回归分析法和两点法计算，回归分析法通过绘制剪切应力和剪切速率关系图，来确定流变类型和流变参数；两点法计算更为简便，现场多采用该方法。宾汉流体和幂律流体流变参数计算公示如下：

宾汉流体：

$$\mu_p = 0.00150 F(\theta_{300} - \theta_{100}) \quad (4-2)$$

$$\tau_0 = 0.511(F\theta_{300} - 1000\mu_p) \quad (4-3)$$

式中 μ_p——塑性黏度，Pa·s；

τ_0——屈服值，Pa；

F——扭矩弹簧系数；

θ_{300}——黏度计 300r/min 的读数；

θ_{100}——黏度计 100r/min 的读数。

幂律流体：

$$n = 2.096\lg(\theta_{300}/\theta_{100}) \quad (4\text{-}4)$$

$$k = (F\theta_{300})\frac{0.511}{511^n} \quad (4\text{-}5)$$

式中　n——流性指数；

　　　k——稠度系数，$Pa \cdot s^n$。

四、沉降稳定性试验

1. 基本概念

沉降稳定性是水泥浆重要性能指标之一。稳定性较差的水泥浆所形成的水泥柱其致密程度从上到下非常不均匀。在大斜度及水平井中，这种水泥石的不均匀性表现尤为突出。从井眼下侧到上侧，水泥石的致密程度及胶结强度在不断减弱，这对水泥环的封固质量有着不良的影响。沉降稳定性差的水泥浆，一般情况下游离液也较大，同样会在水泥柱中形成油、气、水窜的通道，影响水泥环的封固质量。

2. 试验仪器

通过沉降试验测试水泥石柱顶部和底部密度差来表征水泥浆的沉降稳定性。沉降管（图4-17）内径应为25±5mm，最小长度应为100mm，最通用的沉降管长度约为200mm。

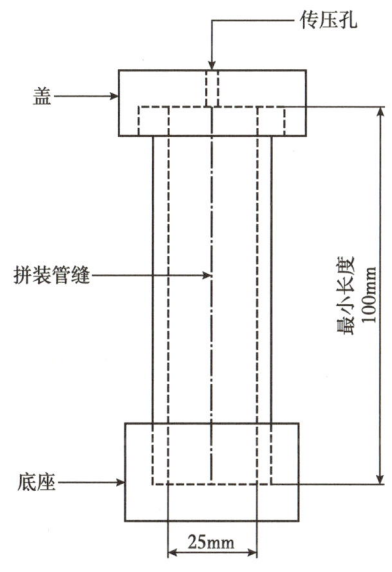

图4-17　沉降管示意图及实物图

试验原理：将水泥浆倒入组装好的沉降管中，垂直放入养护釜内，模拟井下温度压力情况养护至水泥浆凝固。养护过程中，沉降筒内的水泥浆在重力作用下可能发生颗粒沉降导致水泥石上下密度不同。拆开取出水泥柱，将水泥柱分成若干长度大致相等水泥块，并做好记号，分别测定每一段水泥石的密度，以此求得上下密度差，即可得到水泥浆的沉降稳定性数据。

3. 试验方法

（1）将经过常压稠化仪或增压稠化仪恒温养护的水泥浆倒入组装好的沉降管中至刻度线，盖好上盖；

（2）将沉降筒装入养护釜，升温升压至试验要求的温度和压力；

（3）将水泥浆养护24h或养护到凝固为止，再从养护容器中取出；

（4）将水泥柱切割成大小相等的若干段，记录数序，放入水中；

（5）利用阿基米德法，测定每一节水泥试块的密度。

$$d_{\rm rel} = \frac{m_i}{m_{i,\rm w}} \tag{4-6}$$

式中　$d_{\rm rel}$——第 i 节水泥试块的相对密度；

　　　m_i——第 i 节水泥试块在空气中的质量，g；

　　　$m_{i,\rm w}$——第 i 节水泥试块在水中的质量，g。

全部试块的测定结果用于说明整个试样的密度分布情况。最下部水泥块密度与最上端水泥块密度差，即为水泥浆的沉降稳定性数值。

五、游离液试验

1. 基本概念

在含有外加剂的水泥浆体系中，特别是减阻剂使团粒解离，被包裹的束缚水释放，颗粒分散，这使水泥颗粒沉降速度不一致，而形成"差异沉降"，较大的颗粒沉降较快，水泥浆液中的水泥颗粒、外加剂中的固相粒子等的沉降受到布朗运动的阻碍未能沉降下去，而留在水泥浆柱顶部。由于"差异沉降"，水泥柱顶部出现游离液。游离液是由水、外加剂、微细水泥颗粒及杂质组成，它对水泥环与地层和套管的胶结和支承有着不良的影响。如果水泥浆出现游离液，含水多的上部水泥浆凝固时，将形成多孔的、脆弱性的、强度性能差的水泥石。如果游离液聚集在一起，将形成水环，致使水泥环不连续，这对封固质量非常不利。按不同应用要求，允许有一定量的游离液。对于水平井来说，水泥浆游离液必须为零。在注水泥过程中，游离液会浮在水平井井眼上侧，形成一条横向通道，地层流体将通过此通道窜流，影响固井质量。

2. 试验仪器

水泥浆游离液测量主要采用洁净、干燥并有刻度的透明量管，水泥浆的倒入高度与量管内径的比值应大于6∶1且小于8∶1。透明量管在试验期间，不应与油井水泥发生化学反应且不应变形。透明量管的刻度应使管内水泥浆体积在目测时能精确到±2mL，游离液试验所用水泥浆体积应在100mL和250mL之间（包括100mL和250mL）。同时辅以常压稠化仪或增压稠化仪、钢板、海绵等。

试验原理：水泥浆垂直静止候凝时，在重力作用下可能会发生沉降和离析现象，液柱上部固体颗粒下沉，从而在液柱顶端形成游离液。将待测水泥浆倒入量筒内，在预定温度下静置2小时，测量顶部析出的液体体积，从而计算得到游离液含量。

3. 试验方法

（1）温度不大于90℃的游离液试验。

立即将量管放入已预先加热或预先冷却至T_{BHC}的容器中，在量管开口处盖上盖子以防止水分蒸发，容器必须能加热或冷却整个水泥浆部分。如果需要的话，可将量管倾斜以模拟井斜角度。应采取适当的预防措施，确保静置养护在基本无振动条件下进行。

在剩余的静置时间内，将温度保持在T_{BHC}。从水泥浆倒入透明量管算起，试验的静置时间为2h。在达到2h的静置时间后，应测量游离液（透明量管中水泥浆顶部有色或无色液体），测量游离液体积应精确到±0.1mL。

游离液体积分数 φ 为

$$\varphi = \frac{V_F}{V_S} \times 100\% \tag{4-7}$$

式中 φ——游离液的体积分数；

V_F——游离液体积，mL；

V_S——水泥浆体积，mL。

（2）温度高于90℃的游离液试验。

将量管放入装有油且已预先加热至90℃的加热容器中。可将量管倾斜以模拟井斜角度。

将水泥浆升温至T_{BHC}，升温时间为水泥浆从循环温度为90℃的井深到达井底循环温度T_{BHC}所需的时间。

将水泥浆在T_{BHC}温度下静置2h，在测量游离液之前，应将水泥浆冷却到90℃（冷却时间包括在2h的静置时间之内）。在整个试验过程中，养护容器应保持足够高的压力以防止水泥浆沸腾。

测量水泥浆的游离液（量管中水泥浆顶部无色或有色液体）。测量游离液体积应精确到±0.1mL。然后按式（4-7）计算游离液体积分数φ，以百分数表示。

六、水泥石抗压强度试验

1. 基本概念

抗压强度是指破坏水泥试样时单位面积所作用的压力。正常情况下，凝固的水泥石必须经受由于地层孔隙压力引起的水平压力和套管重力引起的轴向载荷，以及完井作业及油层改造措施的各种压力。抗压强度是油井水泥的一个重要技术指标。水泥浆凝固后，起到支撑套管、封隔油气水层的作用。其强度高低，特别是长期强度发展情况，是油气井密封完整性的重要保障。

不同井况对水泥石的抗压强度性能要求不一，需根据现场实际需要，合理设计水泥浆配方，从而达到所需要的水泥石抗压强度指标。特别是在高温超高温环境下，水泥石易发生强度衰退。在高温深井固井中水泥石长期强度稳定，对水泥环长期密封完整性具有重要意义。

2. 试验仪器

水泥石抗压强度有机械式和超声波两种测试方法，试验仪器分别为机械式抗压强度测试仪和无损型超声波抗压强度测试仪。

（1）机械式抗压强度测试仪。

用于水泥石抗压强度试验的试模（图4-18）和抗压强度试验机（图4-19）应满足 GB/T 10238—2015《油井水泥》规定的要求。抗压强度测试仪分为两部分，一部分是养护水泥试样的常压水浴养护箱（图4-20）和高温高压养护釜（图4-21）；另一部分是抗压强度测试仪本身。高温高压养护釜由釜体、加热器、增压泵、控温控压系统及过载保护装置等组成。高温养护釜养护试样的温度可达300℃，养护压力一般为21MPa。目前已制造出养护温度高达370℃，压力为172MPa的高温高压养护釜，用以模拟超深井及热采井水泥石所处的井下条件。养护模具的尺寸为50.8mm×50.8mm×50.8mm的立方体。

其工作原理为：将水泥浆倒入模具中成型，然后将模具放入常压水浴或高温高压养护釜里养护成型，养护一定时间后拆出，在抗压强度测试仪上，对水泥石试块施加机械应力，测试水泥试块破坏所需的力，除以水泥石块截面积，即可得到水泥石的单轴机械抗压强度。

图4-18　水泥石养护模具

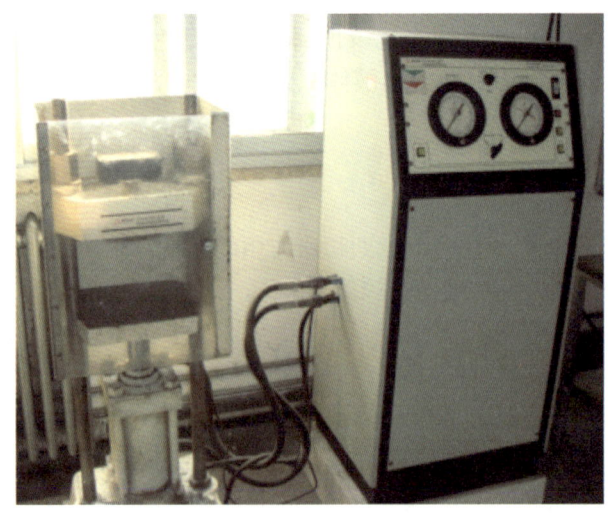

图4-19　典型单轴抗压强度测试仪

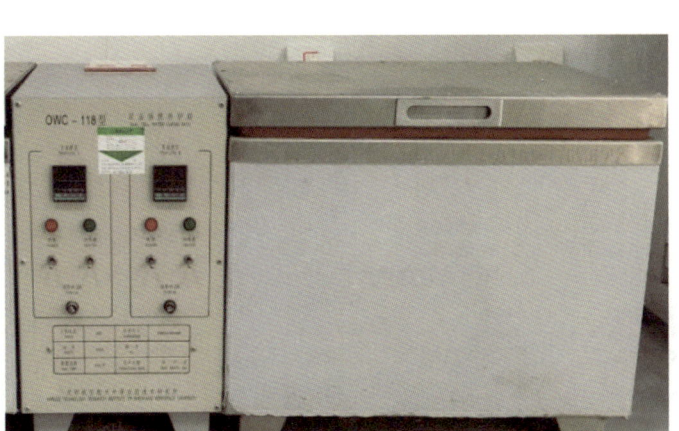

图 4-20　常压水浴养护箱

图 4-21　典型高温高压养护釜

（2）无损型超声波抗压强度测试仪。

无损型超声波抗压强度测试仪（图 4-22）能够测量出水泥试样在高温高压条件下各个时刻抗压强度的变化情况。其测试原理为，当超声波通过不同凝固状态的水泥浆试样时，超声波的信号速度要发生不同的变化，强度低的信号速度快，强度高的信号速度慢。根据所接受超声波的信号速度大小，确定出水泥石的胶结强度和抗压强度。其最大优点是在不损坏水泥试样的条件下，测量水泥浆凝固过程中强度的变化。超声波抗压强度测试仪测出的抗压强度一般要低于机械式抗压强度测试仪测出的结果。

图 4-22 典型的超声波强度测试仪

3. 试验方法

（1）试模准备。

试模应为 50.8mm×50.8mm×50.8mm 立方体，可分成两部分以上。在试模内表面和与底板接触面涂一薄层脱模剂并保持清洁、干燥，应注意确保试模内没有多余的密封脂。

（2）水泥浆装模。

将制备好的水泥浆倒入准备好的试模至试模深度一半左右。当所有试模都倒入水泥浆后，用捣棒捣拌每个试样约 30 次。用手工搅拌剩余的水泥浆使水泥浆重新悬浮并混合均匀，然后倒满每一试模至溢出后，按前面同样方法进行捣拌。捣拌结束后，用直尺刮掉试模上部多余的水泥浆，将盖板盖在试模顶部。每次试验，至少需要三块试样。

（3）常压养护。

将装满水泥浆并盖好盖板的试模立即放入保持所需养护温度的水浴中养护。在试样进行强度测试之前约 45min，从水浴中取出试模并将试样脱模后立即放入 27±3℃ 的冷却水浴中，直至试样进行强度测试。

（4）加压养护。

将装满水泥浆并盖好盖板的试模立即放入初始温度为 27±3℃ 的加压釜中。然后按试验方案升温、加压。可按标准给定的压力、温度方案或按模拟具体井下条件设计的方案进行养护。

对于在温度不高于 90℃ 养护的试样，养护温度和压力保持到试样进行强度测试之前的 45min 时为止；对于养护温度高于 90℃ 的试样，在试样进行强度测试之前的 45min，停止加热并将试样温度冷却至 90℃ 或更低。在冷却过程中应保持养护釜内的试验压力。在试样进行强度测试之前 45min 时，缓慢释放压力并从养护釜中取出试模，然后立即将试样脱模并放入温度为 27±3℃ 的水浴中，直到试样进行强度测试。

（5）试验龄期。

试验龄期是从试样在养护釜内开始升温到试样进行强度测试所经过的时间。

(6)试样的强度测试。

①从水浴中取出试样,擦净;

②在与试模平面接触过的试样表面上施加负荷;

③使用抗压强度测试仪进行强度测试。对于预期强度大于3.5MPa的试样,其加荷速率应为71.7±7.2kN/min;对于预期强度不大于3.5MPa的试样,加荷速率应为17.9±1.8kN/min。在试样受压期间至破型前,不应调整试验仪的控制部分;

④抗压强度等于试样破型所需的力除以与抗压强度试验仪承载盘接触的最小横截面积。求出由同一水泥浆制成并在同一时间测试的所有合格试样的抗压强度平均值并精确至0.1MPa。

七、水泥石力学性能试验

1. 基本概念

水泥石力学性能包含抗压强度、杨氏模量、泊松比等系列指标。抗压强度是指破坏水泥试样时单位面积所作用的压力。正常情况下,凝固的水泥石必须经受由于地层孔隙压力引起的水平压力和套管重力引起的轴向载荷,以及完井作业及油层改造措施的各种压力。抗压强度较高的水泥石固井质量一般较好,但在储气库、注气井等特殊井况条件下,在高应力反复作用下,抗压强度高的水泥体系存在易碎裂的问题,对水泥石的韧性提出了更高要求。

为改善水泥石脆性缺陷,可在水泥中加入增韧材料,并对水泥浆配方进行紧密堆积优化设计,在保证水泥石强度的情况下,提高水泥石的韧性。此时,就需要测试水泥石的杨氏模量和泊松比等力学性能。

(1)抗压强度。

力学性能试验所测抗压强度,一般都是在围压情况下的三轴抗压强度,其测试原理与单轴抗压强度一致,但是在围压作用下,测得水泥石三轴抗压强度要高于单轴强度。

(2)杨氏模量。

材料力学的研究理论表明:任何材料都具有弹性变形的能力,固体材料在受到外力作用时,在弹性变形阶段,其变形规律遵循胡克定律。

$$\sigma = E\varepsilon \qquad (4-8)$$

式中 σ——应力,即材料单位面积上的外力,MPa;

E——杨氏模量,它是材料变形能力的度量,MPa;

ε——材料形变,单位长度材料在压缩时的变形率。

杨氏模量可视为衡量水泥石产生弹性变形难易程度的指标,其值越大,使材料发生一定弹性变形的应力也越大,即材料刚度越大,亦即在一定应力作用下,发生弹性变形越小。常规密度水泥石强度发展稳定后,其杨氏模量一般在8~10GPa。

胶乳、胶粉和纤维是增强水泥石韧性的常用材料,掺有胶乳或胶粉的水泥石杨氏模量可降低20%以上。掺有纤维的水泥石抑制裂缝发生的能力更强,变形能力提高,并有明显的抗冲击能量吸收作用。此外,在产生破裂前,纤维水泥较常规水泥可承受更多的应力循环周期。

(3)泊松比。

泊松比是表征水泥石力学性能的又一物理参数,它是指在材料的比例极限内,由均匀分布的纵向应力所引起的横向应变与相应的纵向应变之比的绝对值,提高泊松比可提高水泥石的弹性性能,水泥石的泊松比一般在0.1~0.2。

2. 试验仪器

测试水泥石力学性能的主要仪器为三轴压力试验机(图4-23),主要包括以下四部分:(1)加载设备:能够施加所需要的加载要求,配备位移传感器用来控制加载速率;(2)热缩管:用来包裹试样,宜采用具有热缩性能的橡胶或塑料套管;(3)压头:两个钢制压头用于将轴压传递给试样两端,硬钢材质,硬度应大于洛氏硬度58HRC,压头受载面应平行,压头长度应大于试样;(4)轴向应变测量装置:试样轴向应变测定可通过电阻应变片等技术取得,应变的测量精度应小于2.5×10^{-5}。

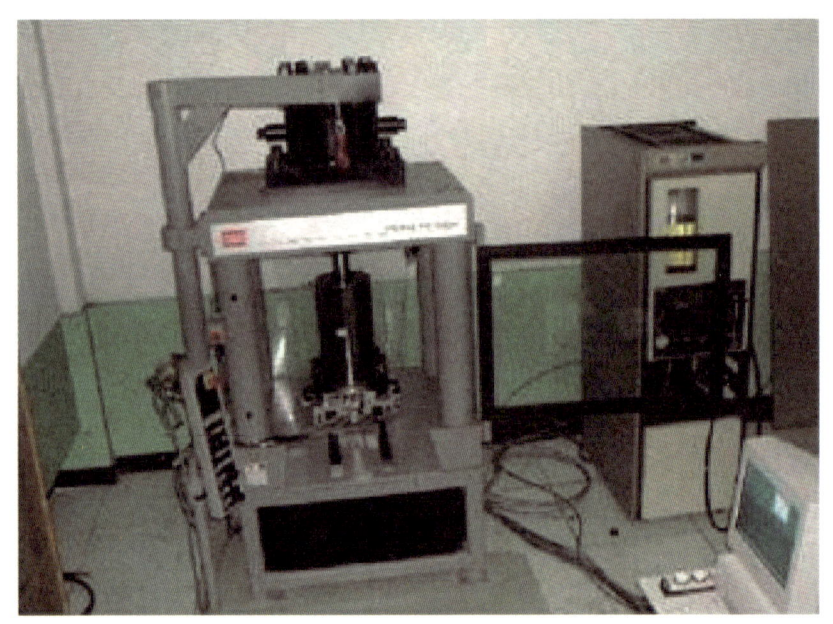

图4-23 三轴压力试验机

其原理是将岩样放置在高压釜内,通过液压油给岩心施加侧向压力(围压),通过压机液缸给岩心施加轴向应力。试验过程中保持围压恒定,逐渐增加轴向载荷,直到岩石将岩样放置在高压釜内,通过液压油给岩心施加侧向压力(围压),通过压机液缸给岩心施加轴向应力。试验过程中保持围压恒定,逐渐增加轴向载荷,直到岩石破坏。这样可得到岩石加载过程中轴向应变、周向应变随轴向应力的变化曲线。

3. 试验方法

(1)水泥试样制备。将所制水泥石块加工成圆柱体试样,试样直径25mm,高度50mm。

(2)试样用热缩管包好后置于应力测试机中,连接好应变测量装置。

(3)待系统稳定后施加轴向载荷直至试样破碎。载荷的控制可以通过两种方法实现,一是加载应力的速率,一是加载应变的速率,应变率和应力率的选定应使试样在 2~10min 能够破碎。

（4）轴向应变、径向应变的计算。

轴向应变 ε_a、径向应变 ε_b 可以直接从应变显示设备上获得,或者从变形读数计算而来,应变的读数应记录到小数点后面第六位。

轴向应变按式（4-8）计算：

$$\varepsilon_a = \Delta L/L \qquad (4-9)$$

径向应变按式（4-9）计算：

$$\varepsilon_b = \Delta W/W \qquad (4-10)$$

式中　ε_a——轴向应变；
　　　L——试样的原始长度,mm；
　　　ΔL——轴向长度的改变量,mm；
　　　ε_b——径向应变；
　　　W——试样的原始直径,mm；
　　　ΔW——径向长度的改变量,mm。

根据应力和应变的计算结果做应力应变曲线图（图 4-24）,横轴为应变,纵轴为应力。

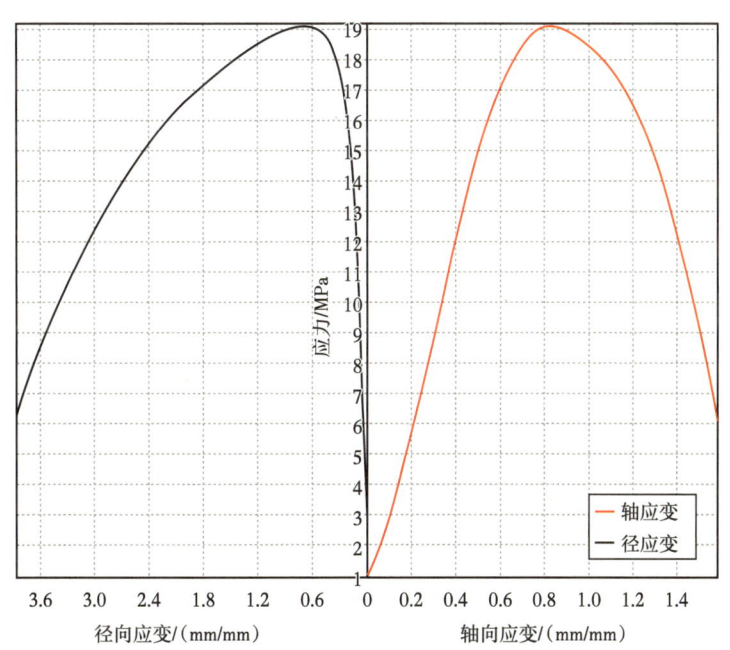

图 4-24　韧性水泥典型应力应变曲线

（5）杨氏模量的计算。

杨氏模量为轴向应力应变曲线直线部分的平均倾斜度,在应力应变曲线的直线段部分用线性最小二乘法拟合,其直线段部分的斜率即为杨氏模量,如图 4-25 所示。

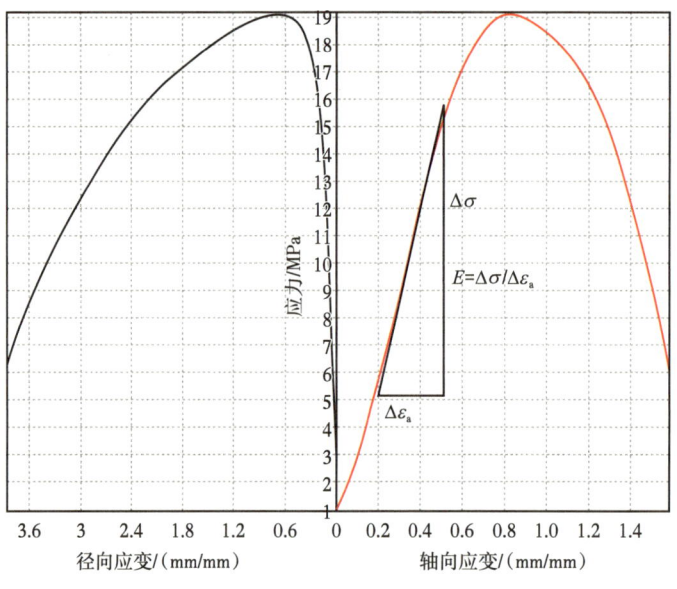

图 4-25　杨氏模量的方法示意图

杨氏模量值计算公式：

$$E = \Delta\sigma / \Delta\varepsilon_a \tag{4-11}$$

式中　E——杨氏模量，MPa；
　　　$\Delta\sigma$——轴向应力增量，MPa；
　　　$\Delta\varepsilon_a$——轴向应变增量，mm/mm。

（6）泊松比的计算。

泊松比为水泥石径向应变和轴向应变的比值。根据径向和轴向应变曲线计算得到，计算公式如下：

$$V = \Delta\varepsilon_b / \Delta\varepsilon_a \tag{4-12}$$

式中　V——泊松比；
　　　$\Delta\varepsilon_b$——径向应变增量，mm/mm；
　　　$\Delta\varepsilon_a$——轴向应变增量，mm/mm。

八、相容性试验

1. 基本概念

钻井液和水泥浆的组分与理化性能存在显著差异，一般两者的化学兼容性较差，只要接触均存在不同程度的污染，形成一些难以破坏的胶凝结构，不断影响顶替效率，使水泥环胶结质量下降，而且可能危及固井施工安全，引发固井工程事故。前置液是注水泥前，在钻井液与水泥浆之间注入的一段特殊配制的液体，通常由冲洗液和隔离液两部分组成。井下流体相容性试验旨在测定注水泥作业中井下流体的相容程度。为保证固井施工安全顺利，入井流体钻井液、前置液和水泥浆之间必须具备良好的相容性，不会因相互发生不良的化学和/或物理作用而性能发生变化。

相容性试验首先要制备基本流体，测出基本流体的性能数据。前置液应按照现场配方现配现用，水泥浆应按照小样、半大样或大样的样品和配方要求配制，钻井液应使用具有代表性的现场钻井液，试验前应充分混合钻井液样品。按适当比例的基本流体制备每一试验的混合流体，并充分搅拌均匀，混合流体的体积应满足试验所需的量。

2. 试验仪器

该试验主要测定混合浆体的稠化时间，所使用的仪器与稠化时间试验相同。主要为恒速搅拌器和增压稠化仪。

3. 试验方法

将水泥浆、隔离液、钻井液等按照设计的比例混合（体积比，通常混合比例为：水泥浆：钻井液=7:3，水泥浆：钻井液：隔离液=7:2:1，水泥浆：钻井液：隔离液=7:1:2，水泥浆：钻井液=9:1），经过12000r/min高速搅拌35s，按照水泥浆的稠化试验条件进行稠化时间试验，超过正常水泥浆的稠化时间未稠的即立即终止试验。如果混合浆体的稠化时间不小于水泥浆的稠化时间，或缩短时间在30min以内，且稠化曲线正常，无"鼓包""台阶""包心"等现象，相容性试验正常，可正常施工。如果混合浆体的稠化时间比水泥浆的稠化时间缩短超过30min，或稠化时间曲线不正常，就可认为钻井液对水泥浆存在污染，此时施工就应采取增加隔离液量，或使用先导浆，或用隔离液作为中心管保护液或开孔保护液等工艺技术措施来规避污染带来的风险。

九、静胶凝强度试验

1. 基本概念

水泥浆从浆体变为固态的过程中，浆体结构发展，其展现的状态既非固态亦非液态，这个过程发生在起强度产生之前。这种胶凝特性决定了气体或者液体窜入浆体的能力，也决定了在固井过程中顶替中断后再重新开始时薄弱地层要面临的压力大小。

在水泥浆泵入井下后，就开始发展静胶凝强度，静胶凝强度是水泥初始水化过程的结果。静胶凝强度发展的过程，就是水泥浆从一种能传递液柱压力的液态流体向具有可测量抗压强度的固硬性材料转变的过程，这种变化的阶段称为过渡期。在过渡期，水泥浆持续增加胶凝强度。这时水泥浆基体具有非牛顿流体的流变行为，并具备屈服值，也被称为静胶凝强度 S_{gs}。静胶凝强度定义就是：在某一时刻，破坏一段胶凝流体的胶凝结构所需的最小剪切应力。

水泥浆静胶凝强度的测试方法主要有两种，一是根据水泥浆静胶凝强度的物理定义，直接测量破坏水泥浆结构所需要的最小剪切应力，再换算成为静胶凝强度。另外一种方法就是根据Sabins等人用经典剪切应力方程推导出如下等式。

$$p=(4LS_{gs})/D \tag{4-13}$$

式中　p——用于克服静胶凝强度的压力，Pa；

S_{gs}——静胶凝强度，Pa；

L——水泥浆柱长度，m；

D——环空直径，m。

通过测量水泥浆柱由于静胶凝强度发展引起的压力降，再根据公式换算出静胶凝强度。

水泥浆候凝过程中静胶凝强度不断发生变化，水泥浆静胶凝强度的测量对于防止固井过程中的气窜及提高固井质量是非常关键的。Sabins 提出了预估气窜可能性的参数"过渡时间"的概念，过渡时间是指气侵最易发生的时间，大约在水泥浆静止后 10min~240min 内，对应的时间为静胶凝强度从 48Pa 到 240Pa 的时间。当水泥浆的静胶凝强度达到 48Pa 时，仍足以传递全部静液压力，过渡时间开始；当水泥浆的静胶凝强度达到 240Pa 时，足以阻止气体沿水泥柱窜入，过渡时间结束。过渡时间越短，水泥浆的防气窜性能越好。

2. 试验仪器

目前，通常采用静胶凝强度仪（UCA）（图 4-26）来测量水泥浆静胶凝强度。该仪器由一个能在设定温度、压力下养护水泥浆的养护釜组成。仪器发射声波信号穿过被测试的水泥试样，通过信号传输时间与水泥性能存在相互关系来测定水泥浆静胶凝强度、抗压强度发展等。

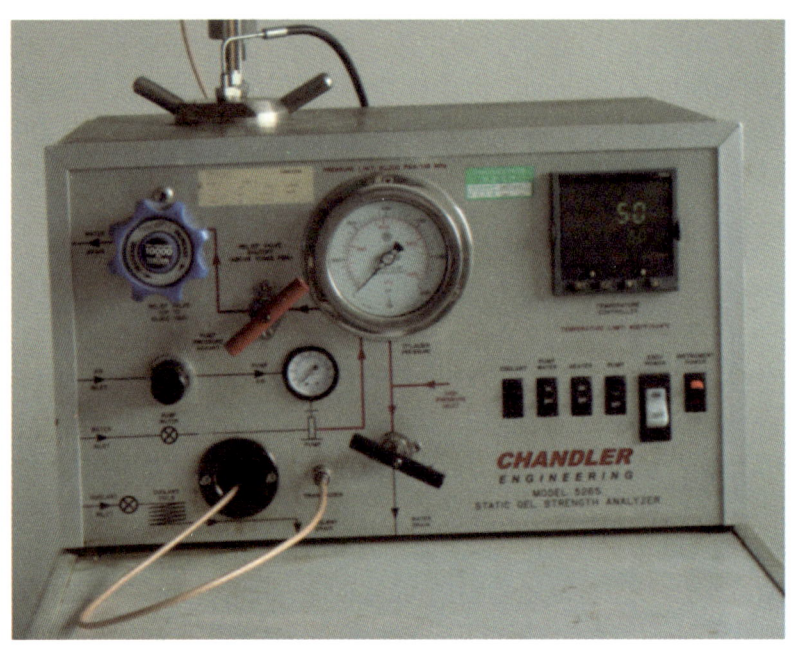

图 4-26 典型的静胶凝强度测试仪

3. 试验方法

（1）将经过增压稠化仪恒温养护的水泥浆倒入 UCA 浆杯中。

（2）按照操作规程组装好并放入釜体中，升温升压至试验规定的温压条件，开启数据采集记录程序，实时记录曲线。

（3）从曲线上判断抗压强度达到 1MPa 时可终止试验，得到静胶凝曲线，记录静胶凝强度在 48Pa 和 240Pa 的时间，从而得到静胶凝过渡时间。

（4）如果需要更长时间强度数据，则需继续养护至所需时间再终止试验，得到的典型静胶凝曲线如图 4-27 所示。

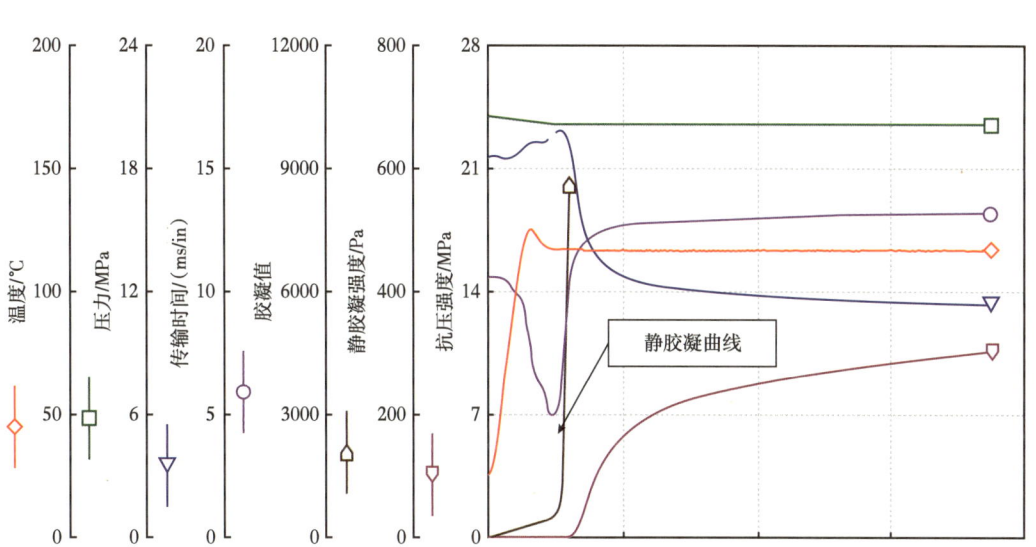

图 4-27 典型的静胶凝曲线图

第三节 特色水泥浆体系

针对塔里木盆地不同区块油气藏特点和对固井水泥浆性能的要求,经过多年研究形成了相应的特色水泥浆体系。本节主要介绍塔里木油田特色水泥浆体系,主要包括大温差水泥浆体系、抗高温水泥浆体系、高密度水泥浆体系、低(超低)密度水泥浆体系、防窜水泥浆体系、韧性水泥浆体系、自愈合水泥浆体系等。

一、大温差水泥浆体系

在长封固段或地温梯度高的深井固井的一次上返作业中,封固段顶部和循环温度差异较大。一般认为温差值高于 30℃ 情况为大温差。由于温差的存在,封固段顶部固井水泥浆容易产生强度发展缓慢,甚至出现超缓凝现象。因此,基于油井水泥水化机理,优化设计油井水泥缓凝剂分子结构和合成工艺,与其他油井水泥外加剂体系进行优化复配,形成了大温差水泥浆体系。

大温差水泥浆具有以下特点:大温差条件下强度发展快,低于循环温度 50℃ 时,48h 抗压强度大于 3.5MPa;水泥浆稠化时间易调节,加量不敏感;水泥浆沉降稳定性好。

塔里木油田经过多年积累,形成了 4 套高温大温差水泥浆体系,在库车山前、台盆区二开长裸眼段、三开尾管固井中广泛应用。其中,台盆区大温差低密度水泥浆体系突破了大温差低密度水泥浆沉降稳定性差和顶部低温超缓凝两大难题,可满足 120℃ 高温、70~125℃ 大温差、5000~7000m 长封固段的长封固段大温差固井技术要求。

(1)主要配方组成。

油井水泥(在高温时需加入石英砂)、降失水剂、大温差缓凝剂、减阻剂、消泡剂等,也可根据实际固井需求加入加重材料或减轻材料以及防窜剂、增韧剂(或弹塑剂)、自愈合剂等功能性材料。

（2）配方设计。

大温差水泥浆体系核心外加剂为中高温缓凝剂，该缓凝剂与其他的油井水泥外加剂相容性好，可根据固井设计要求进行水泥浆体系设计，通过调整缓凝剂加量调整水泥浆体系可泵时间，满足固井需求。

（3）水泥浆性能。

以高温大温差缓凝剂为核心，形成了高温大温差水泥浆体系。大温差缓凝剂具有很好的耐高温性能，在70~180℃范围内均能控制水泥浆稠化时间，且过渡时间短，缓凝剂加量和稠化时间具有一定的线性关系，稠化时间易调节，典型的常规密度大温差水泥浆体系在70~180℃综合性能良好（表4-17）。水泥浆在大温差条件下强度发展良好，没有出现超缓凝、长期不凝的现象，对水泥石后期强度发展没有明显影响，可以解决长封固段顶部水泥浆长期不凝的难题。

表4-17 常规密度大温差水泥浆体系性能数据

G级水泥/g	100	100	100	100	100	100	100	100	100	100	100	100
硅粉/g	35	35	35	35	35	35	35	35	35	35	35	35
降失水剂BXF-200L/g	5	5	5	5	5	5	5	5	5	5	5	5
BCR-260L/g	0.3	0.6	1.1	1.3	1.7	1.9	2.2	2.2	2.5	2.7	2.7	3.3
井底循环温度/℃	70	90	120	120	120	130	130	140	150	150	160	180
淡水/g	53	53	53.3	53.1	52.7	52.6	52.3	52.3	52.1	51.8	51.8	51.1
稠化时间/min	275	340	264	280	341	240	270	259	320	384	270	355
24h强度/MPa	未测	未测	未测	未测	18.6	未测	23	未测	未测	未测	未测	未测
顶部温度/℃	25	未测	80	未测	70	未测	80	未测	100	未测	未测	未测
48h顶部强度/MPa	5	未测	12	未测	8	未测	4.1	未测	9	未测	未测	未测
72h顶部强度/MPa	9	未测	15	未测	12.4	未测	10	未测	14	未测	未测	未测

（4）大温差水泥浆适用范围及注意事项。

①适用温度范围：70~180℃；

②测定长封固段顶部水泥石抗压强度时，水泥石的养护过程应先在高温高压稠化仪中模拟井下注水泥过程；

③大温差水泥浆体系中添加加重剂、减轻材料等有可能会出现稠度增加现象，需要通过改变水灰比或加入分散剂等进行配方优化，改善水泥浆流变性能；

④大温差水泥浆体系适用于深井、超深井长封固段大温差固井及其他常规油气井固井。

二、抗高温水泥浆体系

塔里木盆地深层勘探开发井深超过8000m，预计井温可达200℃，压力在100~150MPa以上。高温、高压对固井外加剂和外掺料，以及形成的水泥浆体系的性能提出更高挑战。

抗高温水泥浆具有以下特点：耐温可达230℃（BHCT），失水、沉降稳定性能好，稠化时间可调，水泥石高温下长期强度稳定。

1. 主要配方组成

高温深井固井水泥浆体系主要由油井水泥、高温强度稳定材料（硅粉）、高温降失水剂、高温缓凝剂和减阻剂、消泡剂等组成。也可根据实际需要添加诸如防窜、增韧、自愈合等功能性材料。

2. 配方设计

抗高温水泥浆配方设计采用油井水泥、高温强度稳定材料、高温降失水剂、高温缓凝剂和减阻剂、消泡剂为基本组成的水泥浆体系。

（1）高温强度稳定材料：井底静止温度超过110℃，通过加入硅粉防止高温下水泥水化产物发生晶型转变，导致水泥石强度衰退。

基于水泥石高温稳定机理，通过室内实验研究，塔里木油田在高温深井固井中对硅粉掺量、纯度提出如下要求：

①井底静止温度为110~150℃：硅粉掺量35%，硅粉细度200目，硅粉纯度≥98%；
②井底静止温度为150~170℃：硅粉掺量45%，硅粉细度200目，硅粉纯度≥98%；
③井底静止温度为170~200℃：硅粉掺量60%，硅粉细度500目，硅粉纯度≥98%。

（2）抗高温降失水剂[12-13]：高温下聚合物容易发生降解和断链，影响水泥浆的失水控制。需选用耐高温降失水剂，确保在高温下仍具有良好的降失水性能。

（3）抗高温缓凝剂：较高温度下常用缓凝剂会发生断链和氧化反应，线性规律容易发生变化，需选用耐温性、加量和温度敏感性良好的缓凝剂。

（4）高温浆体稳定性调节剂。

加入耐高温减阻剂，改善水泥浆的流动性；加入耐高温悬浮剂、微硅等材料，增强水泥浆的稳定性。

3. 高温水泥配方与性能

根据缓凝剂作用机理，在聚合物分子中引入膦酰基基团，增加聚合物主链热稳定性，提高缓凝剂耐温能力，塔里木油田典型高温水泥浆体系在90~160℃综合性能良好（表4-18）。

表4-18 高温水泥浆综合性能数据

序号	1	2	3	4	5	6	7	8	9
缓凝剂加量 / %	0.5	1.0	1.0	1.5	2.7	2.7	2.7	3.5	4.5
井底循环温度 / ℃	90	90	100	110	120	130	140	150	160
稠化时间 / min	160	256	257	313	311	249	213	366	325
失水量 / mL（30min，90℃）	25	24	26	26	32	30	28	29	34
24h 抗压强度 / MPa	—	18.5	24	22	18.6	23	22	25	24
顶部温度 / ℃	—	—	—	—	70	—	80	—	110
48h 顶部抗压强度 / MPa	—	—	12	—	8	—	4.1	—	9

注：（1）90℃配方：G级油井水泥100g+硅石粉33g+降失水剂BXF-200L（AF）3g+BCR-320L+淡水水固比0.44。
（2）其他配方：G级油井水泥100g+硅石粉33g+降失水剂BXF-200L（AF）5g+BCR-320L+淡水水固比0.44。

针对库车前陆区目的层井底温度超高温范畴，形成了性能稳定的200℃高温水泥浆配方，表4-19和表4-20分别为渤星200℃水泥浆领、尾浆配方及施工性能表。从表中数据可看出，该水泥浆体系能满足200℃的超高温工况，确保油田库车前陆区目的层固井施工安全顺利。

表 4-19 抗200℃领浆配方及施工性能

干混	加量			水泥浆类型	常规
名称	占水泥比例/%	占干灰比例/%	质量/g	水泥浆性能	
G级水泥	100.00	61.35	600.00	项目	结果
硅粉	60.00	36.81	360.00	密度/(g/cm³)	1.86
油井水泥防窜剂	3.00	1.84	18.00	流动度/cm	22
				失水量/mL	42
干灰(小样)合计			978.00	游离液/%	0
湿混	加量			正常点/min	421
名称	占水泥比例/%	占干灰比例/%	质量/g	稳定性/(g/cm³)	0.04
淡水	54.50	33.44	272.50	顶部强度(48h/150℃)/MPa	24.2
油井水泥用降失水剂	5.00	3.07	25.00		
油井水泥高温缓凝剂	7.80	4.79	39.00		
油井水泥减阻剂	4.00	2.45	20.00		
油井水泥悬浮剂	0.50	0.31	2.50		
油井水泥消泡剂	0.50	0.31	2.50		
配浆水(小样)合计			361.50		
液固比(液体体积/灰质量)	0.42	造浆率(m³/t干灰)	0.77		

表 4-20 抗200℃尾浆配方及施工性能

干混	加量			水泥浆类型	常规
名称	占水泥比例/%	占干灰比例/%	质量/g	水泥浆性能	
G级水泥	100.00	61.35	600.00	项目	结果
硅粉	60.00	36.81	360.00	密度/(g/cm³)	1.86
油井水泥防窜剂	3.00	1.84	18.00	流动度/cm	22
				失水量/mL	42
干灰(小样)合计			978.00	游离液/%	0
湿混	加量			稳定性/(g/cm³)	0.04
名称	占水泥比例/%	占干灰比例/%	质量/g	正常点/min	263
淡水	58.00	35.58	290.00	底部强度,24h/200℃	39.2
油井水泥用降失水剂	5.00	3.07	25.00		
油井水泥高温缓凝剂	4.50	2.76	22.50		
油井水泥减阻剂	4.00	2.45	20.00		
油井水泥悬浮剂	0.50	0.31	2.50		
油井水泥消泡剂	0.50	0.31	2.50		
配浆水(小样)合计			362.50		
液固比(液体体积/灰质量)	0.42	造浆率(m³/t干灰)	0.77		

4. 适用范围及注意事项

（1）密度范围：适合各种密度的水泥浆；

（2）温度范围：110~230℃（BHCT）；

（3）注意事项：

①高温缓凝剂长时间陈放后可能会出现絮状沉淀，但不影响使用。抽样检验或固井配水前需摇晃均匀。

②配水时，水罐应清洗干净以免其他杂质对水泥浆性能产生影响；水罐应配备搅拌装置并保持搅拌至固井施工完结，以保持固井用配浆水均匀一致。

③不同厂家、不同批号、不同储存期的水泥，不同地区、不同水质的水都有可能对水泥浆的性能产生影响，应采用混配好的混合灰、混合水进行相应的复核实验。

三、高密度水泥浆体系

当钻遇高压地层时，钻井需采用高密度钻井液才能压稳地层，相应的固井时需采用高密度水泥浆体系。高密度水泥浆设计中主要存在以下技术难点：(1)高密度水泥浆流变性能调节困难；(2)高密度水泥浆体系沉降稳定性难以控制；(3)高密度水泥石抗压强度低、发展慢；(4)高温下水泥石强度易衰退。

1. 高密度水泥浆配方组成

高密度水泥浆体系主要由油井水泥（高温时需加入石英砂）、加重材料和缓凝剂、降失水剂、悬浮剂、减阻剂、消泡剂等组成，根据井下实际情况可加入防窜剂、增韧剂（或弹塑剂）、自愈合剂等功能性材料。常用加重材料有食盐、重晶石粉、铁矿粉、微锰和铁粉等，表4-21给出了几种不同加重剂性能比较。

表4-21 几种加重剂性能比较

加重剂	外观	密度/(g/cm³)	对水泥浆的影响	可配制的水泥浆密度
重晶石粉	白色粉末	4.10~4.40	增加需水量较大，增稠	可达到2.28g/cm³
赤铁矿粉	暗红色粉末	4.80~5.20	增加需水量较小，稍增稠	可达到2.60g/cm³
钛铁矿粉	黑色粉末	4.40~4.50	增加需水量较小	可达到2.40g/cm³
微锰	棕红色粉末	4.80~4.90	不增加需水量，可改善流变性能和沉降稳定性	与其他加重剂复配可达到2.50~2.80g/cm³
还原铁粉	黑色粉末	6.20~7.50	不增加需水量，易沉降	可达到3.20g/cm³或以上

通过紧密堆积优化设计干混配比。为了防止高温水泥石强度衰退，110~150℃掺入35%硅粉、150~170℃掺入45%硅粉，考虑到颗粒级配原则，推荐采用500目硅粉。同时，针对不同的水泥浆密度范围，合理选用加重剂种类，常用的水泥浆干混配方见表4-22。一般情况下，水泥浆密度范围2.00~2.20g/cm³，采用铁矿粉加重剂，水泥浆密度大于2.20g/cm³，推荐采用GM-1加重剂和微锰复配。

表 4-22 高密度水泥干混推荐配比

序号	密度/(g/cm³)	温度/°C	含量/%				
			水泥	硅粉	铁矿粉	GM-1	微锰
1	2.10	110~150	100	35	50~60		
		150~170	100	45	55~65		
2	2.15	110~150	100	35	70~80		
		150~170	100	45	75~85		
3	2.20	110~150	100	35	90~100		
		150~170	100	45	95~105		
4	2.25	110~150	100	35		60~70	5
		150~170	100	45		65~75	5
5	2.30	110~150	100	35		70~80	5~10
		150~170	100	45		75~85	5~10
6	2.35	110~150	100	35		80~90	10~20
		150~170	100	45		85~95	10~20
7	2.40	110~150	100	35		90~100	15~25
		150~170	100	45		95~105	15~25
8	2.45	110~150	100	35		100~110	20~30
		150~170	100	45		105~115	20~30
9	2.50	110~150	100	35		100~110	25~35
		150~170	100	45		105~115	25~35
10	2.55	110~150	100	35		110~120	30~40
		150~170	100	45		115~125	30~40
11	2.60	110~150	100	35		120~130	35~45
		150~170	100	45		125~135	35~45
12	2.65	110~150	100	35		130~140	40~50
		150~170	100	45		135~145	40~50
13	2.70	110~150	100	35		140~150	40~50
		150~170	100	45		145~155	40~50

2. 高密度水泥浆性能

塔里木油田库车山前高密度水泥浆体系密度范围 2.20~2.75g/cm³，目前现场施工最大密度为 2.65g/cm³。塔里木油田典型高密度水泥浆施工性能实验结果见表 4-23。实验结果表明，水泥浆稠化时间、流变和沉降稳定性等综合性能良好，满足现场固井施工需求。

表 4-23 高密度水泥浆性能（150℃）

密度/（g/cm³）	2.35	2.45	2.50
液固比	0.316	0.296	0.283
失水量/mL	30	32	34
游离液/%	0	0	0
沉降稳定性/（g/cm³）	0.03	0.04	0.05
稠化时间/min	384	375	398
n	0.81	0.82	0.84
K/（Pa·s^n）	0.43	0.46	0.41

3. 适用范围及注意事项

（1）适用范围。

适用于高压盐水层、盐层、盐膏层固井，适用温度范围：40~190℃。

（2）注意事项。

①采用盐水配浆时应选用抗盐外加剂体系；

②高密度水泥浆所用各材料的密度差别较大，易造成浆体材料离析，应保证良好的沉降稳定性；

③水泥浆设计时应尽量降低游离液含量；

④高温下加入硅粉时，需要更多的加重材料，减少了胶凝材料的用量，应关注水泥石早期及后期抗压强度；

⑤高密度水泥浆一般用于高压油气水层，应考虑体系防窜性能；

⑥高密度水泥浆一般流动性差，应考虑配浆工艺。

四、低（超低）密度水泥浆体系

固井作业中的水泥浆低返是国内外油田普遍存在的技术难题之一，在长封固段、低压易漏地层固井中尤为突出。采用低（超低）密度水泥浆降低固井过程中的环空流体静液柱压力，是防止固井漏失和保护储层的有效手段。

1. 低（超低）密度水泥浆配方组成

低密度水泥浆体系主要由油井水泥、硅粉（高温时使用）、减轻材料、降失水剂、减阻剂、缓凝剂、消泡剂等组成，也可根据井下实际情况加入防窜剂、增韧剂（弹塑剂）、自愈合剂、增强材料等功能性材料。减轻材料主要有粉煤灰、膨润土、漂珠、空心微珠等，增强材料主要有微硅、超细水泥等活性外掺料。

2. 低（超低）密度水泥浆设计

按照紧密堆积设计原则，优选减轻材料和外掺料，优化水泥浆颗粒粒径分布，实现颗粒体系紧密堆积。高强低密度水泥浆减轻材料的选择应遵循以下原则：（1）能降低水泥浆液固比，提高水泥浆固相量，有利于实现紧密堆积，保持水泥浆浆体稳定；（2）应尽量选择颗粒尺寸较小的球形材料，密度应尽可能低；（3）物理化学性能对水泥浆性能有良好的贡献。漂珠和人造空心微珠（合成钠硼珠）都是理想的减轻材料，根据井深和水泥浆密度要求，合理选择减轻材料。

高强度低密度水泥浆体系以低密度增强材料为核心，同时还包括降失水剂、缓凝剂等水泥外加剂。根据体系材料的粒径分布和紧密堆积理论，设计的增强体系中水泥、空心微珠、增强材料的粒径分布主要集中在10~60μm、40~250μm、0.5~30μm（图4-28），最大程度的提高不同粒径球形粒子堆积率，降低水灰比，有效地提高和改善水泥浆的综合性能。典型高强低密度水泥浆堆积密度和液固比见表4-24。

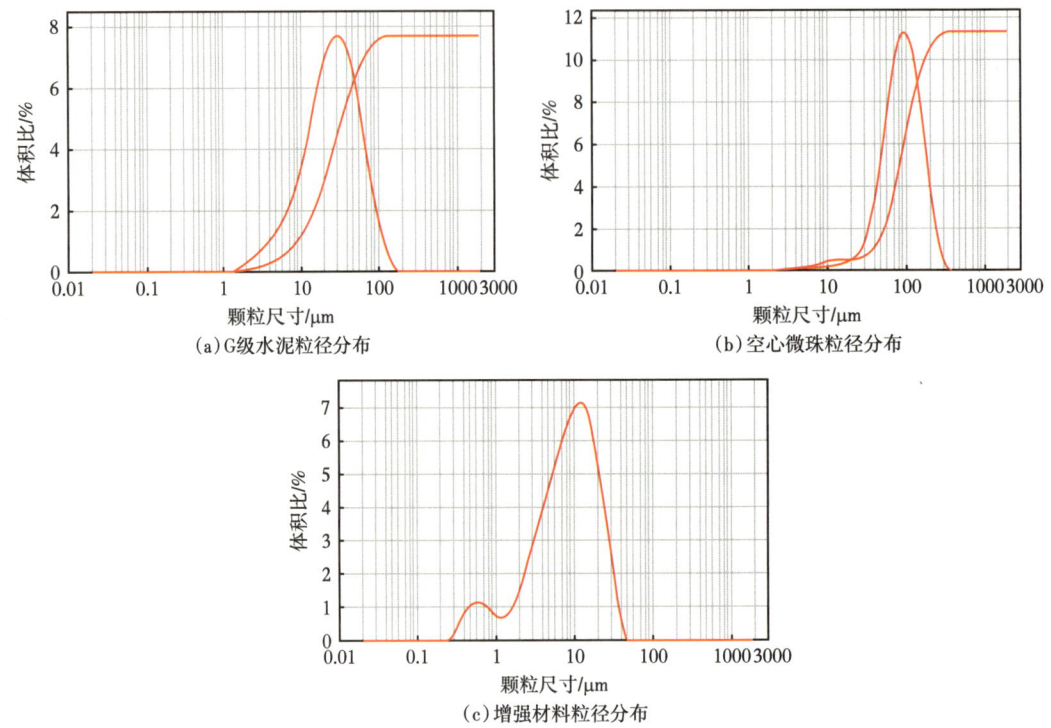

图4-28 紧密堆积体系材料的粒度分布

表4-24 低密度水泥浆配方

序号	密度/(g/cm³)	水泥浆配方	堆积密度/(g/cm³)	液固比
1	1.30	水泥/增强材料/空心微珠/降失水剂/水=100.0/79.0/71.0/4.3/129.0	0.82	0.50
2	1.40	水泥/增强材料/空心微珠/降失水剂/水=100.0/57.1/47.1/4.6/100	0.80	0.48
3	1.50	水泥/增强材料/空心微珠/降失水剂/水=100.0/31.4/57.1/4.5/88.6	0.79	0.46

目前，塔里木油田在用减轻剂有互力空心玻璃微珠（8000psi和12000psi）、成都欧美克空心玻璃微珠（12000psi和15000psi）和渤星空心玻璃微珠（6000psi、12000psi和15000psi）。通过调整材料的加量和体系优化，可设计出满足不同条件的高强低密度水泥浆体系。

3. 高强低密度水泥浆性能

密度 1.30~1.60g/cm³ 高强低密度水泥浆体系典型水泥浆配方和性能见表 4-25。高强低密度水泥浆强度高（24h 强度大于 14MPa）、稳定性好、稠化时间可调、失水量小，综合性能均能满足固井要求。

表 4-25 高强低密度水泥浆性能

	水泥浆密度 /（g/cm³）	1.30	1.30	1.30	1.40	1.40	1.50	1.50	1.60
	试验温度 /℃	40	60	100	40	80	70	90	70
水泥浆性能	流动度 /cm	20	21	21	20.5	22	22	22	22
	游离液 /%	0	0	0	0	0.2	0	0.2	0
	稳定性 /（g/cm³）	0.01	0.01	0.01	0.01	0.01	0.01	0.01	0.01
	失水量 /mL	24	20	20	26.0	32	32	30	26
	稠化时间 /min	131	155	200	128	186	182	310	—
	24h 抗压强度 /MPa	14.5	14	17.6	12.0	25	22	17	25

4. 超低密度水泥浆性能

对于异常低压、漏失严重等一些特殊的地层，如欠平衡钻井配套固井，要求使用超低密度水泥浆进行封固，有些地层甚至要求固井水泥浆密度低于 1.0g/cm³，这对固井水泥浆的性能无疑是一个巨大挑战。高强超低密度水泥浆体系通常采用密度更低（0.38~0.60g/cm³）、耐压更好（最高可达 124MPa）、粒度较细（10~80μm）的人造空心微珠材料。

塔里木油田基于紧密堆积理论设计方法，利用抗压能力 85MPa 以上的国产空心玻璃微珠减轻材料，研发调配出稳定性良好、强度发展快、各项性能满足标准要求的 1.20~1.30g/cm³ 超低密度水泥浆体系，性能见表 4-26。

表 4-26 1.20g/cm³ 超低密度水泥浆性能（110℃×80MPa×70min）

项目		性能要求	实验结果
密度 /（g/cm³）		1.20	1.20
流动度 / cm		20~23	20
初始稠度 / Bc		10~20	17
稠化时间 / min		360±30	375
温度高点稠化时间 / min		＞300	333
密度高点稠化时间 / min		＞300	333
失水量 / mL		＜50	44
游离液 / %		0	0
上下密度差 /（g/cm³）		≤0.05	0.01
72h 顶部抗压强度 / MPa		≥3.5	8.3
48h 底部抗压强度 / MPa		≥14	24.5
流变性能	n	n＞0.8	0.871
	k /（Pa·sⁿ）	k＜0.5	0.472

超低密度水泥浆体系在110℃、80MPa条件下，流变性能、游离液、失水量及沉降稳定性良好，且强度发展满足固井施工作业及封固要求。

5. 适用范围及注意事项

（1）适用范围。

适用温度：20~190℃；

适用密度：0.9~1.75g/cm³。

（2）注意事项。

①配制高强度低密度水泥浆时，不能高速搅拌；

②在保证水泥浆良好流动性的前提下，尽量降低水灰比以提高水泥浆的综合性能。

五、防窜水泥浆体系

水泥浆凝固时，作用于地层的液柱压力在不断降低，当水泥浆液柱压力低于地层压力时，地层流体会侵入水泥浆液柱，造成地层流体窜流问题。有效解决办法之一是使用具有防窜功能的水泥浆体系。常用的防窜水泥浆体系有：不渗透水泥、泡沫水泥、可压缩水泥、膨胀水泥、触变性水泥、短过渡时间水泥和延缓胶凝强度水泥。

防窜水泥浆主要通过加入防窜剂，达到防窜目的。塔里木油田常用的防窜剂为合成共聚物类，其技术原理为：共聚物中主要单体具有良好的耐温性，分子链经过微交联处理后，具备一定的空间网络结构，可以提供触变性能。利用共聚物制备的水泥浆滤失量小，具有中等稠度和一定的触变性，泵送到位后由液态转变为固态的过渡期内，胶凝强度迅速增大，提高了水泥浆的内部结构阻力，从而达到防止气窜的目的。

防窜水泥浆技术特点：

（1）水泥浆抗盐耐温，具有良好的防气窜性能；

（2）水泥浆稠度适中，具有一定的触变性能，有利于防止漏失；

（3）水泥浆体稳定，无游离液；

（4）水泥浆失水小，稠化时间可调；

（5）防气窜剂无缓凝作用，水泥浆稠化时间无倒挂，水泥石强度发展正常。

1. 防窜水泥浆配方组成

防窜水泥浆体系以防气窜剂为主体外加剂，并辅以其他外加剂。配制低密度或高密度水泥时，可选用常用的减轻材料、增强材料或加重材料。

2. 配方设计

防气窜剂一般对水泥浆有一定的增稠作用，加量不宜过多，常规密度水泥浆中推荐加量为3%~5%BWOC。在配制低密度或高密度水泥浆时，防气窜剂加量可参考常规密度水泥浆的加量，若浆体过稠，可适当降低其加量。

3. 防窜水泥浆性能

塔里木油田典型防窜水泥浆体系在中低温下SPN（防气窜指数）评价结果见表4-27，可以看出：SPN值很低，表明水泥浆具有强的防气窜能力。按行业标准SY/T 5504.5—2010《油井水泥外加剂评价方法第5部分 防气窜剂》评价了其防气窜性能，结果如图4-29所示。从图中可以看出：当验窜压差为2.1MPa时，水泥浆成功防止了气窜的发生。

表 4-27　塔里木油田典型防窜水泥浆体系 SPN 评价结果

温度 /℃	T_{30Bc}/ min	T_{100Bc}/ min	Q_{API}/ mL	A	SPN	防窜能力
50	131	143	36	0.094	3.38	强
80	98	107	41	0.081	3.32	强

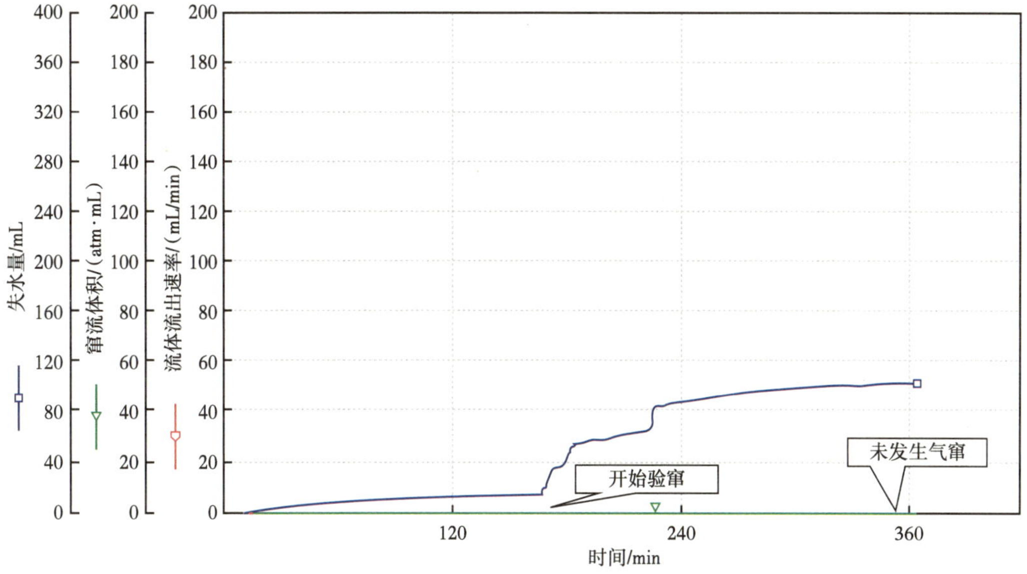

图 4-29　典型防窜水泥浆体系气窜评价曲线（2.1MPa，50℃）

4. 适用范围及注意事项

（1）适用范围。

防窜水泥浆适用于各种类型井固井，特别是需要防油气水窜的井。

适用温度：常温 ~190℃。

（2）注意事项。

防窜剂容易增稠，需根据实际情况确定合适的加量。

六、韧性水泥浆体系

普通水泥石是具有先天微观缺陷的脆性材料，在井下工况条件下，容易受到破坏，从而影响井筒长期密封完整性。为保证水泥环长期完整性，满足后期开发要求，需开发韧性水泥浆。韧性水泥对普通水泥的脆性进行了很大的改善，在满足固井工程抗压强度要求的同时，具有低杨氏模量、高泊松比及抗拉强度，在受到外力作用时可以保持良好的密封完整性[14-15]。

1. 韧性水泥浆配方组成

韧性水泥浆体系以增韧剂为主体，辅以弹性材料和其他外加剂。配制低密度或高密度水泥浆时，可选用常用的减轻材料、增强材料或加重材料。国内常用的增韧材料有胶乳、弹性颗粒材料和纤维材料等。

2. 韧性水泥浆体系的设计原则

（1）要降低水泥石的杨氏模量、提高水泥石的泊松比，就必须在水泥中掺入比水泥石弹模更低、泊松比更高的材料。

（2）所选材料必须要有合适的形状及粒径分布，如果亲水性差，则需要进行表面亲水处理。

（3）依据紧密堆积原理，优选其他配套外掺料及外加剂，在保证水泥石具有适宜强度的前提下，具有较低的杨氏模量和较高的泊松比。

3. 韧性水泥浆体系性能要求

根据韧性水泥浆适用范围和中国石油天然气股份有限公司下发的《固井韧性水泥技术规范》要求，韧性水泥浆体系综合性能应满足表4-28和表4-29要求。

表4-28 韧性水泥浆常规性能要求

	稠化时间（40Bc）/min	80~500
常规性能	初始稠度/Bc	< 30
	流动度/cm	≥ 18
	失水量/mL	≤ 50
	游离液量/%	0

表4-29 韧性水泥石性能要求

密度/(g/cm³)	48h抗压强度/MPa	7天抗压强度/MPa	7天抗拉强度/MPa	7天杨氏模量/GPa	7天气体渗透率/mD	7天线性膨胀率/%
2.40	≥ 14.0	≥ 22.0	≥ 1.6	≤ 5.5	≤ 0.05	0~0.15
2.30	≥ 15.0	≥ 24.0	≥ 1.7	≤ 5.6	≤ 0.05	0~0.15
2.20	≥ 16.0	≥ 26.0	≥ 1.8	≤ 5.8	≤ 0.05	0~0.15
2.10	≥ 17.0	≥ 28.0	≥ 1.9	≤ 6.0	≤ 0.05	0~0.15
2.00	≥ 18.0	≥ 30.0	≥ 2.0	≤ 6.5	≤ 0.05	0~0.15
1.90	≥ 16.0	≥ 28.0	≥ 1.9	≤ 6.0	≤ 0.05	0~0.2.0
1.80	≥ 15.0	≥ 26.0	≥ 1.8	≤ 5.5	≤ 0.05	0~0.2.0
1.70	≥ 14.0	≥ 24.0	≥ 1.7	≤ 5.0	≤ 0.05	0~0.2.0
1.60	≥ 12.0	≥ 22.0	≥ 1.5	≤ 4.5	≤ 0.05	0~0.2.0
1.50	≥ 10.0	≥ 20.0	≥ 1.4	≤ 4.0	≤ 0.05	0~0.2.0
1.40	≥ 8.0	≥ 18.0	≥ 1.2	≤ 3.5	≤ 0.05	0~0.2.0
1.30	≥ 7.0	≥ 16.0	≥ 1.1	≤ 3.0	≤ 0.05	0~0.2.0

4. 韧性水泥浆体系性能

塔里木油田典型韧性水泥浆体系综合性能评价结果见表 4-30，实验结果表明，韧性水泥 60℃ 养护 7 天，单轴抗压强度大于 30MPa，杨氏模量小于 5.5GPa，力学性能满足韧性水泥技术要求。浆体施工性能和整体力学性能满足固井施工和韧性水泥技术要求。

表 4-30　塔里木油田典型韧性水泥浆性能

项目	领浆性能	尾浆性能
密度 /（g/cm³）	1.50	1.80
流动度 / cm	22.0	21.0
失水量（60℃）/ mL	20	16
60℃ 沉降稳定性 /（g/cm³）	0.01	0.00
稠化时间（60℃）/ min	266	150
抗压强度（60℃×7 天）/ MPa	29.8	29.1
单轴抗压强度（60℃×7 天）/ MPa	30.5	32.3
抗拉强度（60℃×7 天）/ MPa	1.73	2.27
杨氏模量（60℃×7 天）/ GPa	5.44	5.38
气体渗透率（60℃×7 天）/ mD	0.01	0.01
线性膨胀率（60℃×7 天）/ %	0.038	0.043

领浆配方：G 级水泥 +25% 增强剂 PZW-A+20% 漂珠 +20% 增韧防窜剂 BCG-300S+2% 膨胀剂 BCP-1S+1.2% 降失水剂 BXF-200L（AF）+1.2% 分散剂 CF40S+0.15% 缓凝 BXR-200L+0.1% 消泡剂 G603+69.1% 水。

尾浆配方：G 级水泥 +13.33% 增韧防窜剂 BCG-300S+2% 膨胀剂 BCP-1S+1.5% 降失水剂 BXF-200L（AF）+0.5% 分散剂 CF40S+0.15% 缓凝剂 BXR-200L+0.1% 消泡剂 G603+45% 水。

韧性水泥浆目前在塔里木油田山前盐层、目的层，台盆区碎屑岩目的层固井中广泛开展现场应用，现场水泥浆力学性能满足韧性水泥技术要求。

5. 适用范围

韧性水泥适用于对水泥环力学性能有特殊要求的储气库注采井、水平井、小井眼井等固井。适用温度：常温 ~150℃，适用密度：1.30~2.40g/cm³。

七、自愈合水泥浆体系

针对水泥环密封失效问题，国内外学者提出了一种仿生材料——自愈合水泥（自修复水泥）。该技术是将自愈合材料预先加入水泥浆中，水泥浆硬化后自愈合材料均匀分散在水泥基体内部；当水泥基体损伤后，自愈合材料在某种特定作用机制下对损伤部位进行修复，实现对水泥环力学或密封性能恢复[16]。

国外关于固井用自愈合水泥起步较早，主要有斯伦贝谢公司的 FUTUR 自愈合水泥和哈里伯顿公司 LifeCem 自愈合水泥；国内固井行业也对自愈合水泥进行了相关研究，如天津中油渤星公司的 BCY-200S 自愈合水泥、中国石油大学（华东）和西南石油大学的遇水膨胀自愈合水泥等。其中，BCY-200S 水泥浆体系在塔里木油田老区碎屑岩调整井中得到广泛应用，对改善层间封隔质量、遏制水窜效果明显。

1. 自愈合水泥配方组成

自愈合水泥浆体系主要由油井水泥、硅粉（高温下使用）、自愈合剂和其他外加剂等组成，也可根据实际固井需求加入加重材料或减轻材料。

2. 自愈合能力评价

（1）遇油愈合能力评价。

以煤油为流动介质，差压 2MPa，围压 5MPa。通过计量煤油流经水泥石流量，计算水泥石渗透率变化，如图 4-30。不加自愈合剂的水泥石，渗透率基本没有变化，而加入自愈合剂后，渗透率明显下降，自愈合水泥遇油自愈合效果显著。

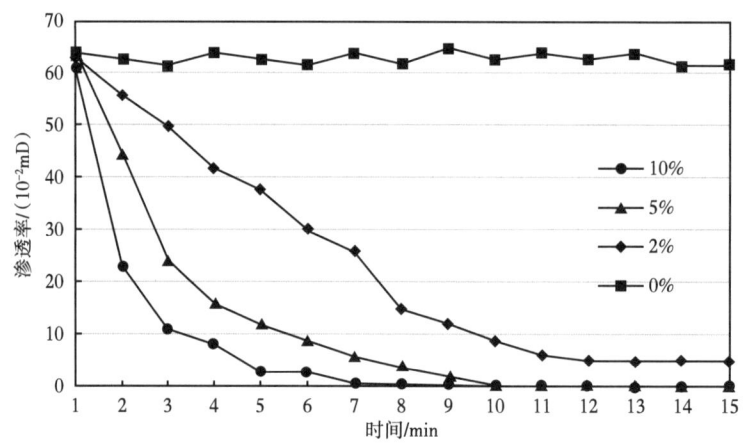

图 4-30 不同自愈合剂加量情况下水泥石渗透率变化曲线

（2）遇气自愈合能力评价。

表 4-31 和表 4-32 是采用渗透率方法分别进行丙烷和甲烷介质中自愈合水泥遇气自愈合能力评价的实验数据结果。经过丙烷介质浸泡后，渗透率显著降低，最大降幅可达 97.6%。在甲烷中浸泡后，自愈合水泥石渗透率降低率明显，最大降幅可达 56.5%，自愈合水泥石在甲烷中仍然具有一定自愈合能力。

表 4-31 自愈合水泥丙烷中浸泡前后渗透率变化

序号	初始渗透率 / mD	3d 后渗透率 / mD	3d 后渗透率下降率 / %	3d 后渗透率下降率平均值 /%
1	1.7	0.3	82.35	82.5
2	4.2	0.1	97.62	
3	19.4	3.8	80.41	
4	112.4	34.2	69.57	

表 4-32 自愈合水泥甲烷中浸泡前后渗透率变化

序号	初始渗透率 /mD	7 天后渗透率 /mD	7 天后渗透率下降率 /%	7 天后渗透率下降率平均值 /%
1	43.7	19.0	56.5	49.7
2	47.0	23.4	50.2	
3	55.3	34.4	37.7	
4	127	58.1	54.4	

注：（1）水泥浆配方：胜潍 G 级水泥 800g+ 自愈合剂 +3% 降失水剂 BXF-200L（AF）+41% 水。
（2）水泥石养护条件：80℃/ 常压；丙烷浸泡时间：60℃/2MPa 丙烷（液体）介质中养护。

（3）自愈合水泥浆综合性能。

表 4-33 列出了不同温度、配方的自愈合水泥浆综合性能，从表中的综合性能可以看出，自愈合水泥浆稠化时间可调，抗压强度及失水量等均可以满足固井施工要求。图 4-31 和图 4-32 分别是自愈合水泥浆在 90℃和 150℃时的稠化时间曲线，稠化曲线平稳无异常，由此说明自愈合剂加入水泥浆中不会导致水泥浆性能异常，可以保证固井施工正常泵送，满足施工要求。

表 4-33 自愈合水泥浆综合性能数据

水泥浆组分		85℃	85℃	90℃	90℃	100℃	110℃	120℃	150℃
阿克苏 G 级水泥 / g		600	600	600	600	600	600	600	600
硅粉 / g		210	210	210	210	210	210	210	210
降失水剂 BCG-200L/g		30	30	30	30	30	30	30	30
缓凝剂 BCR-200L/g		0.4	0.6	0	0	0	0	0	0
缓凝剂 BCR-260L/g		0	0	2.4	1.6	3.8	4.8	6	15
自愈合剂 BCY-200S		40	40	40	40	40	40	40	40
分散剂 BCD-210L/g		15	15	15	15	15	15	15	15
淡水 / g		317.6	317.4	315.6	316.4	314.2	313.2	312	303
水泥浆密度 / (g/cm³)		1.86	1.86	1.86	1.86	1.86	1.86	1.86	1.86
失水量 / mL		42	46	41	45	42	44	43	48
稠化时间 / min		202	239	246	159	421	321	242	483
水泥浆流变性	n	0.79	0.76	0.81	0.72	0.78	0.74	0.74	0.76
	$k/(Pa \cdot s^n)$	0.75	0.48	0.44	1.01	0.63	1.05	0.94	0.84
沉降稳定性 / (g/cm³)		—	0.01	0.01	—	0.02	—	0.02	0.03
24h 抗压强度 / MPa		—	21.3	21.9	22.8	20.5	21.4	20.3	23.2
7 天抗压强度 / MPa		—	—	—	—	—	32.5	36.3	43.9

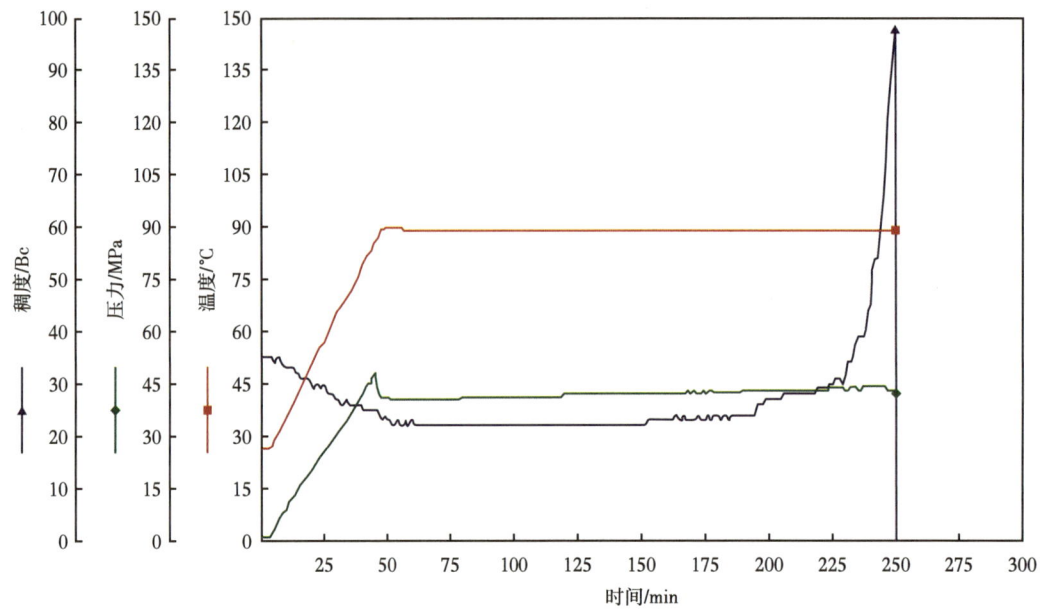

图 4-31　自愈合水泥浆 90℃ 稠化曲线

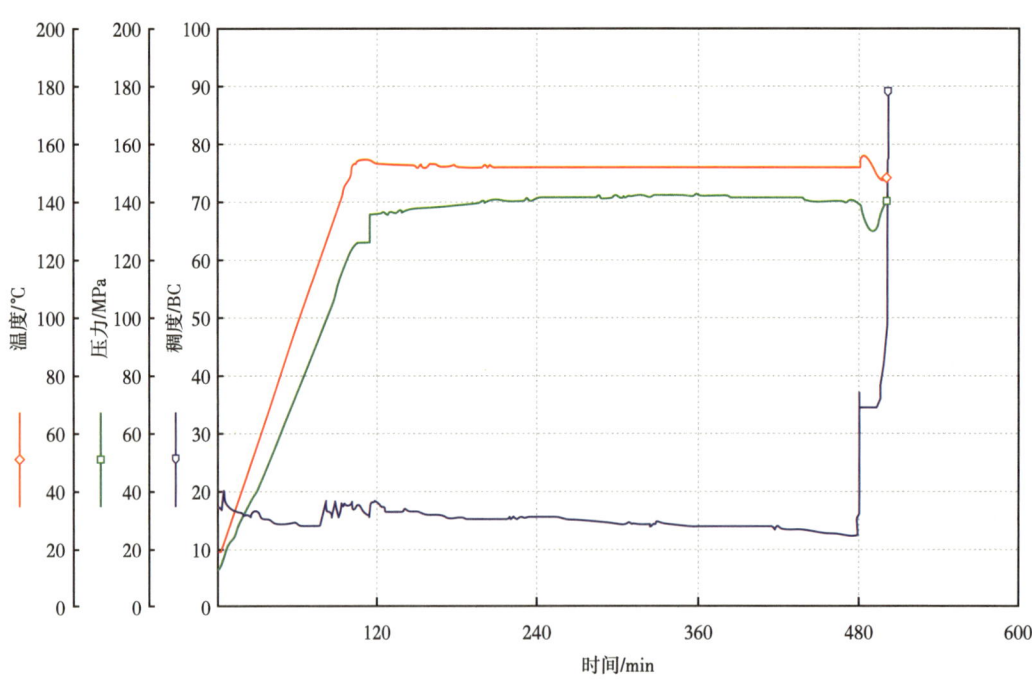

图 4-32　自愈合水泥浆 150℃ 稠化曲线

3. 适用范围

适用温度：20~190℃；适用密度：适合各种密度水泥浆。

八、胶乳水泥浆体系

通过在水泥浆中加入一定量的胶乳乳液，形成胶乳水泥浆。可以用来解决环空气窜问题，改善水泥与套管和井壁的胶结质量，改善水泥石力学性能，同时具有一定的防腐蚀功能。

该体系可用于满足高压油气藏、水平井、欠平衡井、小井眼井等的固井需求。

1. 胶乳水泥浆配方组成

胶乳水泥浆体系主要由油井水泥、硅粉（高温下使用）、密度调节剂、胶乳（普通胶乳和抗盐胶乳）、专用消泡剂和其他外加剂组成。

2. 胶乳水泥浆配方设计

应根据水泥浆密度、水灰比、温度以及对失水量的要求调整胶乳和降失水剂掺量，根据需要加入密度调节剂以及其他外加剂。

（1）胶乳体系的防窜性能设计原则。

常规密度水泥浆：胶乳掺量不低于5%（BWOC）；

低密度和高密度水泥浆体系：胶乳在水中浓度不低于10%（BWOW）；

针对具体井况时需要结合水泥浆外加剂防气窜标准 SY/T 5504.5—2010《油井水泥外加剂评价方法 第5部分 防气窜》进行水泥浆的防窜性能评价。

（2）胶乳体系的水泥石力学性能设计。

对于水泥环性能有特殊要求的井，诸如需要压裂的水平井、欠平衡井及小井眼井完井使用胶乳水泥浆体系的，需要结合井眼条件进行水泥环完整性校核，并通过校核结果指导水泥浆性能设计尤其是力学性能设计。

3. 胶乳水泥浆性能

（1）防窜性能。

小粒径胶乳颗粒填充于水泥颗粒间的空隙，堵塞通道，降低渗透率，有效防止气侵；同时在压差和水泥水化的作用下形成致密胶乳膜网络，阻止气体在环空上窜，表4-34列出了不同胶乳掺量下水泥浆防窜性能。

表4-34 不同胶乳掺量下水泥浆防窜性能

配方编号	胶乳掺量/%	失水/mL	测窜结果
1	0	49	窜
2	3	45	窜
3	5	42	不窜
4	10	39	不窜

注：基准配方：G级水泥100g+BCT-800L胶乳+BXF-200L降失水剂3+水，W/C=0.44。

（2）水泥石力学性能。

胶乳中大量表面活性剂的存在，能够改善水泥与套管和井壁的胶结质量。较大掺量胶乳能够大大改善凝固后的水泥石的弹性、耐冲击性等力学性能，表4-35是胶乳水泥和纯水泥性能对比实验数据。

表 4-35 胶乳水泥和纯水泥性能对比实验数据

序号	温度/℃	纯水泥		胶乳水泥		弹性模量减少率/%
		抗压强度/MPa	弹性模量/GPa	抗压强度/MPa	弹性模量/GPa	
1	50	27.0	12.40	22.0	8.63	30.4
2	60	28.5	11.02	20.7	7.08	35.8
3	70	29.2	12.40	19.8	7.00	46.6

注：（1）1# 胶乳水泥配方：G 级水泥 +12% 胶乳 +0.5% 分散剂。
（2）2# 胶乳水泥配方：G 级水泥 +12% 胶乳 +0.5% 缓凝剂 +0.5% 分散剂。
（3）3# 胶乳水泥配方：G 级水泥 +13% 胶乳 +1.5% 缓凝剂 +0.5% 分散剂。

4. 适用范围与注意事项

（1）适用范围。

适用密度范围：适合各种密度的水泥浆；适用温度范围：30~190℃。

（2）注意事项。

①使用普通胶乳时，配浆水矿化度要低，所固地层中没有盐层、盐膏层、盐水层等。

②由于胶乳水泥浆通常与钻井液的相容性稍差，在固井施工前应按照要求做好水泥浆、钻井液和前置液的相容性实验，在固井施工期间注入胶乳水泥浆之前应根据需要注入适量的前置液。

第五章　超深井固井工艺

塔里木油田固井面临油气藏埋藏深、温度压力高、安全密度窗口窄（0.03~0.1g/cm³）、环空间隙小、裸眼段长、油水关系复杂等难题，有效封固油气水层困难，提高全井段固井质量难度极大。油田经过多年的攻关与实践，攻关形成了大尺寸套管固井工艺、超深复杂盐膏层固井工艺、窄密度窗口防气窜固井工艺、长裸眼易漏层全封固井、超深井水泥环完整性设计技术等特色固井技术，整体提升了塔里木油田固井质量，为井筒完整性和安全高效勘探开发提供了技术支撑。

第一节　大尺寸套管固井工艺

塔里木油田库车山前因油气埋藏深，压力系统复杂，常采用5~6开井身结构进行勘探开发，而上部244.5mm及其以上的大尺寸套管固井面临套管吨位大、管内外窜槽严重、压稳防漏矛盾突出三大突出难题。对此，塔里木油田通过提高注替排量、优化浆体流变、提高水泥浆壁面剪应力、采用防水窜水泥浆体系等技术措施，创新形成了以"替净压稳"为核心的大尺寸套管固井工艺，提升了大尺寸套管固井质量和封固效果。

一、固井难点

1. 套管吨位大，安全下入难度大

塔里木油田油气藏埋藏深，工程地质特征复杂，通常采用5~6开次井身结构，上部大尺寸套管浮重大，大北401二开365.13mm+374.65mm套管下深5506m，浮重高达543t，万米深井二开套管浮重更是高达625t。大吨位下套管作业因套管吨位重、作业时间长、裸眼段长等因素，对钻井队提升系统、钻井液高温稳定性、下套管配套工具等要求高。

2. 套管尺寸大，管内外窜槽严重

套管尺寸大，水泥浆在管内易窜槽，导致进入环空的混浆较多，影响封固质量。套管裸眼环空大，顶替液与被顶替液摩阻级差小，维持水泥浆顶替剖面平坦难度大，环空顶替易窜槽。另外，大环空条件下水泥浆壁面剪应力远小于清除虚滤饼的要求值，导致井壁虚泥饼不能被有效清除，界面顶替效果差。以上固井难点在所有大尺寸套管固井中均存在。

3. 安全密度窗口窄，压稳防漏矛盾突出

地层发育高压盐水，盐间夹杂的薄弱层漏失压力低，安全密度窗口窄，固井施工排量和压稳技术措施受限。地层水具有高压低渗透特征，易漏失后反吐，影响界面胶结质量。常规水泥浆体系稠化时间、静胶凝强度过渡时间、起强度时间均较长，不能快速封住水层。以上固井难点在塔里木油田中秋、博孜、大北等区块封固吉迪克组高压盐水时表现尤为突出。

二、技术思路

针对大尺寸套管固井技术难题,首先强化大吨位套管下入技术措施,在无气水层时,采用单级双胶塞固井方式,在安全密度窗口内重点通过大排量注替、增大摩阻级差、强化管柱居中等措施,减少管内外窜槽,确保顶替剖面平坦,保证固井质量。如果存在气水层时,采用双级固井方式,提高气水层封隔成功率,同时在常规大尺寸套管固井技术的基础上需采用过渡时间短、强度发展快的尾浆封固水层,提高水层封固效果,同时细化全过程压稳技术措施,遏制水层窜流动力(图5-1)。另外,重点强化大吨位套管下入技术措施。

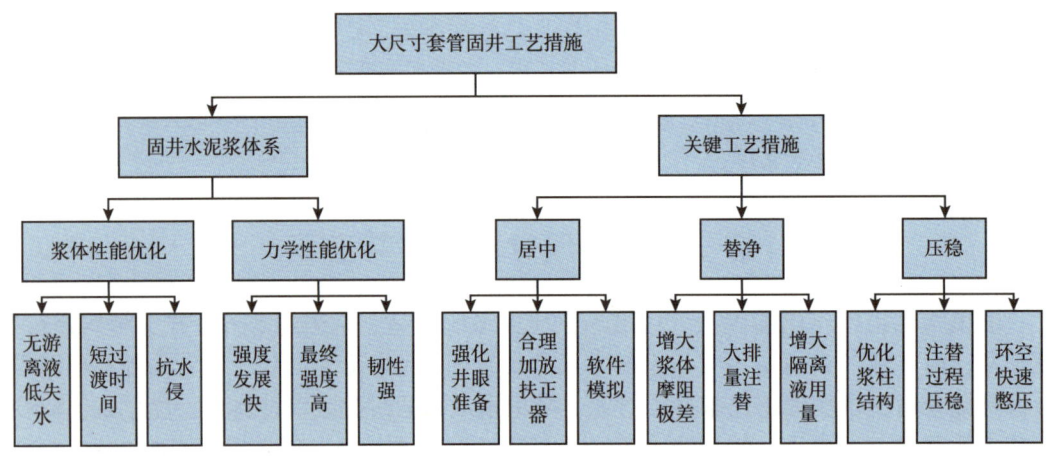

图 5-1　大尺寸套管固井技术思路

三、技术措施

1. 井眼准备

(1)强化电测要求,获取实测井温、井径、水层位置等信息,为水泥浆性能设计、顶替效率模拟和套管柱设计提供基础数据;

(2)做好地层承压堵漏工作,承压能力根据实际地层条件和固井模拟效果进行调整,尽力提高固井安全密度窗口;

(3)结合水层/漏层位置、井径等信息,对分级箍位置进行优化;总体上分级箍应尽量位于套管重合段或易于实现良好封固的井段;

(4)强化刮壁措施,对重合段套管刮壁,通过物理清理的方式,减少虚滤饼,提高重合段和水泥浆的界面胶结能力。

2. 大尺寸下套管技术

(1)大尺寸下套管技术措施。

设计了刚度高于套管刚度的双扶、三扶通井钻具组合,引进了750t型下套管配套工具,具体下套管技术措施如下所述。

①最后一趟通井采用刚度比大于套管的双扶正器或三扶正器钻具组合通井,要求做到井壁稳定、无阻卡,通井到底后做好携砂工作。

②若钻遇油气水层，下套管前换装套管闸板总成并试压合格；下复合套管时，可只换装与段长最长的套管尺寸相匹配的闸板总成，其他尺寸套管下入前准备好配套的防喷单根或防喷立柱。

③下套管前对钻机提升系统、动力系统、传动系统等进行彻底检查，并根据套管尺寸、型号、吨位等对吊卡、卡盘、吊环等井口下套管工具进行探伤、检查，确保下套管工具性能可靠。

④下套管前调整好钻井液性能，井队做好钻井液、封闭浆老化试验（根据现场实际情况计算老化时长），确保钻井液在高温、高压条件下长时间静止后性能稳定。

⑤分级箍连接时不能打钳子，安放位置应在岩性稳定井段或套管重合度段，下套管过程中应保证分级箍处于不受压状态；

⑥基于实际井眼条件（实测井径、井斜和方位），利用专业软件进行扶正器方案优化，提高套管居中度。

⑦根据地层承压能力，严格控制套管下放速度，降低漏失风险，裸眼段减少套管静止时间，防止套管粘卡。

⑧下套管期间根据实际情况选择合理井段进行顶通循环。

⑨套管下到位，小排量顶通，分段提排量至施工排量80%，循环携砂，施工前提排量至施工排量，短时间循环验证地层承压能力。

⑩下套管期间若发生井漏，井队及时灌钻井液，防止井壁失稳、掉块剥落，造成卡套管，固井施工前井队准备好足量钻井液，保证施工连续。

（2）套管坐挂吨位控制。

基于有限元分析编制了套管坐挂技术图版，建立了不同规格套管和最大允许坐挂吨位的匹配关系（表5-1），同时对环空带压值的上限范围提出了具体的技术要求，保障了后续开发生产中的井口安全。

表5-1　卡瓦式套管头推荐最大允许坐挂吨位及最高环空压力

套管外径/mm	套管壁厚/mm	套管钢级	极端工况（按抗外挤强度80%试压）最大允许坐挂吨位/t	考虑坐挂影响后的允许环空带压值	
				坐挂80t最高允许环空压力值/MPa	最大坐挂吨位最高允许环空压力值/MPa
473.08	16.48	P110	668（WE卡瓦）	13.23	1.2
365.13	13.88	P110	360（WE卡瓦）	22.8	9
339.7	13.06	P140	390（WE卡瓦）	22.3	9.1
339.7	12.19	P110	360（WE卡瓦）	14.5	5.2
273.05	13.84	P140	250	54.2	42.4
273.05	11.43	P110	300	22.7	13.1
244.5	11.99	P140	220	50.3	28.4
244.5	11.99	110S	260	32.8	9.5

续表

套管外径 / mm	套管壁厚 / mm	套管钢级	极端工况 （按抗外挤强度80%试压） 最大允许坐挂吨位 / t	考虑坐挂影响后的允许环空带压值	
				坐挂80t最高允许 环空压力值 / MPa	最大坐挂吨位最高允许 环空压力值 / MPa
206.38	17.25	P140	254	127.5	71.8
206.38	15.80	C110	240	75.1	22.6
200.03	10.92	P110	210	44	30.2
196.85	12.7	P140	240	82.3	68.6
177.8	10.36	P110	204	50	20.2
177.8	12.65	P140	260	105	44.1

注：此处允许环空压力值未考虑外层套管抗内压强度、本层套管抗外挤强度和井口装备的密封压力

3. 地面施工

改造升级供灰系统、供液系统、大排量固井泵车等配套设备，确保 $7 \sim 8 m^3/min$ 大排量固井技术要求，确保施工连续。

（1）大排量固井供灰系统。

塔里木油田经过不断的应用实践，对大排量固井供灰系统的关键设备——集灰器进行了改进优化。由常规的"鱼骨状"（图5-2）改为"五指状"（图5-3）进灰，避免鱼骨状进灰时，两侧进灰口发生互相抵触现象，提高下灰速率。将腔体设计成梯状圆柱体，配合五指状进灰设计，提高下灰速率。现场应用时，最大施工排量 $5.2 m^3/min$。另外，还配套了大功率压风机，排气量 $15 m^3/min$，排气压力可达 1.5MPa，驱动功率 132kW。

图 5-2 改进前的"鱼骨状"集灰器

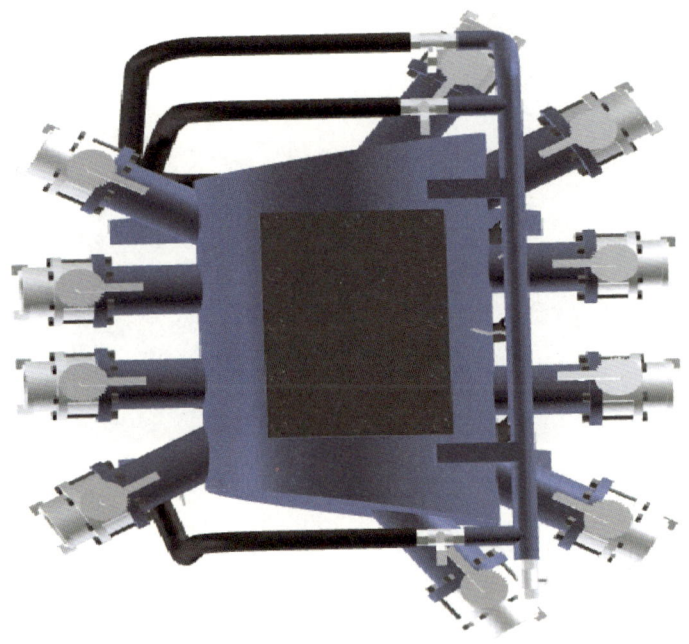

图 5-3 改进后的"五指状"集灰器

（2）大排量固井供液系统。

由于普通固井液罐、搅拌器高度、潜水泵的限制，为保证固井施工按照设计要求顺利进行，每个固井液罐附加固井液量均在 5~7m³，此部分固井剩液增加了井队的环保治理压力及费用、固井公司水泥浆外加剂成本支出，塔里木根据施工特点对固井水罐进行了改造，将罐区后部增高约 22cm，由后至前逐步降低高度至 10cm，罐区前部设置沉砂池，改造后可以保证罐余小于 0.2m³（图 5-4 和图 5-5），提高了固井药水利用率，节约了成本。

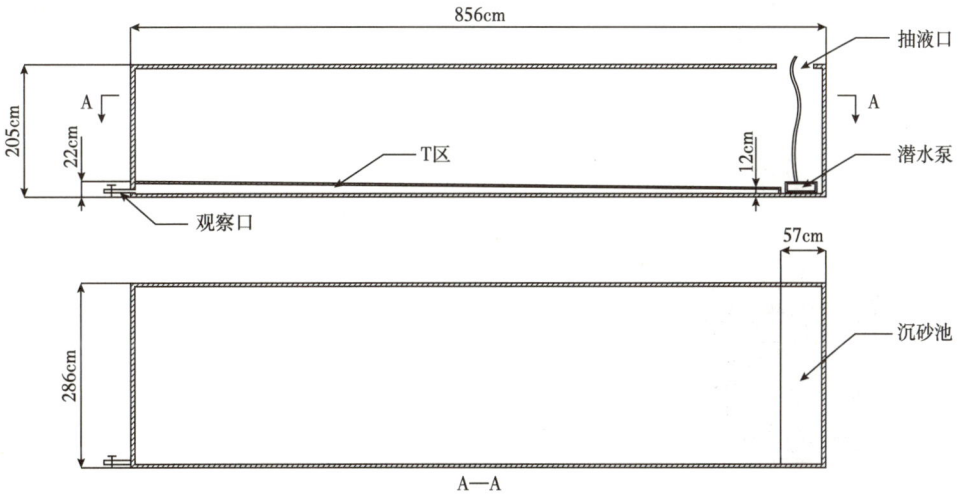

图 5-4 改进固井水罐剖面与俯视图

图 5-5　改造后固井水罐内部实物图

(3) 大排量固井地面管汇系统。

塔里木油田的地面高压管汇主要由高压直管、高压弯头、高压短节、高压三通、高压旋塞阀组成,压力级别 35MPa/70MPa/105MPa,具体技术参数见表 5-2。另外,为保证大排量固井施工安全性、连续性,钻杆接头由焊接式优化成整体加工式,如图 5-6 所示。

表 5-2　塔里木油田常用高压管汇技术参数

压力级别	通径	连接方式	密封方式
35MPa/70MPa/105MPa	2in	由壬连接	挤压密封

图 5-6　改进后的整体式钻杆接头

4. 提高顶替效率措施

(1) 提高管柱居中度。

重点提高管鞋、水层和重合段等关键井段管柱居中度,一般要求井底至水层以上 100m 井段和重合段 1~2 根套管加 1 只弹性扶正器,其余井段 3~5 根套管加 1 只弹性扶正器。

(2) 降低钻井液黏切。

钻井液密度 ≤1.80g/cm³,塑性黏度 22~30mPa·s,屈服值小于 8Pa;钻井液密度大于 1.80g/cm³,塑性黏度 40~75mPa·s,屈服值小于 15Pa;对于不具备调整钻井液性能条件的井,应配置低黏先导浆,充分稀释钻井液,提高顶替效率。

(3) 优化隔离液性能及用量。

降低隔离液稠度,要求隔离液 k 不大于 $0.3Pa·s^n$,n 不小于 0.8,进一步稀释钻井液,并降低循环摩阻;增加隔离液用量和冲洗剂含量,要求用量不小于 20m³,冲洗剂含量不小于 30%,多倍置换,减少钻井液滞留，改善胶结固井质量。

（4）增加浆体摩阻级差。

增加领浆、尾浆的稠度，要求领浆 k 不大于 $0.6Pa·s^n$，n 不小于 0.8，尾浆 $k1.0~2.0Pa·s^n$，n 不小于 0.6，确保顶替界面平稳发展，降低混窜风险，提高固井顶替效率。

（5）根据窗口条件大排量顶替。

一般要求隔离液和领浆出管鞋后环空返速不小于 1.0m/s，后期根据地层承压承压能力适当调整；配合水泥浆流变参数优化，确保水泥浆壁面剪应力应达到或者接近 45Pa，以有效清除虚滤饼。

5. 压稳措施

（1）浆柱结构优化。

一级固井尾浆返至气层、水层以上至少 100m，并距分级箍位置不小于 500m，确保实现尾浆封固气层、水层。二级固井采用双凝水泥浆柱结构，增加一道快速防水窜屏障。

（2）严格尾浆稠化、起强度和过渡时间。

起强度时间应为稠化时间附加 60~90min，过渡时间应小于 15min，降低窜流风险，确保高压气、水层得到快速封固。

（3）采用防窜水泥浆体系，提升浆体自身防窜能力，特别是防水窜能力。

（4）细化憋压程序和时间：一级固井后立即关井候凝，憋压值为固井循环摩阻，同时投重力弹，待一级尾浆起强度后开孔大排量循环排混浆，等混浆排尽后继续憋压候凝至领浆起强度；二级固井后憋压时间应以井口返出水泥浆起强度时间为准。

6. 复杂处置和辅助密封工具

（1）强化二级固井前验证工作，一级固井候凝结束后，应至少循环一周，观察井口是否有溢流/水侵现象，若存在该种情况，应提高钻井液密度压稳水层后再实施二级固井。二级固井过程中按照泵压极限大排量顶替，根据固井摩阻憋压候凝，井口返出水泥浆起强度不小于 3.5MPa 后开井。

（2）使用带封隔器分级箍，防止二级固井漏失，确保二级封固质量。

以"替净压稳"为核心的大尺寸套管固井技术理念和技术措施适用于 $9\frac{5}{8}$in 及其以上的大尺寸套管固井，尤其是塔里木油田中秋、博孜、大北等溢漏同存的大尺寸套管固井，其他工况可参考使用。

四、应用案例

大北 12-H1 井是塔里木盆地库车坳陷克拉苏构造带克深断裂构造带大北区块大北 12 号构造西高点附近的一口开发井。该井二开采用 ϕ571.5mm 钻头和 1.19g/cm³ 聚合物钻井液钻至井深 2000m 中完，井身结构如图 5-7 所示。下入 $18\frac{5}{8}$in 套管封固裸眼地层。该井通过双胶塞单级固井工艺、高强防水窜水泥浆体系、优化顶替效率等技术措施，成功实现一次上返，固井质量胶结测井合格率达 85%，优质率 47%。

1. 固井难点

（1）裸眼段长达 1800m，套管浮重 323t，对钻机提升系统和配套下套管工具要求高，且存在套管下不到位的风险。

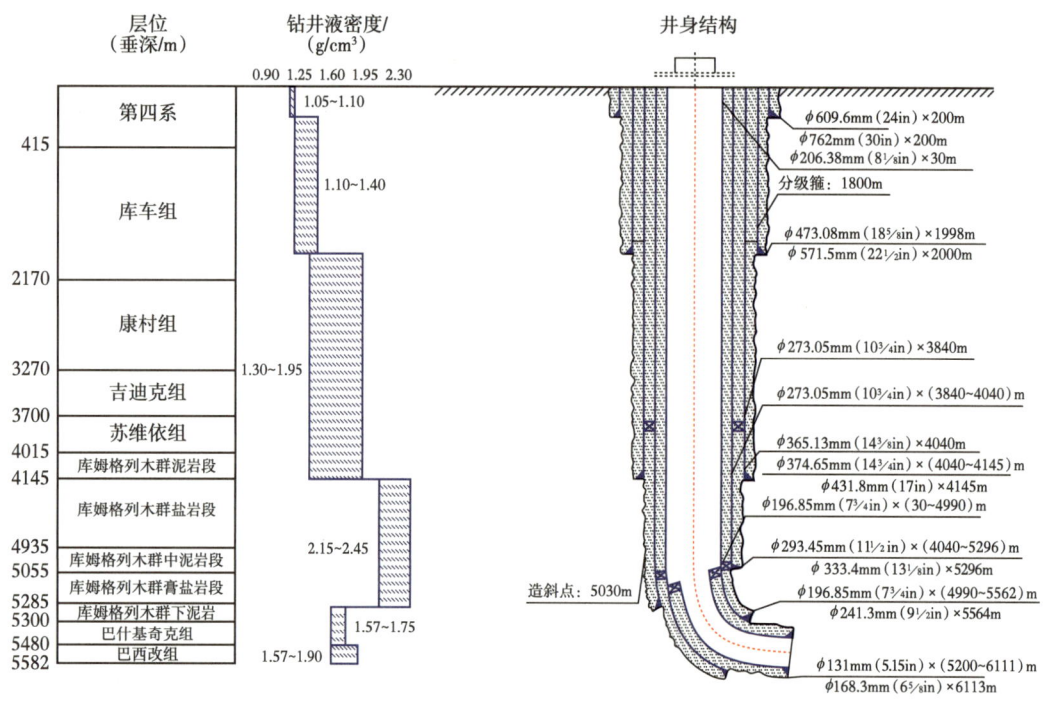

图 5-7 大北 12-H1 井身结构

(2)裸眼段含有砂岩地层,地层承压能力低,下套管、套管到底循环及固井施工中存在漏失的风险。

(3)套管内容积大、环容大,固井注替期间管内外易窜槽,顶替效率难以保证。

(4)大尺寸套管固井水泥浆用量大、替浆量大、施工时间长,对地面施工工艺和注替设备要求高,难以保证施工连续性。

2. 固井施工方案

(1)井眼准备。

采用刚度大于套管刚度的钻具组合进行通井。对遇阻、井斜度大井段进行划眼,短起下验证井眼通畅后,方可起钻下套管。最后一趟通井到底,循环处理钻井液。采用稠浆携砂,携带干净井底沉砂。

(2)套管下入。

严格控制套管下放速度,重叠段内每根套管下放时间为 50s,进入裸眼段纯下放时间为 70s,防止激动压力过大压漏地层。中途灌钻井液每根灌满一次,灌钻井液时间超过 3min 必须上下活动套管,防止套管粘卡。下套管中途依据起、下钻,中途顶通位置,合理安排中途顶通洗井,充分破坏钻井液切力。下套管到位以后灌满钻井液,缓慢开泵,依据钻井液性能、泵压和液面情况,缓慢将排量提至 70L/s,循环 1~2 周后进行固井施工。

(3)水泥浆体系。

采用常规密度高强防水窜双凝水泥浆体系,稳定性 0.02g/cm³,尾浆底部 213min 起强度、强度过渡时间 9.5min,7 天抗压强度 40.1MPa,弹性模量 7.97GPa,力学性能良好,有利于改善固井环空的抗窜封隔能力。

（4）注替参数。

设计施工注替排量 70~80L/s，在保证井眼安全的前提下，尽可能提高施工排量，减少混窜，提高顶替效率。

（5）地面施工工艺。

井队提前对三台大泵进行彻底检修、掏洗，计量用钻井液罐，检查好上水管线，并提前连接好两条到水泥车的临时供浆管线，要求排量不小于 4m³/min，施工过程中水泥车备用。注水泥浆期间采用集灰器与供液分配器同时使用，确保施工连续，水泥浆密度、施工排量稳定。

（6）施工过程。

该井下套管全程未漏，到位后 1MPa 顶通，经充分循环后实施固井作业。1.25g/cm³ 前置液 30m³+ 释放下胶塞 +1.88g/cm³ 领浆 150m³+1.88g/cm³ 尾浆 110m³+ 释放上胶塞 +1.30g/cm³ 后置液 10m³+ 替浆 267m³，排量 4~4.2m³/min，压力 8~13MPa，碰压 18.7↑26MPa。

3. 实施效果

采用双胶塞单级固井工艺，固井全程未漏，纯水泥浆返出地面，固井质量胶结测井合格率 85%，优质率 47%（表 5-3）。后期提密度钻进，套管鞋处未发生漏失。

表 5-3 大北 12-H1 井固井质量胶结测井解释

类型	总长度 /m	固井优长度 /m	固井中长度 /m	固井差长度 /m	固井优秀率 /%	固井合格率 /%
一界面固井评价统计	1984.0	968.1	1015.9	0.0	48.8	100.0
二界面固井评价统计	1984.0	1902.5	81.5	0.0	95.9	100.0
综合固井评价统计	1984.0	967.5	1016.5	0.0	48.8	100.0
水泥返高统计	返高顶深：0；返高底深：0；无水泥长度：0					

第二节　超深复合盐膏层固井工艺

库车山前是塔里木油田天然气增储上产主战场，膏盐岩段固井质量是保障安全钻进和井筒寿命的关键。但由于地层条件复杂、密度窗口窄，固井易漏，另采用外加厚无接箍套管，环空间隙小，居中度低，膏盐岩段固井合格率多年 50% 左右，存在盐水漏封补救现象，增加环空带压风险，制约安全高效勘探开发。塔里木油田基于前期形成的窄密度窗口固井技术，结合井身结构和地层特征，通过主动扩眼增大环空间隙、研发小接箍套管安放扶正器、精细控压固井降低漏失等技术措施的集成应用，配套形成了超深复合盐膏层固井技术，实现了膏盐岩段固井质量的重大突破。

一、固井难点

1. 环空间隙小，循环摩阻高

库车山前四开（膏盐岩）普遍采用 ϕ241.3mm 钻头，下入 ϕ206.38mm 套管，环空间隙仅 17.5mm，属于典型的小间隙井眼，循环摩阻高（0.08~0.15g/cm³），固井漏失风险高。

2. 管柱偏心大，环空易窜槽

受盐层蠕变作用影响，井眼存在缩径现象，普遍采用无接箍套管，缺少扶正器安放空间。即使安上扶正器，也易滑脱，无法起到扶正居中的作用。因此，套管居中度普遍不大于 25%，固井顶替效率低，环空窜槽明显。

3. 密度窗口窄，溢漏风险大

库车山前膏盐岩段发育超高压盐水（普遍 2.10~2.55g/cm³），且与低压易漏层并存，压稳和防漏矛盾突出，安全密度窗口窄（≤ 0.1g/cm³），据 2020—2021 年统计，库车山前漏失量最大层位均为膏盐岩段，膏盐岩段漏失量占比达 42%，其中，固井期间漏失量占比高达 36%，漏失风险极高。

二、技术思路

针对环空间隙小、套管居中度低、密度窗口窄的膏盐岩固井难题（大斜度井/水平井尤为突出），首先通过扩眼技术增大环空间隙，为采用有接箍套管和降低循环摩阻等创造良好井眼条件；其次通过小接箍套管，替代无接箍套管，并安放扶正器，提高套管居中度，解决顶替效率低的难题；最后，窄密度窗口井采用控压固井技术，提升溢漏同存应对能力，降低固井漏失风险（图 5-8）。

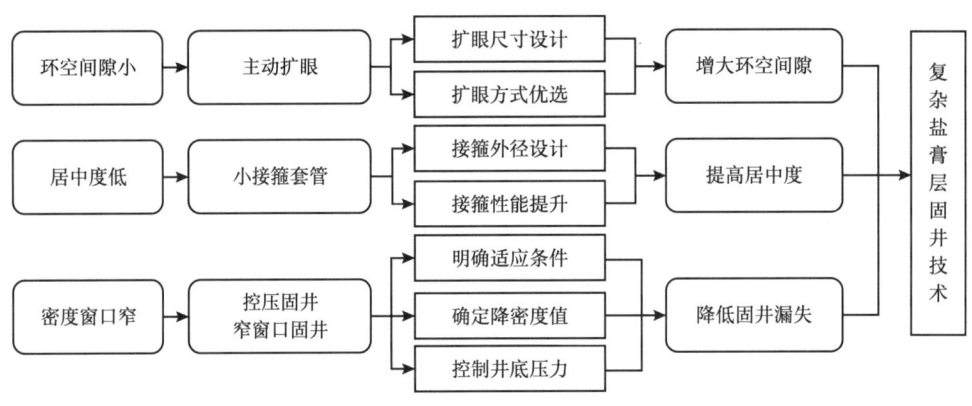

图 5-8　超深复合盐膏层固井技术思路

三、技术措施

1. 扩眼技术

针对盐层钻井易卡钻、下套管易遇阻、小间隙循环摩阻大等盐层钻固井问题，考虑盐岩强度低、可钻性好等特征，主动采用扩眼技术，增大环空间隙，减少钻固井复杂。同时，从蠕变速率、井眼清洁、居中度等方面论证分析，确定最优扩眼尺寸为 ϕ266.7mm。另外，为减少钻进黏滑和钻具震动，且保证较高的机械钻速，确定扩眼方式为随钻扩眼。应用随钻扩眼技术后，环空间隙由 17.5mm 增加至 30.2mm，增强了钻固井作业的安全性的同时增大了水泥环厚度；降低了抑制盐层蠕变的钻井液密度 0.02g/cm³ 左右，同时固井循环摩阻下降 2~3MPa，降低了钻固井漏失风险；扩眼后直接下套管，节约反复划眼通井时间 3~4 天。

塔里木油田采用的扩眼器主要有斯伦贝谢公司 Rhino XS 扩眼器、哈里伯顿 UR 型扩眼器等扩眼工具，Rhino XS 扩眼器结构如图 5-9 所示。

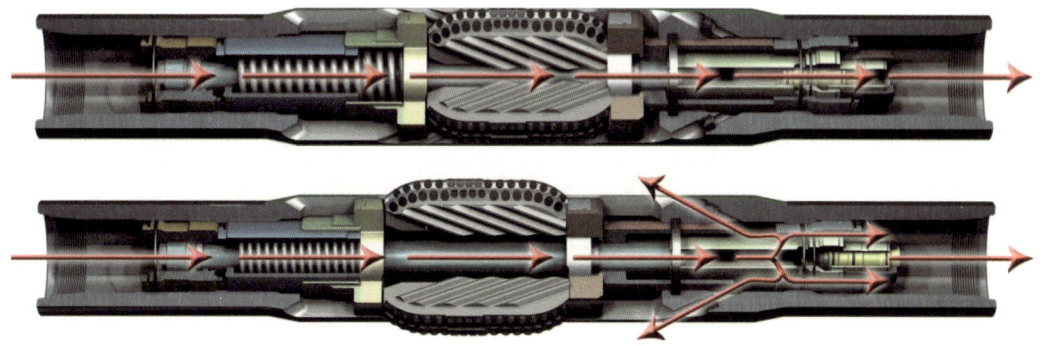

图 5-9　斯伦贝谢 Rhino XS 扩眼器激活前后示意图

Rhino XS 扩眼工具包含 3500-17500 等不同尺寸共 14 个型号，适用井眼尺寸 3.875~18.125in，可扩井眼尺寸 4~24in，推荐操作压力 3.5~5.5MPa，最大排量 15~107 L/s。Rhino XS 扩眼工具详细参数见表 5-4。

表 5-4　Rhino XS 扩眼器技术参数

型号	总长 / mm	本体外径 / mm	最小领眼尺寸 / in	可扩尺寸 / in	最大排量 / （L/s）	推荐操作压力 / MPa	刀翼尺寸 / mm
3500	130	127	3.875	4~4.5	15	3.5	9
5625	137.5	139.7	5.5	6.5~7	22	3.5	9
5750	137.5	146.05	6	6.5~7	22	3.5	13/16
6125	145.5	152.4	6.25	7~7.5	47	3.5	13/16
7250	145.5	177.8	7.5	8~9	47	4.5	13/16
8000	145.5	203.2	8.375	9~11	47	4.5	13/16
9250	149.5	234.95	9.5	10.25~11.75	47	4.5	13/16
10000	158	254	10.5	11~12.5	75	5.5	13/16
11625	174	295.275	12.125	13~15	107	5.5	13/16
11750	174	304.8	12.125	13.25~15	107	5.5	13/16
13000	186	330.2	13	14.5~16	107	5.5	13/16
14250	192	361.95	14.75	15.5~18.25	107	5.5	13/16
16000	198	431.8	16.5	17.5~20	107	5.5	13/16
17500	198	444.5	18.125	21.5~24	107	5.5	13/16

2019 年，克深 17 井四开盐层首次应用斯伦贝谢 Rhino XS 9250 扩眼工具，随钻扩眼井段 6223~7013m，扩眼进尺 790m，纯钻时间 212h，平均机速 3.73m/h。扩眼后井眼质量良

好，整个下套管过程中无明显阻卡，套管安全下入目标井深；扩眼后在同条件下当量钻井液密度下降 0.3g/cm³，固井施工安全顺利，全程未漏（表 5-5），目前累计应用超 100 口井。

表 5-5 Rhino XS 扩眼器应用统计

井号	井深 / m	岩性	井下复杂	Rhino XS 工具扩后井下情况
克深 35	6612~6852	盐岩为主	多次钻具阻卡	无阻卡无漏失
克深 8-15	6016~6608	膏泥岩为主	卡钻具钻井液漏失	无阻卡，微漏失
克深 17	7212~7316	膏质粉砂岩	上提钻具阻卡	无阻卡无漏失
克深 21	7784~7885	盐膏岩夹层	扩划眼遇阻钻井液漏失	无阻卡无漏失
克深 2-2-h1	5463~6011	膏泥岩 + 盐岩	钻具多次阻卡	无阻卡，微漏失
克深 10-2	5043~5216	膏泥岩 + 盐岩	间断阻卡 + 钻井液漏失	无阻卡无漏失
博孜 10	7125~7160	膏泥岩 + 盐岩	钻具阻卡钻井液漏失	无阻卡，微漏失
博孜 12	6252~6465	盐膏岩夹层	多次钻具阻卡	无阻卡，微漏失
博孜 902	6302~6752	盐膏岩夹层	电缆下放遇阻	无阻卡无漏失
博孜 1801	6154~6423	盐膏岩夹层	钻具下放遇阻	无阻卡无漏失
博孜 101-2	6700~6780	盐膏岩夹层	多次钻具阻卡	无阻卡无漏失
大北 4	5463~6011	盐膏岩夹层	多次钻具阻卡	无阻卡无漏失
大北 1701X	6056~6560	膏泥岩互层	多次钻具阻卡	无阻卡无漏失
大北 12-7	6123~6324	膏泥岩互层	多次钻具阻卡	无阻卡无漏失
中秋 104	5727~5824	膏泥岩互层	多次钻具阻卡	无阻卡无漏失

2. 小接箍套管

针对无接箍套管，难以有效安放扶正器，套管居中度低的问题，以"保持套管外径和壁厚不变，新增套管接箍"的设计思路，研发了新型小接箍套管。综合考虑扶正器安放可靠性（确保扶正器端部壁厚的 60% 以上在套管接箍外径之内）和局部节流效应（小于 0.2MPa/1000m），确定接箍外径为 220.14mm，保证了扶正器正常安放的同时不显著增加局部节流效应。通过对钢级、螺纹类型进行优化设计，在保障新型接箍套管抗外挤强度不低于现有无接箍套管的前提下，接头抗拉性能增加 47%、抗内压强度增加 25%，确保了套管自身安全性。通过采用小接箍套管，配套 1 根套管安放 1 只整体式弹扶，可将管柱居中度由 25% 以下大幅提高至 70% 以上，顶替效率可由 70% 提升至 92% 以上，大幅改善库车山前盐层固井顶替效率。

3. 窄密度窗口固井技术

在增加了环空间隙和提高了管柱居中度的条件下，盐层固井的关键就在于降低漏失。如果密度窗口大于 0.06g/cm³，则可采用以"优化浆体流变、多倍前置液用量、强调壁面剪应力"为核心的窄密度窗口固井技术，完成盐层固井作业，并获取较好的固井质量。

如果密度窗口在 0.03~0.06g/cm³ 范围时，则需采用控压固井技术，降低漏失风险，提高溢漏处理能力。控压固井就是在不牺牲排量、保证顶替效率的前提下，以动态当量密度控制为核心，通过施工前降低钻井液密度减小静液柱压力，防止固井井漏，在停泵或静液柱压力小于地层压力时，在井口实施精细回压控制，确保压稳地层，最终实现压力平衡法固井，其技术核心即是降密度、提排量、调控压、不溢漏，关键技术有安全密度窗口确定、降钻井液密度设计、全程压力控制等（图5-10）。

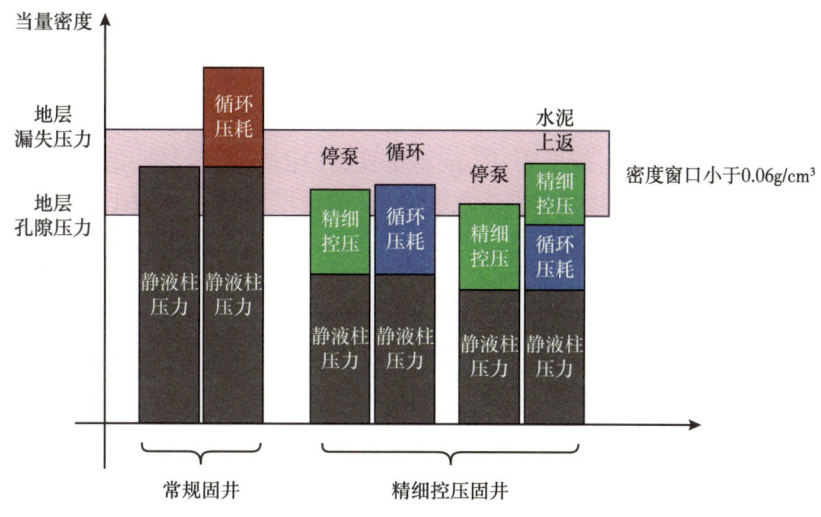

图 5-10　控压固井技术原理

（1）安全密度窗口确定方法。

综合运用实钻、承压验证、PWD 读取、关井求压等方法确定。如果有 PWD 工具，可直接读取微漏时的井底压力，即作为漏失压力，微溢时的井底压力，即作为地层压力，二者之差即为安全密度窗口。如果没有 PWD 工具，则主要通过关井求压的方式获取安全密度窗口，主要通过调节井口回压，分别读取微漏和微溢状态下的井口回压，再结合静液柱压力值即可求出安全密度窗口。另外，还可通过数值模拟钻进过程中发生漏失时或溢流时的井底压力，从而求取安全密度窗口值。

（2）降钻井液密度设计。

控压固井前需要降低钻井液密度，密度降低值的计算可通过如下公式初步计算：$\Delta\rho=$ 常规固井最大 ECD− 漏失压力当量 + 控压值 /0.00981H，同时兼顾设备能力（最高控压值一般取 6~7MPa）。具体密度降低值需根据软件模拟计算不同密度降低值下井底 ECD 是否满足密度窗口确定。降低钻井液密度一般有三种形式：一是起钻前全井降密度，该种方式适应于压力控制准确，控压起钻工艺成熟。但该种方式需要注重浆帽起钻和下套管，传压效果难以确定，且浆柱结构和工序复杂，长程控压起钻出水风险大。二是下套管分段降密度：该种方式适应于盐层裸眼段较短，蠕变速度较慢，钻井液密度降幅小的条件。但该种方式下盐层蠕变会严重影响套管的安全下入，且中途循环具有悬挂器提前坐挂风险。三是套管到位后全井降密度，该种方式适应于安全密度窗口较大，盐层裸眼段长的地层。但该种方式下套管期间易井漏，套管到位后开泵困难。

（3）全程压力控制技术。

以压稳不（微）漏为原则，通过软件模拟确定不同施工参数与井口控压值的定量关系，以理论计算与出入口流量观察相结合的方式，确保固井全程（尤其是开、停泵时）施工参数和井口控压值的精准匹配。套管下入阶段重点考虑重浆帽排出井口的量和激动压力；循环降密度阶段重点考虑低密度钻井液进入环空量和相应循环摩阻；注替阶段着重考虑隔离液与水泥浆相继进入环空后井底ECD的变化情况，以及启停泵的控压值衔接；控压起钻阶段必须考虑抽吸压力的影响，在理论控压值基础上附加1~2MPa，注替后期需在钻杆内注入与井口控压值相当的重浆帽；循环洗井阶段则须考虑钻杆内加重钻井液进入环空后和排出井口后对溢漏层处ECD的影响；憋压候凝阶段则需根据注替到位后的静液柱压力和水泥浆失重情况调整控压值。

以"扩眼+有接箍套管+控压固井（或窄密度窗口固井）"为核心的超深复合盐膏层固井技术适用于库车山前密度窗口不小于0.03g/cm³的盐层固井，其他小间隙窄窗口井段可参考采用。

四、应用案例

博孜3-K2井四开采用ϕ206.38mm+ϕ196.85mm有接箍套管和尾管悬挂固井的方式封固膏盐岩段，面临套管下入困难、固井易漏、顶替易窜等主要难题。结合实钻分析，综合运用扩眼、精细控压固井、有接箍套管等技术措施，实现了固井ECD低于钻进ECD，固井全程未溢未漏，固井合格率83.2%，较同区块邻井斜井平均合格率提高20个百分点。

1. 固井难点

（1）膏盐岩井段长，套管下放困难。

本开次裸眼段长达1646.7m，最大井斜56°，最大井斜度7.36°/30m，带扶正器的有接箍套管下放到位难度大。类似工况的克深1002井盐层下入不带扶正器的无接箍套管异常困难，下压大于60t，提拉大于100t。

（2）承压能力低，提前连通风险高。

邻井6口井，2口井固井漏失，尤其是与本井距离最近的博孜3-1X井下套管到位循环即发生井漏。另外，本开次中完管鞋位置与目标井中心距仅6.2m，受目标井长时间生产影响，地层承压能力更是难以评估，固井全程防漏难度极大，与目标井提前连通风险高。

（3）管柱居中度低，顶替窜槽风险高。

本开次裸眼段和重合段均为斜井段，大斜度条件下套管居中度本就难以保证，另外油田无与扩眼井径配套的套管扶正器，常规扶正器因外径小根本无法有效支撑井壁，保证套管居中度更是难上加难，低居中度下顶替窜槽风险高。

（4）密度窗口窄，ECD控制要求高。

为最大程度降低固井漏失风险，要求控制井底ECD不能超过钻进期间的井底ECD，降低了井底压力控制上限。同时钻井液密度降幅大，井口控压值高，未测井无准确井径数据，对控压能力、控压及时性、控压精确性以及多方协作性提出了严格的要求。

2. 固井施工方案

本开次固井防漏是第一要务，创新性地提出了控制固井ECD低于钻进ECD的技术思路,同时制定并实施了以"扩眼保套管下放、控压保固井不漏、套管居中保顶替不窜"为核心的控压固井技术方案。

(1)确定密度窗口。

该井以 2.18g/cm³ 油基钻井液和排量 25L/s 钻进期间,井底 ECD 为 2.26~2.27g/cm³(PWD 实测),软件模拟井底 ECD 为 2.21g/cm³,未发生溢流和漏失。邻井博孜 3-K1 井钻进至井深 5465m 处曾发生渗漏(对应本井井深约 5450m),实测井底压力当量密度 2.27g/cm³,软件模拟井底压力当量密度 2.21g/cm³。考虑到本开次固井防漏的重要性,且后续控压固井相关计算均会以软件模拟为准,同时需控制固井期间井底 ECD 与钻进期间相当。为此,本次施工取地层压力系数为 2.18,取漏失压力系数为保守值 2.21,并以软件校核施工过程压力为准,全程控制井底压力当量密度在 2.18~2.21g/cm³ 之间,固井安全密度窗口为 0.03g/cm³。

(2)扩眼保套管下入。

利用随钻扩眼的技术优势,采用随钻扩眼和钻后扩眼通井相结合的方式对全裸眼进行扩眼,降低反复通井次数。扩眼后直接下套管,减少盐层蠕变时间,确保下套管前的井眼畅通、清洁、稳定,为有接箍套管的顺利下入提供了良好井眼条件。

(3)控压保固井不漏。

为最大限度的防漏,采用精细控压固井技术,并创新提出控制固井期间井底 ECD 不超过钻进期间 ECD 的控压新思路,确保只要钻井不漏,则固井不漏。固井施工前钻井液密度降至 2.06g/cm³,同时水泥浆密度由常规的 2.23g/cm³ 降低至 2.12g/cm³,显著降低固井静液柱压力,为本开次固井的防漏创造了良好条件。

(4)套管居中保顶替不窜。

大斜度条件下,管柱居中度难以保证,固井注替窜槽风险难以避免。为尽可能降低窜槽风险,采用有接箍套管,全井段 1 根套管安放 1 只整体式弹扶,居中度由管柱贴边提高至 48%,优化了顶替几何环境。另外,基于密度窗口的精细评估,利用成熟的窄安全密度窗口固井技术,稀化浆体流变性,提高易漏偏心环空下的水泥浆充填率,并在密度窗口内实现注替排量最大化(裸眼段环空返速 1.8m/s),尽可能减少顶替窜槽。

(5)固井施工过程。

该井下套管过程中采用分井段控制套管下放速度的方式降低激动压力,套管全部入井前控制每根套管下放时间不低于 110s,套管全部入井后出上层套管鞋前不低于 270s,进入裸眼段后不低于 240s,下套管全程无明显遇阻遇卡,摩阻 10~20t,全程未溢未漏。但在下套管过程中曾出现浮箍浮鞋回压阀失效的现象,对此,现场技术人员当即调整浆柱结构,通过增加下塞水泥浆量、提高后置液密度及用量、增加中心管保护液密度等手段,使尾管段管内外压力平衡,避免了因回压阀失效造成的套管内外水泥浆倒流,消除了固井结束后环空无水泥浆的风险。套管到位顶通后逐步提排量至 7.5L/s,以直接泵入轻浆的方式完成了控压降密度作业。全井降密度至 2.06g/cm³ 后,通过优化地面施工工艺、采用集灰器系统和高性能水泥车等技术措施,严格按照设计排量和密度依次泵入固井工作液,根据施工参数精准匹配控压值,实现井底 ECD 介于 2.18~2.21g/cm³ 之间,固井全程不溢不漏。博孜 3-K2 井盐层控压固井施工排量压力曲线如图 5-11 所示。

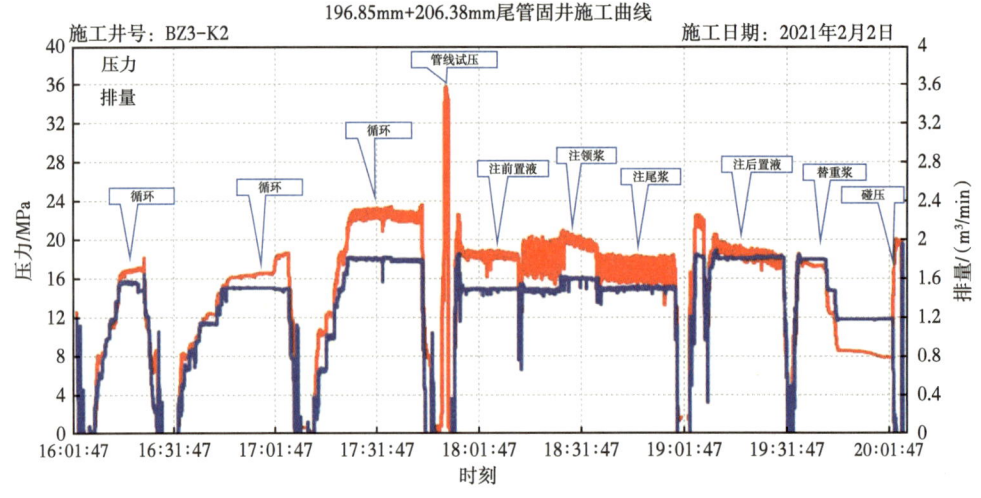

图 5-11 博孜 3-K2 井盐层控压固井施工排量压力曲线

3. 实施效果

在多专业、多作业方通力协作下，通过精细设计、精细施工、精准控压等技术措施，博孜 3-K2 井各项施工参数与设计高度吻合，首次实现了固井 ECD 低于钻进 ECD，固井合格率 83.2%，较同区块邻井斜井平均合格率提高 20 个百分点，见表 5-6。

表 5-6 博孜 3-K2 井固井质量评价结果

类 型	总长度 / m	优长度 / m	中长度 / m	差长度 / m	优秀率 / %	合格率 / %
一界面固井评价统计	1742.9	955.9	495.7	291.4	54.8	83.3
二界面固井评价统计	1743.0	1084.8	509.9	148.3	62.2	91.5
综合固井评价统计	1743.0	953.9	496.4	292.7	54.7	83.2
水泥返高统计	返高顶深：0；返高底深：0；无水泥长度：0					

第三节 窄密度窗口防气窜固井技术

库车山前目的层裂缝发育、油气活跃、温压高且后期变化幅度大，固井易漏，压稳防窜困难，水泥环密封易失效。针对固井易漏难题，曾采用低返速固井技术，虽一定程度上降低了漏失风险，但水泥浆壁面剪应力较低，界面胶结难以保证。对此，塔里木油田经过近年的不断探索和实践，运用精细评估漏失压力、强化顶替环境、优化浆体流变性能、最大化顶替排量、水泥环长期强度稳定等关键技术措施，形成了一套基于壁面剪应力理论并适用于窄安全密度窗口条件下的防气窜固井技术，提升了高压气井固井质量和水泥环长期密封完整性。

一、固井难点

1. 裂缝发育，固井易漏

库车山前目的层裂缝发育，见表 5-7，承压堵漏技术不完善，成功率仅 40% 左右，固井井漏风险高。固井一旦井漏，则水泥环难以实现对环空的完全充填，层间封隔更是无从谈起，并且容易引起漏转溢的井控风险。

表 5-7 部分井目的层裂缝统计

井号	开采井段 / m	孔隙度 / %	平均孔隙度 / %	裂缝总数 / 条	裂缝密度 条/m	张开度 / mm
大北 201	5932~6010	5.5~7.5	6.3	100	1.29	1.51
大北 202	5711~5845	6.8~11.4	9.8	185	1.37	1.19
大北 204	5917~6038	3.9~15.8	8.9	156	1.29	1.42
大北 3	7058~7090	2.2~6.5	4.5	11	0.33	1.94
大北 302	7209~7244	5.3~9.9	7.1	89	2.54	1.43

2. 油气活跃，防窜困难

库车山前目的层油气活跃，全烃值高（一般 20%~50%），上窜速度快（50~150m/h），同时受限于窄安全密度窗口，固井压稳防漏矛盾异常突出，固井后气窜风险高。

3. 温压高且变化大，水泥环长期密封易失效

库车山前最高井底温度 188℃，井筒在钻井过程中压力变化大，压力变化范围达到 50~90MPa，生产过程中温度变化大（变化范围 50~70℃），水泥环自身强度易衰退，且温压交变条件下水泥环易产生力学性能破坏，产生气窜通道，威胁后期生产安全。

二、技术思路

针对库车山前目的层固井易漏、油气活跃、水泥环密封性易失效的固井难题，首先通过窄密度窗口固井技术，实现易漏条件下的水泥浆充填。然后利用以"替净界面"为核心的顶替设计方法和压稳技术措施，提升界面胶结质量，消除气窜通道。最后通过水泥环长期强度稳定技术、特种水泥浆技术、辅助密封工具，提高水泥环的长期密封完整性。技术思路如图 5-12 所示。

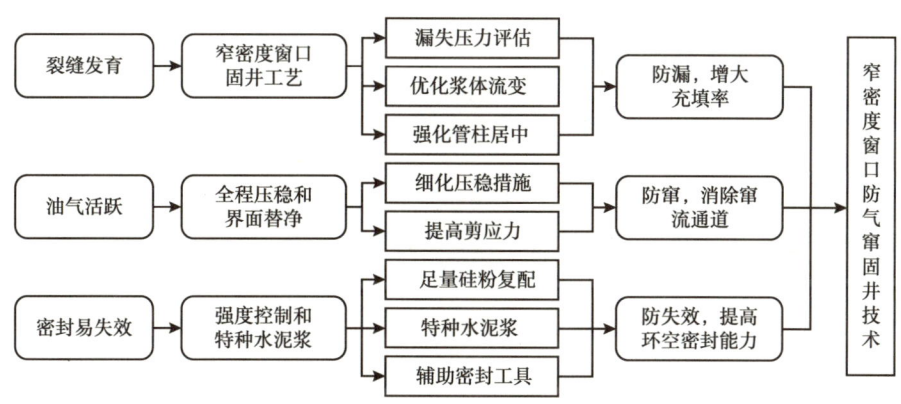

图 5-12 窄密度窗口防气窜固井技术思路

三、技术措施

1. 漏失压力评估

根据实钻漏失情况、承压情况、录井资料、邻井试油及地质资料，准确评估漏失压力，确定固井安全密度窗口。首先是结合地质设计和邻井试油情况初步判断裸眼地层的闭合压力和破裂压力；然后基于实钻漏失情况和承压情况，进一步确定裸眼地层的承压能力；最后通过下完套管后缓慢提排量循环的方法，确定漏失临界排量，并最终获得准确的地层漏失压力。

2. 顶替环境优化

固井顶替环境主要包括顶替物质环境和井眼几何环境，前者主要通过调整钻井液性能、增大隔离液和有效冲洗剂用量得以实现，后者主要通过提高管柱居中度实现。具体实施方法是：首先是固井前按固井规范调整钻井液性能，降黏降切，降低钻井液被顶替时的能量消耗；其次是增加隔离液和有效冲洗剂用量（确保隔离液接触时间15~30min，油基钻井液条件下有效冲洗剂用量不低于30%），基于多倍置换原理，提高隔离液对井壁的冲刷效果；最后利用科学固井软件并结合井眼质量设计合理的扶正器安放方案，一般要求全井段1根套管1只扶正器，提高管柱居中度。

3. 浆体性能优化

固井浆体流变性能优化主要是提高隔离液和领浆的流性指数，降低隔离液和领浆的稠度系数。通常要求在确保浆体沉降稳定性的前提下隔离液 n 不小于0.8、k 不大于 $0.3\text{Pa}\cdot\text{s}^n$，领浆 n 不小于0.8、k 不大于 $0.5\text{Pa}\cdot\text{s}^n$。稀的隔离液用于稀释钻井液弱化滤饼强度，利于顶替；稀的领浆能降低循环摩阻，为施工排量留下足够的压力窗口，同时其趋于向窄边充填，能提高偏心环空的水泥浆充填率。

4. 顶替排量最大化

在确定好安全密度窗口后利用初定的浆柱结构、浆体性能、施工排量、扶正器安放方案等参数通过科学固井软件进行反复试算校核，确定能满足固井安全密度窗口条件下的最大化顶替排量，最大限度增大水泥浆壁面剪应力，提高滤饼清除效果，确保第二界面胶结质量。壁面剪应力理论统一了井眼质量、浆体性能、顶替排量，将固井质量和壁面剪应力直接联系了起来，并给出了定量评价，壁面剪应力计算公式为

$$\tau_w = \frac{\Delta p}{4L}(D-d) \tag{5-1}$$

式中　τ_w——流体环空流动的壁面剪应力，Pa；

　　　D——井眼直径，m；

　　　d——套管外径，m；

　　　Δp——流体在环空流动摩擦阻力，Pa；

　　　L——流体流动作用的井眼长度，m。

塔里木固井实践表明，目前所使用的油基钻井液材料所形成的滤饼强度不大于30Pa，这就意味着当固井顶替时，水泥浆在井壁产生的壁面剪应力大于30Pa时就可以获得较好的界面顶替效果，而水基钻井液条件下，壁面剪应力需要大于45Pa。

5. 压稳防气窜

（1）水泥浆防气窜。

对于气层活跃的井，应采用双凝水泥浆，在安全施工范围内尽量缩短水泥浆尾浆稠化时间，实现以快制气目的；封固气层的水泥浆静胶凝过渡时间应小于 15min；封固气层的水泥浆稠度应适当提高，一般要求 K 值范围为 0.8~1.2。

（2）固井工艺防窜。

首先应保证顶替效率，避免气体从固井胶结面窜流；保证在尾浆起强度前领浆不稠化，持续保证环空压力传递；尾浆上部流体（钻井液、隔离液、领浆等）应尽量消除触变性，减小候凝过程环空压力损失；尾管固井时，应尽量缩短起钻时间，及时循环排混浆，若循环摩阻较低时，应视情况节流循环，保证循环摩阻达到固井最大动压力；环空加压候凝。

6. 水泥石力学性能设计

基于高温产生劣质晶相导致水泥石强度衰退的机理，参照 Q/SY TZ0174—2017《气井固井技术规范》掺加硅粉，见表 5-8，确保水泥石长期强度稳定。

表 5-8　高温水泥石长期强度稳定技术

井底温度 /℃	硅粉掺量 /%	硅粉纯度 /%	硅粉粒径 / 目
110~150	35	＞90	＞160
150~170	45	＞90	＞160
170~190	60	＞96	500

另外，为保证水泥石在温压交变条件下的水泥石力学完整性，目的层固井采用韧性水泥浆体系或遇气自愈合水泥浆，在相同强度下弹性模量降低 20%，遇甲烷后 3 天内可实现微裂缝自我修复，缝宽小于 22.7μm 完全愈合，缝宽小于 133μm 裂缝渗透率下降 75% 以上，提升水泥石在压裂等苛刻工况下的适应性。

7. 辅助密封

采用带封隔器的尾管悬挂器，注替结束后下压回接筒胀封封隔器，拔出中心管后直接循环，降低气窜风险，为防高压气井气窜增加了第二道密封屏障，如图 5-13 所示。

基于壁面剪应力理论的窄安全密度窗口固井技术以及配套的水泥石长期密封完整性技术适用于塔里木油田高压气井目的层固井，其他区块类似工况可参考采用。其中基于壁面剪应力理论的窄安全密度窗

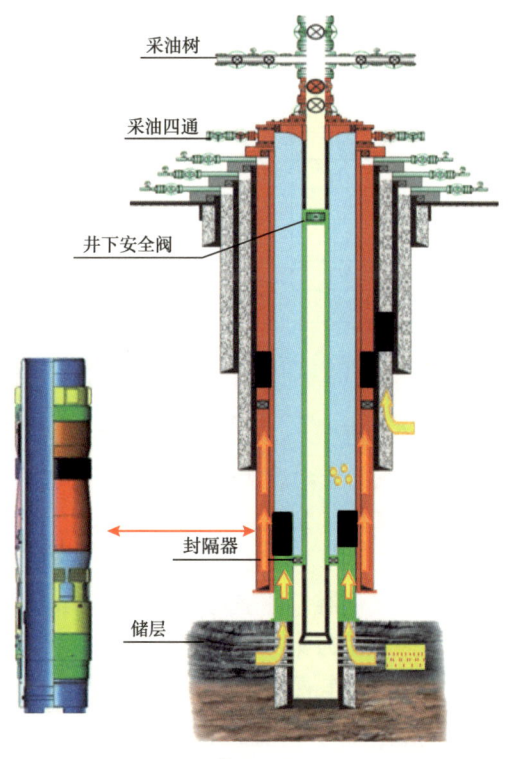

图 5-13　带顶部封隔器的尾管悬挂器辅助密封环空

口固井技术同样适用于其他易漏区块的固井作业。

四、应用案例

克深 605 井是塔里木盆地库车坳陷克拉苏构造带克深区带克深 6 号构造的一口开发评价井，五开采用 ϕ168.3mm 钻头和 1.85g/cm³ 油基钻井液钻至井深 5731m 完钻，下入 ϕ139.7mm×56m 常规套管 + 超级 13Cr ϕ145.6mm×451m 非标套管进行尾管悬挂固井，井身结构如图 5-14 所示。该井通过采用窄密度窗口防气窜固井技术，有效封固了高压气层，固井质量胶结测井合格率 100%。

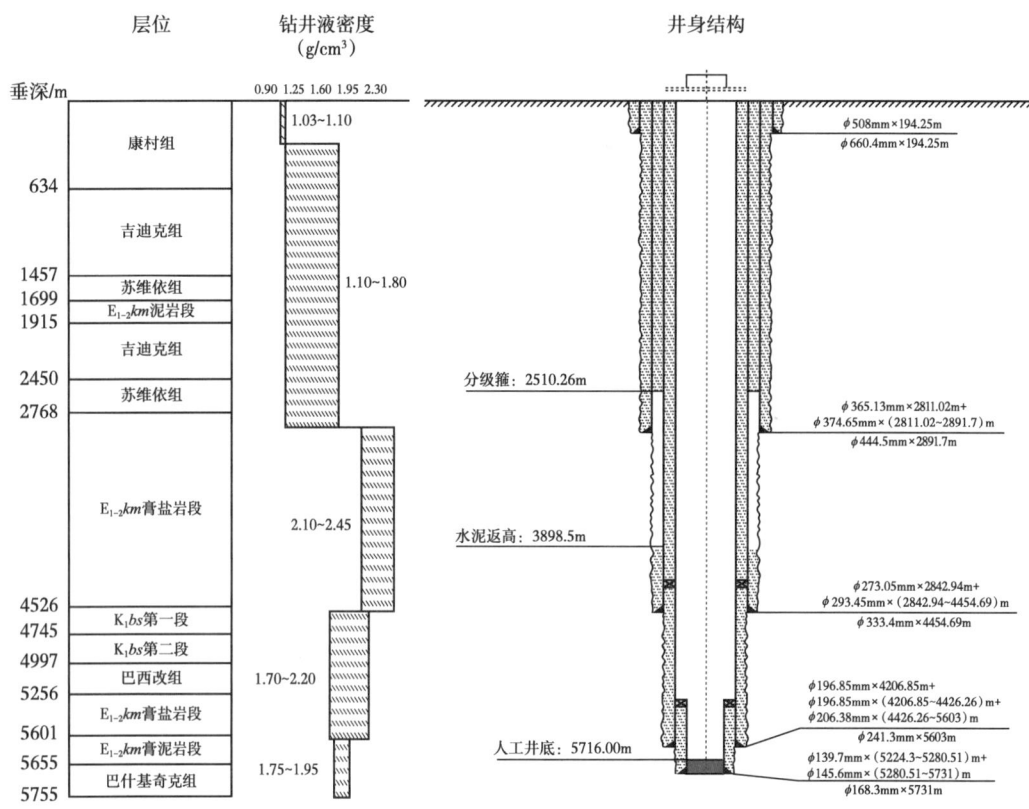

图 5-14 克深 605 井井身结构

1. 固井难点

（1）井底静止温度 136℃，储层压力 108MPa，油气上窜速度 31.5m/h，对水泥浆的高温高压性能和油气全过程压稳要求高。

（2）钻进期间发生井漏（固井安全密度窗口仅 0.07g/cm³），最大井斜角 10°，ϕ145.6mm 套管无配套扶正器，环空间隙仅 13.2mm，套管居中度和顶替效率难以保证。

2. 固井施工方案

（1）固井工作液设计。

综合考虑地层承压能力和后期水泥石的长期密封性能两大主要因素，该井采用了 2% 弹塑性颗粒材料 +0.1% 纤维 +35% 硅粉的具有防漏堵漏功能的弹塑性水泥浆体系。此外,为兼顾短裸眼尾管固井施工风险和防气窜效果,使用了10m³前隔离液+11m³单凝水泥浆+5m³后隔离液的浆柱结构,尽量缩短水泥浆稠化时间,实现"以快治气"的目的。为满足顶替时的合理摩阻梯度差,有效提高顶替效率,设计各浆体流变性能见表5-9和表5-10。

表5-9 水泥浆性能表

密度/(g/cm³)	流动度/cm	稠化时间/min	失水/mL	游离液/mL	48h顶部强度/MPa	防漏堵漏能力	弹性模量/MPa
1.9	22	460	46	0	14.1	1mm缝宽,3MPa压差,封堵138s	4853.7

表5-10 浆体流变性能

温度	浆体名称	φ600mm	φ300mm	φ200mm	φ100mm	φ6mm	φ3mm	n/k
93℃	泥浆	90	52	37	28	5	4	0.79/0.19
	隔离液	100	62	47	38	6	5	0.63/0.60
	水泥浆	290	170	117	62	7	6	0.87/0.65

(2)注替参数设计。

注替参数优化设计的核心就是结合浆体流变性能优化不同时间段的注替排量,以在固井安全密度窗口的条件下实现较高的顶替效率。通过反复试算和校核,本井水泥浆出管鞋前注替排量设计为8L/s,水泥浆出管鞋后替浆排量设计为3L/s。考虑悬挂器节流压力,整个注替过程中井底最大动态当量密度1.915g/cm³,略低于地层漏失压力当量密度1.922g/cm³,满足固井安全密度窗口,且能实现注替全过程对油气层的压稳,如图5-15所示。

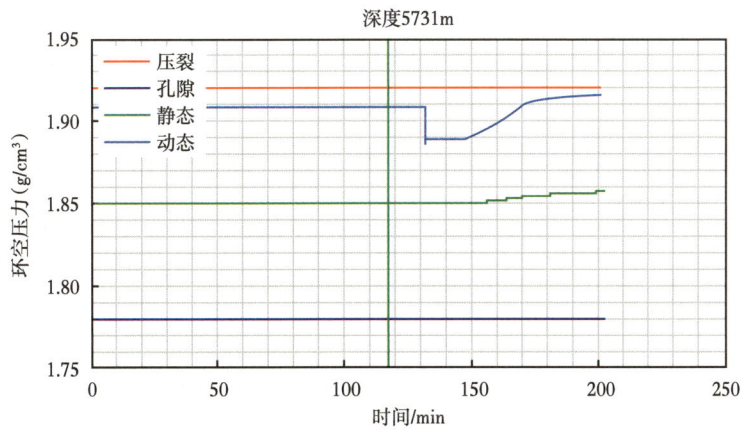

图5-15 井底动静态当量密度模拟结果

在上述变排量顶替条件下,隔离液和水泥浆在环空的流动情况见表5-11。前期隔离液以有效层流的流态对井壁进行有效冲洗,后期水泥浆以塞流流态对钻井液进行驱替,实现了多种流态复合顶替的目的,利于顶替效率的提高。

表 5-11 水泥浆不同排量下的雷诺数和流态

井段 /m	浆体	平均井径 /mm	套管外径 /mm	排量 /（L/s）	环空返速 /（m/s）	雷诺数	流态
5603~5731	水泥浆	174.4	145.6	3	0.42	105	塞流
	隔离液	174.4	145.6	8	1.11	1000	有效层流

（3）顶替效率分析。

为提高关键井段套管居中度，该井在机械封隔式尾管悬挂器以下使用了带配套扶正器的 5 根 φ139.7mm 常规套管，同时加工了 φ145.6mm 刚性扶正器，扶正器安放方案和模拟居中度见表 5-12。

表 5-12 套管扶正器安放方案和模拟居中度

井段 /m	套管外径 /mm	扶正器安放方案	平均居中度模拟结果
5224~5280	139.7	1 根套管 1 只铝合金扶正器	68%
5280~5687	145.6	4 根套管 1 只加工刚性扶正器	43%
5687~5731	145.6	1 根套管 1 只加工刚性扶正器	62%

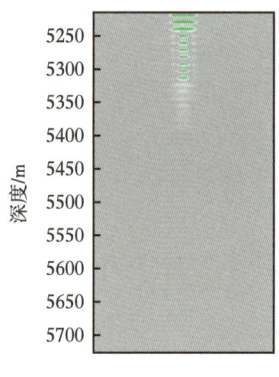

图 5-16 顶替效率模拟结果

在上述管柱居中度的条件下，利用变排量顶替技术和优化后的浆体流变性能参数，获得了 95% 的顶替效率，模拟结果示意图如图 5-16 所示。

（4）固井施工过程。

该井使用了机械封隔式尾管悬挂器，现场施工过程中较普通尾管固井增加了顶部封隔器坐封和验封步骤。整个施工过程中悬挂器坐挂倒扣正常，水泥浆出管鞋前替浆排量 8L/s，水泥浆出管鞋后替浆排量 3L/s，正常碰压（泵压由 4MPa 上升至 10MPa），泄压无回流，实现了有效层流和塞流的复合顶替，且全程不溢不漏。随后上提送入管柱并探得卡爪后，压悬重 20t，封隔器坐封，关环形防喷器，环空试压 10MPa，稳压 5min 不降，封隔器验封成功。最后拔出中心管至喇叭口位置，反循环充分洗井，不留上塞，起钻。

3. 实施效果

该井喇叭口试压 20MPa 稳压 30min 合格，并通过后期 40MPa 负压差下的工程验窜，环空实现良好封隔（表 5-13）。裸眼段胶结测井合格率 100%，优质率 98.2%，较同区块储层固井质量大幅提升。且该工艺不留上水泥塞，节约钻井周期 100h 以上。后期经射孔试油测试，5mm 油嘴日产天然气 $25.3 \times 10^4 m^3$。

表 5-13 克深 605 井储层固井质量测井结果

序号	开始深度 /m	结束深度 /m	固井结论
1	5173.1	5203.1	胶结良好
2	5203.1	5207.8	胶结不好

续表

序号	开始深度/m	结束深度/m	固井结论
3	5207.8	5226.4	胶结中等
4	5226.4	5468.5	胶结不好
5	5468.5	5490.5	胶结中等
6	5490.5	5555.7	胶结不好
7	5555.7	5561.5	胶结中等
8	5561.5	5572.7	胶结不好
9	5572.7	5577.7	胶结中等
10	5577.7	5581.3	胶结不好
11	5581.3	5587.7	胶结中等
12	5587.7	5598.1	胶结良好
13	5598.1	5605.4	胶结中等
14	5605.4	5711.8	胶结良好

第四节 长裸眼易漏层全封固井工艺

塔里木油田采用塔标Ⅲ三开、塔标Ⅰ/Ⅱ四开井身结构勘探开发台盆区碳酸盐油藏，二开封固二叠系易漏层，固井面临裸眼段长（5000~7000m）、漏失压力系数低（1.25~1.45）、长段漏层堵漏困难等客观难题。多年来，大部分井下套管即失返，漏失后反挤补救多在表套管鞋附近压漏地层，形成大段空套管（2000~3000m）。对此，塔里木油田研发了 1.20~1.30g/cm³ 超低密度水泥浆体系，并配套一次上返固井工艺，解决了密度窗口大于 0.09g/cm³ 的固井漏失难题；对于密度窗口更窄的井，设计具有物理封隔功能的一体式分级箍，配套封隔式双级固井工艺，解决了失返性漏失条件下的全井封固难题。

一、固井难点

1. 二叠系承压能力低，承压堵漏困难

二开钻遇二叠系 400~600m 火成岩，漏失压力当量密度低（1.25~1.45g/cm³）、裸眼段长（4000~6000m），通过随钻堵漏基本满足钻进需求（密度窗口大于 0.03g/cm³），但因漏层段长，难以通过堵漏的方式满足固井需求。

2. 一次上返难度大，易形成长段空套管

相对于钻进期间，下套管和固井时环空间隙变窄，大部分井下套管即发生漏失或失返，一次上返成功率仅 30%，通常采用反挤补救，固井质量胶结测井合格率仅 40%，空套管长 2000~3000m。

3. 裸眼段长，水泥浆顶部强度发展缓慢

二开裸眼段长，水泥浆从井底返至井口需跨越多个温度区域，封固段上下温差极大

（最高达 125℃），导致水泥浆顶部强度发展缓慢，易出现超缓凝现象等难题，对水泥浆及外加剂的耐温性和稳定性要求极高。

二、技术思路

针对台盆区碳酸盐岩井二开下套管固井易漏、一次上返成功率低、空套管长的固井难题，通过漏失压力精细评估，根据漏失压力优选固井方式：若密度窗口不小于 0.09g/cm³，下套管不漏，则采用低密度（超低密度）水泥浆，并配套一次上返固井工艺，解决密度窗口大于 0.09g/cm³ 的一次上返问题；若密度窗口小于 0.09g/cm³，下套管漏失，难以建立循环，则采用封隔式分级箍，物理封隔易漏层后实施二级固井，解决密度窗口不大于 0.09g/cm³ 的全井封固问题，如图 5-17 所示。

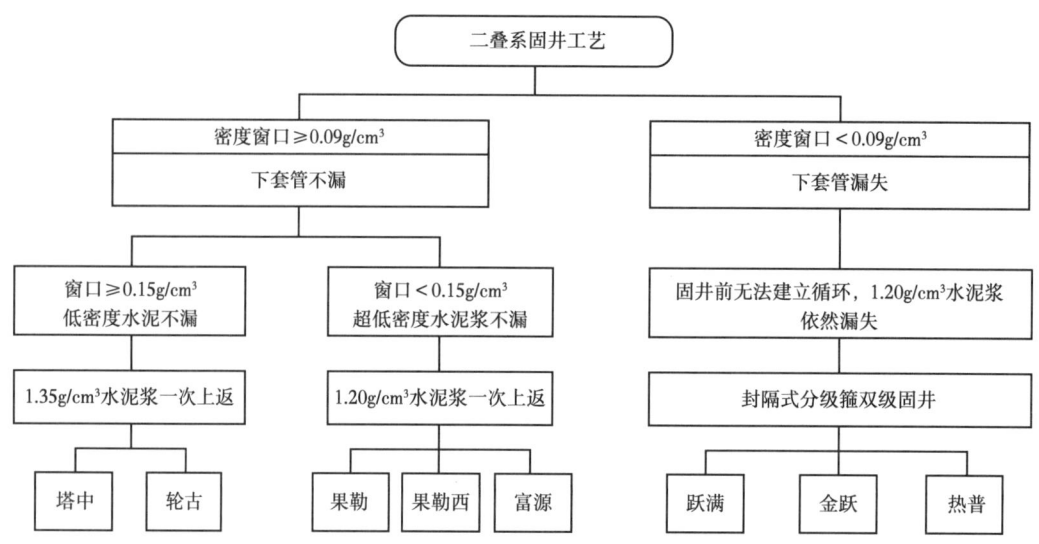

图 5-17　台盆区长裸眼易漏层固井技术思路

三、技术措施

1. 漏失压力评估

根据富满油田各区块二叠系实钻资料，综合地震研究成果，精细评估了各区块二叠系漏失压力，形成了台盆区主要区块的二叠系漏失压力图版。塔中、轮古、玉科漏失当量密度在 1.40~1.65g/cm³ 之间，哈拉哈塘、热普、金跃漏失当量密度在 1.30~1.40g/cm³，果勒西、跃满 2、满深等区块漏失当量密度在 1.28~1.35g/cm³ 之间，同一区块不同井位漏失当量密度略有差异。

2. 固井方式优选

根据台盆区二叠系漏失压力图版，按安全密度窗口优选固井方式及相应工艺措施。密度窗口不小于 0.15g/cm³，采用 1.35~1.45g/cm³ 低密度水泥浆一次上返技术；密度窗口不小于 0.09g/cm³，采用 1.20g/cm³ 超低密度水泥浆一次上返技术；密度窗口小于 0.09g/cm³，下套管即漏，固井前无法建立循环，则采用封隔式双级固井技术。

3. 低密度（超低密度）水泥浆技术

基于紧密堆积理论优选抗压 105MPa 的减轻材料（漂珠），形成了强度高、稳定性好、密度变化小的 1.20g/cm³ 超低密度水泥浆体系，降低静液柱压力，实现固井不漏失。室内试验评价表明：

（1）该水泥浆体系 72h 顶部强度达 8.3MPa，远超 3.5MPa 的一般要求，克服了长裸眼大温差超缓凝难题；

（2）高强度漂珠在 105MPa 和 105℃ 的搅拌条件下破碎率仅 2%，水泥浆密度变化小于 5%，解决了超低密度水泥浆进出口密度变化大的问题；

（3）按 API 方法实测上下密度差仅 0.01g/cm³，沉降稳定性良好，消除了过多减轻材料下沉降稳定性差的问题。另外，该水泥浆体系流变性能良好、稠化时间可调、失水量可控，综合性能完全满足现场施工需求。

4. 一次上返固井技术

基于低密度（超低密度）水泥浆技术，以"防漏"为核心，配套井眼准备、钻井液性能优化、提高居中度、变排量顶替等措施，实施低密度一次上返固井技术。

（1）井眼准备。

钻井期间严控井径扩大率不超过 10%，中完期间双扶通井，对阻卡井段反复修正，保证套管顺利下入。最后一趟通井，充分循环 2 周以上，确保井眼清洁，严格要求高黏钻井液黏度范围 80~120s 及泵入量。同时按照固井规范调整好钻井液性能，屈服值小于 5Pa，塑性黏度范围为 10~20mPa·s，初切 1~1.5Pa，终切 5~6Pa，72h 老化性能稳定。

（2）下套管。

以实际井眼条件（实测井径、井斜和方位）为基础，利用专业软件进行扶正器方案优化，确保关键井段居中度不低于 67%。一般管鞋以上 500m 井段每 1 根套管加 1 只扶正器，重合段每 3 根套管 1 只扶正器，中间井段每 2 根套管加 1 只扶正器。严控下放速度，要求重合段至少 70s 一根，裸眼段至少 90s 一根，对于二叠系易漏井段，至少 120s 一根，且中途严禁猛提猛放，期间减少套管静止时间，如长时间静止应活动套管或顶部循环，防止套管粘卡。加密顶通循环，若井况允许，每次顶通后至少循环一个迟到时间，保证进出口钻井液密度一致。套管到底后先小排量循环顶通，顶通后根据泵压缓慢提排量并充分循环。

（3）浆柱结构设计。

前置液 +1.20~1.45g/cm³ 领浆（返出井口 30m³）+1.88g/cm³ 常规密度尾浆（返至二叠系漏层）+ 后置液。前置液要求流性指数 n 不小于 0.9，稠度系数 k 不大于 0.2Pa·s^n；领浆要求流性指数 n 不小于 0.8，稠度系数范围为 0.2~0.4Pa·s^n。

（4）顶替参数。

施工全过程漏层最大动态当量不超过二叠系漏失压力当量，现场根据通井循环漏失情况合理附加水泥浆量。利用固井专业软件，施工前反复模拟计算，并与现场实际循环数据进行校核，确定满足固井安全密度窗口条件下的最佳施工排量，最大程度地增加水泥浆壁面剪应力，提高界面顶替效果。

5. 封隔式双级固井技术

对于密度窗口小于 0.09g/cm³，采用封隔式双级固井技术，实现漏失条件下的全封固。封隔式双级固井是将普通双级固井的分级箍优化升级为带封隔器分级箍的一种特殊双级固井方式。塔里木油田针对普通分级固井无法解决恶性漏失问题，采用普通分级箍与管外封隔器一体的特殊分级箍，安放在易漏层上，一级固井结束后对易漏层进行物理封隔，可以有效解决一级固井漏失条件下的二级水泥上返难题，如图5-18所示。

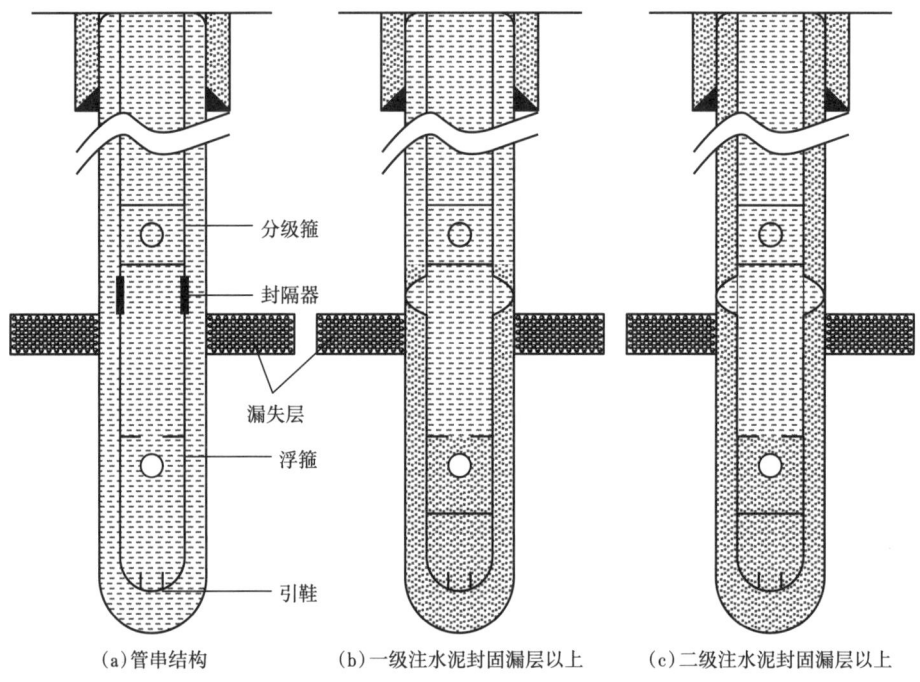

图5-18 带封隔器双级固井工艺流程

该种固井方式的管串结构与普通双级固井一致，但在施工流程上需在开孔前完成封隔器胀封，施工流程为：将分级箍按设计位置连接于套管串 → 下入套管串 → 开泵循环钻井液 → 注前置液 → 注一级水泥浆 → 释放一级碰压塞（挠性塞）→ 替钻井液 → 碰压 → 放回压，检查回压阀是否工作正常 → 释放重力塞 → 憋压完成封隔器胀封 → 封隔器胀封后关闭注液通道的同时打开循环孔 → 循环钻井液 → 注前置液 → 注二级水泥浆 → 释放二级碰压塞（关闭塞）→ 替钻井液 → 碰压（关闭循环孔）→ 放回压，检查循环孔关闭情况 → 候凝。

封隔式双级固井作业的关键在于如何确保封隔式分级箍能起到封隔漏层的作用。首先是优选井径规则、井径扩大率小于10%、岩性稳定的井段安放封隔式分级箍，需考虑套管拉伸或下放不到位对安放位置的影响，确保封隔器胀封后的封固效果；其次是逐级打压，精细操作完成封隔器的胀封和开孔作业（投开孔弹憋压至6~8MPa，打开封隔器注液通道，开始胀封封隔器，憋压至10~12MPa关闭注液通道，完成封隔器胀封；关闭注液通道的同时打开循环孔），并缓慢顶通准备二级固井；最后是二级固井碰压关孔时需一次完成，泵压达到20MPa及以上，确保关孔成功。

以"低密度一次上返技术 + 封隔式双级固井技术"为核心的长裸眼易漏层固井技术适用于台盆区长裸眼（含二叠系）固井，其他类似工况区块可参考应用。其中，封隔式双级固井可推广应用至库车山前盐上溢漏同存等一级漏失风险高的固井作业中，提高气水层有效封固成功率。

四、应用案例

跃满 25-H4 井采用 ϕ311.2mm 钻头和 1.26g/cm³ 钾聚磺钻井液钻进至井深 5443m 中完，下入 ϕ244.5mm 套管，采用封隔式双级固井封固上部易漏地层，为三开钻进创造良好井筒条件。该井通过封隔器安放位置优选、强化井眼准备、双密度水泥浆体系等技术措施，成功实现一级固井漏失条件下二级固井全程不漏目标，纯水泥浆返出地面，固井质量胶结测井合格率 89.2%。

1. 固井难点

（1）下套管漏失风险高，一级固井难以全井封固。

本开次钻遇二叠系厚 602m，地层承压能力低，漏失压力当量 1.32，钻进期间多次发生失返性漏失。如此承压能力条件下，下套管及一级固井期间漏失风险极高，易在分级箍以下产生空套管。

（2）封隔器的密封可靠性难以保证，二级固井漏失风险较高

封隔式分级箍在裸眼段的密封可靠性难以保证，存在封隔器坐封后二级固井依然漏失的风险，实现全井封固难度较大。

2. 固井施工方案

（1）井眼准备。

下套管前采用单扶或双扶（扶正器外径 308mm）钻具模拟封隔式分级注水泥器刚性进行通井，对缩径、起下钻遇阻井段进行反复扩划眼，通井到底后充分循环洗井，彻底清洁井眼，调整好泥浆性能，确保顺利下到位。

（2）工具准备。

YFZ-AF 型封隔式分级注水泥器工具包括封隔式分级注水泥器本体、挠性塞、打开塞、关闭塞与碰压短节，结构示意图如图 5-19 所示。工具出厂前整机试压 35MPa、胶筒试压 25MPa 试压合格。工具技术参数见表 5-14。

图 5-19 封隔式分级注水泥器本体

表 5-14 跃满 25-H4 井封隔式分级注水泥器技术参数

套管规格 /in（mm）	9.625（244.5）
封隔器注液打开压力 /MPa	6.93
循环孔打开压力（封隔器注液关闭压力）/MPa	12.93
循环孔关闭压力 /MPa	5.46
循环孔打开作用力 /kN	633.3

续表

循环孔关闭作用力 /kN	190.1
出厂试压 /MPa	胶筒 25/ 整机 35
额定负荷 /kN	3100
本体最大外径 /mm	285
本体内径 /mm	220.5
总长 /mm	4300
挠性塞长度 /mm	400
打开塞长度 /mm	394
关闭塞长度 /mm	286
连接螺纹类型	BTC
钢级	C110

（3）封隔式分级注水泥器位置选择。

该井二叠系顶界深度为4739m，裸眼段平均井径为325.208mm，平均扩大率为4.5%。其中，最小电测井径：300.94mm/4620m，最大井径：374.04mm/1550m，最大井斜：1.915°/5110m。结合封隔器下深应在二叠系顶部200m以内、井径扩大率小于10%、井径规则、地层稳定等因素，选择4604m~4639m为封隔器安放井段，封隔器胶筒位置为4624.943~4625.559m，井径扩大率 −2%。

（4）浆柱结构优化设计。

考虑固井漏失风险高，设计一级固井为1.30g/cm³低密度水泥浆（返至分级箍）+1.88g/cm³常规密度水泥浆（管鞋以上500m）和二级固井均设计为1.30g/cm³低密度水泥浆（返至井口）+1.88g/cm³常规密度水泥浆（分级箍以上500m）。

（5）封隔式分级箍操作。

全程0.2m³/min小排量精心操作，密切关注压力变化。按照8.5MPa稳压3min、10MPa稳压10min、12MPa稳压3min三个压力级别胀封封隔器。分级箍开孔后立即停泵，然后按0.2m³/min排量缓慢顶通。

（6）固井施工过程。

①下套管。

该井下入244.5mm套管至3095m开泵循环，排量0.9m³/min，压力2.3MPa，每小时漏失6.5m³，后期漏失逐渐变小至正常消耗量，循环一周继续下套管。下至4575m开泵循环，排量0.3m³/min，压力2.2MPa，每小时漏失4.8m³，循环1小时开始下套管。套管下至设计井深，排量0.15m³/min顶通，顶通压力6.8MPa。后逐步提排量循环，排量0.2m³/min，压力4.6MPa循环，无漏失。逐步提排量至1.8m³/min，压力4.6MPa，每小时漏失4.8m³，准备固井。

②一级固井。

1.26g/cm³前置液20m³+1.30g/cm³领浆24.5m³+1.88g/cm³尾浆18m³+1.26g/cm³后置液8m³，排量2m³/min，压力3~5MPa，替1.26g/cm³钻井液8m³，开孔保护液15m³，1.26g/cm³

钻井液172m³。一级固井全程漏失20.2m³，到量碰压5~9MPa。

③涨封封隔器。

重力塞下行到位（100min），开泵涨封封隔器，排量0.2m³/min，开始涨封封隔器，憋压至8.5Mpa，稳压3min，压降0.1MPa，再次憋压至10.5MPa停泵，稳压10min，压降0.1MPa；继续憋至12.5MPa停泵，稳压3min，无压降；判断封隔器已注液，顺利胀封；继续憋压至16.5MPa，钻台震动明显，压力突降至6MPa，顺利打开分级箍循环孔，开孔后逐渐提排量至2m³/min，压力6.9MPa，每10min消耗0.2m³钻井液，循环返出纯水泥浆约3m³，如图5-20所示。

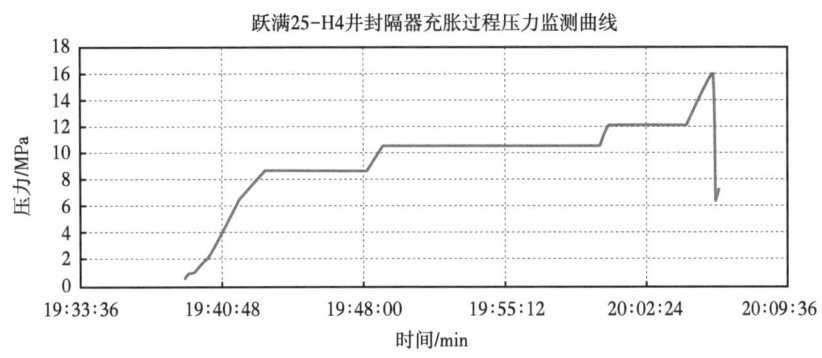

图5-20 跃满25-H4井封隔器充胀过程压力监测曲线

④二级固井。

1.26g/cm³前置液30m³+1.30g/cm³领浆195m³+1.30g/cm³压塞液3m³+1.26g/cm³后置液7m³，排量2m³/min，压力3~5MPa，替1.26g/cm³钻井液176m³，排量2m³/min，碰压关孔，钻台震动明显，稳10min无压降，放回水断流，关孔成功。

3. 实施效果

本井实施了封隔式分级固井，一级固井漏失明显，但封隔器涨封后，开孔即返出水泥浆，二级固井过程中，二级水泥浆返出地面，同时，由于封隔器的封隔作用，加上低密度水泥浆，使二级水泥浆上返高度达到了设计要求，全井固井质量胶结测井合格率达89.2%，较技术应用前平均固井合格率30%~40%提高50个百分点（表5-15）。

表5-15 跃满25-H4井244.5mm套管固井质量解释

类型	总长度/m	固井优长度/m	固井中长度/m	固井差长度/m	固井优秀率/%	固井合格率/%
一界面固井评价统计	5418.2	2103.0	2732.0	583.2	38.8	89.2
二界面固井评价统计	5418.3	2322.7	2550.7	544.8	42.9	89.9
综合固井评价统计	5418.3	2092.6	2738.6	587.0	38.6	89.2
水泥返高统计	返高顶深：0；返高底深：0；无水泥长度：0					

第五节　超深井水泥环完整性技术

水泥环完整性技术一般是指通过科学设计水泥浆体系并采取有效的技术措施，防止水泥环力学完整性和水力密封性失效，减少地层流体在井眼整个寿命期间无控制流动的一种技术。固井水泥环与套管、地层岩石作为一个完整的组合体，共同承担来自地层围岩与井筒内部温度、压力变化所产生的载荷。属于脆性材料的水泥环在上述载荷作用下，完整性很容易遭到破坏，在其内部、表面出现裂纹，或在水泥与套管、地层之间的界面上出现微间隙等，导致水泥环的层间封隔能力失效，引发严重的地下油、气、水窜现象，或造成井口环空带压，严重影响后续作业的生产安全和作业效率。对此，塔里木油田针对库车山前高压气井开展了水泥环完整性分析方法、生产套管水泥石力学性能要求、水泥石力学性能改性、水泥石长期强度稳定性等内容的研究与攻关[17]，改善了水泥石力学性能，提升水泥石完整性和密封性能。

一、水泥环完整性分析方法

1. 水泥环完整性影响因素

影响水泥环完整性因素较多，外界影响因素主要是指在水泥浆凝固基础上的边界温度、压力变化因素，一般包括以下六个方面：（1）筒内压力增大挤压水泥环，导致水泥环基体破坏；（2）井筒内压力减小，套管回弹导致固井第一界面破坏；（3）井筒温度升高，水泥环产生温度应力导致基体破坏；（4）蠕变地层挤压水泥环导致基体破坏；（5）储层流固耦合作用引起地层变形，导致水泥环基体破坏；（6）射孔作业时冲击波导致水泥环基体破坏。考虑到流固耦合作用一般高渗透储层发生可能性较大且时间周期较长、射孔作业一般只影响小部分井段，塔里木油田主要针对前四个方面，综合分析库车山前钻井、试油改造、开发过程及地质特征，进而确定山前生产套管水泥环完整性外界影响因素见表5-16。

表5-16　山前生产套管完整性影响因素

序号	影响因素类型	水泥环破坏形式	产生原因
1	井筒内压增大	水泥环基体破坏	酸压作业
2	井筒内压减小	水泥环界面破坏	（1）钻进过程钻井液密度变化；（2）钻井转试油井筒工作液密度变化
3	井筒温度升高	水泥环基体破坏	开发过程温度效应
4	地层挤压	水泥环基体破坏	盐层蠕变

2. 完整性分析边界条件

库车山前目的层尾管水泥环主要受井筒内压变化及温度影响，各种影响因素单独或联合作用，承受三种类型边界条件：（1）套管内压增大边界条件；（2）套管内压减小边界条件；（3）内压减小及温度升高边界条件。

库车山前盐层尾管水泥环主要受井筒内压变化、温度及盐层蠕变影响，各种影响因素单独或联合作用，承受七种类型边界条件：（1）盐层蠕变及套管内压增大边界条件；（2）盐层蠕变及套管内压减小边界条件;(3)盐层蠕变、内压减小及温度升高边界条件;(4)盐层蠕变边界条件;(5)套管内压增大边界条件;(6)套管内压减小边界条件;(7)内压减小及温度升高边界条件。

盐层回接套管水泥环主要受井筒内压变化及温度影响,各种影响因素单独或联合作用,承受三种类型边界条件:(1)套管内压增大边界条件;(2)套管内压减小边界条件;(3)内压减小及温度升高边界条件。

基于近三年现场实施井的统计,明确了各层套管边界条件类型及具体数值见表5-17。

表 5-17　生产套管边界条件(实际)

套管名称	边界条件	套管位置	边界条件类型			
			①内压增大/MPa	②内压减小/MPa	③盐层外挤/MPa	④温度升高/℃
五开尾管	①/②/②④	顶(双层)	38	36	—	7
		底(单层)	40	38	—	0
四开尾管	顶:①/②/②④;底:①③/②③/②③④/③	顶(双层)	14	54	—	20
		底(单层)	5	65	172	4
四开回接	①/②/②④	顶(双层)	64	0	—	85
		底(双层)	33	35	—	20

考虑到候凝后井口以下部分温度变化小,难以对水泥环应力状态产生实质影响。为简化计算,仅考虑井口部分温度变化给水泥环带来的附加应力,生产套管边界条件简化为表5-18。

表 5-18　生产套管边界条件(简化后)

套管名称	边界条件	套管位置	边界条件类型			
			①内压增大/MPa	②内压减小/MPa	③盐层外挤/MPa	④温度升高/℃
五开尾管	①/②	顶(双层)	38	36	—	—
		底(单层)	40	38	—	—
四开尾管	顶:①/②;底:①③/②③/③	顶(双层)	14	54	—	—
		底(单层)	5	65	172	—
四开回接	顶:①/②/②④;底:①/②	顶(双层)	64	0	—	85
		底(双层)	33	35	—	—

3. 水泥环初始应力的确定

水泥环初始应力决定了水泥环完整性分析结果,是水泥环失效计算的核心。地层—水泥环—套管进入静平衡状态后,水泥环内部应力状态即为水泥环初始应力。为简化计算,塔里木对初始应力的计算做出如下假设:(1)水泥环初始应力问题为弹性力学平面应变问题;(2)地层、套管材料在任何情况下都是性弹性的,并且在井下载荷条件下不会发生屈服、破坏;(3)井周地层是均质各向同性的线弹性材料,在钻井、注水泥以及水泥固结过程中井壁都是稳定的,且井壁是光滑的圆柱面;(4)水泥浆在固结过程中不发生体积变化,且套管—水泥环—地层界面之间在井下载荷作用之前胶结良好;(5)地应力为均匀地应力;(6)不考虑初始应力形成过程温度变化的影响。

(1)水泥浆水化初始阶段。

第一阶段(固井结束—水泥浆进入塑形),水泥浆为液体且逐步失重,水泥浆骨架尚未形成,水泥环本身不受力,液柱压力变化根据水泥浆失重计算模型得到,地层、套管变形采用厚壁筒理论求解。通过实验观察,确定水泥浆静胶凝值发展到500Pa为初始应力计算第一阶段结束标志值。

(2)水泥石形成阶段。

第二阶段(水泥浆骨架初步形成 → 水泥石形成),井壁、套管对水泥环的挤压由水泥骨架和残余液柱压力承担。水泥浆骨架已形成,全过程液柱压力、水泥石力学参数均在变化,对厚壁筒理论模型进行"预加变形"处理,分多步计算不同液柱压力、水泥石力学参数条件下的水泥环应力增量,累积得到系统应力状态。水泥浆由塑性状态转变为较疏松的水泥石,静液柱压力转化为孔隙压力,水泥石有效应力系数为1为该阶段结束的标志。

(3)自身应力调整阶段。

第三阶段(水泥石初步形成 → 水泥石强度稳定),井壁、套管对水泥环的挤压由水泥骨架和孔隙压力承担。与第二阶段一样,该阶段全过程液柱压力、水泥石力学参数均在变化,应力计算方法与第二阶段一致。取一般水泥石有效应力系数0.7(一般泥岩有效应力系数)为该阶段结束标志。

4. 水泥环完整性分析模型

水泥环凝固后初始应力形成,后期套管内压变化、盐层蠕变、温度变化时,水泥环应力状态均为初始应力基础上的叠加。利用3层、5层厚壁筒理论求解系统应力状态后叠加初始应力,最终得到套管内压变化、盐层蠕变、温度变化条件下的水泥应力状态,采用拉伸破坏准则、摩尔库伦准则及界面应力状态判断水泥环失效情况。

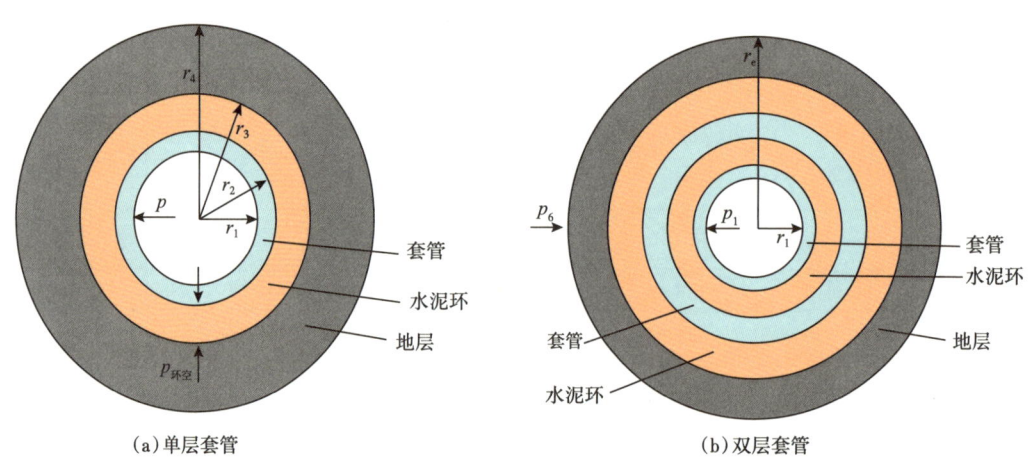

图5-21 应变应力分析模型(左图为单层套管,右图为双层套管)

p—液柱压力,$p_{环空}$—环空液柱压力,r_1—套管内壁半径,r_2—套管外壁半径,r_3—水泥环外壁半径,r_4—所取地层半径

基于水泥环完整性分析方法，利用 C# 语言开发水泥环完整性分析软件。软件总共分为 6 大功能模块，通过输入井身结构及固井作业数据、目标截面深度，实现对单个截面水泥环计算数据提取及完整性分析。

二、库车山前生产套管水泥石力学性能要求

1. 目的层尾管

采用博孜、大北区块的五开尾管顶部、底部作业过程中实际数据，分别计算顶部、底部在套管内压增大时对水泥石弹性模量、泊松比、抗压强度、抗拉强度的要求，并求出顶部、底部力学性能要求的交集；选取最危险的力学参数（弹性模块量最大、泊松比最小）复核套管内压减小时水泥环失效情况，最终得到五开尾管水泥石力学性能要求（表 5-19）。水泥石力学性能要求为水泥石弹性模量、泊松比、抗压强度、抗拉强度的多种组合，每一组组合代表对水泥石弹性模量上限、泊松比、抗压强度、抗拉强度下限的要求。

表 5-19 五开尾管水泥石力学性能要求

弹性模量 / GPa	泊松比	抗压强度 / MPa	抗拉强度 / MPa	弹性模量 / GPa	泊松比	抗压强度 / MPa	抗拉强度 / MPa
3.00	0.14	21.13	0	8.00	0.14	30.14	0
3.00	0.15	21.13	0	8.00	0.15	29.79	0
3.00	0.16	20.78	0	8.00	0.16	29.44	0
3.00	0.17	20.44	0	8.00	0.17	29.10	0
3.00	0.18	20.09	0	8.00	0.18	28.75	0
3.00	0.19	20.09	0	8.00	0.19	28.06	0
3.00	0.20	19.75	0	8.00	0.20	27.71	0
3.00	0.21	19.40	0	8.00	0.21	27.37	0
3.00	0.22	19.05	0	8.00	0.22	27.02	0
3.00	0.23	18.71	0	8.00	0.23	26.33	0
4.00	0.14	23.21	0	9.00	0.14	31.87	0
4.00	0.15	23.21	0	9.00	0.15	31.52	0
4.00	0.16	22.86	0	9.00	0.16	30.83	0
4.00	0.17	22.52	0	9.00	0.17	30.48	0
4.00	0.18	22.17	0	9.00	0.18	30.14	0
4.00	0.19	21.82	0	9.00	0.19	29.79	0
4.00	0.20	21.48	0	9.00	0.20	29.10	0
4.00	0.21	21.13	0	9.00	0.21	28.75	0
4.00	0.22	20.78	0	9.00	0.22	28.41	0

续表

弹性模量 / GPa	泊松比	抗压强度 / MPa	抗拉强度 / MPa	弹性模量 / GPa	泊松比	抗压强度 / MPa	抗拉强度 / MPa
4.00	0.23	20.44	0	9.00	0.23	27.71	0
5.00	0.14	25.29	0	10	0.14	33.26	0.20
5.00	0.15	24.94	0	10	0.15	32.91	0.10
5.00	0.16	24.60	0	10	0.16	32.56	0
5.00	0.17	24.25	0	10	0.17	31.87	0
5.00	0.18	23.90	0	10	0.18	31.52	0
5.00	0.19	23.56	0	10	0.19	31.18	0
5.00	0.20	23.21	0	10	0.20	30.48	0
5.00	0.21	22.86	0	10	0.21	30.14	0
5.00	0.22	22.52	0	10	0.22	29.44	0
5.00	0.23	22.17	0	10	0.23	29.10	0
6.00	0.14	27.02	0	11.00	0.14	34.64	0.60
6.00	0.15	26.67	0	11.00	0.15	34.29	0.50
6.00	0.16	26.33	0	11.00	0.16	33.95	0.30
6.00	0.17	25.98	0	11.00	0.17	33.26	0.20
6.00	0.18	25.63	0	11.00	0.18	32.91	0
6.00	0.19	25.29	0	11.00	0.19	32.56	0
6.00	0.20	24.94	0	11.00	0.20	31.87	0
6.00	0.21	24.25	0	11.00	0.21	31.52	0
6.00	0.22	23.90	0	11.00	0.22	30.83	0
6.00	0.23	23.56	0	11.00	0.23	30.48	0
7.00	0.14	28.75	0	12.00	0.14	36.03	0.90
7.00	0.15	28.41	0	12.00	0.15	35.68	0.80
7.00	0.16	28.06	0	12.00	0.16	34.99	0.60
7.00	0.17	27.71	0	12.00	0.17	34.64	0.50
7.00	0.18	27.02	0	12.00	0.18	34.29	0.40
7.00	0.19	26.67	0	12.00	0.19	33.60	0.30
7.00	0.20	26.33	0	12.00	0.20	33.26	0.20
7.00	0.21	25.98	0	12.00	0.21	32.91	0
7.00	0.22	25.29	0	12.00	0.22	32.22	0
7.00	0.23	24.94	0	12.00	0.23	31.87	0

2. 盐层尾管

采用博孜、大北盐层尾管顶部、底部作业过程中实际数据，分别计算底部在套管内压增大、盐层蠕变、盐层蠕变+套管内压增大、顶部套管内压增大4种条件下对水泥石弹性模量、泊松比、抗压强度、抗拉强度的要求，并求出顶部、底部力学性能要求的交集；选取最危险的力学参数（弹性模量最大值、泊松比最小值）复核套管内压减小时水泥环失效情况，最终得到四开尾管水泥石力学性能要求（表5-20）。表中每一组组合代表对水泥石弹性模量、泊松比、抗压强度、抗拉强度下限的要求。

表5-20 四开尾管水泥石力学性能要求

弹性模量/GPa	泊松比	抗压强度/MPa	抗拉强度/MPa	弹性模量/GPa	泊松比	抗压强度/MPa	抗拉强度/MPa
3.00	0.14	50.58	0	8.00	0.14	54.73	0
3.00	0.15	50.23	0	8.00	0.15	53.69	0
3.00	0.16	49.54	0	8.00	0.16	52.31	0
3.00	0.17	48.84	0	8.00	0.17	51.27	0
3.00	0.18	48.15	0	8.00	0.18	50.23	0
3.00	0.19	47.11	0	8.00	0.19	49.19	0
3.00	0.20	46.42	0	8.00	0.20	47.80	0
3.00	0.21	45.73	0	8.00	0.21	46.77	0
3.00	0.22	45.03	0	8.00	0.22	45.38	0
3.00	0.23	44.34	0	8.00	0.23	44.34	0
4.00	0.14	54.04	0	9.00	0.14	53.35	0
4.00	0.15	53.35	0	9.00	0.15	52.31	0
4.00	0.16	52.31	0	9.00	0.16	51.27	0
4.00	0.17	51.62	0	9.00	0.17	49.88	0
4.00	0.18	50.92	0	9.00	0.18	48.84	0
4.00	0.19	49.88	0	9.00	0.19	47.46	0
4.00	0.20	49.19	0	9.00	0.20	46.42	0
4.00	0.21	48.15	0	9.00	0.21	45.03	0
4.00	0.22	47.11	0	9.00	0.22	43.99	0
4.00	0.23	46.42	0	9.00	0.23	42.61	0
5.00	0.14	55.43	0	10	0.14	51.62	0
5.00	0.15	54.73	0	10	0.15	50.58	0
5.00	0.16	53.69	0	10	0.16	49.54	0

续表

弹性模量/GPa	泊松比	抗压强度/MPa	抗拉强度/MPa	弹性模量/GPa	泊松比	抗压强度/MPa	抗拉强度/MPa
5.00	0.17	52.65	0	10	0.17	48.50	0
5.00	0.18	51.96	0	10	0.18	47.11	0
5.00	0.19	50.92	0	10	0.19	46.07	0
5.00	0.20	49.88	0	10	0.20	44.69	0
5.00	0.21	48.84	0	10	0.21	43.30	0
5.00	0.22	47.80	0	10	0.22	41.92	0
5.00	0.23	46.77	0	10	0.23	40.53	0
6.00	0.14	55.77	0	11.00	0.14	49.88	0
6.00	0.15	55.08	0	11.00	0.15	48.84	0
6.00	0.16	54.04	0	11.00	0.16	47.80	0
6.00	0.17	53.00	0	11.00	0.17	46.42	0
6.00	0.18	51.96	0	11.00	0.18	45.38	0
6.00	0.19	50.92	0	11.00	0.19	43.99	0
6.00	0.20	49.88	0	11.00	0.20	42.61	0
6.00	0.21	48.84	0	11.00	0.21	41.22	0
6.00	0.22	47.80	0	11.00	0.22	39.84	0
6.00	0.23	46.42	0	11.00	0.23	38.45	0
7.00	0.14	55.43	0	12.00	0.14	48.15	0
7.00	0.15	54.39	0	12.00	0.15	46.77	0
7.00	0.16	53.35	0	12.00	0.16	45.73	0
7.00	0.17	52.31	0	12.00	0.17	44.34	0
7.00	0.18	51.27	0	12.00	0.18	43.30	0
7.00	0.19	50.23	0	12.00	0.19	41.92	0
7.00	0.20	49.19	0	12.00	0.20	40.53	0
7.00	0.21	48.15	0	12.00	0.21	39.14	0
7.00	0.22	46.77	0	12.00	0.22	37.76	0
7.00	0.23	45.73	0	12.00	0.23	36.37	0

3. 盐层回接套管

采用回接套管顶部、底部作业过程中实际数据，分别计算顶部在套管内压增大、底部在套管内压增大＋温度升高时对水泥石弹性模量、泊松比、抗压强度、抗拉强度的要求；选取最危险的力学参数（弹模最大、泊松比最小）复核底部套管内压减小时水泥环失效情况，最终得到四开回接套管水泥石力学性能要求。由于四开回接套管封固井段较长，故底部和顶部水泥石力学性能要求分别给出（表5-21和表5-22）。表中每一组组合代表对水泥石弹性模量上限、泊松比、抗压强度、抗拉强度下限的要求。

表5-21 盐层回接套管底部水泥石力学性能要求

弹性模量/GPa	泊松比	抗压强度/MPa	抗拉强度/MPa	弹性模量/GPa	泊松比	抗压强度/MPa	抗拉强度/MPa
3.00	0.18	17.29	0	8.00	0.18	27.28	0
3.00	0.19	16.90	0	8.00	0.19	26.51	0
3.00	0.20	16.52	0	8.00	0.20	26.13	0
3.00	0.21	16.14	0	8.00	0.21	25.36	0
3.00	0.22	15.75	0	8.00	0.22	24.97	0
3.00	0.23	15.37	0	8.00	0.23	24.20	0
4.00	0.14	21.51	0	9.00	0.14	31.12	0.40
4.00	0.15	20.75	0	9.00	0.15	30.74	0.20
4.00	0.16	20.36	0	9.00	0.16	29.97	0.10
4.00	0.17	19.98	0	9.00	0.17	29.58	0
4.00	0.18	19.59	0	9.00	0.18	28.81	0
4.00	0.19	19.21	0	9.00	0.19	28.43	0
4.00	0.20	18.83	0	9.00	0.20	27.66	0
4.00	0.21	18.06	0	9.00	0.21	27.28	0
4.00	0.22	17.67	0	9.00	0.22	26.51	0
4.00	0.23	17.29	0	9.00	0.23	25.74	0
5.00	0.14	23.44	0	10.00	0.14	33.04	0.70
5.00	0.15	23.05	0	10.00	0.15	32.27	0.60
5.00	0.16	22.67	0	10.00	0.16	31.89	0.40
5.00	0.17	22.28	0	10.00	0.17	31.12	0.30
5.00	0.18	21.51	0	10.00	0.18	30.74	0.10
5.00	0.19	21.13	0	10.00	0.19	29.97	0
5.00	0.20	20.75	0	10.00	0.20	29.58	0
5.00	0.21	19.98	0	10.00	0.21	28.81	0
5.00	0.22	19.59	0	10.00	0.22	28.05	0
5.00	0.23	18.83	0	10.00	0.23	27.28	0
6.00	0.14	25.74	0	11.00	0.14	34.58	1.10

续表

弹性模量/GPa	泊松比	抗压强度/MPa	抗拉强度/MPa	弹性模量/GPa	泊松比	抗压强度/MPa	抗拉强度/MPa
6.00	0.15	24.97	0	11.00	0.15	34.19	0.90
6.00	0.16	24.59	0	11.00	0.16	33.43	0.80
6.00	0.17	24.20	0	11.00	0.17	33.04	0.60
6.00	0.18	23.44	0	11.00	0.18	32.27	0.50
6.00	0.19	23.05	0	11.00	0.19	31.89	0.30
6.00	0.20	22.67	0	11.00	0.20	31.12	0.10
6.00	0.21	21.90	0	11.00	0.21	30.35	0
6.00	0.22	21.51	0	11.00	0.22	29.58	0
6.00	0.23	20.75	0	11.00	0.23	29.20	0
7.00	0.14	27.66	0	12.00	0.14	36.50	1.50
7.00	0.15	26.89	0	12.00	0.15	35.73	1.30
7.00	0.16	26.51	0	12.00	0.16	35.35	1.10
7.00	0.17	26.13	0	12.00	0.17	34.58	1.00
7.00	0.18	25.36	0	12.00	0.18	33.81	0.80
7.00	0.19	24.97	0	12.00	0.19	33.43	0.70
7.00	0.20	24.20	0	12.00	0.20	32.66	0.50
7.00	0.21	23.82	0	12.00	0.21	31.89	0.30
7.00	0.22	23.05	0	12.00	0.22	31.50	0.10
7.00	0.23	22.67	0	12.00	0.23	30.74	0

表 5-22 盐层回接套管顶部水泥石力学性能要求

弹性模量/GPa	泊松比	抗压强度/MPa	抗拉强度/MPa	弹性模量/GPa	泊松比	抗压强度/MPa	抗拉强度/MPa
3.00	0.14	20.75	1.60	8.00	0.14	41.11	5.10
3.00	0.15	19.98	1.40	8.00	0.15	40.34	4.80
3.00	0.16	19.21	1.20	8.00	0.16	39.19	4.50
3.00	0.17	18.44	1.00	8.00	0.17	38.04	4.20
3.00	0.18	17.67	0.80	8.00	0.18	36.88	3.90
3.00	0.19	16.90	0.60	8.00	0.19	35.73	3.60
3.00	0.20	16.52	0.40	8.00	0.20	34.58	3.30

续表

弹性模量/GPa	泊松比	抗压强度/MPa	抗拉强度/MPa	弹性模量/GPa	泊松比	抗压强度/MPa	抗拉强度/MPa
3.00	0.21	16.14	0.10	8.00	0.21	33.43	3.00
3.00	0.22	15.75	0	8.00	0.22	32.27	2.60
3.00	0.23	15.37	0	8.00	0.23	31.12	2.30
4.00	0.14	25.36	2.30	9.00	0.14	44.95	5.80
4.00	0.15	24.59	2.10	9.00	0.15	43.80	5.50
4.00	0.16	23.82	1.80	9.00	0.16	42.65	5.20
4.00	0.17	23.05	1.60	9.00	0.17	41.49	4.90
4.00	0.18	22.28	1.40	9.00	0.18	40.34	4.60
4.00	0.19	21.13	1.10	9.00	0.19	39.19	4.30
4.00	0.20	20.36	0.80	9.00	0.20	38.04	4.00
4.00	0.21	19.59	0.60	9.00	0.21	36.88	3.60
4.00	0.22	18.44	0.30	9.00	0.22	35.35	3.30
4.00	0.23	17.29	0	9.00	0.23	34.19	2.90
5.00	0.14	29.97	3.00	10.00	0.14	48.02	6.50
5.00	0.15	28.81	2.70	10.00	0.15	47.26	6.20
5.00	0.16	28.05	2.50	10.00	0.16	46.10	5.90
5.00	0.17	27.28	2.20	10.00	0.17	44.95	5.60
5.00	0.18	26.13	2.00	10.00	0.18	43.80	5.30
5.00	0.19	25.36	1.70	10.00	0.19	42.65	5.00
5.00	0.20	24.20	1.40	10.00	0.20	41.11	4.70
5.00	0.21	23.05	1.10	10.00	0.21	39.96	4.30
5.00	0.22	21.90	0.80	10.00	0.22	38.80	4.00
5.00	0.23	21.13	0.50	10.00	0.23	37.27	3.60
6.00	0.14	33.81	3.70	11.00	0.14	51.48	7.30
6.00	0.15	33.04	3.40	11.00	0.15	50.33	7.00
6.00	0.16	31.89	3.20	11.00	0.16	49.18	6.70
6.00	0.17	31.12	2.90	11.00	0.17	48.02	6.40
6.00	0.18	29.97	2.60	11.00	0.18	46.87	6.00
6.00	0.19	28.81	2.30	11.00	0.19	45.72	5.70

续表

弹性模量/GPa	泊松比	抗压强度/MPa	抗拉强度/MPa	弹性模量/GPa	泊松比	抗压强度/MPa	抗拉强度/MPa
6.00	0.20	27.66	2.00	11.00	0.20	44.57	5.40
6.00	0.21	26.89	1.70	11.00	0.21	43.03	5.00
6.00	0.22	25.74	1.40	11.00	0.22	41.88	4.70
6.00	0.23	24.59	1.10	11.00	0.23	40.72	4.30
7.00	0.14	37.65	4.40	12.00	0.14	54.56	8.00
7.00	0.15	36.50	4.10	12.00	0.15	53.40	7.70
7.00	0.16	35.73	3.80	12.00	0.16	52.25	7.40
7.00	0.17	34.58	3.50	12.00	0.17	51.10	7.10
7.00	0.18	33.43	3.30	12.00	0.18	49.95	6.70
7.00	0.19	32.27	3.00	12.00	0.19	48.79	6.40
7.00	0.20	31.12	2.60	12.00	0.20	47.64	6.10
7.00	0.21	29.97	2.30	12.00	0.21	46.10	5.70
7.00	0.22	28.81	2.00	12.00	0.22	44.95	5.40
7.00	0.23	27.66	1.60	12.00	0.23	43.80	5.00

塔里木油田分析讨论了各层套管水泥石力学性能要求，结果表明：在用水泥浆体系除盐层段和回接井口段水泥石失效风险较高，井口段发生拉伸破坏，盐层段发生剪切破坏；其他套管水泥环在各种工况下失效风险较低；在盐层段宜采用高强度水泥浆体系，在井口段宜采用弹性水泥浆体系，可有效降低水泥环破坏风险。

三、水泥石力学性能改性

目前针对水泥石的力学性能改性问题，主要从两方面进行研究：一是从水泥浆体系性能的角度，调整水泥浆的流变性、悬浮稳定性、滤失控制能力等关键参数，使水泥浆尽可能在井下形成优质完整的水泥环，从而改善水泥环的完整性，但是，由于未从本质上改变水泥石的组分、微观结构，其改善水泥环完整性的作用和效果有限；二是从材料学的角度，通过向水泥浆中掺入有机或无机材料，如纤维、胶乳、弹性颗粒等，改善水泥石的韧性和力学性能，从而直接提高水泥环的完整性。塔里木油田基于水泥环的拉伸破坏力学损伤失效形式和失效机理，选取有机纤维材料对水泥浆体系进行力学性能改性。

聚乙烯醇纤维与聚酯纤维，均属有机纤维，其外观形貌如图 5-22 和图 5-23 所示，其特点在于：（1）有机纤维自身具有较高的抗拉强度和延展性；（2）"纤维—水泥环"具有较高的黏附性和较好的相容性，能够形成具有各向异性的高韧性水泥环；（3）纤维材料可以对水泥环中缺陷处的裂纹尖端应力场形成屏蔽，以达到提高水泥环断裂韧性的目的。两种纤维改善对水泥浆常规性能的影响数据、对水泥石力学性能的改善数据，见表 5-23 和表 5-24。

图 5-22 聚乙烯醇纤维外观图　　　　图 5-23 聚酯纤维外观图

表 5-23　材料改性实验配方组成

配方	纤维加量 / %	水泥 / g	铁矿粉 / g	氯化钠 / g	降失水剂 / g	分散剂 / g	缓凝剂 / g	纤维 / g
基础配方	0	800	200	32	20.6	41.3	8.3	0
聚乙烯醇纤维	0.1	799.2	200	32	20.6	41.3	8.3	0.8
	0.2	798.4	200	32	20.6	41.3	8.3	1.6
	0.3	797.6	200	32	20.6	41.3	8.3	2.4
聚酯纤维	0.1	799.2	200	32	20.6	41.3	8.3	0.8
	0.2	798.4	200	32	20.6	41.3	8.3	1.6
	0.3	797.6	200	32	20.6	41.3	8.3	2.4

表 5-24　纤维加量与养护时间对水泥石抗拉强度的影响

配方	纤维加量 / %	流动度 / cm	密度 / (g/cm³)	7天抗拉强度 / MPa	14天抗拉强度 / MPa
基础配方	0	25	2.2	1.48	1.65
聚乙烯醇纤维	0.1	22	2.2	1.78	1.86
	0.2	21	2.19	2.06	2.24
	0.3	21	2.19	1.89	1.98
聚酯纤维	0.1	22	2.2	2.12	2.33
	0.2	21	2.19	2.64	2.78
	0.3	20	2.18	2.55	2.65

可以看出，随纤维加量的增加，水泥浆体系的流动度有所降低，表明体系的流动能力有一定的下降，不过流动度都在 20cm 以上，均在可接受的范围以内。同时，密度有所降

低，究其原因，在于虽然纤维自身密度不低、且加量也较小，但是其加入将导致浆体内的网架结构大幅增多，配浆过程中混入浆体的小气泡将难以被有效清除而对密度造成一定程度的影响，如下井下小气泡将被压缩而消除其对水泥浆密度的影响，为此，虽可影响在地面条件下对体系密度的测量，但对井下密度无大的影响；水泥石的抗拉强度大幅增加，从而证实了两种材料改善水泥石力学性能的效果，但是，值得注意的是在 0.3% 纤维加量的情况下，水泥石的抗拉强度不仅没有增加，反而有所降低，表明此时纤维的量过大、体系内的网架结构过多，致使混入浆体的小气泡不能有效排除，影响水泥浆体系的密实程度，甚至在水泥石内部形成小气孔、引发应力集中而导致抗拉强度降低，另外，也有可能是纤维过多，不仅不能增加纤维与水泥颗粒水化产物粘接的数量，而且有可能影响纤维与水泥颗粒水化产物粘接的效率和质量，从而导致抗拉强度降低。

由于刚开始水泥浆发生水化反应时速度较慢，纤维与水泥基体之间的结合力不强，导致低掺量下水泥石水浴养护 3 天之后的抗拉强度较空白样低。随着养护时间的延长，水泥石的抗拉强度得到明显的改善，养护 7 天之后加有纤维的水泥石其抗拉强度得到大幅度的提升，并且当纤维加量为 0.2% 时，抗拉强度达到最高，加有 0.2% 聚乙烯醇纤维和 0.2% 聚酯纤维的水泥石，其抗拉强度分别比空白样提高了 35.8% 与 68.4%。

第六章　超深井固井质量评价

目前，针对固井质量的评价主要通过测井解释结果进行，就目前研究和应用现状而言，固井测井质量评价主要是针对固井作业结束后的结果进行的评价，造成其结果好坏的原因不清楚，对于改善今后油气井固井作业和固井质量不能起到指导性作用。而决定固井质量的关键在于固井过程中各个环节对技术措施的落实情况，因此，对固井作业过程的控制和评价显得尤为重要。固井作业过程评价需从固井施工设计、固井准备、下套管过程、注替水泥浆过程、水泥浆性能、候凝钻塞情况等方面进行全过程评价。

第一节　固井作业过程评价

一、施工设计评价

固井施工设计是保障固井质量的基础，其科学性和准确性直接关系到固井安全和固井质量。固井施工设计评价需从与钻井工程设计一致性、套管串设计合理性、固井浆体设计合理性等方面开展评价，提高施工设计对固井施工的指导性和质量把控能力。

（1）与钻井工程设计或标准规范的一致性。

套管、固井方式、水泥返高、质量要求等是否与钻井工程设计一致，是否符合相关标准规范，并按规定流程完成审批。

（2）地质工程情况描述。

是否根据实钻资料，描述地质分层、地层压力、电测井温、井径、井斜、方位、油气水层和蠕变地层位置、井身结构、钻井设备（钻机型号、钻井泵型号、旋转控制头性能参数）、钻井液性能、后效情况、油气水显示、钻井液复杂及处理等内容。

（3）固井难点分析与针对性技术措施。

是否对邻井进行固井施工情况分析、安全密度窗口分析、固井难点分析，并制定针对性技术措施。

（4）井眼准备要求。

是否对地层承压、通井钻具组合、循环、井眼清洁、刮壁称重、铣回接筒、钻井液性能、加重钻井液及加重材料等明确技术要求。

（5）套管串设计。

套管附件、变螺纹接头与套管强度、螺纹类型、通径是否一致；固井工具及附件位置设计是否合理，尾管固井送入钻具是否进行强度校核；扶正器类型、数量及安放位置是否满足居中度要求，并进行居中度模拟。

（6）固井浆体设计。

水泥浆和隔离液性能是否满足施工需求和良好顶替需求；小样、半大样、大样、污染试验等数据是否完整且满足施工要求；水泥浆用量、隔离液用量、双凝界面设计及依据是否合理。

（7）注替参数设计。

各阶段注替参数设计是否满足压稳防漏及良好顶替效率需求；是否有针对油气水层等关注点的全过程压稳分析；是否有针对薄弱层承压能力进行全过程漏失风险分析；控压固井是否有下套管和固井全程的控压参数；是否有顶替效率模拟图和施工最高泵压计算。

（8）施工时效。

是否有包括各种浆体注替顺序、用量、密度、排量、泵压、注替时间、碰压值等信息的施工时效表；是否有尾管固井注替结束后的起钻、灌浆及循环排污要求；是否有分级固井的投弹、开孔、循环排污程序及要求；是否有回接固井插入头试插、循环、插入要求；是否有候凝措施及开井要求；是否有包括但不限于旋转下套管、漂浮下套管、旋转尾管固井、正注反挤、控压固井、干井筒固井等特殊工艺固井的方案设计。

（9）固井应急预案和 HSE 预案。

是否根据现场实际井况，结合固井工艺和浆体性能，进行全过程可能发生的井漏、井涌、遇阻、遇卡、尾管提前坐挂、井下落物、循环通道堵塞、固井工具和附件失效等风险识别，针对可能存在的风险制定处理预案。是否根据国家、当地政府有关健康、安全与环境保护法律、法规相关文件的规定，制定相应的健康、安全、环保预案。

二、固井准备评价

固井准备工作评价需从技术交底、套管准备、固井工具及附件准备、井眼准备等方面开展评价，明确固井准备工作是否为固井施工创造了良好条件。

（1）技术交底。

固井施工前，是否对钻井设备准备情况（含钻井泵、提升系统、循环系统、封井器等）和固井设备准备情况［配浆水罐冬季保温和夏季遮盖、水泥车（橇）、灰罐车及立式灰罐、辅助固井设备等］进行技术交底；是否对相关施工方介绍固井工艺流程，并提出相关方要求。

（2）套管、固井工具及附件准备。

到场及入井套管记录、丈量记录，钻具探伤、通径及套管通径记录，固井工具及附件资料信息是否齐全（规格、型号、出厂证、检测证、合格证），是否绘制草图。

（3）井眼准备。

是否按施工设计进行地层承压试验，地层承压值是否满足施工压力要求；通井钻具组合和刚度比是否满足设计要求；固井前是否按设计进行循环、刮壁称重，钻井液性能调整、水泥浆及隔离液性能优化；是否满足设计要求；油气水上窜速度及气测值是否满足井控要求。

三、施工过程评价

固井施工过程评价需从下套管、注替水泥浆、憋压候凝等方面进行评价，确认施工全程是否具有科学性和规范性。

(1)下套管。

封井器闸板芯子是否与套管匹配,是否准备相应防喷单根(立柱);下套管是否是专业队伍;下套管扭矩记录是否与推荐扭矩一致;气密性螺纹套管是否进行气密检测;下套管是否有中途顶通循环,顶通循环位置是否合理;是否按施工设计进行扶正器安放、下放速度控制;是否记录有套管到位后开泵、循环、下压吨位、悬挂器坐挂压力、打通球座压力、坐挂后的节流压力等数据;下套管复杂处理是否合理。

(2)注替水泥浆。

套管到位后是否充分循环排后效;是否进行流量计校正、钻井泵上水效率确定、水泥头与管线试压;施工作业是否连续;是否采用人工、录井、三参数仪记录入井流体密度、注替量、排量、泵压及碰压值,且是否与施工设计一致;分级箍开关孔压力及循环排污是否合理;尾管注替结束后起钻高度、灌浆、循环排污等是否合理;固井施工复杂处理是否及时、合理;是否按照要求进行套管坐挂。

(3)候凝及后续作业评价。

候凝措施是否执行施工设计和规范;候凝期间是否进行其他作业;候凝时间是否按照水泥浆强度养护时间而定;探塞、钻塞、管串试压是否符合设计要求,是否对水泥返高不够、试压不合格、油气水窜等质量问题进行补救。

综合上述评价内容,塔里木油田推荐采用固井施工全过程打分的形式进行过程评价,并作为固井质量控制的关键环节,将其纳入承包商的考核。具体评价打分表见表6-1。

表6-1 固井施工全过程评价表

固井施工全过程评价表							
区块		井号		井别		套管层序	
井深/m		钻井队号		固井队号		水泥车型号	
设计返高/m		实际返高/m		固井方式		井底温度	
钻井液体系		钻井液密度/(g/cm³)		悬挂固井上塞		固井时间	
套管排列	井段/m	外径/mm	壁厚/mm	钢级	螺纹类型	厂家	扶正器
水泥浆体系		水泥浆密度/(g/cm³)		封固井段/m			
项目	技术要求	指标			满分	实际情况	实际得分
固井施工设计	严格按照固井技术规范进行设计	符合要求			2		
	严格按照固井管理规定审批签字	符合要求			2		

续表

固井施工全过程评价表					
井眼准备	下套管前井眼净化	符合设计要求	2		
	通井情况	符合设计要求	2		
	井眼扩大率	符合钻井设计要求	4		
	井眼轨迹	符合钻井设计要求	2		
	固井前不溢不漏、油气上窜速度	符合设计要求	5		
	固井前循环	>1.5 循环周	2		
钻井液性能	屈服值	密度≤1.30g/cm³，小于5Pa；1.30g/cm³＜密度≤1.80g/cm³，小于8Pa；密度＞1.80g/cm³，小于15Pa	3		
	塑性黏度	符合设计要求	2		
	初切/终切	符合设计要求	3		
	滤失量	符合设计要求	2		
水泥及现场水泥浆试验	现场水泥配方	符合设计	4		
	水泥混拌质量	密度及稠化时间检验符合设计	2		
	水泥浆试验（流动度、相容性、水泥石强度等试验）	符合设计要求	4		
下套管、固井准备	套管厂家技术人员上井指导上扣	有	1（奖励）		
	套管上扣扭矩，套管扶正器加放	符合设计要求	4		
	浆柱设计（含密度、三压稳、紊流接触时间等）	符合设计要求	4		
	固井设计中有套管居中度、顶替效率模拟计算	套管居中度≥67%、顶替效率≥90%	8		
	下套管前和固井施工协调会	及时组织	2		
固井施工	精细控压压力平衡法固井	是	1（奖励）		
	是否配备专职固井监督	是	1（奖励）		
	水泥浆密度波动范围（g/cm³）	密度±0.02	5		
	注、替浆量	符合设计要求	5		
	注、替浆排量	符合设计要求	5		
	井口套压控制	符合设计要求	2		
	固井作业程序衔接停止时间/min	≤3	3		
	过程水泥浆密度监测与记录间隔	2~3min/点	2		
	活动套管	注替过程中活动套管	2（奖励）		
	固井工具失效	浮箍倒返、分级箍、悬挂器失效等	5（扣分）		

续表

固井施工全过程评价表			
固井施工	三参数施工记录曲线	有	2
	是否井漏	无	4
	水泥返高	符合设计要求	3
	碰压	是	2
后续作业	候凝方式	符合设计要求	2
	候凝期间不进行井下作业	符合设计要求	2
	试压	符合设计要求	2
	探、钻塞	符合设计要求	2
总分			—
钻井工程师		钻井液工程师		固井工程师	
评价时间	年 月 日	钻井监督		固井监督	
备注： （1）奖励分值记入总分，超过100分，按100分计。 （2）现场有固井监督由固井监督牵头填写，五方确认；无固井监督则由钻井监督牵头填写，四方确认签字。 （3）此表钻井监督留档，随固井资料一起上交生产单位。			

第二节 固井质量测井评价

一、测井评价要求

（1）测井时间。

固井质量测井时间主要依据水泥浆强度发展情况而定，一般在候凝结束钻完塞后进行。一般情况下，常规密度水泥固井候凝时间浅井不少于24h，深井不少于48h，超深井不少于72h。低密度水泥固井候凝时间不少于48h。特殊工艺固井候凝时间根据具体设计而定[18-19]。

（2）测井设计及工艺选择。

①在表层套管和13.375in及以上的技术套管应该选用大尺寸专用固井质量测井仪器测井。

②技术套管和回接套管一般选用CBL/VDL测井。

③在大斜度井段和水平井段，宜选择具有较高环向分辨率且记录方位曲线的分扇区衰减率型水泥胶结测井、分扇区声幅型水泥胶结测井、声阻抗类测井或带有密度成像的伽马密度测井等。

④若CBL/VDL测井或其他单种测井项目后仍需进一步明确固井质量的，可加测其他新技术测井项目。

⑤在"三高"井和储气库井的目的层套管段、盖层套管段和回接生产套管段应加测套后超声—挠曲波测井。

（3）测井条件。

①测井仪器应安装与套管内径和井斜角相适应的扶正器。

②测井前尽量进行套管刮壁，套管表明水泥块对测井资料有明显影响，可能会影响解释评价准确性。

③固井作业后，应避免套管内压力波动、温度急剧变化或候凝期间套管内憋压时间过长。除特殊情况外，在水泥胶结测井前不宜进行固井段的井下作业，保持本井及周边一定半径范围内与固井井段相应的地层压力处于静态环境，以防水泥环出现微环空间隙。

④对于充液微环空间隙，厚度大于 0.1mm 对水泥胶结类测井响应产生明显的不利影响，厚度大于 0.25mm 对声阻抗测井响应产生明显的不利影响，可在套管内加压进行水泥胶结类测井，加压大小随微环空间隙形成原因而变。套管内加压值应小于套管抗内压强度的 70%，小于套管鞋或尾管顶部的试压压力。

（4）资料质量。

CBL/VDL 测井和分扇区声幅型水泥胶结测井原始资料，应符合 SY/T 5132—2012《石油测井原始资料质量规范》。

二、测量原理及适应性

（1）声幅变密度测井 CBL/VDL。

①测量原理。

早期的固井质量测井只采集 CBL（声幅测井），CBL 采用单发单收声系，源距为 3ft（0.91m）。可以近似认为，发射换能器发出声波，其中以临界角入射的声波，在钻井液与套管的界面上折射，产生沿这个界面在套管中传播的滑行波（即套管波），套管波又以临界角折射进入井内钻井液到达接收换能器被接收。仪器测量记录套管波的第一峰的幅度值（以 mV 为单位），即水泥胶结测井曲线。这个幅度值的大小除了决定于套管与水泥胶结程度外，还受套管尺寸、水泥环强度和厚度以及仪器居中情况的影响。

VDL（变密度测井）是在 CBL 的基础上发展起来的，VDL 利用单发单收声系进行全波列测量，源距为 5ft（1.52m），在 1ms 的时间间隔内，能够测量套管波、水泥环波、地层波、泥浆波等。在测量时把信号幅度的正半周保留，将负半周去掉，正半周的信号输入到调辉管，将声波幅度的大小转变为光辉度的强弱，信号为零幅度时用灰色表示，正幅度用黑色表示，黑色的深浅表示信号幅度的大小；负半周用白色表示，在照相记录仪上就显示出随深度变化的黑、白相间的条纹，即显示为声波信号的强度—时间记录。

②套管井中声波波形与固井质量的关系。

固井的目的是要使套管与地层之间的环形空间全部为水泥所充填且第一和第二界面均胶结良好。通常水泥与套管、水泥与地层的胶结情况一般可分为自由套管、第一界面未胶结、第二界面未胶结、完全胶结和扇形窜槽等情况。

自由套管：套管与地层间完全无水泥，全部被流体充填。无水泥胶结的自由套管中，其套管波的幅度最大（刻度时的最大值），套管波有一致的频率，波形持续时间长，无地层波。通过确定自由套管波幅度，来刻度目的层套管波的相对幅度，用以判断水泥胶结情况。

第一界面未胶结：第一界面指的是套管与水泥胶结的界面。如果第一界面的周向上某部分没有水泥或者有水泥而没有胶结，这就是第一界面未胶结。在这种情况下，可能给流体运动形成通道，称为窜槽。在常规井及常规水泥固井中，利用套管波可有效地确定第一界面的胶结状况。对于快速地层，不能直接利用变密度测井来评价第一界面。

第二界面未胶结：第二界面指地层与水泥之间胶结的界面。只有第一界面胶结好时，才能有更多的声能量进入水泥环，套管波幅度就会发生明显的降低，这时如果第二界面的周向上某部分没有水泥或者有水泥而没有胶结，也就是第二界面未胶结。这种情况下的套管波信号没有或者很弱，而地层波信号没有或者很弱。这样通过对地层波信号的强弱及连续性对比就可以进行第二界面胶结质量综合评价。

完全胶结：完全胶结是指第一界面、第二界面都胶结好，这时的套管波没有信号或有极弱的信号，而地层波信号最强且连续。

扇形窜槽：在水泥胶结的各种情况中，环隙关于井轴对称是一个简化的过程。实际上，还存在另外一种情形，即窜槽只是具有一定的角度，而并不是360°存在。这种情形的窜槽称之为扇形窜槽。

③适用性。

套管波成分具有频率稳定、容易识别和提取的优势，所以最大限度的利用好套管波信息对水泥胶结进行定量评价是经济实惠的方法，而变密度测井是最常用的。但在复杂井眼、储气库井中，由于VDL是信号的综合反映，在胶结中等情况下对微环空、微间隙、部分胶结和窜槽无法精确评价，必须结合其他特殊固井测井技术来解决此类问题。

（2）扇区水泥胶结测井SBT。

①测量原理。

SBT仪器有6个极板，每个极板上有1个发射探头和1个接收探头，共计6个发射探头和6个接收探头，分别用于发射声波和接收声波；测井时SBT安装的6个动力推靠臂各把一块发射和接收换能器滑板贴在套管内壁上，6个极板上的12个高频定向换能器不断的发射和接收声波信号，当发射器在每个区块上发射时，两相邻极板上的接收器测量声波幅度，这两个幅度分别为远、近接收器所接收。声波经过两接收器之间空间的能量损失，可直接作为衰减测量，由此可推导出套管外60°（或45°）范围内的水泥胶结质量，衰减测量结果得到完全的补偿。由于测井时同时测量6个极板分属的6个区域信息，因而可得到6条分区的套管水泥胶结评价曲线，故该仪器称为"分区水泥胶结测井仪"或"扇区水泥胶结测井仪"。声波衰减率（ATAV）的起伏，反映水泥胶结的纵向不均匀性。若曲线起伏频繁、剧烈，则反映水泥环时断时续，或出现空隙。曲线平直，则反映水泥环纵向胶结均匀。

②适用性。

SBT声波幅度测量纵向上至少可以分辨出0.2m的自由环空及0.4m的水泥环。由于边界效应的影响，所测的ATAV值并不等于水泥胶结良好或自由套管处的值。但在相当于CBL的AMAV（平均声波幅度）曲线上则显示胶结不好。对于0.1m的自由环空，SBT则分辨不出来。

由于SBT相比于传统CBL-VDL有分辨率高，能分扇区评价的优势，在油田深井（直井）目的层段套管固井测量一般选择SBT仪器。而由于SBT仪器自重较大，在水平井和大斜度井中扶正器不能提供良好的支撑可能造成顶部探头未能贴靠套管壁的问题。实践证明SBT在直井中测井效果较好，水平井和大斜度井中效果一般，在低密度水泥固井应用也受到限制。

（3）IBC测井。

①测量原理。

IBC套后成像仪（Isolation Scanner）是斯伦贝谢公司用于套管及固井质量评价的仪器，它通过结合两种声波技术：经典的脉冲回波技术和最新的挠曲波成像，可以准确评价任何水泥类型，包括从传统水泥浆和重水泥浆到轻质水泥浆和泡沫水泥。这种新方法可以比常规技术更广泛的适用条件下提供实时的固井质量评价服务。结合其两种相互独立的测量，该仪器可以获得套管内壁光滑度、套管内径、套管厚度、套管与水泥的胶结、水泥与地层的胶结情况；另外，可以区分低密度固体和液体，从而分辨出轻质水泥、泡沫水泥和被污染的水泥。其全方位测量覆盖整个套管圆周，可发现水泥中的任何通道，从而确定固井作业是否达到有效的水力封隔。在条件有利的情况下，还可测定双层套管的居中情况。

IBC建立在原USIT仪器平台上，新旋转探头包含4个换能器，如图6-1所示。其中保留了USI换能器，垂直放置于仪器的一侧，用于生成和检测脉冲回波，而另外三个换能器（1个发射器，2个接收器）位于仪器的另一侧，成一定角度斜向排列，用于测量挠曲波衰减。挠曲波发射器同时发射250千赫左右的高频脉冲波束，在套管内激发挠曲振动模式。随着高频脉冲波束的传播，该震动模式将声能传入环空；声能会在具有声阻抗差异的界面（如水泥/地层界面）发生反射，然后会主要以弯曲波的形式由套管回传，从而将能量再传向套管内流体。两个接收换能器的位置设置合理，可以更好地采集这些信号，工作原理如图6-2所示。

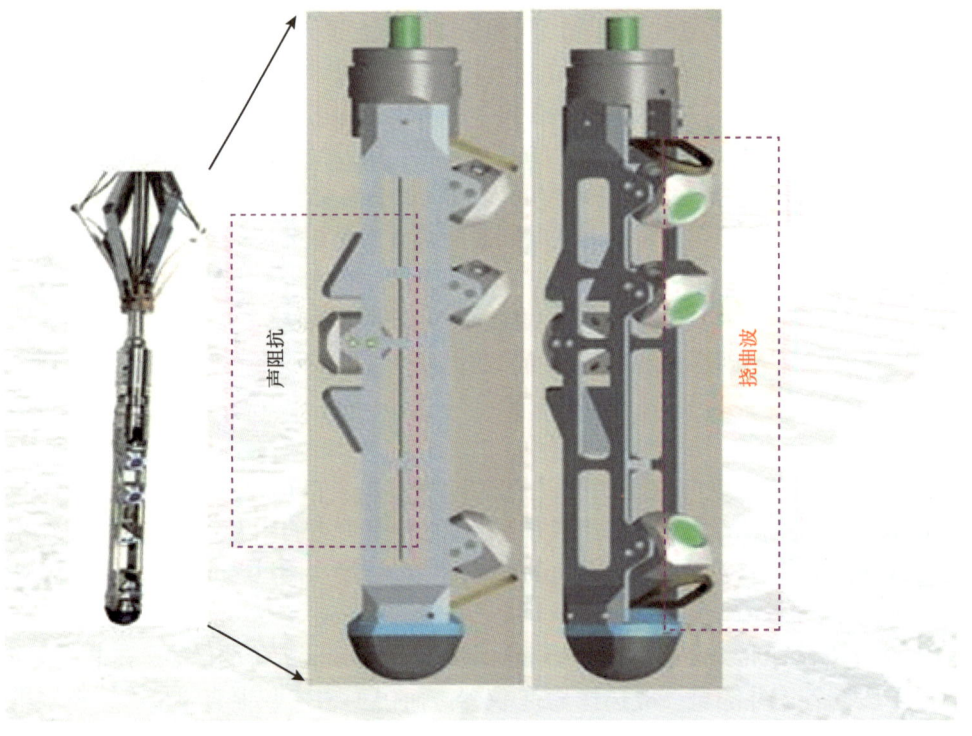

图6-1　IBC旋转探头

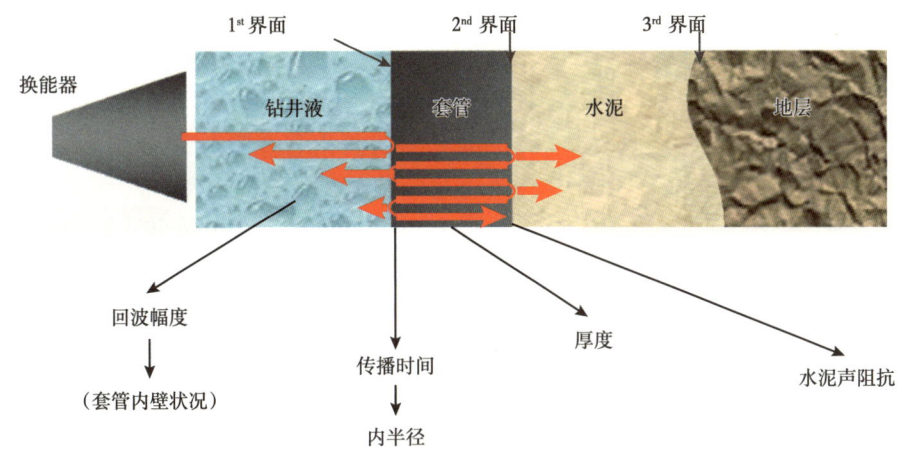

图 6-2　IBC 工作原理

②适用性。

能够用来进行水泥胶结质量评价：确定套管周围是否有水泥，水泥是否对套管起到固定和支持作用，水泥是否起到不同层间的隔离作用，水泥的声阻抗指示水泥的存在和质量。用于套管检查：通过测量套管的内半径、厚度以及计算内表面的粗糙度来监测套管的实际状况、套管腐蚀的识别、定位和定量评价井下作业、找捞或塑性地层引起的套管损坏，根据剩余套管厚度评价腐蚀和损坏情况，套管内部和外部的金属损失，确定和识别射孔层段，指示套管剖面和重量的变化。能够进行套管居中和套管扶正器检查：检查套管是否居中，套管偏心程度，检查套管外是否有扶正器。

测量前应保证井眼满足如下条件：套管内壁应刮干净，并循环井液清除井筒内的水泥残片、堵漏纤维等固体。对于已有射孔段的油气井，应压稳井筒，并筒应无泡沫或流动的气泡或油泡。井眼垮塌过大固井水泥胶结评价受影响。

（4）声波伽马密度测井（AMK2000）。

①测量原理。

伽马—伽马密度仪器 AMK-2000 由 MAK-9 声波变密度和 SGDT-100 伽马—伽马密度两部分组成。

MAK-9 声波测量原理：与现阶段国内大多数油田使用的 CBL/VDL 仪器结构及测量原理基本相同，所不同的是它不仅仅提取首波绝对幅度的大小，还要研究首波的幅度衰减和时间特性。通过设置固定时间窗口和滑动时间窗口，从而得到的 2 个全波列中提取首波到达近接收器 R1 的时间 T_1、首波到达远接收器 R2 的时间 T_2、首波时差、R1 记录的首波衰减 d_1、R2 记录的首波衰减 d_2、首波的衰减系数 α 等 6 条参数曲线。根据以上 6 个参数综合评价测量井段的第一界、第二界面水泥固井胶结质量。

SGDT-100 伽马—伽马密度测量原理：测井仪器在其下方有 1 个 260 毫居里的 137 铯放射源；在源距为 0.21m 的位置是 1 个套管壁厚探测器；在源距为 0.41m 的位置是 8 个扇区环空充填介质密度探测器；在源距为 1.17m 的位置是 1 个自然伽马探测器，如图 6-3 所示。这些探测器可以获得套管壁厚计数曲线 MZ、水泥密度计数率曲线 BZ1~8、自然伽马计数曲线 GK 等参数曲线。利用这些曲线并结合裸眼井径和地层密度等资料，根据

SGDT-100 伽马—伽马密度评价系统，通过模拟井中建立的解释模型，将壁厚和密度探头的计数率转换为相应的套管壁厚度（mm）和充填介质平均密度（g/cm³），并计算出套管偏心率。

②适应性。

AMK2000 对井筒和钻井液和水泥密度都有较高要求：井中充满无混合流体，密度不大于 1.40g/cm³；在快速地层井段，水泥密度应不小于 1.75g/cm³；套管壁厚宜为 5~12mm；水泥浆与钻井液密度之差应不小于 0.40g/cm³。

三、评价方法及标准

（1）第一界面评价。

①VDL 评价及标准。

在有 3ft（0.9144m）波形的情况下，使用 3ft（0.9144m）的波形数据提取套管波最大值，经过刻度进行第一界面胶结评价，在偏心的情况下，参考 5ft（1.524m）提取的首波幅度值，由于测量时受各种因素影响，在评价时参考变密度波列。在只有 5ft（1.524m）声波时，使用 5ft（1.524m）波形数据提取套管波参数来进行第一界面胶结评价。在评价过程中可以使用 CBL，水泥胶结强度，声波衰减率等参数进行一界面综合评价。

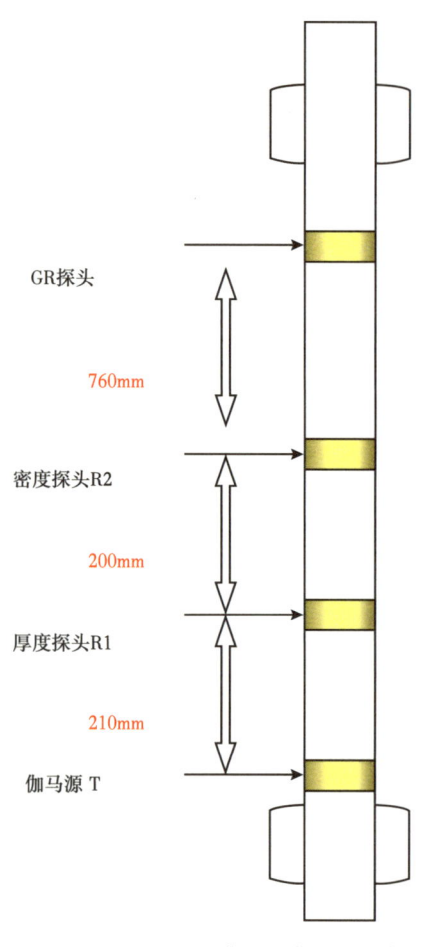

图 6-3 SGDT-100 伽马—伽马密度仪器结构示意图

由于前面所述套管尺寸和厚度以及水泥密度对声波幅度有影响，因此建立了不同套管体系的评价标准，表 6-2 是常规水泥密度第一界面评价标准，高密度水泥也使用同样的标准。

表 6-2 常用套管常规密度水泥固井"胶结中等"的 CBL 和衰减率评价指标

套管外径 / in（mm）	套管壁厚 / in（mm）	CBL/ %		衰减率 /（dB/ft）	
		上限	下限	上限	下限
4.5（114.3）	0.271（6.88）	15.0	6.5	8.1	5.3
5.0（127.0）	0.339（8.61）	24.5	11.5	7.4	4.9
5.5（139.7）	0.304（7.72）	18.0	8.0	7.6	5.0
	0.361（9.17）	27.5	12.5	7.2	4.9
	0.415（10.54）	34.0	18.0	7.2	5.1
7（177.8）	0.408（10.36）	31.0	15.5	7.1	5.1
	0.317（8.05）	19.5	9.0	7.5	5.0

续表

套管外径 / in（mm）	套管壁厚 / in（mm）	CBL/ %		衰减率 /（dB/ft）	
		上限	下限	上限	下限
7.875（200.0）	0.430（10.92）	34.0	18.5	7.2	5.2
9.625（244.5）	0.472（11.99）	36.0	20.0	7.5	5.6
	0.595（15.11）	48.0	26.5	8.8	7.2
13.375（339.7）	0.430（10.92）	28.0	15.0	7.2	5.2

② SBT 评价方法及标准。

六扇区 SBT 现场测量可得到的资料有：自然伽马 GR，套管接箍磁记号曲线 CCL，6 条套管波声幅值 AMP1~AMP6，平均、最大、最小声幅值 AAVG、AMAX、AMIN，5ft 声波值 AM5F，6 条套管波到时 TTS1~TTS6，5ft 套管波到时 TT5F，CBL 胶结指数 BI，衰减系数 ATTN，张力 TEN，相对方位 RB，以及 VDL 波形数据。

试验结果和实际资料显示水泥环衰减率平均值 ATAV 与最小值 ATMN 的差值与水泥环抗压强度 St 与水泥的胶结质量存在一一对应关系。利用 SBT 资料评价固井质量的标准见表 6-3。

表 6-3　SBT 固井质量评价标准

水泥环抗压强度 St（psi）	连续厚度 / m	评价结果
$St \leqslant 250$ 且 ATAV-ATMN $\geqslant$ 2dB/ft	大于 2	水泥沟槽
$St \leqslant 500$		胶结差
$500 \leqslant St \leqslant 1000$		胶结中等
$St \geqslant 2000$		胶结好

注：在实际应用过程中，观察 SBT 图像结合 VDL 可以进行定性评价。

③ AMK2000 评价方法及标准。

如前所述，需要对 MAK-9 声波和 SGDT-100 伽马—伽马密度分别建立两种解释方法并进行综合评价。

MAK-9 声波资料解释方法和标准：根据专用方法计算得到弹性波的运动学参数（T_1、T_2、ΔT）和动力学参数（d_1、d_2、α），然后对照理论计算、模型井研究结果，确定解释标准。

由于 MAK-9 测量原理和仪器结构同常规变密度测量类似，在实际资料处理过程中也采用前面所介绍 VDL 一样的方法，评价标准也一样。

SGDT-100 伽马—伽马密度可以取得 11 条原始资料，它们分别是相对方位、自然伽马、套管壁厚计数率、8 条水泥环密度计数率等曲线。根据所取资料，结合裸眼井井径、岩性密度，计算套管外环形空间介质体积密度、套管壁厚和套管偏心度。

在评价固井时使用水泥密度充填率（HL），它由下面公式得到：

$$HL = \frac{DEN - DEN_n}{DEN_x - DEN_n} \tag{6-1}$$

式中　　HL——水泥密度充填率；
　　　　DEN_x——完全胶结井段环空充填介质平均密度，g/cm^3；
　　　　DEN_n——自由套管井段环空充填介质平均密度，g/cm^3。
通过水泥密度充填率建立 SGDT-100 的评价标准，见表 6-4。

表 6-4　SGDT-100 测井资料评价标准

环空充填介质密度	水泥密度充填率	SGDT-100 解释结论
在固井使用的水泥浆密度范围内	$HL > 0.9$	充填好
大于固井液密度但又小于固井使用的水泥浆密度	$0.7 < HL < 0.9$	充填中等
在固井液密度范围内	$HL < 0.7$	充填差

AMK-2000 资料解释是综合 MAK-9 声波和 SGDT-100 伽马—伽马密度的两种处理结果，其解释评价标准依据两种测量评价结果制定解释标准进行综合评价，评价标准见表 6-5。

表 6-5　SGDT-100 和 MAK-9 资料综合解释的标准

MAK-9 解释结论	SGDT-100 解释结论	综合解释结论
胶结好	充填好	固井质相好
胶结好	充填中等	固井质量好
胶结中等	充填好	固井质量好，界面存在微间隙
胶结差	充填好	固井质量好，界面存在微间隙
胶结中等	充填中等	固井质量中等
胶结差	充填中等	固井质量中等
胶结差	充填差	固井质量差

④ IBC 仪器评价方法及标准。

对 IBC 测井资料进行处理的首要目的是对套管外的介质进行可靠的解释。输入到处理程序中的数据包括由 USI 脉冲回波测量所提供的水泥声阻抗数据以及抵达斜向排列的两个接收器的弯曲波衰减数据。上述两种输入数据都是独立的测量结果，通过与套管内和环空内流体性质的可逆关系相联系。通过交会解释，可消除井筒内流体影响，从而不必再单独测量井筒内的流体性质。

IBC 测量的最终成果是固—液—气（SLG）相图，能够显示套管外物质最可能的相态。通过在挠曲波衰减和声阻抗交会图上确定两种测量的位置可以获得各方位上的物质相态（测量结果针对内流效应进行了校正），从而得到每种状态所覆盖的面积，如图 6-4 所示。可以在不同的区域利用三种分别代表不同相态的颜色绘制平面测量图。SLG 图中白色区域代表测量数据之间不一致的区域，如套管接箍、套管偏心以及套管表面被污染处便可能会出现这种情况。除了评价套管外的物质相态之外，处理程序的另一个目的是从环空—地层反射波或回波中提取相关信息,从而对套管和地层之间的环空进行更详细的描述,包括套管在井眼中的位置以及井眼几何形态等方面的信息。

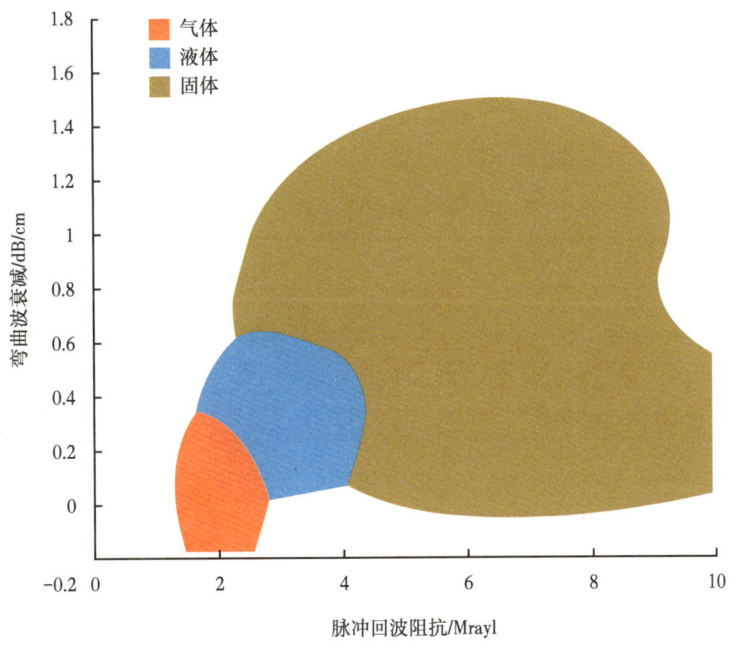

图 6-4　固—液—气(SLG)相图

一般也可以利用 IBC 资料回波信息提取的波阻抗简单评价固井质量,表 6-6 为一些材料的波阻抗。

表 6-6　不同材料波阻抗表

材料名称	密度/(kg/m³)	速度/(m/s)	波阻抗/Mrayl
空气	1.3~130	330	0.004~0.04
水	1000	1500	1.5
钻井液	1000~2000	1300~1800	1.5~3.0
水泥浆	1000~2000	1500~1800	1.8~3.0
低密度水泥	1400	2200~2600	3.1~3.6
G 级水泥	1900	2700~3700	5.0~7.0
石灰岩	25	5000	12

当环空充填的材料不同时,其波阻抗存在较大差异,对于常用的 G 级水泥固井,当完全胶结时,波阻抗应该大于 5 Mrayl,当套管和地层之间介质为水泥浆或钻井液时,波阻抗应该小于 3 Mrayl。因此在仅采集超声波数据时可以利用波阻抗值评价固井质量,考虑测量和信号处理误差。简单评价标准定为:波阻抗大于 4,固井质量好;波阻抗在 2 和

4之间，固井质量中等；波阻抗小于2，固井质量差。

一般来说在仪器偏心过大处对应的测量结果可信度降低。在常规模式处理完的SLG图若存在"气液混合"的形态，需经过TIGHT模型进一步处理，识别出微环隙后再进行评价。对于气井，存在连通的微环隙，固井质量评价为差。对于油井，存在连通的微环隙，固井质量可评价为中等。

在解释过程中可以通过固液气成像图提取相应的固液气含量，可以利用固体含量来综合评价固井质量，并且识别微间隙，窜槽等，评价标准见表6-7。

表6-7 IBC固井质量评价标准（G级水泥）

测井结果	解释结论
套管、地层环空基本为水泥、无窜槽，固体填充度不小于90%	充填好
分布纵向连通小于2m小窜槽，宽度小于20%圆周，但没有连通	充填中等
有不小于2m的连续流体窜槽，宽度大于20%圆周	充填差

但在实际评价过程中，由于测井公司直接提供SLG图或者重新处理后的SLG图，通过SLG可以直接进行胶结质量评价，并且识别微间隙，窜槽等。

（2）第二界面评价。

SBT、CAST、AMK2000等都无法直接进行第二界面评价，在测井时都配套VDL测量，第二界面评价能根据波形特征进行定性评价。在套管波幅度相同的井段，地层波越清晰、连续，则第二界面胶结越好；与物性相同的其他井段相比，地层波明显减弱甚至没有出现，则第二界面胶结很可能变差；在井径曲线显示扩径严重井段或者滤饼较厚的井段，第二界面胶结通常较差。根据VDL可定性评价水泥环第一界面和第二界面的胶结状况。表6-8是VDL定性评价标准。

表6-8 常规密度水泥固井VDL定性评价

VDL特征		水泥胶结定性评价结论	
套管波特征	地层波特征	第一界面胶结状况	第二界面胶结状况
很弱或无	清晰，且相线与AC，良好同步	优	优
很弱或无	无，AC反映为松软地层，未扩径	优	优
很弱或无	无，AC反映为松软地层，大井眼	优	差
很弱或无	较清晰	优	部分胶结
较弱	较清晰	部分胶结（或微环空）	部分胶结至良好
较弱	无或隐约	部分胶结	差
较弱	不清晰	中等	差
较强，按箍Ⅱ形特征较清晰	不清晰	较差	部分胶结至良好
很强，接箍V形特征清晰	无	差	无法确定

注：AC为在裸眼井中测量的纵波时差曲线。

综合评价结论：根据第一界面、第二界面的水泥胶结情况，参考管外水泥窜槽的原理，得到综合评价的标准。第一界面、第二界面都胶结好，综合结论为胶结好；有一个界面胶结差，综合结论为胶结差；如果两个界面都胶结中等，综合结论为胶结中等。

（3）典型实例。

①自由套管。

如图6-5所示，中古58-H1井165m以上声幅90%附近，套管波直条清晰可见，套管波有一致的频率，变密度图上套管接箍处人字形明显，波形持续时间长，无地层波。

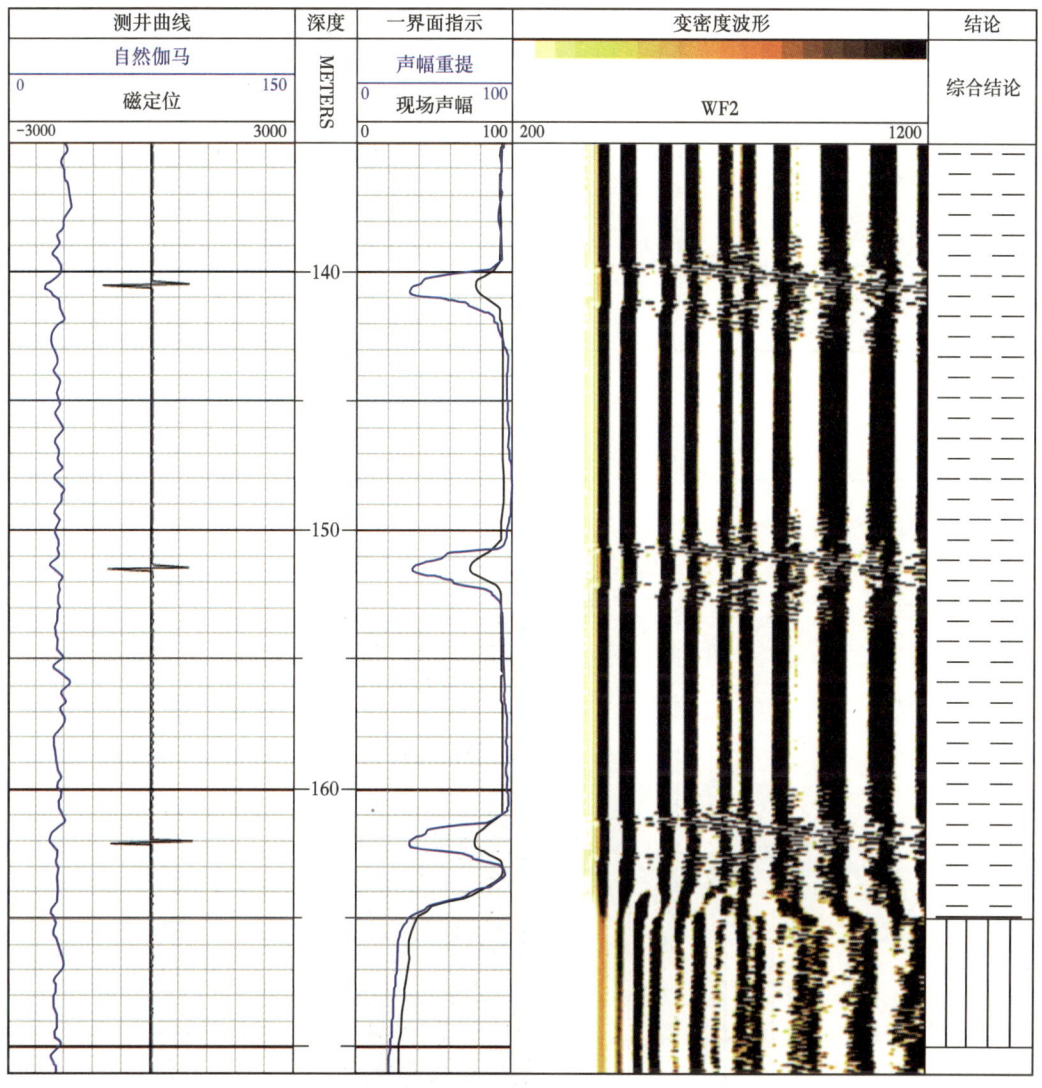

图6-5 中古58-H1井CBL/VDL固井质量评价成果图

②完全胶结。

套管波能力很弱或完全没有，地层波信号最强且连续，地层波形态与裸眼声波时差一致性较好（图6-6和图6-7）。

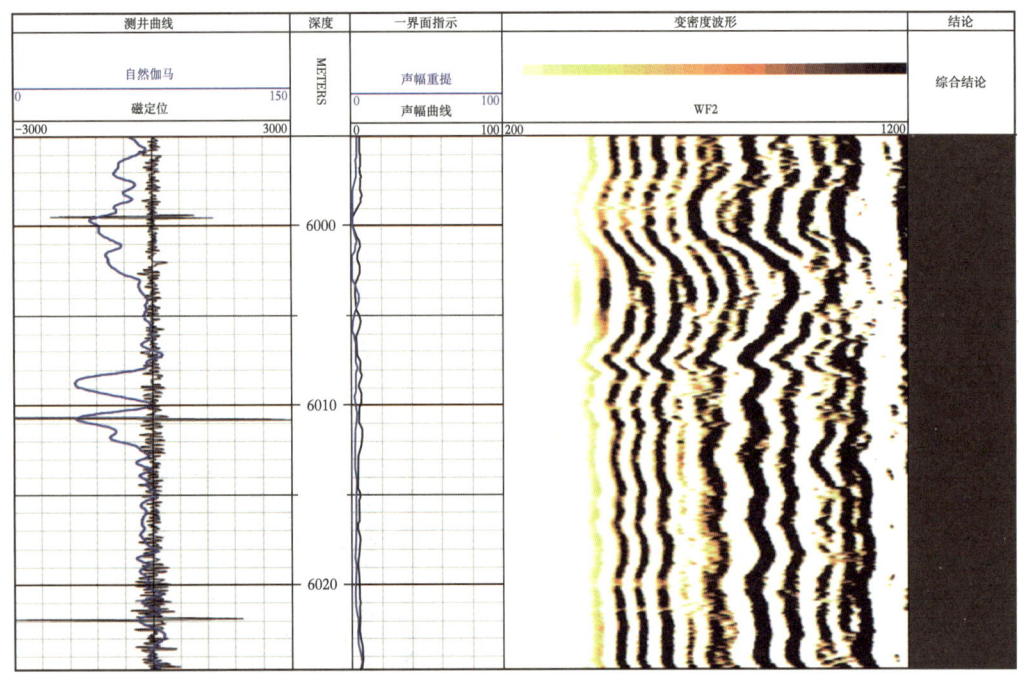

图 6-6　中古 262-H4 井 CBL/VDL 固井质量评价成果图

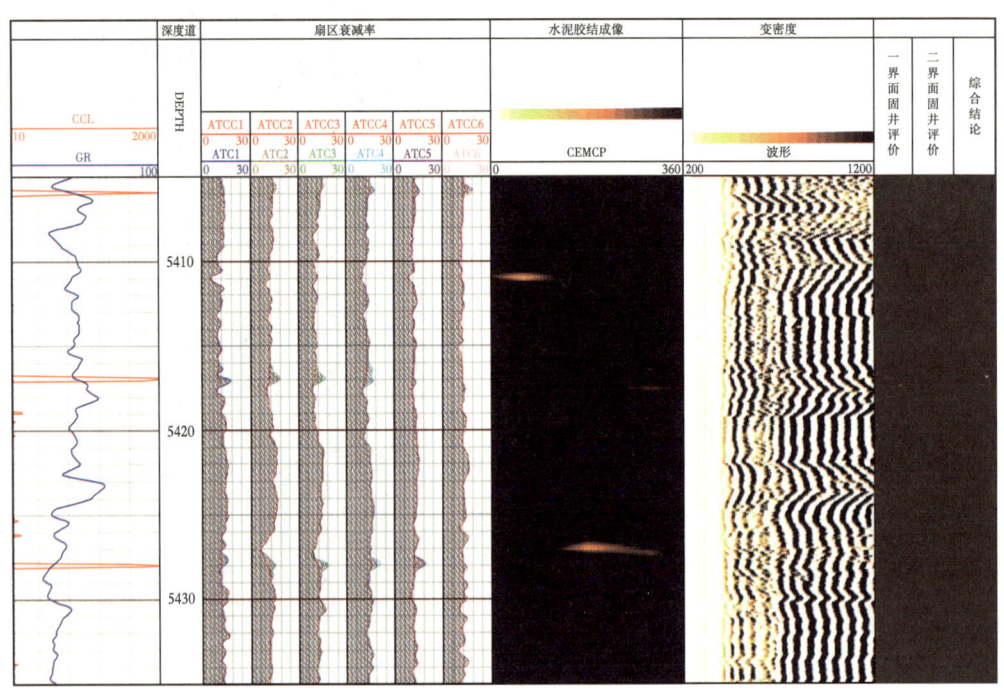

图 6-7　DB12-7 井固井 SBT 质量评价成果图

③胶结中等（部分胶结）。第一界面声幅值中等，未完全胶结，第二界面地层波较明显，大部分连续（图 6-8）。

第六章 超深井固井质量评价

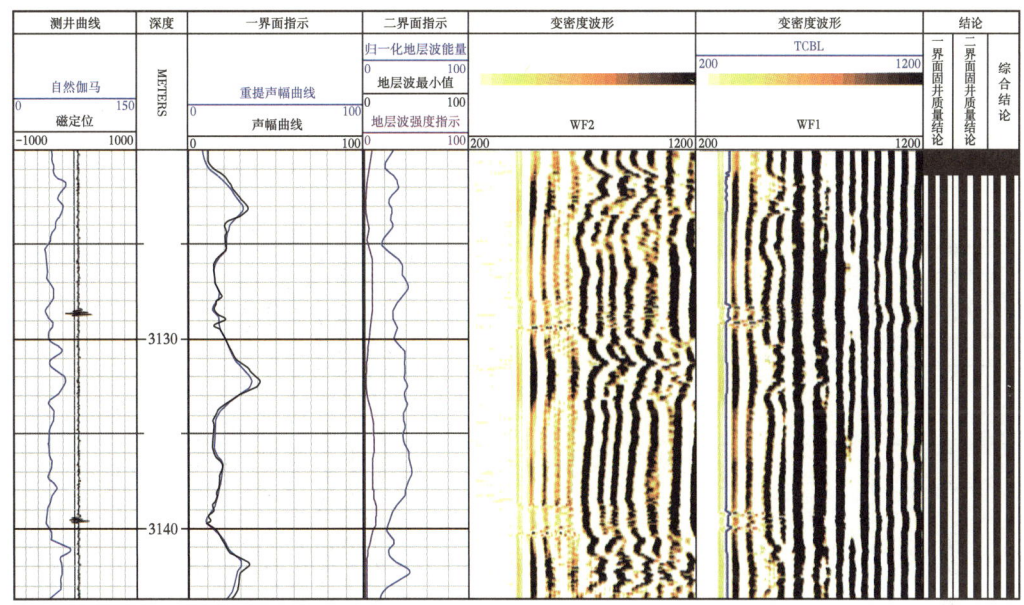

图 6-8 满深 5-H8 井 CBL/VDL 固井质量评价成果图

④胶结差。哈得 18C 井，在 5490~5500m 井段，测井解释结果为上部油层，下部为水层，在 5490~5492.5m 射孔后发现高含水，固井解释该段固井差，声幅值较高（图 6-9），二界面地层波不明显或没有，下面窜水。后加压证实为窜，经过分层对此段挤压水泥，后射孔产油（微含水）。

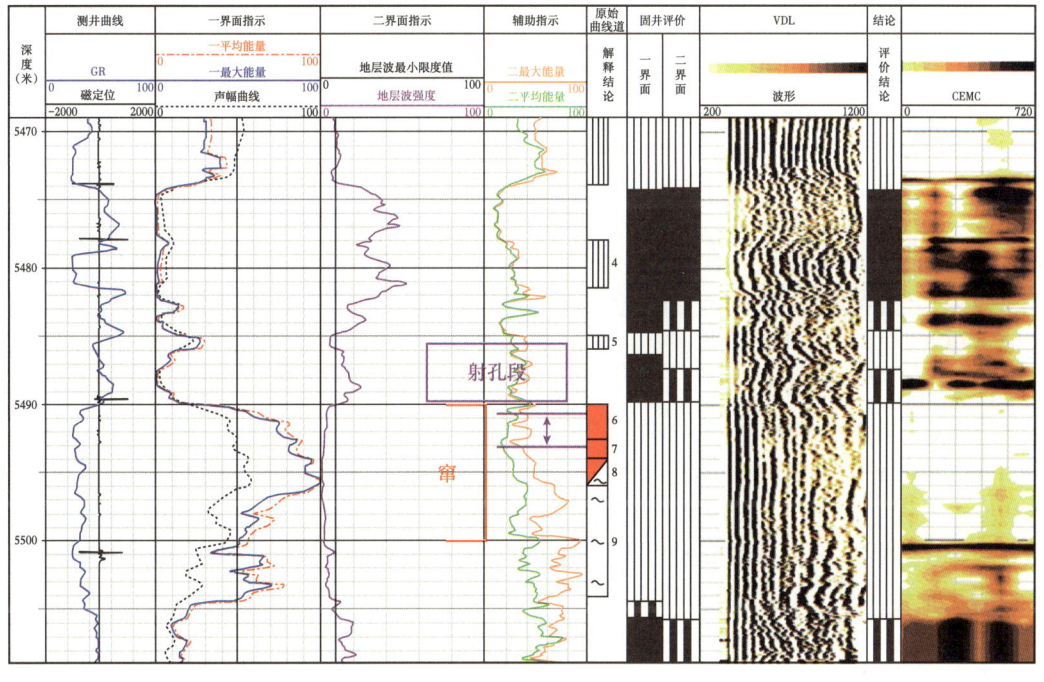

图 6-9 哈得 18C 固井质量成果图

259

⑤快速地层。利用套管波和地层波在频域范围内的差异，进行定量评价（图6-10）。通过计算相应频率范围内的能量，得到胶结指数，进行固井质量定量评价。8750~8755m如果直接参考声幅和VDL图像，容易误评价。

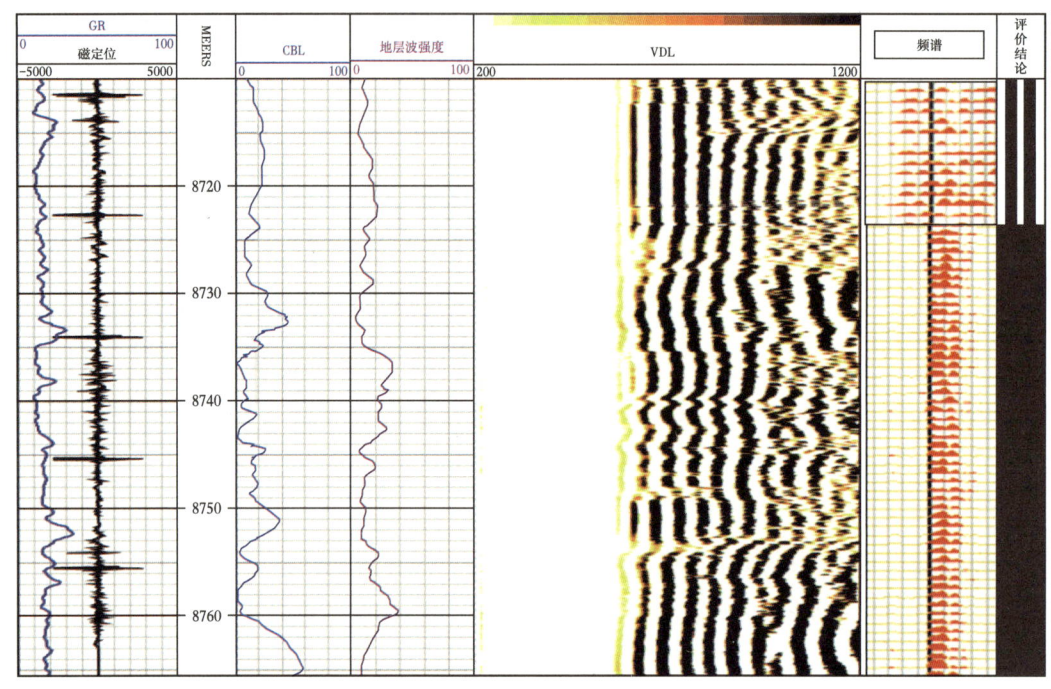

图6-10　轮探1井固井质量评价图

四、微环隙的识别

固井质量是超深井建井的关键环节，也是保证油气井生产寿命的关键所在，对油气田勘探开发效益和产能建设具有十分重要的意义。超深井由于裸眼段长，固井段温度、压力差异大，地层流体更为复杂，微环隙普遍存在，会造成声幅值变高对固井质量评价产生误导，进而可能影响试油作业方案指定。塔里木油田由于存在多套易漏地层，低密度水泥浆广泛使用，低密度水泥浆将使CBL值升高，若同时存在微环隙，无法判断是由于微环造成的声幅升高还是存在水泥窜槽。通过对超深井实行CBL/VDL和IBC联测的测井方案，旨在实现固井质量的精确评价，可以准确识别微环隙。

（1）微环隙产生的原因。

通过查阅相关文献和实验表明固井质量测井前套管试压、套管内温度急剧变化、测井前替换了低密度钻井液、候凝憋压过大或时间过长、钻水泥塞振动太大、套管化学涂层都会导致微环隙的产生。对塔里木超深井而言，在固井质量测井评价方面影响较为突出的因素是测井前套管试压和测井前替换了低密度钻井液。

（2）CBL/VDL测井对微环隙测井的响应特征。

在塔里木高温高压井中，由于套管内外温度或压力波动很容易在套管与水泥界面产生微环隙。在用经典的弹性波传播理论模拟套管与水泥之间脱粘时,是在套管与水泥之间加入一层流体环(图6-11),流体环的存在阻断了套管与水泥之间的轴向振动(相对于界面而言即为切向振动)。即便流体环的厚度是0.01mm的微环,也使得套管波幅度明显增强,图6-12是套管波相对幅度(各胶结模型下全波中首波的第一个正峰与自由套管模型下首波的第一个正峰的比值,以下同)随着流体环厚度的变化趋势,可见在微环厚度仅0.01mm时,套管波的幅度已接近自由套管状态下(套管与地层之间全部是流体)套管波幅度50%。

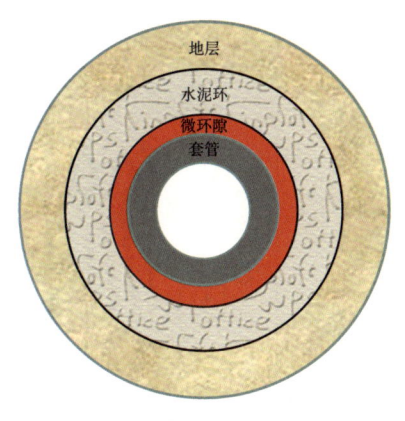

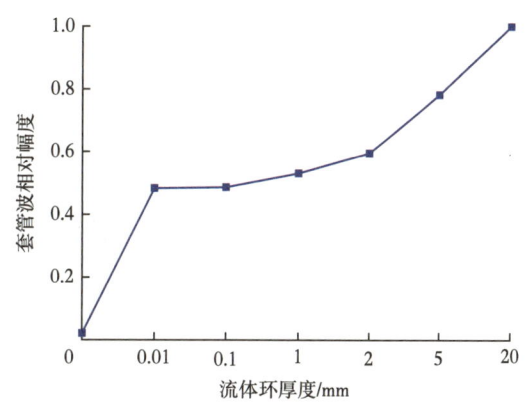

图6-11　微环隙模型示意图　　　　图6-12　套管波相对幅度与流体环厚度关系

图6-13给出了套管后胶结常规水泥和轻质水泥时套管波的衰减曲线,可见在套管后有微环存在时,套管波的衰减接近自由套管状态的衰减值,说明CBL/VDL测井对微环隙非常敏感,微环隙的存在会使得套管波幅度明显增强衰减降低,套管后耦合任意类型水泥时的响应特征都是一致的。在实际井下存在微环时,在微环隙较小时,在套管与水泥环之间会存在固体颗粒,有时仍可观测到地层波。如图6-14所示,L1井在图示段采用1.88g/cm³常规水泥固井,第一次测井时钻井液密度为1.52g/cm³,第二次测井时钻井液密度为1.8g/cm³,两次测井采用同一只测井仪器,两次测井时间间隔仅为24h。该井×000~×045m段第一次测井平

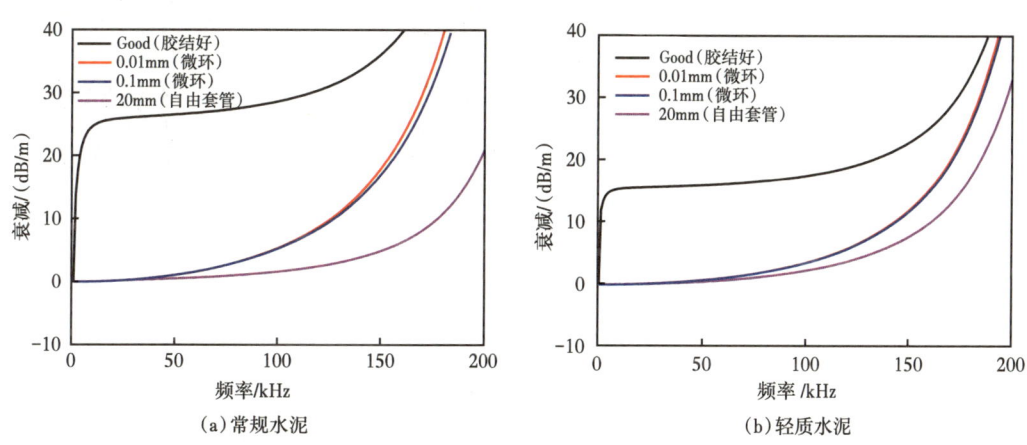

图6-13　套管波的衰减曲线

均声幅值(第三道黑色曲线)在40%以上,地层波也可见。但第二次测井平均声幅值(第三道红色曲线)出现明显下降,声幅平均值在10%以下,地层波幅度也明显增强,与裸眼井声波时差曲线对应关系更好。第二次测井时钻井液密度增大,作用类似加压测井,说明该段固井质量在替换钻井液前第一界面存在较小的微环隙,在井内压力增大后微环隙趋于闭合,使得套管波幅度明显降低。

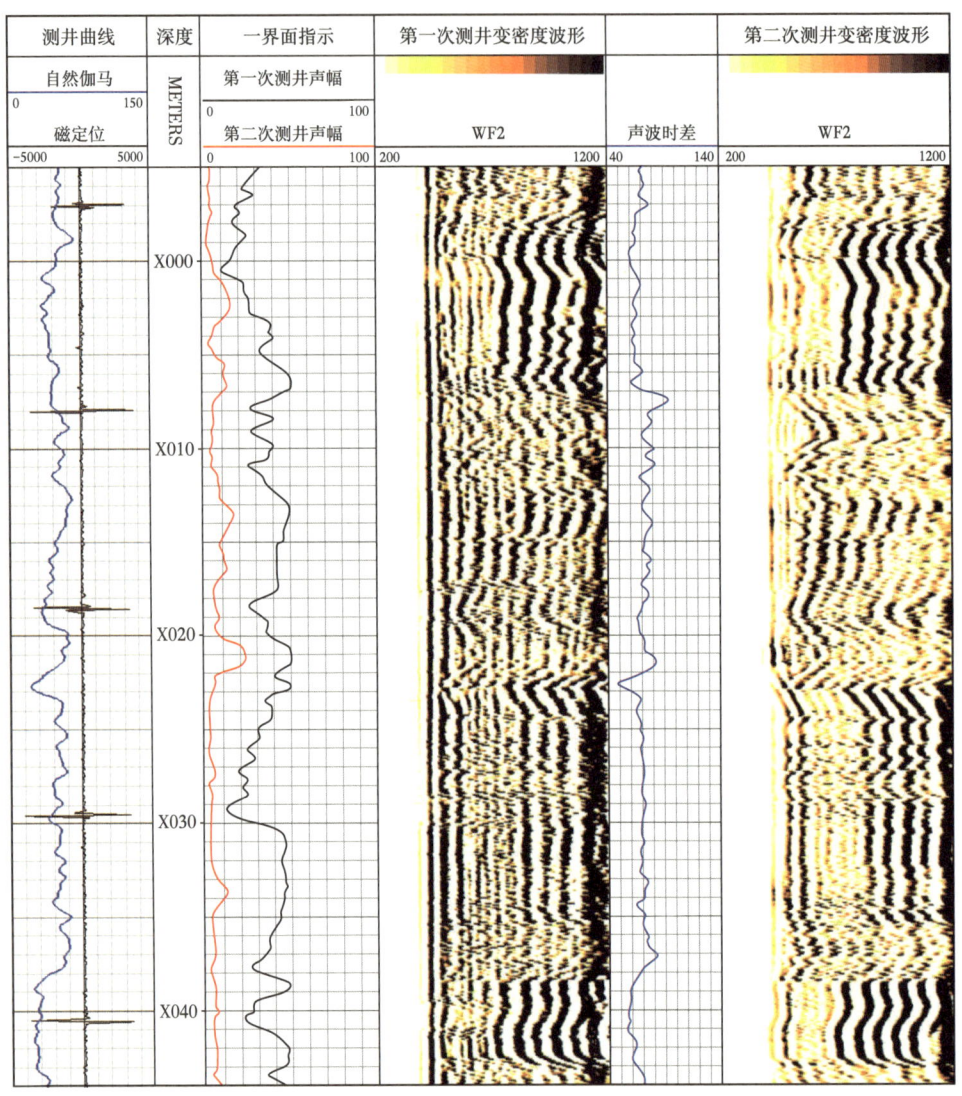

图 6-14 微环隙井段不同泥浆密度条件下 CBL/VDL 响应特征

(3)IBC 测井对微环隙测井的响应特征。

Smaine Zeroug 等指出了通过控制声束入射角的方式来有效激发不同模式波的方法。图 6-15 是理论计算的不同角度入射时在浸水钢板中可激发的模式波的频散曲线,可见在垂直入射时套管中主要激发的是高阶对称模式 S1、S2 和 S3 等。在入射角超过 30° 时激发的是套管中的挠曲波。

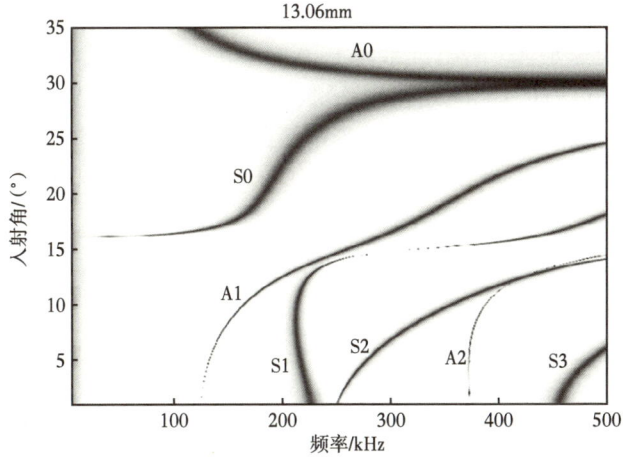

图 6-15 不同入射角下激发的套管模式波

图中 A 代表反对称型模式波，S 代表对称型模式波，如 A0 代表零阶对称型模式波，S3 代表三阶反对称型模式波。本图是发射角度和频率激发的不同波的类型，无物理意义和单位

CBL/VDL 测井对微环敏感，但是垂直入射下的套管共振回波，对微环不敏感。图 6-16 是快速水泥（快速水泥指水泥的纵波速度高于工作频段弯曲型 Lamb 波的相速度）无地层模型下计算的共振波幅度随套管与水泥厚度间流体层厚度的变化趋势图，从图 6-16（b）

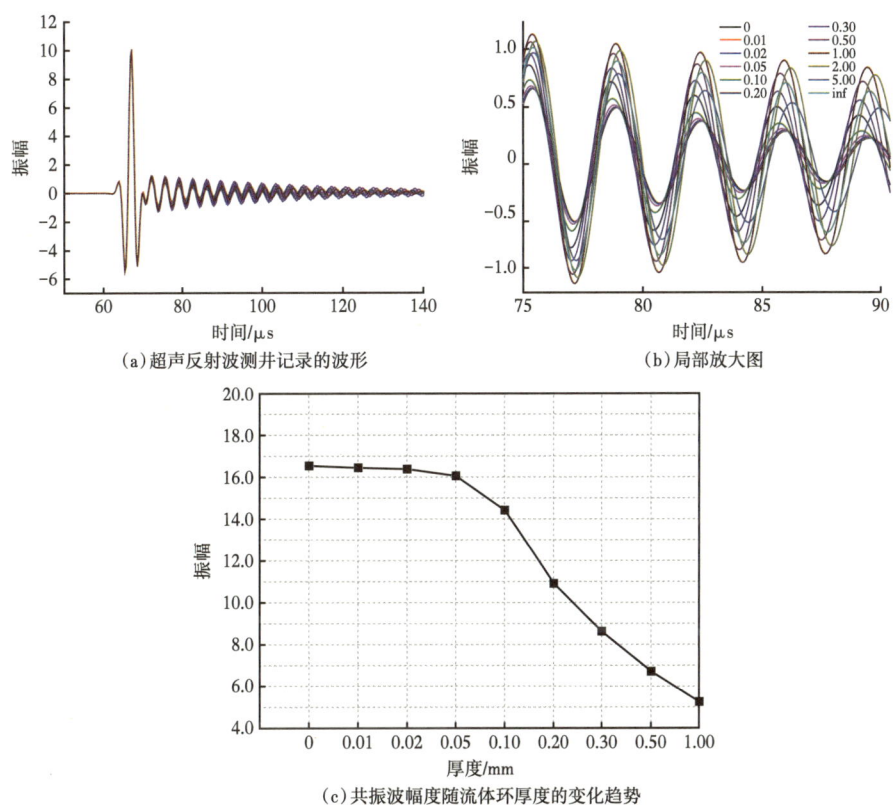

(a) 超声反射波测井记录的波形

(b) 局部放大图

(c) 共振波幅度随流体环厚度的变化趋势

图 6-16 套后耦合常规水泥（快速水泥）时共振波受微环的影响

放大图可见，0.01~0.1mm 厚的微环对共振波基本无影响，这与弯曲型 Lamb 波的响应规律不同（图 6-17），对快速水泥（高阻抗水泥），0.01mm 的微环一出现，Lamb 波的幅度明显下降，随着微环厚度的增加其幅度还会逐渐增加；从水泥与地层界面的反射波幅度与直达波的幅度变化趋势正好相反，说明沿着套管传播的弯曲型 Lamb 波泄露的能量越大，衰减越大，幅度越低，则从水泥环外界面的反射波幅度就越大。

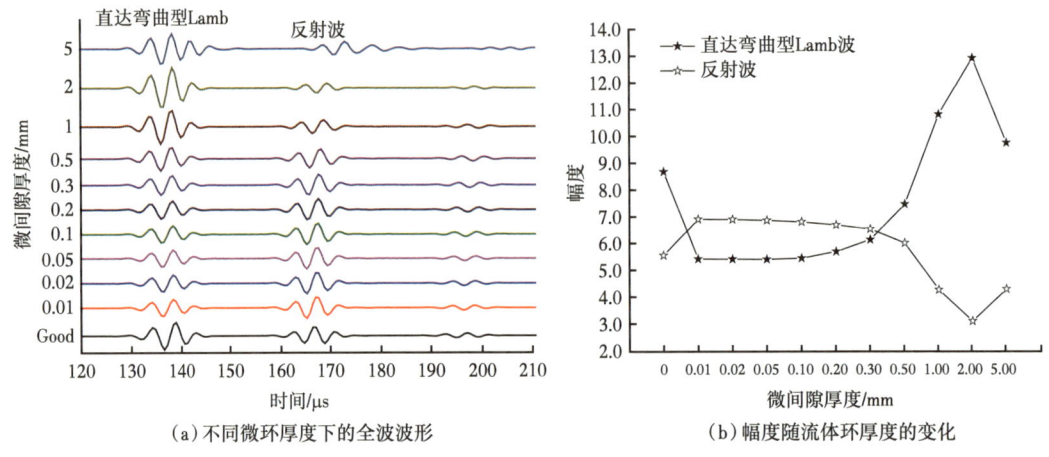

(a) 不同微环厚度下的全波波形　　(b) 幅度随流体环厚度的变化

图 6-17　套后耦合常规水泥（快速水泥）时微环对弯曲型 Lamb 波的影响

图 6-18 是套管后胶结慢速水泥（慢速水泥指水泥的纵波速度低于工作频段弯曲型 Lamb 波的相速度，例如轻质水泥或低密度水泥）时计算的共振波幅度随套管与水泥厚度间流体层厚度的变化趋势图，从 6-18（b）的放大图可见，0.01~0.1mm 厚的微环对共振波基本无影响，流体环厚度再增加，共振波的幅度明显增大。与快速水泥相比，共振波对微环的敏感程度稍低。

在套管后耦合轻质水泥时，由图 6-19 可见，当微环厚度小于 0.3mm 时其对弯曲型 Lamb 波的幅度变化影响很小，但从水泥—地层界面反射的 SS 波幅度减小明显，P/S 或 S/P 波幅度变化不大；随着微环厚度的继续增加弯曲型 Lamb 波的幅度增加明显，衰减明显减小。

图 6-20 对比了胶结良好和微环存在时弯曲 Lamb 波的衰减率随套后水泥阻抗变化的规律，在胶结良好时，随着水泥声阻抗的增加衰减逐渐增大，在阻抗值达到 4.7Mrayls 时衰减取得最大值，随着水泥声阻抗的继续增大，衰减急剧下降，这与较大声阻抗的水泥的纵波速度大于套管弯曲型 Lamb 波相速度时只向水泥环辐射横波有关。弯曲型 Lamb 波的衰减与水泥速度之间的复杂关系，即同一个衰减率对应套管外不同的声阻抗耦合介质，再一次说明其不能像 SBT 测井方法仅依赖拉伸型 Lamb 波的衰减评价水泥环第 I 界面的胶结好坏，应该建立声衰减—声阻抗图版来进行固井质量评价。在套管与水泥环之间存在厚度小于 0.1mm 的微环时，在水泥阻抗小于 4.7MRayls 的范围时，衰减稍有降低；在水泥阻抗明显大于 4.7Mrayls 时，微环的出现降低了套后介质的等效声阻抗，使得弯曲型 Lamb 波的衰减急剧增大。因此，联合 CBL/VDL 和 IBC 测井数据可确定井下是否有微环存在，CBL 高值或 VDL 变密度图中套管波幅度强，但 IBC 测量的衰减值相对较高是固体的响应特征，则可判断井下有微环存在。

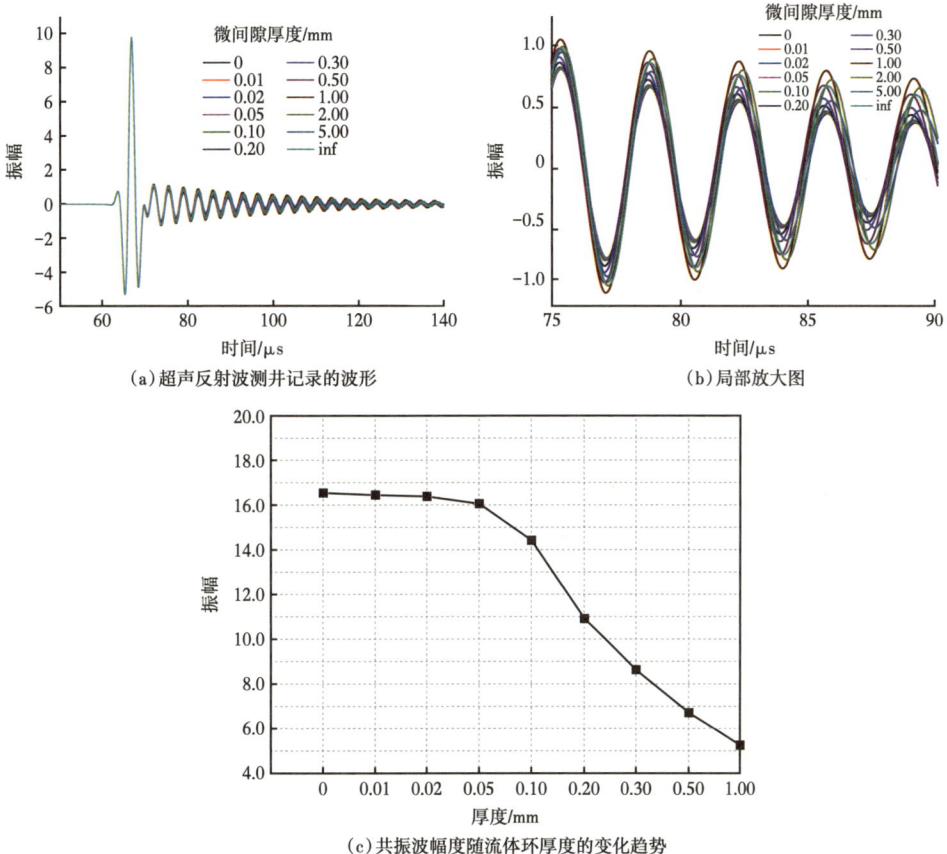

(a)超声反射波测井记录的波形　　(b)局部放大图

(c)共振波幅度随流体环厚度的变化趋势

图 6-18　套后耦合轻质水泥时共振波受微环的影响

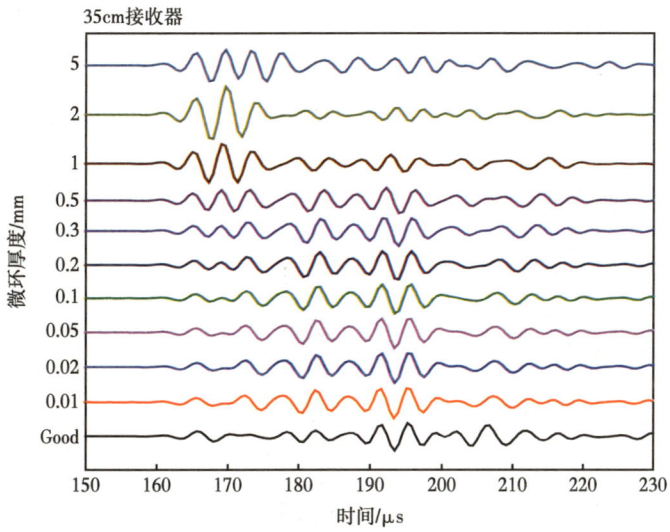

图 6-19　弯曲型 Lamb 波测井模拟的全波波形

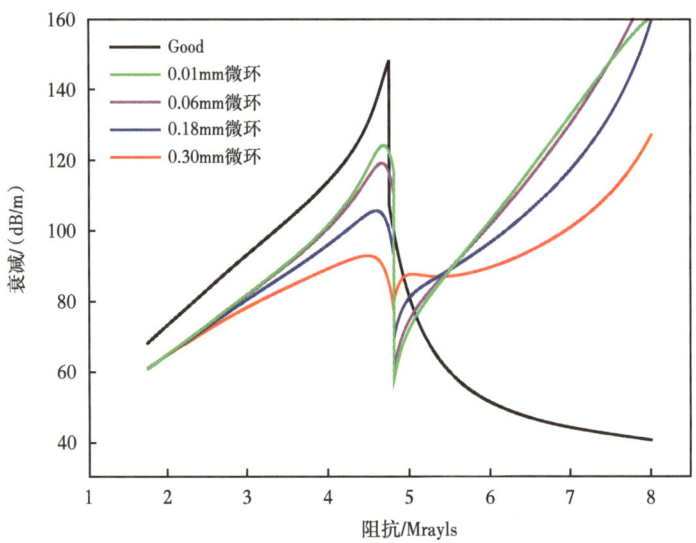

图 6-20　弯曲型 Lamb 波衰减与套管后介质声阻抗关系曲线

（4）典型实例分析。

满深 711 井是部署在塔里木盆地北部坳陷阿满过渡带富满Ⅱ区 FⅠ19 断裂北部的一口评价井。该井在 7230~7320m 井段采用 1.88g/cm³ 密度水泥浆固井，该段固井施工无异常。下图左起第二道为 CBL/VDL 测井的声幅值，第三道为变密度波形图，第四道为 CBL/

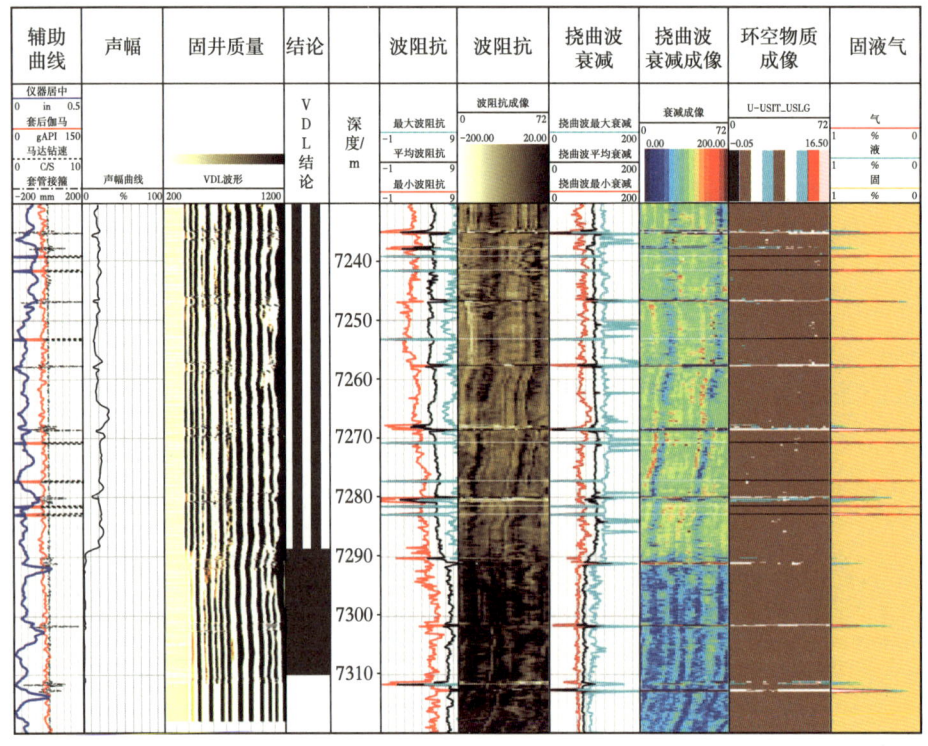

图 6-21　满深 711 井 CBL/VDL 与 IBC 测井解释成果图

VDL 测井的综合评价结果，第六道为 IBC 测井得到的最大、最小和评价波阻抗，第七道为波阻抗成像图，第八道为最大、最小和平均兰姆波（挠曲波）衰减，第九道为兰姆波衰减成像，第十道为 IBC 测井得到的环空物质成像，第十一道为环空固、液、气相对比例。

在 7290m 以下，波阻抗平均值在 7Mral 以上，波阻抗成像呈深黑色，兰姆波衰减值较小在 40 以下，通过 CBL/VDL 测井和 IBC 测井联合解释可知，该段胶结良好，不存在水泥窜槽，也没有微环隙存在。7290m 以上井段声幅值在 20~30 之间，可能是存在水泥窜槽或者微环隙。而波阻抗值较高在 5Mral，波阻抗成像图呈深色，而兰姆波平均衰减值在 90 以上。通过 CBL/VDL 测井和 IBC 测井联合解释可以确定 7290m 以上水泥胶结良好，存在微环隙但没有水泥窜槽。

第三节　固井质量工程验证

一、管柱试压

（1）套管试压：套管试压方法参照 SY/T 5467—2007《套管柱试压规范》。套管不大于 244.5mm（9.625in）的试压值为 20MPa，套管直径大于 244.5mm（9.625in）的套管柱试压值为 10MPa，稳压 30min，压降不大于 0.5MPa 为合格。当套管未回接到井口时，未回接套管的试压值可按井口段最内层套管执行[20-21]。

（2）喇叭口试压：钻塞至喇叭口后，根据井口段最内层套管尺寸正向试压 10MPa 或 20MPa 检验喇叭口封固质量。

（3）试压不满足要求的，应采取相应的补救措施。

二、生产测井找窜

（1）噪声测井找窜。

点测的噪声测井曲线响应处于背景噪声水平，表明套管外不存在流体窜通。在测井曲线明显高于背景噪声水平的井段，测井曲线峰值点对应于管外的流体流出或流入深度点。这表明，套管外固井质量存在问题。这种测井有效性的前提是套管外环空不仅存在水泥胶结问题，而且由于存在层间压差管外环空正在发生流体窜流。

（2）温度测井找窜。

对于固井后温度测井前没有投入生产的井段，套管井的地温梯度测井曲线与裸眼井的地温梯度测井曲线一致，表明套管外不存在流体窜通。测井曲线局部明显高于或者低于地温梯度曲线，则测井曲线峰值点对应与套管外的流体流出或流入深度点。这表明相应井段套管外固井质量存在问题。对于固井后温度测井前已经投入生产的井段，可以采用温度测井的微差井温曲线异常升高或降低来寻找管外环空的窜槽位置。这种测井有效性的前提是套管外环空存在水泥胶结问题且由于存在层间压差导致环空正在发生或不久前曾经发生过流体窜流。

（3）放射性示踪测井找窜。

在注水的条件下，将混拌有放射性示踪剂的活性液投放在井内目的层上方距目的层 100~200m 的地方。该距离随注入水流速的增大而增大。放射性示踪剂通过射孔层段进入套管外的窜槽部位。然后用清水洗去套管内残留的活性液，并进行伽马测井。在某个伽马测量井段中，注入活性液后的放射性测井曲线大大高于注入前的伽马测井曲线（本底），则该井段套管外环空存在因水泥胶结缺陷引起的窜槽，即固井质量存在问题。

（4）中子寿命测井找窜。

首先测量一条中子寿命测井参考曲线（本底），然后把加入硼酸等强热中子吸收剂的流体，释放在需要证实是否存在通过水泥环窜流的地层流体进入管外环空的出口处，并再进行一次中子寿命测井。比较这两次中子寿命测井曲线，与压入工作液的射孔井段邻近的某个井段出现了注硼后测曲线大大高于注硼前的现象，则表明该井段套管外水泥环胶结质量存在问题。

（5）氧活化测井找窜。

在井筒内无流体流动的井段，定点多源距探测被脉冲高能中（10MeV以上）活化的氧原子所发射的伽马射线强度。伽马射线计数率明显高于背景计数率，则表明管外存在流体窜通，即该井段固井质量存在问题。

三、负压验窜

按照油田钻井井控实施细则的要求，对于目的层采用尾管完井的山前高压气井，在替完井液或降密度前，应对喇叭口进行负压差不低于 20MPa 的反向密封性能检验。

（1）测试方法：下入 APR 测试管柱进行负压测试，替入一定量清水进管柱后（钻具内），坐封 RTTS 封隔器（喇叭口上），释放管内压力，观察压力变化，同时井下压力计可记录压力变化从而判别是否封隔。通过 LPR-N 阀实现井下关井，环空加压打开 RD 安全循环阀，进行反循环（备用 RD 循环阀进行反循环）。

（2）负压引流管柱如图 6-22 所示。

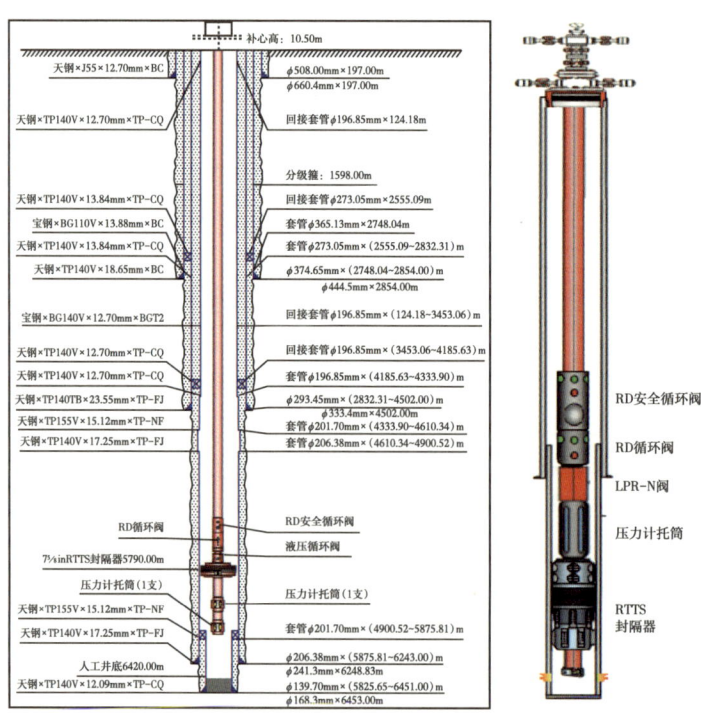

图 6-22 负压引流管柱示意图

【实例1】使用三阀一封测试工具，坐封在139.7mmmm套管内对喇叭口和人工井底进行验窜。关井6.7h，上压力计由C1的67.32MPa增长到D1的72.48，恢复值5.16MPa，说明封隔器以上井段存在窜漏。

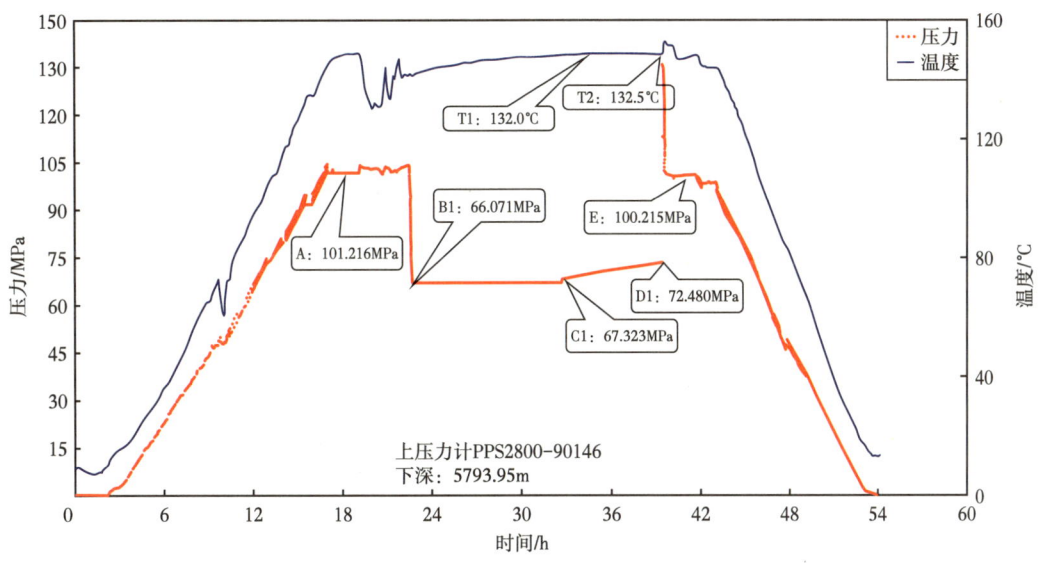

图6-23 负压验窜上压力计实测压力、温度曲线

【实例2】使用三阀一封测试工具，坐封在139.7mm套管内对人工井底进行验窜。关井6.04h，下压力计由C1的78.06MPa增长到D1的78.71，压力恢复0.65MPa，说明人工井底无窜漏。

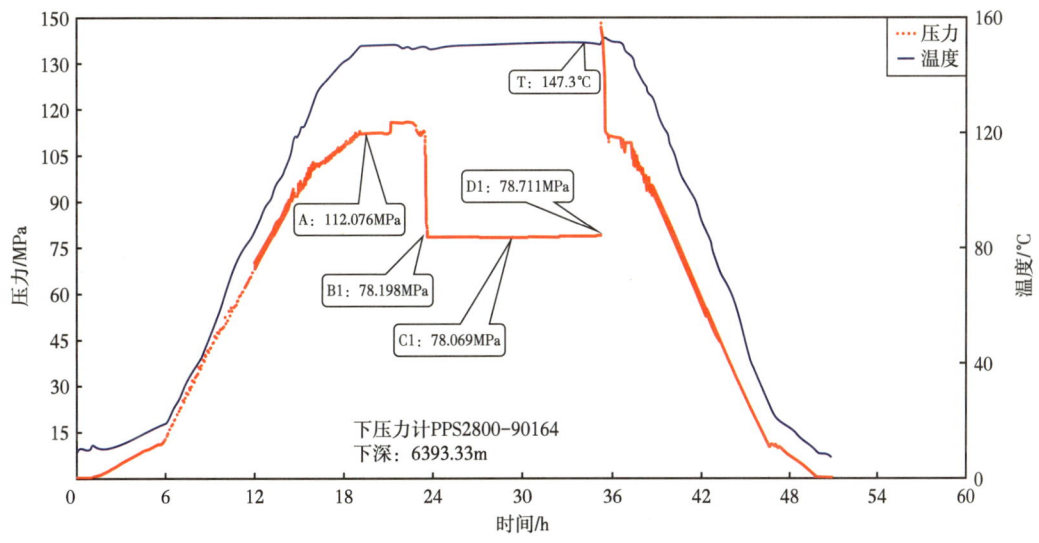

图6-24 负压验窜上压力计实测压力、温度曲线

第七章　固井复杂预防及处理

固井是钻井工程的最后一个环节，也是最重要的一个环节，其主要任务是在地层与井口之间建立可靠的联系通道，并有效封隔开油、气、水层，为油气井长效、稳定生产奠定基础。固井是较独立的系统工程，具有作业时间短、工序多、技术性强，以及隐蔽性、一次性、风险大等特点，是油气井的"百年大计"。本章重点介绍在下套管、注水泥、候凝及钻水泥塞等固井工序施工期间可能存在的复杂及预防处理措施[22]。

第一节　下套管复杂预防及处理

一、下套管阻卡

1. 现场表现

（1）下放套管时悬重持续下降；

（2）上提套管时悬重持续上涨。

2. 处理措施

（1）下套管遇阻卡后，先上下活动套管，防止卡套管事故发生。活动套管初期应控制活动吨位在30t以内，同时分析判断阻卡类型，禁止盲目提高活动吨位。下套管遇阻活动套管以上提为主，每次上提吨位正常后才能加大下压吨位，下压吨位每次增加量宜小于5t。下套管遇卡活动套管以下压为主，每次下放正常后才能加大上提吨位，上提吨位每次增加量宜小于5t。判断阻卡点在上层套管内时应严格控制活动吨位在10t以内。

（2）采用循环头，排量由小到达逐渐循环，冲洗环空，再上下活动套管。

（3）若活动套管能通过，则继续下套管，若活动不能通过，则开泵活动套管，若仍不能通过则起套管，重新通井。

（4）若套管卡死，则考虑注入解卡剂并活动套管尝试解卡。

（5）下套管几种特殊的阻卡：遇阻点在井口的应检查防喷器开关情况，排除闸板开关不到位引起的遇阻；检查套管在井口的居中度，对下套管不居中造成的下套管遇阻，应及时调整下套管居中度以消除遇阻；遇阻点在上层套管内时，应严格控制活动吨位，及时汇报。套损引起的阻卡根据最终活动通过的吨位情况可以继续下套管；井下落物引起的套管内阻卡应活动起套管；由于大肚子或井壁台阶引起的下套管遇阻，应起套管，重新准备井眼后再下套管；井眼轨迹不好，井斜度大引起的阻卡应及时汇报，根据阻卡吨位和下套管不到位风险承受能力决定起套管或继续下套管。

3. 原因分析

井口不正或封井器开关不到位造成井口阻卡；上层套管发生套损引起管内阻卡；井下落物或底层掉块等引起阻卡；滤饼质量差和压差引起粘卡；缩径或厚滤饼引起下套管阻

卡；井壁垮塌或砂桥卡；井眼轨迹差，井斜度大引起阻卡。

4. 预防措施

（1）钻井阶段控制井眼质量，保证井眼平滑；

（2）下套管前做好井眼准备工作，计算刚度比（刚度比大于1），认真通井做到井眼规则无阻卡；

（3）充分循环携砂，保证井眼清洁；

（4）使用合适的钻井液密度，提高钻井液润滑性，降低摩阻系数，提高滤饼质量；

（5）下套管前保证井口居中度，正确安装和使用封井器；

（6）下套管及时灌浆，控制速度，防止井壁坍塌；

（7）减少套管出裸眼后的静止时间；

（8）对于阻卡风险较大的不规则井段，建议采用水力旋转引鞋。

二、下套管漏失

1. 现场表现

下套管期间返浆量减少或者失返。

2. 处理措施

（1）下套管发生漏失后，考虑进一步降低下套管速度，观察漏速是否有降低，如果漏速减少，则采用低速继续下套管；

（2）如果判断是钻井液性能变差引起的漏失，可尝试缓慢开泵建立循环，降低钻井液切力，同时再许可情况下大幅度活动套管，观察是否会停止漏失；

（3）下套管未出上层套管鞋发生井漏，可考虑起出套管重新进行井眼准备或钻井液性能调整；

（4）如果套管出裸眼后发生井漏，且无法减少漏失趋势时，监测环空液面，并环空吊灌保持液面，继续下套管。

3. 原因分析

（1）地层薄弱，承压能力低；

（2）下套管期间下放速度过快，造成过高的激动压力；

（3）钻井液静结构力强；

（4）环空堵塞或套管扶正器刮削滤饼堆积造成憋漏。

4. 预防措施

（1）下套管前承压堵漏，提高地层承压能力；

（2）充分循环调整钻井液性能，减少触变性，提高滤饼质量；

（3）高温井做好钻井液老化试验，确保老化后的性能；

（4）裸眼段较长的井，下套管中途分段循环，降低钻井液切力；

（5）严格控制下套管速度，降低下套管激动压力。

三、下套管溢流

1. 现场表现

下套管期间返浆量大于闭排。

2. 处理措施

(1)立即关井。井口是套管接循环头+旋塞,井口是钻具接防喷立柱;

(2)关井后每2min记录一次立套压;

(3)检查坐岗情况,核实灌浆情况,排除假溢流后立即汇报;

(4)按照井控专家方案组织压井。

3. 原因分析

(1)下套管前通井起钻时已发生油气置换,在后续作业过程油气持续滑脱上升引起井筒内压力失衡;

(2)下套管期间发生井漏失返,漏转溢。

4. 预防措施

(1)下尾管前准备好套管循环头,下套管前提前准备好防喷单根组合:套管循环头+井口旋塞+防喷单根。$10\frac{3}{4}$in及以下套管要求采用整体可提拉式循环头;

(2)下套管、尾管作业前,如钻机和井口防喷器组合具备条件,应换装与套管、尾管、送入钻具尺寸相符的闸板防喷器总成。复合套管原则上至少更换设计井口套管相应尺寸的闸板总成;

(3)下套管前通井时保证钻井液密度等性能满足压稳地层要求,油气上窜速度满足井控要求;

(4)起钻控制速度,严格灌钻井液,加强坐岗防止侵入井筒;

(5)下套管控制速度,防止发生失返性漏失,导致井下失稳;

(6)下套管过程及时灌钻井液,保持液面稳定;

(7)严格坐岗,观测好液面和出口变化,及时发现溢流。

四、单流阀失效

1. 现场表现

下放套管时管内有钻井液冒出。

2. 处理措施

(1)尝试开泵循环,上下活动套管,排除阀杆被卡住失效;

(2)如果是套管固井,在固井顶替结束后,关闭水泥头候凝,待下部水泥浆凝固后再开井进行下步操作;

(3)如果是尾管固井,则考虑替浆时替入部分加重钻井液,保证尾管段的关内外压力平衡。

3. 原因分析

(1)单流阀体质量出现问题,下井后阀体脱落;

(2)钻井液固相颗粒或堵漏剂堵卡阀座;

(3)未及时在套管内灌钻井液或下套管后期套管内掏空过长,环空压力挤压阀座导致失效;

(4)浮箍浮鞋的耐温及反向承压级别与实际井况不符合。

4. 预防措施

(1)入井前认真检查阀体、阀座、弹簧的质量,确保完好;

（2）做好钻井液清洁，筛除有害固相颗粒和堵漏剂，防止堵卡阀杆；

（3）合理设计掏空深度，接单流阀后灌满钻井液；

（4）匀速下套管，防止猛提猛放；

（5）下大、重套管宜采用多个单流阀组合使用，建议采用两个浮箍和一个浮鞋的管串结构；

（6）根据井温及管内外压差选择合适抗温级别及反向承压能力的浮箍浮鞋。目前浮箍浮鞋的抗温级别分为 120℃、150℃、180℃、200℃；反向承压能力分为 14MPa、21MPa、35MPa、50MPa、70MPa 等级别。

五、中途顶不通

1. 现场表现

（1）中途顶通（循环）过程中，出口不返钻井液，停泵压力不降；

（2）开泵顶通压力明显高于设计值。

2. 处理措施

（1）检查循环管线是否畅通，排除管线问题；

（2）认真核查是否有井下落物，如果确认有落物则起套管；

（3）核实套管内外钻井液密度情况，排除管内外压差引起的泵压不正常；

（4）如果为钻井液性能变差或井壁垮塌造成的循环不畅，则先上下活动套管，尝试解除憋堵再低泵冲开泵；

（5）无法开通泵则起套管检查或重新通井和调整钻井液性能。

3. 原因分析

（1）钻井液性能差；

（2）管内落物堵塞水眼；

（3）井壁垮塌或扶正器泥包堵塞环空；

（4）中途循环管线堵塞。

4. 预防措施

（1）做好钻井液清洁，筛除有害固相颗粒和堵漏剂，防止管内外堵塞；

（2）调整钻井液防塌性能，确保环空无掉块垮塌；

（3）严防井下落物；

（4）严格按照下套管设计灌浆。

六、悬挂器提前坐挂

1. 现场表现

（1）套管未送到位遇阻，下放悬重和距离经测算与理论回缩距一致；

（2）上提提活一段距离后，再次下放在新位置仍然遇阻，继续表现为坐挂现象；

（3）开泵循环，压力高于正常值，高于部分与坐挂压耗相符。

2. 处理措施

（1）如确认悬挂器卡瓦提前伸出或坐挂，则采用缓慢上提的方式解除卡瓦牙的卡死状态，缓慢起出尾管串；

（2）更换新的尾管悬挂器和附件后重新下尾管。

3. 原因分析

（1）悬挂器剪切销钉异常，剪切压力小于理论值；

（2）顶通压力过大，超过悬挂器剪切销钉剪切值；

（3）裸眼中途循环过程中，下放速度过快，激动压力大导致剪切销钉剪断提前坐挂；

（4）处理下套管过程中复杂情况时，反复憋压低压活动导致剪切销钉异常提前剪断提前坐挂；

（5）井内落物导致堵塞套管水眼，异常憋压导致提前坐挂；

（6）井口灌浆造成憋压，压力未得到控制。

4. 预防措施

（1）认真检查确认悬挂器剪切销钉剪切值符合设计要求；

（2）悬挂器下部套管加密扶正器，保证居中；

（3）悬挂器过井口时平稳缓慢操作，避免防喷器刮擦；

（4）中途顶通或循环时，开泵缓慢，严格控制泵压不大于悬挂器坐挂压力的80%；

（5）控制下尾管速度，一般一根套管的下放时间不少于45s，一个立柱的下放时间不少于90s；

（6）处理下套管复杂时尽量避免憋压活动套管。

七、悬挂器循环短路

1. 现场表现

循环压力异常，比正常循环泵压低。

2. 处理措施

（1）使用示踪材料和电石等材料，小排量循环，查找短路位置；

（2）具备起钻条件的则起钻确认实际短路位置及原因并更换新的悬挂器；

（3）不具备起钻条件的，则进行倒扣丢手，进一步分析并验证实际短路位置。确认悬挂器以下工具管串完整则下入对应回接插管插入回接筒进行固井施工，完成施工后拔出回接插管，起钻至循环位置，正常憋压候凝。如经判断悬挂器或套管有损，则根据实际情况进行管串打捞，重新通井下尾管固井管柱进行后续作业。

3. 原因分析

（1）密封补芯与中心管之间密封受损；

（2）入井管串有漏点；

（3）悬挂器内部连接部分密封失效；

（4）送入管柱出现漏点。

4. 预防措施

（1）定期更换悬挂器中心管，确保中心管表面光滑无缺陷；

（2）组装悬挂器时严格按照上扣扭矩组装，出厂前进行试压；

（3）下入悬挂器前认真检查悬挂器，悬挂器入井后，在井口循环进行密封试验；

（4）套管入井前应确认完好，密封脂均匀涂抹、按标准进行上扣作业；

（5）钻杆入井前必须进行探伤。

八、分级箍提前开孔

1. 现场表现
（1）下套管中途循环或固井作业中途压力低或突然降低，循环压力与分级箍对应井深的循环压力相符；
（2）钻台突然出现开孔时的震动现象。

2. 处理措施
（1）使用示踪材料循环钻井液，确认分级箍提前开孔；
（2）下套管中途发现双级注水泥器提前打开，具备条件时直接起出套管，通井后再下套管。不具备起套管的继续下套管，套管到位先二级固井，再处理一级固井复杂情况。也有先关孔，钻掉关孔塞后双级变一级的方案；
（3）固井作业中途发现双级注水泥器提前打开，则循环出多余的水泥浆，先进行二级固井作业，再讨论下一步方案。

3. 原因分析
（1）剪切销钉异常；
（2）井内落物在分级箍造成异常憋压；
（3）挠性塞过双级注水泥器内套时未降排量，下行速度过快撞击双级注水泥器内套；
（4）分级箍在外力作用下本体变形。

4. 预防措施
（1）组装分级箍时，确保剪切销钉的剪切值准确；
（2）分级箍上扣时精细操作，严禁在分级箍本体上打钳子；
（3）分级箍下入时精心操作，防止井内落物，中途开泵应控制压力；
（4）避免套管下放速度过快，猛刹猛放等操作；
（5）按照工具方要求及时灌浆，避免掏空过长；
（6）挠性塞过双级注水泥器内套时按工具方要求降排量。

九、气密封检测螺纹泄漏

1. 现场表现
下套管时气密封监测系统判断套管螺纹连接密封不合格，数据采集监测系统自动报警。

2. 处理措施
（1）卸开套管，重新清洗检查螺纹及其密封面是否完好，上扣扭矩是否正确；
（2）螺纹、密封面完好则涂抹密封脂、上扣、检测合格继续作业；如果还是泄漏，则更换套管；
（3）螺纹、密封面不合格则直接更换套管。

3. 原因分析
（1）套管紧扣时，扭矩未达到最佳扭矩标准，造成螺纹不密封；
（2）螺纹和密封面清洗不干净；
（3）螺纹密封端面存在加工缺陷。

4. 预防措施

（1）清洗干净螺纹，认查检查套管螺纹；
（2）禁止使用钢丝刷清洁螺纹；
（3）套管上钻台过程中防止磕碰损伤螺纹；
（4）均匀涂抹螺纹密封脂；
（5）按照最佳扭矩值上扣。

第二节　固井施工复杂预防及处理

一、内插管柱不密封

1. 现场表现

在内插法固井施工中，插入钻具与套管之间的环空出现返浆现象，内插管柱不密封。

2. 处理措施

增加下压吨位或拔出后重新下插。

3. 原因分析

试插后，上提管柱，导致密封圈脱落；下压吨位不够，在固井过程中循环压力将密封插头顶出，导致密封失效。

4. 预防措施

（1）加强工具检查，尤其是密封圈；插头密封圈更换时，要将密封圈及"燕尾槽"均匀涂抹密封脂，插入密封槽后用橡胶锤轻轻敲入，确保更换密封圈时密封圈不被剪切破坏；
（2）插头上部安放扶正器，保证居中；
（3）下插后下压吨位 5~15t，确保密封效果。根据管串长度及最高循环压力确定下压吨位；
（4）尽量不进行试插，一次插入后下压一定吨位，进行试压。推荐试压方式为送入钻具与套管环空间隙打压 3~5MPa，验证密封性。

二、悬挂器无法坐挂

1. 现场表现

憋压达到坐挂压力后下放管串，分以下两种情况：

（1）下放过程中悬重下降一定吨位后反弹回至原吨位，继续下放，悬重重复下降并反弹或不再下降，说明卡瓦已经伸出但坐挂不住；
（2）下放过程中悬重没有下降现象。

2. 处理措施

（1）卡瓦已经伸出但坐挂不住时，泄压后适当更换坐挂位置再次坐挂；
（2）悬挂器卡瓦没伸出，应适当阶梯增加坐挂压力并延长打压后等待传压时间，再坐挂；
（3）在球座未憋通前反复尝试提高坐挂压力直到球座憋掉为止。

3. 原因分析

（1）卡瓦伸出坐挂不住的原因：①卡瓦坐于套管接箍位置；②卡瓦坐于套管腐蚀破损位置；③套管刮壁不干净或刮壁后较长时间扩眼、通井、堵漏等作业，重新在套管壁形成较厚滤饼，特别是钻井液内有较硬加重材料，有可能塞死卡瓦牙使其无法嵌入套管壁；

（2）卡瓦不能伸出的原因：①销钉未被剪断，卡瓦不能伸出；②传压孔传压不畅或堵死，导致液体无法进入液缸，不能传压剪断销钉带动液缸推出卡瓦。

4. 预防措施

（1）按不同井深、尾管悬重和井的复杂程度选择尾管悬挂器的类型，严把质量关；

（2）上层套管的坐挂位置要选择环空水泥质量好、套管内无损伤且不是接箍处；

（3）下入尾管前，对坐挂位置要进行反复刮壁，保证坐挂处清洁；

（4）入井前认真检查尾管挂型号、质量、关键部位及部件尺寸，如尾管挂销钉数量及剪切值和安装状态（松紧度、间隔）、球座销钉数量及剪切值、憋压球、套管胶塞、钻杆胶塞等；

（5）送入钻具应通径，以防憋压球和钻杆胶塞不能通过或损伤；

（6）下入尾管及尾管悬挂器时严格执行操作规程，灌浆时做好过滤工作，中途顶通及到底循环时要做好入井钻井液的过滤工作。

三、球座无法憋通

1. 现场表现

打压到球座设定憋通压力时球座销钉仍然无法剪断，循环通道无法建立。

2. 处理措施

（1）无法憋通时，尝试停泵泄压后反复开泵，使得剪切销钉疲劳剪断；

（2）提高憋压值憋通。

3. 原因分析

（1）球座销钉安装不正确；

（2）管内杂物沉积在球座上形成死堵，形成剪切整体球座芯子状态。

4. 预防措施

（1）认真检查球座剪切销钉，确保安装正确；

（2）彻底洗井和处理钻井液，保证钻井液干净，无杂物，灌浆、中途顶通及到底循环时要做好入井钻井液的过滤工作。

四、悬挂器无法丢手

1. 现场表现

倒扣后上提管串，悬重显示仍包含尾管悬重，与实际脱手后送入钻具浮重（刮壁称重悬重）不符。

2. 处理措施

（1）固井过程中的震动可能导致反扣接头挂扣，应继续反复旋转倒扣，然后再进行上提钻具操作，还不行则在安全抗拉范围内加大上提吨位；

（2）对于上提钻具阻力明显增加，悬重远远大于送入钻具浮重时：

①起钻至安全井段循环后候凝，确认候凝结束后再行处理；

②如水泥浆污染或提前稠化等原因造成，应在安全抗拉范围内加大上提吨位，迅速起出钻具，防止发生插旗杆事故。

3. 原因分析

（1）倒扣不成功：①扭矩传递不到位；②反扭矩导致送入工具再次挂住反扣。

（2）倒扣成功，但送入工具和回接筒间隙落入杂质杂物堆积卡死无法脱开，且越压越紧；

（3）水泥浆在上提送入钻具之前闪凝，导致钻具无法上提或上提困难。

4. 预防措施

（1）选择合理的防砂帽，确保杂质不进入回接筒内卡死钻具；

（2）固井前通井时应进行短起下钻作业，充分循环钻井液，筛除堵漏剂、掉块等杂质，确保井眼清洁；

（3）套管到位后固井前要大排量循环携砂，防止井底沉砂在喇叭口堆积；

（4）做好相容性试验，避免隔离液、水泥浆与钻井液接触污染。

五、单流阀失效

1. 现场表现

固井施工完成，放回水后管内有钻井液倒流出。

2. 处理措施

（1）单级固井作业，关水泥头候凝，尾浆稠化或起强度后再进行下步作业；

（2）双级固井，节流循环候凝；

（3）尾管固井，强行起钻至安全井段后循环候凝。领尾浆稠化时间差大，在安全情况下也可关水泥头等尾浆稠化或起强度后再起钻候凝。

3. 原因分析

（1）单流阀体质量出现问题；

（2）钻井液固相颗粒或堵漏剂堵卡阀座；

（3）未及时在套管内灌浆，环空压力挤压阀座导致失效；

（4）套管下放过程不平稳，激动压力导致单流阀失效；

（5）循环时间过长，冲刷导致单流阀失效；

（6）套管内落物，堵卡阀座。

4. 预防措施

（1）彻底洗井和处理钻井液，保证钻井液干净，无杂物；

（2）对于深井、高温井应考虑单流阀的耐温性和抗冲蚀性；

（3）下套管防止套管内落物；

（4）水平井和大斜度井应采用复位性能好的弹簧式回位浮箍；

（5）大、重套管固井采用多个单流阀组合使用，建议采用两箍一鞋管串结构；

（6）尽量采用领尾浆水泥浆浆柱结构固井。

六、施工过程中憋泵

1. 现场表现

固井施工过程中，压力突然急速上升。

2. 处理措施

（1）对于水泥浆没出套管的憋泵，可采用钻水泥塞后将环空顶通再重新注水泥固井处理。若环空不通，先电测并分析环空堵塞点，采用从管鞋附近射孔挤水泥方式补救堵塞点以下环空，堵塞点以上采用射孔后循环固井或直接反挤水泥浆补救。

（2）对水泥浆已出套管的憋泵则候凝、钻塞、电测后射孔循环补救，或从环空挤水泥。

3. 原因分析

（1）管内水眼堵塞或环空出现憋堵；

（2）水泥浆触变性强或"闪凝"。

4. 预防措施

（1）选择合格的套管附件，特别是浮箍、浮鞋、尾管悬挂器、分级箍、封隔器等与排量压力关系较大的工具附件。并在下套管前认真检查，按操作规程安装于套管串中。

（2）在下套管过程中，严格执行下套管作业规程，防止入井套管内有棉纱遗留物品，防止井口落物。

（3）固井前必须按照要求调整钻井液性能，保证井壁稳定，不垮塌、不掉块并且具有较好的悬浮能力和流动性。

（4）固井前应彻底循环钻井液洗井，至少按照规定排量循环两周以上，无压力波动，振动筛上返出的钻井液无岩屑和泥砂，保证井下清洁。

（5）做好水泥浆性能试验，选择性能稳定、稠化曲线平稳、无闪凝、无倒挂现象的水泥浆体系。

（6）保证施工连续。

七、固井漏失

1. 现场表现

固井施工过程中，出口流量变小或失返。

2. 处理措施

（1）发生轻微漏失时，增加水泥浆量以弥补漏失量，继续完成施工作业；

（2）发生严重漏失或失返性漏失时，继续施工结束后尽快进行反挤作业补救；

（3）水泥浆未返出地面或设计井深，根据反计量，考虑挤水泥补救。

3. 原因分析

（1）地层承压能力低；

（2）固井施工当量密度大于地层承压能力。

4. 预防措施

（1）固井前进行承压堵漏，提高地层承压能力；

（2）固井前必须按照要求调整钻井液性能，提高流动性，降低摩阻；

（3）优化隔离液及水泥浆的流变性，降低固井施工摩阻；

（4）采用低密度水泥浆、分级固井、尾管固井、控压固井等方式降低液柱压力，减少漏失；

（5）根据井况，在水泥浆中加入适量纤维，提高水泥浆的堵漏作用。

八、固井过程中溢流

1. 现场表现

（1）出口钻井液返出量大于泵入量；

（2）尾管施工结束后，起钻时钻井液灌入量小于应灌入量或灌不进钻井液。

2. 处理措施

（1）单级固井：关井、求压，根据井口压力和套压数据，控压进行固井作业，水泥浆返高控制在井口下 100~300m。如采用领尾浆固井，领尾浆稠化时间差满足固井安全的控压固井作业，水泥浆可返出地面，关井憋压到尾浆起强度后开井继续下步作业。

（2）双级固井一级固井：①关井、求压，根据井口压力和套压数据，控压进行固井作业，一级固井完节流循环排掉混浆和水泥浆以后关井憋压候凝；②一级固井已封固溢流地层则正常进行二级固井；③一级固井未有效封固溢流地层，则循环压井后进行二级固井，或经采用控压固井进行二级固井作业。

（3）尾管固井：关井、求压，根据井口压力和套压数据，控压进行固井作业，注替水泥浆结束后利用旋转控制头封闭环空、拔出中心管、控压起钻、循环排混浆、关井候凝。如套压高于旋转控制头控制压力，应关闸板防喷器控制井口继续控压固井作业；如环空控压过高或有不能满足注替水泥浆结束后拔出中心管时可考虑直接将水泥浆循环出井筒，压井后再进行固井作业。

（4）注水泥塞作业：关井、求压，根据井口压力和套压数据，控压进行注水泥塞作业或控压将水泥浆排除井筒、压井、再进行注水泥浆作业。

3. 原因分析

（1）固井施工当量密度小于地层压力；

（2）固井期间发生井漏失返，漏转溢；

（3）控压固井施工时，控压值过低导致溢流。

4. 预防措施

（1）固井前确保钻井液密度满足压稳井下流体；

（2）加强全过程坐岗，监测环空液面；

（3）固井后及时憋压，防止水泥浆失重；

（4）尽量采用领尾浆水泥浆浆柱结构固井。

九、无法碰压

1. 现场表现

泵入设计替浆量后，泵压无突增现象。

2. 处理措施

（1）继续替浆，替浆量控制在不超过下塞容积的一半；

(2)对于小尺寸尾管,则直接结束替浆;
(3)采用人工、泵冲和流量计三方计量,相互核实顶替量。

3. 原因分析
(1)未放入胶塞或者胶塞不匹配;
(2)钻井液罐间窜或钻井液罐标尺不准;
(3)流量计计量不准。

4. 预防措施
(1)选择质量合格的钻杆胶塞和套管胶塞,与钻具和套管相匹配;
(2)严格检查下入套管,包括通型号、钢级、尺寸、壁厚、螺纹类型是否正确,管体是否变形,螺纹是否损坏,确保入井套管质量;
(3)及时校对流量计;
(4)钻杆胶塞与套管胶塞重合前应降低排量,确保两者耦合;
(5)提前丈量钻井液罐尺寸,施工中采用卷尺计量;
(6)施工前记录好钻井液罐各罐基面,停泵后再复核各罐液面,核实顶替量;
(7)核实胶塞已正确放入。

十、分级箍无法开孔

1. 现场表现
(1)确定重力塞到位后,憋压远远超过剪切销钉额定值,钻台无振动现象且压力不降;
(2)泄压后逐级憋压,多次尝试仍然无反应;
(3)钻台有开孔振动现象,但是压力持续不降。

2. 处理措施
(1)分级箍自身质量问题造成不能开孔,且一级水泥浆未返到分级箍时,候凝后可下钻对重力塞加压将分级箍打开;
(2)分级箍受拉或受压过重引起分级箍变形造成不能开孔,且一级水泥未返到分级箍时,可待一级水泥浆凝固后,下放或上提套管释放分级箍处的载荷,再憋压打开分级箍;
(3)若是一级水泥超返严重,则候凝后下入专用工具关闭分级箍、测井确定一级水泥返高,在环空水泥浆面上50m射孔循环进行二级固井补救或直接反挤水泥浆补救;
(4)水泥浆没有返到分级箍,在套管内下钻具,下压钻具开孔建立循环、进行二级固井作业。

3. 原因分析
(1)剪切销钉异常;
(2)分级箍在外力作用下本体变形;
(3)水泥浆异常,提前稠化起强度;
(4)井壁垮塌,导致完全堵塞分级箍循环孔或以上环空
(5)重力塞受损无法憋压或不稳压;
(6)挠性塞过分级箍时未降排量,冲击过大导致分级箍异常;
(7)重力塞到达分级箍位置但不密封。

4. 预防措施

（1）选择质量合格、适合固井工艺要求和井下环境要求的分级箍；

（2）分级箍以下套管负荷不能太大，否则可能会造成分级箍受拉变形导致分级箍打不开；

（3）对于套管触到井底的井，不要压太多吨位，防止分级箍受压变形而打不开；

（4）控制一级水泥浆返高和稠化时间，降低水泥浆触变性；

（5）将分级箍设计在井壁稳定的位置；

（6）禁止在双级注水泥器本体上打钳，防止双级注水泥器本体变形；

（7）一级固井水泥浆稠化时间要附加重力塞的下落时间；

（8）设计开孔保护液防止双级注水泥器处的水泥浆胶凝；

（9）双级固井前要充分循环处理钻井液，确保井眼稳定。

十一、分级箍无法关孔或关孔不严

1. 现场表现

（1）替浆到量且附加量足够的情况下仍不碰压；

（2）碰压且附加压力远远超过剪切销钉额定值，钻台无关孔现象，放回水持续不断流；

（3）碰压且有关孔现象，放回水持续不断流。

2. 处理措施

（1）在套管抗内压 80% 范围内逐级增加关孔压力和稳压时间，反复尝试关孔；

（2）关闭水泥头阀门候凝；

（3）下开钻完分级箍后验证分级箍密封情况，如分级箍密封不严则挤水泥浆补救；

（4）二级固井投关闭塞后尾随 $0.5\sim1.0m^3$ 水泥浆，提高双级注水泥器关闭套密封能力，和缩短钻关闭塞的时间；

（5）替浆碰压后直接附加 8~10MPa，争取一次性关闭到位；

（6）逐步提高压力尝试关闭双级注水泥器，如果 35MPa 时仍然关闭不上，则关井候凝；

（7）对于双级注水泥器没有关闭的井，在钻除双级注水泥器内套前，用钻具下压尝试关闭双级注水泥器关闭套。

3. 原因分析

（1）剪切销钉异常；

（2）分级箍在外力作用下本体变形；

（3）水泥浆异常，提前稠化起强度；

（4）关闭塞受损无法憋压或不稳压；

（5）开孔后循环时间过长，冲蚀循环孔导致关不严；

（6）未投关闭塞或关闭塞卡在水泥头未下去。

4. 预防措施

（1）选择质量合格、适合固井工艺要求和井下环境要求的分级箍；

（2）认真测量、核对关闭塞和关闭套尺寸匹配情况；

（3）分级箍以下套管负荷不能太大，否则会造成分级箍受拉变形导致分级箍打不开；

（4）对于套管触到井底的井，应防止分级箍受压；
（5）二级注水泥施工前关闭塞确保装在水泥头内；
（6）碰压关孔时应保证足够的压差，一次将压力碰至 20MPa 以上；
（7）禁止在双级注水泥器本体上打钳；
（8）采用重浆顶替，尽可能减少管内外压差，减少最终关闭压力值。

十二、一级碰压后水泥浆倒流

1. 现场表现

一级固井结束碰压后观察压力稳定，放回水泄压时出口流量没有减小趋势，关闭水泥头旋塞阀后压力逐渐上升，最后趋于一个稳定值。

2. 处理措施

（1）多替入不超过下水泥塞一半容积的钻井液，然后再停泵观察是否有倒流，若有倒流则放回替入量，再反复操作；
（2）若仍然倒流，则关井候凝，待下部水泥凝固后，再打开分级箍进行二级固井。

3. 原因分析

（1）浮鞋和浮箍的质量不过关，设计的反向承压能力较低；
（2）高密度钻井液长时间大排量循环，固相颗粒冲刷回压凡尔的密封面，造成密封不严；
（3）钻井液中的固相颗粒或者岩屑等在浮鞋和浮箍的回压阀处沉积，造成回压阀关不严；
（4）施工时发生环空憋堵，套管外的圈闭压力大于附件的反向承压。

4. 预防措施

（1）提高浮箍、浮鞋单流阀的承压值；
（2）彻底洗井和处理钻井液，保证钻井液干净，无杂物；
（3）对于深井、高温井应考虑单流阀的耐温性和抗冲蚀性，适当增加 1~2 个不同单流阀的浮箍；
（4）下套管防止套管内落物；
（5）水平井和大斜度井应采用复位性能好的弹簧式回位浮箍。

十三、"灌香肠"

1. 现场表现

在固井注替水泥浆过程中，施工压力异常升高，直至无法继续进行固井施工，过多水泥浆留在了套管内。

2. 处理措施

（1）如果施工过程中发现压力上涨，则采用高压泵车继续替浆，密切观察压力变化；
（2）在回接固井作业中，如果发现压力持续快速上涨，且接近设备的压力高限，则应及时进行下插作业，确保回插到位。

3. 原因分析

（1）水泥浆稠化时间短，注水泥时间长，造成注水泥"灌香肠"事故；

（2）水泥浆闪凝，造成注水泥或顶替压力高；
（3）环空发生井塌或桥堵，造成环空堵塞；
（4）套管内落物，造成套管内堵塞；
（5）胶塞提前释放。

4. 预防措施

（1）根据井下条件选择性能稳定的水泥浆体系；
（2）做全水泥浆相关性能试验，尤其是稠化时间、相容性、温度敏感性、触变性、稳定性、升降温等，确保施工安全；
（3）施工前认真检查施工设备及管线，确保施工过程连续；
（4）提前做好施工预案，准备好高压泵车；
（5）施工过程中密切注意排量、压力的变化，及时分析判断井下工况；
（6）在下套管和固井前充分循环钻井液，井眼稳定后再下套管和注水泥，防止发生井塌或桥堵；
（7）严防套管内落物；
（8）提前检查水泥头挡销和胶塞的配合间隙，并固定好挡销。

十四、插旗杆

1. 现场表现

在固井（注水泥塞、挤水泥、尾管作业）注替水泥浆结束后，起钻时悬重持续增加，无法正常起钻。

2. 处理措施

（1）发生送入钻具卡死后，应迅速上提钻具，必要时可反复过提吨位尝试解卡；
（2）针对尾管固井，可采用下压一定钻具悬重，正转钻具，再尝试起钻。

3. 原因分析

（1）水泥浆稠化时间短或者发生闪凝；
（2）环空发生井塌或桥堵，造成环空堵塞；
（3）钻具在裸眼内发生粘卡；
（4）尾管送入工具反扣发生粘扣。

4. 预防措施

（1）施工前做好井眼清洁工作，确保井底沉砂、堵漏材料等有害固相颗粒全部循环干净，防止固井时卡死钻具；
（2）合理设计水泥浆浆柱结构和水泥返高，尤其是快干浆的返高应严格控制，同时还应考虑固井混窜引起的返高增加，既要保证实现封固目的，又不能因水泥浆量过多而带来施工风险；
（3）设计足够的稠化时间，满足固井施工、工具操作、起出钻具和循环超返水泥浆的全过程安全，并留有安全附加时间；
（4）水泥浆与钻井液的相容性好，若水泥浆抗污染能力较差，应在水泥浆前、后和循环出的水泥浆后部使用足够隔离液，确保实现完全隔离；
（5）选择带有防砂帽的尾管悬挂器，确保井下杂质不进入到回接筒内卡死钻具。

第三节　候凝及钻水泥塞复杂预防及处理

一、候凝期间套压异常

1. 现场表现

固井施工结束后憋压候凝期间：

（1）套压值很快降为 0；

（2）套压一直上升超过同类型井因水泥浆放热的正常升高值。

2. 处理措施

（1）候凝期间加密监测套压，做到早发现、早汇报、早处理；

（2）套压一直降低，①观察候凝；②套压降为零、补压后套压仍为零，开节流阀观察并确认环空水泥浆面是否在井口，液面不在井口则定时吊灌，灌满后关井候凝，开井时注意是否有溢流；

（3）套压值过高，可以适当泄压，但必须保证足够憋压值，压稳地层。

3. 原因分析

（1）井下地层条件复杂，溢漏并存，固井施工时漏失大量浆体，关井候凝期间地层回吐造成套压异常；

（2）井下存在高压流体（油、气、水），候凝过程中由于水泥浆"失重"未能有效压稳地层，地层流体上窜造成套压异常。

4. 预防措施

（1）明确地层压力窗口，准确计算加压值，杜绝压不稳、压漏；

（2）明确水泥浆失重时间，及时补偿候凝期间环空静液柱压力的降低值；

（3）优化设计，合理设计领尾浆界面及其防气窜性能。

二、候凝期间溢流

1. 现场表现

敞井候凝期间出口一直线流或者憋压候凝后泄压期间出口不断流，关井后套压继续上升。

2. 处理措施

按照压井程序，进行压井。

3. 原因分析

（1）对井下流体资料掌握不全，未采取憋压候凝措施；

（2）候凝期间未能有效压稳地层，形成窜流通道；

（3）未采用防气窜体系水泥浆或者未采用"多凝"水泥浆设计，憋压值小于水泥浆失重值；

（4）井口存在浅层气或者与周边井压力相窜。

4. 预防措施

（1）明确地层孔隙压力，准确计算加压值，确保压稳；

（2）明确水泥浆失重时间，及时补偿候凝期间环空静液柱压力的降低值；

（3）优化设计，合理设计领尾浆界面，保障油气水层快速封固，保障水泥浆防气窜性能及两界面胶结质量；

（4）尽量避免或缩短井口作业，避免套管与水泥胶结面产生微环隙，给油气水提供上窜通道。

三、水泥浆无强度

1. 现场表现

水泥浆按照试验条件养护到时间后未能起强度，或者下钻探塞时钻至水泥塞塞面没有钻压，循环出混浆或者水泥浆。

2. 处理措施

等待水泥浆强度满足下步施工要求。

3. 原因分析

（1）试验条件与井下实际条件不相符；

（2）现场使用的水泥和外加剂与实验室内的材料不符；

（3）油基钻井液条件下固井作业，钻井液与水泥浆相混后影响强度；

（4）低密度水泥浆的混浆在大温差条件下强度发展缓慢；

（5）现场施工时水泥浆密度偏低，造成强度发展慢；

（6）由于漏失或者先漏后吐造成水泥浆污染，强度发展缓慢；

（7）由于缓凝剂在不同温度下的特性造成超缓凝现象。

4. 预防措施

（1）确认试验条件和井下条件相符，杜绝因试验条件误差引起的水泥浆无强度；

（2）对现场大样试验做到准确复核，确认现场灰、水满足施工要求；

（3）严格水泥浆密度测量，确认入井水泥浆密度符合设计要求。

四、钻塞卡钻

1. 现场表现

钻塞期间，泵压明显增加，出口水泥块含量减少，活动钻具摩阻增加，上提挂卡。

2. 处理措施

大排量循环、震击活动钻具等方法解卡。

3. 原因分析

（1）钻进参数不合适，水泥块破碎成大块状；

（2）钻井液性能差，悬浮携岩能力弱，水泥块堆积在钻头上方，造成卡钻；

（3）下钻期间井口落物，环空堆积堵塞。

4. 预防措施

（1）选择合适的钻头尺寸，设计合理的钻塞参数；

（2）调整好钻井液性能，防止水泥石下沉或循环不充分；

（3）严格过程控制，防止套管变形引起的卡钻。

五、钻塞污染钻井液

1. 现场表现

钻水泥塞期间钻井液性能发生很大变化,出现增稠、顶通困难、流动性差等现象。

2. 处理措施

(1)起钻至安全井段;

(2)加入纯碱等抗钙处理剂对钻井液处理,优化钻井液性能。

3. 原因分析

(1)没有提前做钻井液和水泥浆的相容性试验;

(2)钻井液抗污染能力不足,水泥浆中的钙离子对钻井液产生污染;

(3)没有及时处理钻井液,循环时将污染的钻井液再次泵入井内。

4. 预防措施

(1)调整钻井液性能,提高抗钙污染能力和携岩能力;

(2)加强固相含量控制,严格控制钻井液密度。

六、钻固井附件遇卡

1. 现场表现

钻进附件井深循环时,泵压增加,开转盘扭矩增加,上提挂卡。

2. 处理措施

震击、活动钻具等方法解卡。

3. 原因分析

钻进参数不合理,套管附件被剪切成大块;钻井液悬浮携岩能力弱,不能把及时附件带出来,沉积堆在钻头上方,造成卡钻。

4. 预防措施

(1)选择合适的钻头类型、尺寸,设计合理的钻塞参数;

(2)选择易钻的套管附件。

七、钻塞显示有油气水

1. 现场表现

钻塞过程中气测显示异常。

2. 处理措施

(1)短回接一定长度套管进行补救固井;

(2)对封固不好的井段进行挤水泥补救。

3. 原因分析

未有效封固尾管喇叭口及油气水层。

4. 预防措施

(1)优化固井施工设计,严格执行技术措施,保证施工连续性,确保尾管固井喇叭口及油气水层处的封固质量;

(2)优化水泥浆浆体,在水泥浆中加入防气窜和增韧材料;

（3）钻塞期间执行目的层钻进技术措施。对于敏感性地层固井，特别是产层固井质量差的产层井段，井控工作按裸眼井段执行。

八、钻穿分级箍后试压不合格

1. 现场表现

钻通后井筒密封试压不合格，且排除有其他泄漏点的可能性。

2. 处理措施

挤水泥补救。

3. 原因

（1）井口连接工具螺纹时没有按扭矩上到位；

（2）关闭分级箍时压力不够，关闭套没有下行到位；

（3）分级箍密封圈失效；

（4）钻塞钻头选择和参数控制不合理，对关闭套形成长时间频繁冲击振动导致错位松动或损坏。

4. 预防措施

（1）选择质量、功能可靠的分级箍；

（2）关闭分级箍循环孔时，确保压力、冲量、稳压时间足够，防止关闭不严；

（3）确认分级箍连接时螺纹、扭矩到位，保障连接处密封性。

九、钻水泥塞期间套管变形

1. 现场表现

钻水泥塞过程中发现异常遇阻或钻头无法通过。

2. 处理措施

（1）各开次套管均应加强钻塞参数监测，及时发现异常；

（2）现场应根据井眼情况、井型、套管尺寸等因素，设计采用合理的钻塞钻具组合；

（3）钻塞时若发现扭矩异常、长时间无进尺或进尺缓慢（钻时超过正常井段3倍以上），应立即停钻，提离钻塞异常点循环，并向业主单位汇报，严禁长时间钻磨套管；

（4）现场判断证实为套管变形后，大排量循环一周，将井筒内水泥块及附件携带干净，收集并留存出口返出物；必要时可交由实验检测研究院开展化验分析；

（5）若牙轮钻头崩齿掉落严重且未返出，则组织欠尺寸磨鞋捞杯一体化工具打捞，保证井筒清洁；若牙轮钻头完好且无落物，则组合欠尺寸巴拉斯钻头+对应钻头尺寸的钻铤+对应套管尺寸的扶正器钻领眼；

（6）钻一定长度领眼后，下入铣齿接头+铣柱修复破损套管；

（7）对于明确判断为盐层蠕变引起的套管变形，应优先采用减少钻头尺寸的方式钻磨处理，若小尺寸钻头可通过，则下部采用小尺寸钻至完钻井深；

（8）若套损复杂处理时间达到10天仍未恢复正常，应向油田工程技术部汇报，由工程技术部组织讨论下步措施，严禁瞒报、漏报、谎报；

（9）套损处理正常以后，具备条件的井，应进行套损变形程度电测评估，为后续作业提供参考。

3. 原因

（1）套管加工质量不合格；

（2）井口连接工具螺纹时没有按扭矩上到位；

（3）套管内有落物；

（4）下套管中途遇阻吨位较大，下压吨位过大导致套管屈曲；

（5）下套管到底后，由于探底等操作，导致套管受压弯曲；

（6）裸眼段存在蠕变性地层，套管强度不足，挤压变形；

（7）水泥水化热应力等。

4. 预防措施

（1）设计层面应加强工程地质一体化，强化对盐膏层等特殊岩性地层的预测，针对性设计合适的套管进行封固；套管柱设计应避免上大下小结构；

（2）钻井期间应强化井身质量控制，确保满足集团公司井身质量红线相关要求；同时应加强对特殊岩性的识别，若发现超出设计外的强蠕变岩层，应及时变更设计；

（3）中完期间应强化井眼准备，确保井眼通畅，避免下套管遇阻下压套管；

（4）修复套管或转井套管应避免用在复杂井段或易套损的井段；

（5）套管及固井工具应尽量采用同一螺纹类型，避免使用过多的套管变螺纹短节；套管变螺纹短节应以厂家采购为主，若确需临时加工变螺纹，应选择具有资质的加工方，按照要求保证变螺纹短节的质量；

（6）除表层下套管外，各套管厂家应到现场进行下套管技术服务，负责套管质量检查和操作指导；

（7）套管吊装、上卸扣应严格按照下套管要求，下套管期间做好防落物措施；下套管中途遇阻应结合具体井况，以小范围活动或开泵冲洗通过为主，活动期间，下压吨位不宜过大；遇阻起出的套管，需进行复检后确定是否能够再入井；

（8）除表层外，原则上对于无必封点要求的井，不进行探底作业，留 1~2m 口袋；对于存在必封点且有探底要求的井，探底吨位应小于 10t（不含摩阻），探底结束后提开套管下放至设计位置，若无法提开套管，探底结束后应至少上提至原悬重，确保管柱不受压；

（9）卡瓦式套管头应按照 80~200t 进行套管坐挂。无法降低坐挂吨位时，最高坐挂吨位不得高于套管头推荐最大允许坐挂吨位，且坐挂后应用下一开次钻头验证通过性；

（10）套管单、双级固井应首选先固井后坐挂套管，采用先固井后坐挂套管的工艺，应提前做好套管坐挂风险评估及准备工作；

（11）单级长封固段固井套管浮重过高时，应采用多凝水泥浆，选择合适时机坐挂套管；双级固井宜在一级固井水泥浆起强度后坐挂套管，二级封固段套管浮重过高时，应采用多凝水泥浆降低坐挂吨位；

（12）高压气井生产回接套管推荐采用芯轴式套管挂；

（13）尾管固井时，悬挂器位置应置于上层套管中地层稳定、固井质量良好的井段；工艺允许情况下，应为下步故障复杂处理留出开窗条件；尾管悬挂器坐挂操作按照厂家要求精细操作，确保坐挂成功后再丢手，防止尾管串压至井底；

（14）山前盐膏层段以提高套管居中度和盐膏层固井质量为核心：①推荐采用"随钻扩眼＋小接箍套管＋扶正器"的技术措施，保障盐层固井顶替效率，避免套管受到非均匀载荷挤压；②封盐套管接头抗外挤强度与管体采用等强度设计，外密封面由柱面优化为锥面径向密封结构；③大斜度井盐底卡层时，底部应留有余量，避免发生盐底井漏，影响固井质量；

（15）台盆区在前期水泥水化热应力的初步实践认识基础上，以提高下步井段套管强度、降低水泥浆水化热和提高水泥返高、减少空套管为核心：

①富满油田四开井身结构井或类似井，二开井底 300m 井段应提高套管抗外挤强度设计，塔标Ⅰ采用 ϕ250.8mm×15.88mm×140 套管，塔标Ⅱ采用 ϕ273.05mm×13.84mm×140 套管；

②满深 8、满深 10、满深 11 等石炭系含盐区块，应采用欠饱和盐水钻井液体系，建议氯离子浓度 15×10^{4}mg/mL 左右，HTHP 失水不大于 10mL，优选 80~100℃ 软化点沥青，加强封堵，配合使用 KCL（5% 以上），提高抑制性，维持井壁稳定；在钻遇盐层后，应在钻穿石炭系膏盐层 10~20m 后采用抗外挤强度不低于 180MPa 的高强度套管封固膏盐岩段；

③固井推荐采用封隔式分级固井，优化浆柱结构和水泥浆流变性，提高水泥返高，降低空套管；

④固井下塞长度控制在 150m 以内，三开尾管固井上塞控制在 300m 以内；

⑤下塞段水泥浆密度较管外水泥浆密度宜高 0.03g/cm^3 以上，以实现管内水泥浆比环空水泥浆先凝固，增加下部套管抗挤毁能力；

（16）套损井段应通过尾管重合或短回接方式封固补救，确保下步作业安全；

（17）对于下套管过程遇阻吨位较大、井眼质量差、固井发生较大漏失的井，钻水泥塞应采用牙轮钻头，精心操作，防止钻塞过程中钻头对套管磨损；大斜度井段和水平段钻塞时，应控制钻塞参数，避免磨损；

（18）老井侧钻施工前，应评估井筒内管柱情况、管柱内外液面情况、封隔器坐封情况等；管柱腐蚀穿孔后环空液面降低易导致油层套管发生挤毁失效，宜采取投石填砂工艺恢复管内液面后，再进行下步作业。

参考文献

[1] 滕学清, 张兴国, 李宁, 等. 塔里木油田库车山前固井新技术 [M]. 北京: 石油工业出版社, 2019.

[2] 王招明, 李勇, 谢会文, 等. 库车前陆盆地超深油气地质理论与勘探实践 [M]. 北京: 石油工业出版社, 2017.

[3] 胥志雄, 龙平, 梁红军, 等. 前陆冲断带超深复杂地层钻井技术 [M]. 北京: 石油工业出版社, 2017.

[4] 滕学清, 白登相, 宋周成, 等. 超深缝洞型碳酸盐岩钻井技术 [M]. 北京: 石油工业出版社, 2017.

[5] 田军, 胥志雄, 滕学清, 等. 超深油气井钻井技术 [M]. 北京: 石油工业出版社, 2020.

[6] 张明昌. 固井工艺技术 [M]. 北京: 中国石化出版社, 2007.

[7] 艾正青, 李早元, 李宁, 等. 漂珠低密度固井水泥石的力学性能研究 [J]. 硅酸盐通报, 2016, 35 (9): 3062-3065.

[8] 李鹏晓, 孙富全, 何沛其, 等. 紧密堆积优化固井水泥浆体系堆积密实度 [J]. 石油钻采工艺, 2017, 39 (3): 307-312.

[9] 孙富全, 侯薇, 靳建洲, 等. 超低密度水泥浆体系设计与研究 [J]. 钻井液与完井液, 2007, 24 (3): 31-35.

[10] 曾建国, 孙富全, 高永会, 等. 高温高性能低密度水泥浆的室内研究 [J]. 钻井液与完井液, 2011, 28 (3): 47-49.

[11] 刘崇建, 黄柏宗, 徐同台. 油气井注水泥理论与应用 [M]. 北京: 石油工业出版社, 2001.

[12] 邹建龙, 屈建省, 吕光明, 等. 新型固井降失水剂 BXF-200L 的研制与应用 [J]. 钻井液与完井液, 2005, 22 (2): 20-23.

[13] 邹建龙, 朱海金, 谭文礼, 等. 新型抗盐水泥浆体系的研究及应用 [J]. 天然气工业, 2006, 26 (1): 56-59.

[14] 邹双, 邹建龙, 赵宝辉, 等. 一种固井水泥浆用纤维增韧剂及其制备方法 [P]. ZL 201611089451.2, 2019.

[15] 邹双, 邹建龙, 赵宝辉, 等. 一种高抗压强度、低杨氏模量固井韧性水泥组合物 [P]. ZL 201611089455.0, 2019.

[16] 赵宝辉, 邹建龙, 刘爱萍, 等. 自愈合水泥研究进展 [C]. 2012 年固井技术研讨会论文集. 北京: 石油工业出版社, 2012: 38-43.

[17] 李宁, 庞学玉, 艾正青, 等. 200℃加砂硅酸盐水泥配方优化设计及强度衰退机理 [J]. 硅酸盐学报, 2020, 48 (11): 1824-1833.

[18] 魏涛. 油气井固井质量测井评价 [M]. 北京: 石油工业出版社, 2010.

[19] 魏涛, 王永松, 宋周成. 固井质量评价方法 [P]. SY/T 6592—2016, 2004.

[20] 袁中涛, 杨谋, 艾正青, 等. 库车山前固井质量风险评价研究 [J]. 钻井液与完井液, 2017, 34 (6): 89-94.

[21] 齐奉忠, 申瑞臣, 李萍. 固井质量评价技术探讨 [J]. 石油钻探技术. 2005, 30 (2): 37-40.

[22] 蒋希文. 钻井事故及复杂问题 [M]. 北京: 石油工业出版社, 2002.

附录 1 常用套管性能数据表

（1）非特殊螺纹套管数据见表 1。

表 1 非特殊螺纹套管数据

序号	套管名称	外径/in (mm)	壁厚/mm	内径/mm	通径/mm	接箍外径/mm	接箍长度/mm	钢级	螺纹类型	上扣损失长度/mm	线重/(kg/m)	抗拉强度/kN	抗内压强度/MPa	抗外挤强度/MPa	紧扣扭矩/(N·m) 最小	紧扣扭矩/(N·m) 最佳	紧扣扭矩/(N·m) 最大	生产厂家
1	114.30mm×6.35mm 110-3Cr LC 套管	4.5（114.30）	6.35	101.60	98.42	127.00	177.80	TP110-3Cr	LC	76.20	17.26	1239	75.8	52.2	3070	4100	5120	天钢
2	114.30mm×6.35mm M13Cr110 LC 套管	4.5（114.30）	6.35	101.60	98.42	127.00	≥177.80	BG110-3Cr	LC	76.20	17.26	1239	75.8	52.2	2840/3080	3780/4100	4730/5130	宝钢
						127.00	≥177.8	BT-M13Cr110	LC	76.20	17.26	1189	75.8	52.2	2840/3080	3780/4100	4730/5130	宝钢
3	127.00mm×9.19mm P110 直连型套管	5.00（127.00）	9.19	108.62	105.44	—	—	P110	TP-FJ/II	87.00	26.70	1445	76.8	92.8	3890	4330	4760	天钢
				108.62	105.44	127.00	—	P110	CBFJ	87.00	26.78	1569	96.0	93.0	4400	4900	5400	常宝
				106.90	105.44	—	—	P110	HSG3-FJ	92.00	26.68	1445	76.8	92.8	10200	11000	11800	衡钢
				108.62	105.44	127.00	—	P110	BG-FJ	95.00	26.79	1445	76.8	92.8	5490	6100	6710	宝钢
4	127.00mm×5.59mm J55 SC 套管	5.00（127.00）	5.59	115.82	112.64	141.30	165.10	J55	SC	63.50	17.11	592	29.2	21.1	1350	1810	2260	天钢
5	127.00mm×9.19mm P110 LC 套管	5.00（127.00）	9.19	108.62	105.44	141.30	141.30	P110	LC	85.73	27.19	2201.00	96.00	92.70	5400	7200	9000	天钢

续表

序号	套管名称	外径/in (mm)	壁厚/mm	内径/mm	通径/mm	接箍外径/mm	接箍长度/mm	钢级	螺纹类型	上扣损失长度/mm	线重/(kg/m)	抗拉强度/kN	抗内压强度/MPa	抗外挤强度/MPa	紧扣扭矩/(N·m) 最小	紧扣扭矩/(N·m) 最佳	紧扣扭矩/(N·m) 最大	生产厂家
6	127.00mm×9.19mm 110-3Cr LC 套管	5 (127.00)	9.19	108.62	105.44	141.30	≥196.85	BG110-3Cr	LC	85.73	26.79	2201	98.8	92.8	5030	6710	8390	宝钢
				108.62	105.44	141.30	196.85	TP110-3Cr	LC	85.73	26.79	2201	98.8	92.8	5400	7200	9000	天钢
7	127.00mm×9.19mm 140V LC 套管	5 (127.00)	9.19	108.62	105.44	141.30	≥196.85	BG140V	LC	85.73	26.79	2641	125.7	110.7	6040	8050	10060	宝钢
				108.62	105.44	141.30	196.85	TP140V	LC	85.73	26.79	2641	125.7	110.7	6740	8990	11240	天钢
8	127.00mm×9.50mm 140V LC 套管	5 (127.00)	9.50	108.00	104.82	141.30	≥196.85	BG140V	LC	85.73	27.83	2744	130.0	119.3	6280	8370	10460	宝钢
				108.00	104.82	141.30	196.85	TP140V	LC	85.73	27.63	2744	130.0	119.3	7000	9330	11660	天钢
9	127.00mm×11.10mm 140V LC 套管	5 (127.00)	11.10	104.80	101.62	141.30	≥196.85	TP140V	LC	85.73	31.85	3269	130.5	153.9	8340	11120	13900	天钢
				104.80	101.62	141.30	196.85	BG140V	LC	85.73	31.85	3269	130.5	153.9	7480	9970	12460	宝钢
10	139.70mm×6.20mm J55 SC 套管	5.50 (139.70)	6.20	127.30	124.12	153.67	153.67	J55	SC	73.03	20.91	765.00	29.40	21.50	1750	2330	2910	天钢
11	139.70mm×9.17mm P110 直连型套管	5.50 (139.70)	9.17	121.36	118.18	—	—	P110	TP-FJ/II	81.80	29.52	1654	69.7	76.5	6030	6700	7360	天钢
				121.36	118.18	139.70	—	P110	CBFJ	86.00	28.96	1672	87.0	77.0	5400	6000	6700	常宝
				119.64	118.18	—	—	P110	HSG3-FJ	29.76	29.76	1654	69.7	76.5	13950	15000	16050	衡钢
				121.36	118.18	139.70	—	P110	BG-FJ	85.00	29.76	1654	69.7	76.5	6520	7240	7960	宝钢

续表

序号	套管名称	外径/in(mm)	壁厚/mm	内径/mm	通径/mm	接箍外径/mm	接箍长度/mm	钢级	螺纹类型	上扣损失长度/mm	线重/(kg/m)	抗拉强度/kN	抗内压强度/MPa	抗外挤强度/MPa	紧扣扭矩/(N·m) 最小	紧扣扭矩/(N·m) 最佳	紧扣扭矩/(N·m) 最大	生产厂家
12	139.7mm×9.17mm 110-3Cr 直连扣套管	5.5(139.70)	9.17	121.36	118.18	139.70		HS110-3Cr	HSG3-FJ	102.60	29.70	1654	69.7	76.5	9110	9800	10490	衡钢
		5.5(139.70)	9.17	121.36	118.18	139.70		TP110-3Cr	TP-FJ/II	81.75	29.52	1654	69.7	76.5	6030	6700	7360	天钢
		5.5(139.70)	9.17	121.36	118.18	139.70		BG110-3Cr	BG-FC	90.00	29.76	1654	69.7	76.5	3970	4410	4850	宝钢
13	139.70mm×9.17mm 110-3Cr BC套管	5.5(139.70)	9.17	121.36	118.18	153.67	≥234.95	BG110-3Cr	BC	104.78	29.76	2850	87.1	76.6		位置上扣		宝钢
		5.5(139.70)	9.17	121.36	118.18	153.67	234.95	TP110-3Cr	BC	104.78	30.05	2850	85.3	76.6		位置上扣		天钢
14	177.80mm×10.36mm P110 BC套管	7(177.80)	10.36	157.08	153.90	200.03	254~258	P110	BC	114.30	43.60	4132	79.5	58.8		位置上扣		衡钢
		7(177.80)	10.36	157.08	153.90	200.03	≥254.00	P110	BC	114.30	43.16	4130	79.5	58.8		位置上扣		宝钢
		7(177.80)	10.36	157.08	153.90	200.03	254.00	P110	BC	114.30	43.16	4130	79.5	58.8		位置上扣		天钢
		7(177.80)	10.36	157.08	153.90	200.03	254.0~258.8	P110	BC	114.30	43.60	4130	79.6	58.8		位置上扣		常宝
15	177.80mm×10.36mm 110S BC套管	7(177.80)	10.36	157.08	153.90	200.03	≥254.00	BG110S	BC	114.30	43.16	3991	79.5	58.8		位置上扣		宝钢
		7(177.80)	10.36	157.08	153.90	200.03	254.0~258.8	CB110S	BC	114.30	43.60	3991	79.6	58.8		位置上扣		常宝
16	177.80mm×10.36mm C110 BC套管	7(177.80)	10.36	157.08	153.90	200.03	254.0~258.8	C110	BC	114.30	43.60	3991	79.6	58.8		位置上扣		常宝
		7(177.80)	10.36	157.08	153.90	200.03	≥254.00	C110	BC	114.30	43.16	3991	79.5	58.8		位置上扣		宝钢

续表

序号	套管名称	外径/in (mm)	壁厚/mm	内径/mm	通径/mm	接箍外径/mm	接箍长度/mm	钢级	螺纹类型	上扣预失长度/mm	线重/(kg/m)	抗拉强度/kN	抗内压强度/MPa	抗外挤强度/MPa	紧扣扭矩/(N·m) 最小	紧扣扭矩/(N·m) 最佳	紧扣扭矩/(N·m) 最大	生产厂家
17	177.80mm×10.36mm 110-3Cr BC 套管	7 (177.80)	10.36	157.08	153.90	200.03	254.00	TP110-3Cr	BC	114.30	43.16	4130	79.5	58.8		位置上扣		天钢
				157.08	153.90	200.03	≥254.00	BG110-3Cr	BC	114.30	43.16	4130	79.5	58.8		位置上扣		宝钢
				157.08	153.90	200.03	254~258	HS110-3Cr	BC	114.30	43.60	4132	79.5	58.8		位置上扣		衡钢
				157.08	153.90	200.03	254.0~258.8	CB110-3Cr	BC	114.30	43.60	4130	79.6	58.8		位置上扣		常宝
18	177.80mm×10.36mm 140V BC 套管	7 (177.80)	10.36	157.08	153.90	200.03	254.00	140V	BC	114.30	43.16	5171	101.2	65.9		位置上扣		天钢
				157.08	153.90	200.03	≥254.00	BG140V	BC	114.30	43.16	5171	101.2	65.9		位置上扣		宝钢
				157.08	153.90	200.03	254~258	140V	BC	114.30	43.60	5257	101.2	65.9		位置上扣		衡钢
				157.08	153.90	200.03	254.0~258.8	140V	BC	114.30	43.60	5256	101.3	65.9		位置上扣		常宝
19	177.80mm×12.65mm 140HC BC 套管	7 (177.80)	12.65	152.50	149.32	200.03	254.00	TP140HC	BC	114.30	54.63	6227	123.6	120.0		位置上扣		天钢
				152.50	149.32	200.03	≥254.00	BG140HC	BC	114.30	52.09	6227	123.6	120.0		位置上扣		宝钢
				152.50	149.32	200.03	254~258	140HC	BC	114.30	52.09	6331	123.6	120.0		位置上扣		衡钢
20	182.00mm×14.80mm 140V BC 套管	7.165 (182.00)	14.80	152.40	149.23	200.03	≥254.00	BG140HC	TZ-BC II	123.83	61.69	6255	124.1	145.0		位置上扣		宝钢
				152.40	149.23	200.03	254	TP140V	TZ-BC	114.30	61.41	6255	110.0	139.3		位置上扣		天钢

续表

序号	套管名称	外径/in（mm）	壁厚/mm	内径/mm	通径/mm	接箍 外径/mm	接箍 长度/mm	钢级	螺纹 类型	螺纹 上扣损失长度/mm	线重/(kg/m)	抗拉强度/kN	抗内压强度/MPa	抗外挤强度/MPa	紧扣扭矩(N·m) 最小	紧扣扭矩(N·m) 最佳	紧扣扭矩(N·m) 最大	生产厂家
21	196.85mm×12.70mm P110 BC 套管	7.75（196.85）	12.70	171.45	168.28	215.90	263.52	P110	TZ-BC	119.06	58.36	5686	87.7	73.9		位置上扣		天钢
				171.45	165.10	219.07	263.52	P110	BC	111.44	58.04	5569	85.6	73.4		位置上扣		宝常
				171.45	168.27	215.90	263.53	P110	BC	119.06	59.70	5686	81.7	73.9		位置上扣		衡钢
				171.45	168.28	215.90	263.53	P110	BC	119.06	58.00	5573	81.7	73.9		位置上扣		宝钢
22	196.85mm×12.70mm C110 BC 套管	7.75（196.85）	12.70	171.45	168.28	215.90	263.52	C110	BC	119.06	58.36	5361	81.7	73.9		位置上扣		天钢
				171.45	165.10	219.07	263.52	C110	BC	111.44	58.04	5569	85.6	73.4		位置上扣		宝常
				171.45	168.28	215.90	263.53	C110	BC	119.06	58.00	5361	81.7	73.9		位置上扣		宝钢
23	200.03mm×10.92mm P110 BC 套管	7.875（200.03）	10.92	178.19	175.01	222.25	263.52	P110	TZ-BC	119.06	51.85	4917	74.5	49.9		位置上扣		天钢
				178.19	175.01	222.25	≥269.88	P110	TZ-BC	122.24	51.49	4917	74.5	49.9		位置上扣		宝钢
				178.19	175.01	222.25	263.52~267.52	P110	TZ-BC	119.06	52.00	4917	74.5	49.9		位置上扣		衡钢
				178.19	175.01	222.25	263.53~266.53	P110	TZ-BC	119.06	51.89	4918	74.5	49.9		位置上扣		宝常

附录1 常用套管性能数据表

续表

序号	套管名称	外径/in(mm)	壁厚/mm	内径/mm	通径/mm	接箍 外径/mm	接箍 长度/mm	钢级	螺纹 类型	螺纹 上扣损失长度/mm	线重/(kg/m)	抗拉强度/kN	抗内压强度/MPa	抗外挤强度/MPa	紧扣扭矩/(N·m) 最小	紧扣扭矩/(N·m) 最佳	紧扣扭矩/(N·m) 最大	生产厂家
24	200.03mm×10.92mm 110S BC套管	7.875 (200.03)	10.92	178.19	175.01	222.25	263.52	TP110S	TZ-BC	119.06	51.85	4730	74.5	49.9		位置上扣		天钢
				178.19	175.01	222.25	≥269.88	BG110S	TZ-BC	122.24	51.49	4730	74.5	49.9		位置上扣		宝钢
				178.19	175.01	222.25	263.52~267.52	110S	TZ-BC	119.06	52.00	4917	74.5	49.9		位置上扣		衡钢
				178.19	175.01	222.25	263.53~266.53	110S	TZ-BC	119.06	51.89	4730	74.5	49.9		位置上扣		常宝
25	200.03mm×10.92mm C110 BC套管	7.875 (200.03)	10.92	178.19	175.01	222.25	263.52	C110	TZ-BC	119.06	51.85	4730	74.5	49.9		位置上扣		天钢
				178.19	175.01	222.25	≥269.88	C110	TZ-BC	122.24	51.49	4730	74.5	49.9		位置上扣		宝钢
				178.19	175.01	222.25	263.52~267.52	C110	TZ-BC	119.06	52.00	4917	74.5	49.9		位置上扣		衡钢
				178.19	175.01	222.25	263.53~266.53	C110	TZ-BC	119.06	51.89	4730	74.5	49.9		位置上扣		常宝
26	200.03mm×10.92mm 110-3Cr BC套管	7.875 (200.03)	10.92	178.19	175.01	222.25	263.52	TP110-3Cr	TZ-BC	119.06	51.85	4917	74.5	49.9		位置上扣		天钢
				178.19	175.01	222.25	≥269.88	BG110-3Cr	TZ-BC	122.24	51.49	4917	74.5	49.9		位置上扣		宝钢
				178.19	175.01	222.25	263.52~267.52	110-3Cr	TZ-BC	119.06	52.00	4917	74.5	49.9		位置上扣		衡钢
				178.19	175.01	222.25	263.53~266.53	110-3Cr	TZ-BC	119.06	51.89	4918	74.5	49.9		位置上扣		常宝

续表

序号	套管名称	外径/in (mm)	壁厚/mm	内径/mm	通径/mm	接箍 外径/mm	接箍 长度/mm	钢级	螺纹 类型	螺纹 上扣损失长度/mm	线重/(kg/m)	抗拉强度/kN	抗内压强度/MPa	抗外挤强度/MPa	紧扣扭矩/(N·m) 最小	紧扣扭矩/(N·m) 最佳	紧扣扭矩/(N·m) 最大	生产厂家
27	200.03mm×14.20mm P110 BC 套管	7.875 (200.03)	14.20	171.63	168.45	224.00	263.52	P110	TZ-BC	119.06	65.83	6283	95.4	89.5		位置上扣		天钢
				171.63	168.45	224.00	≥269.88	P110	TZ-BC	122.24	65.79	6283	96.9	89.5		位置上扣		宝钢
				171.63	168.45	224.00	263.53~266.53	P110	TZ-BC	119.06	65.57	6284	95.4	89.5		位置上扣		常宝
28	200.03mm×14.20mm 110S BC 套管	7.875 (200.03)	14.20	171.63	168.45	224.00	263.52	TP110S	TZ-BC	119.06	65.83	6043	95.4	89.5		位置上扣		天钢
				171.63	168.45	224.00	≥269.88	BG110S	TZ-BC	122.24	65.79	6043	96.9	89.5		位置上扣		宝钢
				171.63	168.45	224.00	263.53~266.53	110S	TZ-BC	119.06	65.57	6043	95.4	89.5		位置上扣		常宝
29	200.03mm×14.20mm C110 BC 套管	7.875 (200.03)	14.20	171.63	168.45	224.00	263.52	C110	TZ-BC	119.06	65.83	6043	95.4	89.5		位置上扣		天钢
				171.63	168.45	224.00	≥269.88	C110	TZ-BC	122.24	65.79	6043	96.9	89.5		位置上扣		宝钢
				171.63	168.45	224.00	263.53~266.53	C110	TZ-BC	119.06	65.57	6043	95.4	89.5		位置上扣		常宝
30	206.38mm×15.80mm 110S 特殊间隙接箍 BC 套管	8.125 (206.38)	15.80	174.78	171.60	228.00	≥269.88	BG110S	TZ-BC	122.24	75.07	6612	86.5	102.9		位置上扣		宝钢
31	206.38mm×15.80mm C110 特殊间隙接箍 BC 套管	8.125 (206.38)	15.80	174.78	171.60	228.00	≥269.88	C110	TZ-BC	122.24	75.07	6612	86.5	102.9		位置上扣		宝钢
				174.78	171.60	228.00	269.90	C110	BC	122.24	75.20	6612	86.5	102.9				天钢
32	206.38mm×15.80mm 110S BC 套管	8.125 (206.38)	15.80	174.78	171.60	231.78	≥269.88	BG110S	TZ-BC	122.24	75.07	6889	97.5	102.9		位置上扣		宝钢

附录1 常用套管性能数据表

续表

序号	套管名称	外径/in(mm)	壁厚/mm	内径/mm	通径/mm	接箍外径/mm	接箍长度/mm	钢级	螺纹类型	上扣损失长度/mm	线重/(kg/m)	抗拉强度/kN	抗内压强度/MPa	抗外挤强度/MPa	紧扣扭矩/(N·m) 最小	紧扣扭矩/(N·m) 最佳	紧扣扭矩/(N·m) 最大	生产厂家
33	206.38mm×15.80mm C110 BC 套管	8.125(206.38)	15.80	174.78	171.60	231.78	≥269.88	C110	TZ-BC	122.24	75.07	6889	97.5	102.9		位置上扣		宝钢
34	244.48mm×8.94mm N80 BC 套管	9.63(244.48)	8.94	226.60	222.63	269.88	269.88	N80	BC	122.24	53.57	3645.00	35.30	16.40		位置上扣		天钢
35	244.48mm×11.99mm P110 BC 套管	9.625(244.48)	11.99	220.50	216.53	269.88	269.88	P110	BC	122.24	69.94	6637	67.0	36.5		位置上扣		天钢
				220.50	216.53	269.88	≥269.88	P110	BC	122.24	69.94	6637	67.0	36.5		位置上扣		宝钢
				220.50	216.53	269.88	269.88~273.88	P110	BC	122.24	69.94	6641	67.0	36.5		位置上扣		衡钢
36	244.48mm×11.99mm 110S BC 套管	9.625(244.48)	11.99	220.50	216.53	269.88	269.88	TP110S	BC	122.24	69.94	6327	67.0	36.5		位置上扣		天钢
				220.50	216.53	269.88	≥269.88	BG110S	BC	122.24	69.94	6327	67.0	36.5		位置上扣		宝钢
				220.50	216.53	269.88	269.88~273.88	110S	BC	122.24	69.94	6637	67.0	36.5		位置上扣		衡钢
37	244.48mm×11.99mm C110 BC 套管	9.625(244.48)	11.99	220.50	216.53	269.88	≥269.88	C110	BC	122.24	69.94	6327	67.0	36.5		位置上扣		宝钢
				220.50	216.53	269.88	269.88	C110	BC	122.24	69.94	6327	67.0	49.0		位置上扣		天钢
38	244.48mm×11.99mm 110TS BC 套管	9.625(244.48)	11.99	220.50	216.53	269.88	269.88	110TS	BC	122.24	69.94	6327	67.0	49.0		位置上扣		天钢
				220.50	216.53	269.88	≥269.88	BG110TS	BC	122.24	69.94	6327	67.0	49.0		位置上扣		宝钢
				220.50	216.53	269.88	269.88~273.88	110TS	BC	122.24	69.94	6637	67.0	49.0		位置上扣		衡钢
				220.50	216.53	269.88	≥269.88	110TS	BC	122.24	69.94	6644	67.0	49.0		位置上扣		常宝

续表

序号	套管名称	外径/in (mm)	壁厚/mm	内径/mm	通径/mm	接箍 外径/mm	接箍 长度/mm	钢级	螺纹 类型	上扣损失长度/mm	线重/(kg/m)	抗拉强度/kN	抗内压强度/MPa	抗外挤强度/MPa	紧扣扭矩/(N·m) 最小	紧扣扭矩/(N·m) 最佳	紧扣扭矩/(N·m) 最大	生产厂家
39	244.48mm×11.99mm 140HC BC 套管	9.625 (244.48)	11.99	220.50	216.53	269.88	269.88	TP140HC	BC	122.24	69.94	8178	85.2	56.0		位置上扣		天钢
				220.50	216.53	269.88	≥269.88	BG140HC	BC	122.24	69.94	8178	85.2	56.0		位置上扣		宝钢
				220.50	216.53	269.88	269.88~273.88	140HC	BC	122.24	69.94	8178	85.2	56.4		位置上扣		衡钢
40	273.05mm×11.43mm M65 BC 套管	10.75 (273.05)	11.43	250.19	246.22	298.45	≥269.88	M65	BC	122.24	75.90	4207	32.8	19.8		位置上扣		宝钢
				250.19	246.22	298.45	269.88	M65	BC	122.24	81.55	4207	32.8	19.8		位置上扣		天钢
41	273.05mm×11.43mm P110 BC 套管	10.75 (273.05)	11.43	250.19	246.22	298.45	269.88	P110	BC	122.24	75.90	7084	57.1	25.2		位置上扣		天钢
				250.19	246.22	298.45	≥269.88	P110	BC	122.24	75.90	7084	57.1	25.2		位置上扣		宝钢
				250.19	246.22	298.45	269.88~273.88	P110	BC	122.24	75.90	7120	57.1	25.2		位置上扣		衡钢
42	273.05mm×11.43mm 140V BC 套管	10.75 (273.05)	11.43	250.19	246.22	298.45	≥269.88	BG140V	BC	122.24	75.90	8709	72.7	25.9		位置上扣		宝钢
				250.19	246.22	298.45	269.88	140V	BC	122.24	75.90	8709	72.7	25.9		位置上扣		天钢
				250.19	246.22	298.45	269.88~273.88	140V	BC	122.24	75.90	9068	72.7	25.9		位置上扣		衡钢
				250.19	246.22	298.45	≥269.88	140V	BC	122.24	75.89	8827	72.7	25.9		位置上扣		常宝

附录1 常用套管性能数据表

续表

序号	套管名称	外径/in(mm)	壁厚/mm	内径/mm	通径/mm	接箍 外径/mm	接箍 长度/mm	钢级	螺纹 类型	上扣损失长度/mm	线重/(kg/m)	抗拉强度/kN	抗内压强度/MPa	抗外挤强度/MPa	紧扣扭矩(N·m) 最小	紧扣扭矩(N·m) 最佳	紧扣扭矩(N·m) 最大	生产厂家
43	273.05mm×13.84mm 110TS BC 套管	10.75(273.05)	13.84	245.37	241.40	298.45	≥269.88	BG110TS	BC	122.24	90.33	8095	69.2	50.6		位置上扣		宝钢
				245.37	241.40	298.45	269.88	110TS	BC	122.24	90.33	8095	69.2	50.6		位置上扣		天钢
				245.37	241.40	298.45	269.88~273.88	110TS	BC	122.24	90.33	8548	69.2	50.6		位置上扣		衡钢
				245.36	241.40	298.45	≥269.88	110TS	BC	122.24	90.32	8508	69.2	50.6		位置上扣		常宝
44	273.05mm×13.84mm 140HC BC 套管	10.75(273.05)	13.84	245.37	241.40	298.45	≥269.88	TP140HC	BC	122.24	90.33	10449	88.1	60.0		位置上扣		天钢
				245.37	241.40	298.45	≥269.88	BG140HC	BC	122.24	90.33	10449	88.1	60.0		位置上扣		宝钢
45	339.72mm×12.19mm N80 BC 套管	13.38(339.72)	12.19	315.34	311.37	365.12	269.88	N80	BC	122.24	101.19	6924	34.7	15.6		位置上扣		天钢
				315.34	311.37	365.12	≥269.88	N80	BC	122.24	101.19	6924	35.6	15.6		位置上扣		宝钢
46	339.72mm×12.19mm P110 BC 套管	13.375(339.72)	12.19	315.34	311.37	365.12	≥269.88	P110	BC	122.24	101.19	9240	49.0	16.1		位置上扣		宝钢
				315.34	311.37	365.12	269.88	P110	BC	122.24	101.19	9240	49.0	16.1		位置上扣		天钢
				315.34	311.37	365.12	269.88~273.88	P110	BC	122.24	101.19	9247	49.0	16.1		位置上扣		衡钢
47	339.72mm×13.06mm Q125 BC 套管	13.375(339.72)	13.06	313.60	311.37	365.12	≥269.88	Q125	BC	122.24	107.15	10951	59.6	19.9		位置上扣		宝钢

续表

序号	套管名称	外径/in(mm)	壁厚/mm	内径/mm	通径/mm	接箍外径/mm	接箍长度/mm	钢级	螺纹类型	上扣损失长度/mm	线重/(kg/m)	抗拉强度/kN	抗内压强度/MPa	抗外挤强度/MPa	紧扣扭矩/(N·m) 最小	紧扣扭矩/(N·m) 最佳	紧扣扭矩/(N·m) 最大	生产厂家
48	365.12mm×13.88mm P110 BC 套管	14.375(365.12)	13.88	337.36	333.38	393.89	≥269.88	P110	TZ-BC	122.24	121.55	11608	51.9	19.2		位置上扣		宝钢
49	374.65mm×18.65mm 140V 特殊同隙接箍 BC-II 套管	14.75(374.65)	18.65	337.36	333.38	393.89	269.88~273.88	P110	TZ-BC	122.24	122.32	11186	51.9	24.0		位置上扣		衡钢
				337.35	333.38	393.89	≥288.94	BG140V	TZ-BC II	131.77	165.53	13876	66.1	42.1		位置上扣		宝钢
				337.35	333.38	393.89	269.90	TP140V	TZ-BC	122.24	164.20	13876	66.1	42.1		位置上扣		天钢
50	387.35mm×25.00mm 140HC 特殊同隙接箍 BC-II 套管	15.25(387.35)	25.00	337.35	333.38	398.00	269.90	140HC	TZ-BC	122.24	225.72	13889	86.6	97.4		位置上扣		天钢
				337.35	333.38	398.00	≥288.94	BG140HC	TZ-BC II	131.77	225.85	13876	86.6	102.0		位置上扣		宝钢
51	473.08mm×16.48mm P110 QR 套管	18.625(473.08)	16.48	440.12	435.36	508.00	342.00	P110	TP-QR	158.50	189.00	16603	47.6	14.7	36600	40670	44740	天钢
52	478.56mm×21.00mm P110 QR 套管	18.841(478.56)	21.00	436.56	431.80	511.99	342.00	P110	TP-QR	158.50	239.58	21155	59.9	28.4	36600	40670	44740	天钢
53	508.00mm×12.70mm J55 BC 套管	20(508.00)	12.70	482.60	477.84	533.40	≥269.88	J55	BC	122.24	156.83	7092	16.6	5.3		位置上扣		宝钢
54				482.60	477.84	533.40	269.88	J55	BC	122.24	158.49	7092	16.6	5.3		位置上扣		天钢
55	609.60mm×15.24mm J55 QR 套管	24(609.60)	15.24	579.12	574.36	635.00	342.00	J55	TP-QR	158.50	226.51	10791	16.7	5.3	27000	30000	33000	天钢

（2）特殊螺纹套管数据

特殊螺纹套管数据见表2。

表2 特殊螺纹套管数据

序号	套管名称	外径/in (mm)	壁厚/mm	内径/mm	通径/mm	接箍外径/mm	接箍长度/mm	钢级	螺纹类型	上扣损失长度/mm	线重/(kg/m)	管体保证性能 拉伸强度/kN	管体保证性能 压缩强度/kN	管体保证性能 抗外挤强度/MPa	管体保证性能 抗内压强度/MPa	接头连接效率 拉伸强度/%	接头连接效率 压缩强度/%	接头连接效率 抗外挤强度/%	接头连接效率 抗内压强度/%	整管(带接头)保证性能 拉伸强度/kN	整管(带接头)保证性能 压缩强度/kN	整管(带接头)保证性能 抗外挤强度/MPa	整管(带接头)保证性能 抗内压强度/MPa	紧扣扭矩/(N·m) 最小	紧扣扭矩/(N·m) 最佳	紧扣扭矩/(N·m) 最大	生产厂家
1	127.00mm×9.19mm M13Cr110特殊螺纹套管	5 (127.00)	9.19	108.62	105.44	141.30	257.00	BT-M13Cr110	BGT2	112.8	26.99	2580	2580	92.8	98.8	100.0	100.0	100.0	100.0	2580	2580	92.8	98.8	8780	9760	10740	宝钢
2	131.00mm×11.50mm S13Cr110特殊间隙接箍特殊螺纹套管	5.157 (131.00)	11.50	108.00	104.82	141.30	275.00	BT-S13Cr110	BGT2C	118.0	34.26	3272	2618	121.5	101.8	100.0	80.0	100.0	100.0	2618	2618	121.5	101.8	15030	16700	18370	宝钢
3	131.00mm×11.50mm HCM SS125特殊间隙特殊螺纹套管	5.157 (131.00)	11.50	108.00	104.82	141.22	298.45	TN125Cr13U	TSH-W563	92.5	34.98	3719	3278	138.0	136.2	88.0	88.0	100.0	100.0	3278	3278	138.0	136.2	13926	16766	24338	特钢
		5.157 (131.00)	11.50	108.00	104.82	141.30	275.00	BT-S13Cr125	BGT2C	118.0	34.26	3719	2975	138.0	136.2	80.0	80.0	100.0	85.0	2975	2975	138.0	115.8	15030	16700	18370	宝钢
4	139.70mm×9.17mm 110-3Cr特殊螺纹套管	5.5 (139.70)	9.17	121.36	118.18	157.00	272.00	TP110-3Cr	TP-CQ	123.0	29.76	2850	1710	76.6	89.6	100.0	60.0	100.0	100.0	2850	1710	76.6	89.6	10480	11640	12800	天钢
		5.5 (139.70)	9.17	121.36	118.18	157.00	272.00	TP110-3Cr	TP-G4	123.0	29.76	2850	2850	76.6	89.6	100.0	100.0	100.0	100.0	2850	2850	76.6	89.6	13250	14720	16200	天钢
		5.5 (139.70)	9.17	121.36	118.18	157.00	291.6	HS110-3Cr	HSG3	128.4	29.76	2851	2851	76.6	89.6	100.0	100.0	100.0	100.0	2851	2851	76.6	89.6	13020	14000	14980	衡钢
		5.5 (139.70)	9.17	121.36	118.18	157.00	265.00	BG110-3Cr	BGT2	116.8	29.76	2850	2850	76.6	89.6	80.0	80.0	100.0	100.0	2850	2850	76.6	89.6	9220	10240	11260	宝钢
5	139.70mm×9.17mm M13Cr110特殊螺纹套管	5.5 (139.70)	9.17	121.36	118.18	157.00	265.00	BT-M13Cr110	BGT2	116.8	29.76	2850	2850	76.6	89.6	80.0	80.0	100.0	100.0	2850	2850	76.6	89.6	9220	10240	11260	宝钢
6	139.70mm×10.54mm 140V特殊螺纹套管	5.5 (139.70)	10.54	118.62	115.44	157.00	272.00	TP140V	TP-CQ	123.0	34.23	4125	2475	120.6	131.1	100.0	60.0	100.0	100.0	4125	2475	120.6	131.1	14280	15860	17450	天钢
		5.5 (139.70)	10.54	118.62	115.44	157.00	272.00	TP140V	TP-G4	123.0	34.23	4125	4125	120.6	131.1	100.0	100.0	100.0	100.0	4125	4125	120.6	131.1	14490	16110	17720	天钢
		5.5 (139.70)	10.54	118.62	115.44	157.00	265.00	BG140V	BGT2	116.8	33.94	4125	4125	120.6	131.1	100.0	100.0	100.0	100.0	4125	4125	120.6	131.1	16510	18340	20170	宝钢
7	139.70mm×12.09mm 140V特殊螺纹套管	5.5 (139.70)	12.09	115.52	112.34	157.00	272.00	TP140V	TP-CQ	123.0	38.44	4675	2805	152.6	150.4	90.0	60.0	100.0	100.0	4208	2805	152.6	150.4	15370	17080	18790	天钢
		5.5 (139.70)	12.09	115.52	112.34	157.00	272.00	TP140V	TP-G4	123.0	38.44	4675	4208	152.6	150.4	90.0	90.0	100.0	100.0	4208	4208	152.6	150.4	16420	18250	20080	天钢
		5.5 (139.70)	12.09	115.52	112.34	157.00	291.6	HS140V	HSG3	128.4	38.69	4677	4256	152.6	150.4	91.0	91.0	100.0	100.0	4256	4256	152.6	150.4	18600	20000	21400	衡钢
		5.5 (139.70)	12.09	115.52	112.34	157.00	265.00	BG140V	BGT2	116.8	38.05	4675	4208	152.6	150.4	90.0	90.0	100.0	100.0	4208	4208	152.6	150.4	22360	24840	27320	宝钢
8	139.70mm×7.72mm 140HC特殊间隙接箍特殊螺纹套管	5.50 (139.70)	7.72	124.26	121.08	153.67	277.00	TP140HC	TP-G4(SC153.67)	126.0	25.72	3088	3088	78.0	96.0	100.0	100.0	100.0	80.0	3088	3088	78.0	96.0	9880	10980	12080	宝钢
		5.50 (139.70)	7.72	124.26	121.08	149.20	273.00	TN140HC	TSHBLUESCR85	118.8	25.14	3090	3090	76.7	93.4	85.0	100.0	100.0	100.0	2630	3090	76.7	93.4	8600	9500	10500	特钢
		5.50 (139.70)	7.72	124.26	121.08	153.67	271.00	HS140HC	HSG3	110.6	25.30	3088	3088	78.0	96.0	100.0	100.0	100.0	100.0	3088	3088	78.0	96.0	14140	12250	13100	衡钢
		5.50 (139.70)	7.72	124.26	121.08	153.67	265.00	BG140HC	BGT2	116.8	25.72	3088	3088	78.0	96.0	80.0	100.0	100.0	100.0	3088	3088	78.0	96.0	11140	12380	13620	宝钢
9	145.60mm×15.04mm S13Cr110特殊间隙接箍特殊螺纹套管	5.732 (145.60)	15.04	115.52	112.34	157.00	275.00	BT-S13Cr110	BGT2C	122.0	48.96	4675	3740	140.5	141.0	100.0	80.0	100.0	84.0	3740	3740	140.5	118.4	20320	22350	24550	宝钢

续表

序号	套管名称	外径/in (mm)	壁厚/mm	内径/mm	通径/mm	接箍外径/mm	接箍长度/mm	钢级	螺纹类型	上扣损失长度/mm	线重/(kg/m)	管体保证性能 拉伸强度/kN	管体保证性能 压缩强度/kN	管体保证性能 抗外挤强度/MPa	管体保证性能 抗内压强度/MPa	接头连接效率 拉伸/%	接头连接效率 压缩/%	接头连接效率 抗外挤强度/%	接头连接效率 抗内压强度/%	整管(带接头)保证性能 拉伸强度/kN	整管(带接头)保证性能 压缩强度/kN	整管(带接头)保证性能 抗外挤强度/MPa	整管(带接头)保证性能 抗内压强度/MPa	紧扣扭矩/(N·m) 最小	紧扣扭矩/(N·m) 最佳	紧扣扭矩/(N·m) 最大	生产厂家
10	145.60mm×15.04mm HCM SS125 特殊间隙特殊螺纹套管	5.732 (145.60)	15.04	115.52	112.34	159.00	275.00	BT-S13Cr125	BGT2C	122.0	48.96	5314	5314	159.7	160.3	75.0	75.0	100.0	80.0	3986	3986	159.7	128.2	20400	22670	24940	宝钢
11	177.80mm×10.36mm P110 特殊螺纹套管	7 (177.80)	10.36	157.08	153.90	200.03	290.00	P110	HSG3	127.7	43.16	4132	4132	58.8	79.5	100.0	100.0	100.0	100.0	4132	4132	58.8	79.5	18600	20000	21400	衡钢
	177.80mm×10.36mm P110 特殊螺纹套管	7 (177.80)	10.36	157.08	153.90	200.03	295.00	P110	BGT2	122.5	43.16	4130	4130	58.8	79.5	100.0	100.0	100.0	100.0	4130	4130	58.8	79.5	15510	17230	18950	宝钢
12	177.80mm×10.36mm 110S 特殊螺纹套管	7 (177.80)	10.36	157.08	153.90	200.03	295.00	BG110S	BGT2	122.5	43.16	4130	4130	58.8	79.5	100.0	100.0	100.0	100.0	4130	4130	58.8	79.5	15510	17230	18950	宝钢
13	177.80mm×10.36mm C110 特殊螺纹套管	7 (177.80)	10.36	157.08	153.90	200.03	304.00	C110	TP-CQ	133.0	43.16	4130	4130	58.8	79.5	100.0	60.0	100.0	100.0	4130	2478	58.8	79.5	15880	17640	19400	天钢
		7 (177.80)	10.36	157.08	153.90	200.03	304.00	C110	TP-G4	127.0	43.16	4130	4130	58.8	79.5	100.0	100.0	100.0	100.0	4130	4130	58.8	79.5	21530	23920	26300	天钢
		7 (177.80)	10.36	157.08	153.90	200.03	290.00	C110	HSG3	127.7	43.16	4132	4132	58.8	79.5	100.0	100.0	100.0	100.0	4132	4132	58.8	79.5	18600	20000	21400	衡钢
		7 (177.80)	10.36	157.08	153.90	200.03	295.00	C110	BGT2	122.5	43.16	4130	4130	58.8	79.5	100.0	100.0	100.0	100.0	4130	4130	58.8	79.5	15510	17230	18950	宝钢
14	177.80mm×10.36mm 110-3Cr 特殊螺纹套管	7 (177.80)	10.36	157.08	153.90	200.03	304.00	TP110-3Cr	TP-CQ	133.0	43.16	4130	4130	58.8	79.5	100.0	60.0	100.0	100.0	4130	2478	58.8	79.5	15880	17640	19400	天钢
		7 (177.80)	10.36	157.08	153.90	200.03	304.00	TP110-3Cr	TP-G4	127.0	43.16	4130	4130	58.8	79.5	100.0	100.0	100.0	100.0	4130	4130	58.8	79.5	21530	23920	26300	天钢
		7 (177.80)	10.36	157.08	153.90	200.03	290.00	HS110-3Cr	HSG3	127.7	43.16	4132	4132	58.8	79.5	100.0	100.0	100.0	100.0	4132	4132	58.8	79.5	18600	20000	21400	衡钢
		7 (177.80)	10.36	157.08	153.90	200.03	295.00	BG110-3Cr	BGT2	122.5	43.16	4130	4130	58.8	79.5	100.0	100.0	100.0	100.0	4130	4130	58.8	79.5	15510	17230	18950	宝钢
15	177.80mm×10.36mm M13Cr110 特殊螺纹套管	7 (177.80)	10.36	157.08	153.90	200.03	295.00	BT-M13Cr110	BGT2	122.5	43.16	4130	4130	58.8	79.5	100.0	100.0	100.0	100.0	4130	4130	58.8	79.5	15510	17230	18950	宝钢
16	177.80mm×12.65mm 110S 特殊螺纹套管	7 (177.80)	12.65	152.50	149.32	200.03	290.0	HS110S	HSG3	127.7	52.09	4977	4977	89.9	99.3	100.0	100.0	100.0	100.0	4977	4977	89.9	99.3	27200	29600	32000	衡钢
		7 (177.80)	12.65	152.50	149.32	200.03	295.00	BG110S	BGT2	122.5	52.09	4978	4978	89.9	99.3	100.0	100.0	100.0	100.0	4978	4978	89.9	99.3	22570	25080	27590	宝钢
17	177.80mm×12.65mm C110 特殊螺纹套管	7 (177.80)	12.65	152.50	149.32	200.03	295.00	C110	BGT2	122.5	52.09	4978	4978	89.9	99.3	100.0	100.0	100.0	100.0	4978	4978	89.9	99.3	22570	25080	27590	宝钢
18	177.80mm×12.65mm 140HC 特殊螺纹套管	7 (177.80)	12.65	152.50	149.32	200.03	304.00	TP140HC	TP-CQ	133.0	52.09	6331	6331	120.0	123.6	100.0	60.0	100.0	100.0	6331	3799	120.0	123.6	19550	21720	23890	天钢
		7 (177.80)	12.65	152.50	149.32	200.03	304.00	TP140HC	TP-G4	127.0	52.09	6331	6331	120.0	123.6	100.0	100.0	100.0	100.0	6331	6331	120.0	123.6	26850	29830	32810	天钢
		7 (177.80)	12.65	152.50	149.32	200.03	290.00	HS140HC	HSG3	127.7	52.09	6334	6334	120.0	123.6	100.0	100.0	100.0	100.0	6334	6334	120.0	123.6	27200	29600	32000	衡钢
		7 (177.80)	12.65	152.49	149.32	200.03	295.00	BG140HC	BGT2	122.5	52.09	6331	6331	120.0	123.6	100.0	100.0	100.0	100.0	6331	6331	120.0	123.6	26170	29080	31990	宝钢
19	184.15mm×15.83mm 140HC 特殊间隙接箍特殊螺纹套管	7.25 (184.15)	15.83	152.49	149.32	200.03	308.00	140HC	TP-CQ	129.0	66.00	8080	8080	162.0	149.4	78.0	42.0	100.0	85.0	6302	3781	162.0	127.0	24850	27620	30380	天钢
		7.25 (184.15)	15.83	152.49	149.32	200.03	320.00	140HC	TP-G4	135.0	66.00	8080	8080	162.0	149.4	78.0	78.0	100.0	85.0	6302	6302	162.0	127.0	26850	29830	32810	天钢
		7.25 (184.15)	15.83	152.49	149.32	200.03	305.00	BG140HC	BGT2C	127.5	66.43	8080	8080	162.0	149.4	70.0	70.0	100.0	85.0	5656	5656	162.0	127.0	26170	29080	31990	宝钢
20	188.30mm×17.90mm S13Cr110 特殊间隙接箍特殊螺纹套管	7.413 (188.30)	17.90	152.50	149.32	200.03	305.00	BT-S13Cr110	BGT2C	127.5	76.05	7262	7262	130.5	129.8	68.0	68.0	100.0	75.0	4960	4960	130.5	97.4	22570	25080	27590	宝钢

续表

序号	套管名称	外径/in (mm)	壁厚/mm	内径/mm	通径/mm	接箍外径/mm	接箍长度/mm	钢级	螺纹类型	上扣损失长度/mm	线重/(kg/m)	管体保证性能 拉伸强度/kN	管体保证性能 压缩强度/kN	管体保证性能 抗外挤强度/MPa	管体保证性能 抗内压强度/MPa	接头连接效率 拉伸强度/%	接头连接效率 压缩强度/%	接头连接效率 抗外挤强度/%	接头连接效率 抗内压强度/%	整管(带接头)保证性能 拉伸强度/kN	整管(带接头)保证性能 压缩强度/kN	整管(带接头)保证性能 抗外挤强度/MPa	整管(带接头)保证性能 抗内压强度/MPa	紧扣扭矩/(N·m) 最小	紧扣扭矩/(N·m) 最佳	紧扣扭矩/(N·m) 最大	生产厂家
21	188.30mm×17.90mm HCMS S125 特殊同隙特殊螺纹套管	7.413 (188.30)	17.90	152.50	149.32	200.03	342.90	TN125CR13U	TSHW563	156.7	76.80	8254	8254	148.3	143.3	81.0	81.0	100.0	100.0	6685	6685	148.3	143.3	39300	47400	69100	特钢
				152.50	149.32	200.03	305.00	BT-S13Cr125	BGT2C	127.5	76.05	8254	8254	148.3	103.3	65.0	65.0	100.0	70.0	5365	5365	148.3	103.3	24290	26990	29690	宝钢
22	193.68mm×20.60mm C110 半直连型特殊螺纹套管	7.625 (193.68)	20.60	152.48	149.30	200.03	—	C110	TP-1SF	195.0	88.10	8496	8496	144.2	145.2	70.0	70.0	100.0	100.0	5947	5947	144.2	145.2	23040	25590	28150	天钢
				152.43	149.25	198.40	—	TN110SS	TSHW523	163.1	88.10	8500	8499	144.3	145.4	71.4	80.6	100.0	100.0	6070	6850	144.3	145.4	39300	47500	69100	特钢
				152.48	149.30	200.03	—	HSC110	HSG3-FJ	154.5	88.10	8496	8496	144.2	145.2	70.0	70.0	100.0	100.0	5947	5947	144.2	145.2	32500	35000	37450	衡钢
				152.48	149.30	200.03	—	C110	BG-FJU	140.0	87.83	8496	8496	144.2	145.2	70.0	70.0	100.0	100.0	5947	5947	144.2	145.2	36720	39590	42460	宝钢
23	196.85mm×12.70mm 140HC 特殊螺纹套管	7.75 (196.85)	12.70	171.45	168.28	215.90	306.00	TP140HC	TP-CQ	138.0	58.36	7095	7095	90.0	112.1	100.0	60.0	100.0	100.0	4257	4257	90.0	112.1	26710	29680	32650	天钢
				171.45	168.28	215.90	335.00	TP140HC	TP-G4	142.5	58.36	7095	7095	90.0	112.1	100.0	100.0	100.0	100.0	7095	7095	90.0	112.1	32700	36330	39960	天钢
				171.45	168.28	216.99	342.70	TN140DW	TSH Bluemax	151.3	57.67	7095	7095	90.0	112.1	100.0	100.0	100.0	100.0	7095	7095	90.0	112.1	30505	33895	37285	特钢
				171.45	168.28	215.90	307.2	HS140HC	HSG3	133.6	58.36	7095	7095	90.0	112.1	100.0	100.0	100.0	100.0	7095	7095	90.0	112.1	31200	33500	35900	衡钢
				171.45	168.28	215.90	300.00	BG140HC	BGT2	125.0	58.31	7095	7095	90.0	112.1	100.0	100.0	100.0	100.0	7095	7095	90.0	112.1	27090	30100	33110	宝钢
24	200.03mm×10.92mm P110 特殊螺纹套管	7.875 (200.03)	10.92	178.19	175.01	222.25	304.00	P110	BGT2	128.0	51.25	4917	4917	49.9	74.5	100.0	100.0	100.0	100.0	4917	4917	49.9	74.5	21360	23730	26100	宝钢
25	200.03mm×10.92mm 110S 特殊螺纹套管	7.875 (200.03)	10.92	178.19	175.01	222.25	304.00	BG110S	BGT2	128.0	51.25	4917	4917	49.9	74.5	100.0	100.0	100.0	100.0	4917	4917	49.9	74.5	21360	23730	26100	宝钢
26	200.03mm×10.92mm C110 特殊螺纹套管	7.875 (200.03)	10.92	178.19	175.01	222.25	306.00	C110	TP-CQ	138.0	51.97	4917	2950	49.9	74.5	100.0	60.0	100.0	100.0	4917	2950	49.9	74.5	21720	24130	26550	天钢
				178.19	175.01	222.25	306.00	C110	TP-G4	128.0	51.97	4917	4917	49.9	74.5	100.0	100.0	100.0	100.0	4917	4917	49.9	74.5	23280	25870	28460	天钢
				178.19	175.01	222.25	307.2	C110	HSG3	133.6	52.10	4919	4919	49.9	74.5	100.0	100.0	100.0	100.0	4919	4919	49.9	74.5	29300	31500	33700	衡钢
				178.19	175.01	222.25	304.00	C110	BGT2	128.0	51.25	4917	4917	49.9	74.5	100.0	100.0	100.0	100.0	4917	4917	49.9	74.5	21360	23730	26100	宝钢
27	200.03mm×10.92mm 110-3Cr 特殊螺纹套管	7.875 (200.03)	10.92	178.19	175.01	222.25	306.00	TP110-3Cr	TP-CQ	138.0	51.97	4917	2950	49.9	74.5	100.0	60.0	100.0	100.0	4917	2950	49.9	74.5	21720	24130	26550	天钢
				178.19	175.01	222.25	306.00	TP110-3Cr	TP-G4	128.0	51.97	4917	4917	49.9	74.5	100.0	100.0	100.0	100.0	4917	4917	49.9	74.5	23280	25870	28460	天钢
				178.19	175.01	222.25	304.00	BG110-3Cr	BGT2	128.0	51.25	4917	4917	49.9	74.5	100.0	100.0	100.0	100.0	4917	4917	49.9	74.5	21360	23730	26100	宝钢
28	200.03mm×14.20mm C110 特殊螺纹套管	7.875 (200.03)	14.20	171.63	168.45	224.00	304.00	C110	BGT2	128.0	66.22	6283	6283	89.5	96.9	100.0	100.0	100.0	100.0	6283	3770	89.5	96.9	25620	28470	31320	宝钢
29	201.70mm×15.12mm 140V 特殊同隙接箍特殊螺纹套管	7.94 (201.70)	15.12	171.46	168.45	214.40	—	BG140V	BGT2	132.0	70.19	8555	8555	119.0	130.3	69.0	69.0	100.0	80.0	5903	5903	119.0	104.2	27090	30100	33110	宝钢
30	206.38mm×15.80mm 110S 特殊同隙接箍特殊螺纹套管	8.125 (206.38)	15.80	174.78	171.60	228.00	314.00	BG110S	BGT2	132.0	75.07	7169	7169	102.9	104.5	87.1	87.1	100.0	100.0	6244	6244	102.9	104.5	28150	31080	34530	宝钢

305

续表

序号	套管名称	外径/in (mm)	壁厚/mm	内径/mm	通径/mm	接箍外径/mm	接箍长度/mm	钢级	螺纹类型	上扣损失长度/mm	线重/(kg/m)	管体保证性能 拉伸强度/kN	管体保证性能 压缩强度/kN	管体保证性能 抗外挤强度/MPa	管体保证性能 抗内压强度/MPa	接头连接效率 拉伸强度/%	接头连接效率 压缩强度/%	接头连接效率 抗外挤强度/%	接头连接效率 抗内压强度/%	整体(带接头)保证性能 拉伸强度/kN	整体(带接头)保证性能 压缩强度/kN	整体(带接头)保证性能 抗外挤强度/MPa	整体(带接头)保证性能 抗内压强度/MPa	紧扣扭矩/(N·m) 最小	紧扣扭矩/(N·m) 最佳	紧扣扭矩/(N·m) 最大	生产厂家
31	206.38mm×15.80mm C110 特殊固接箍特殊螺纹套管	8.125 (206.38)	15.80	174.78	171.60	228.00	306.00	C110	TP-CQ	138.0	75.33	7169	7169	102.9	104.5	87.1	60.0	100.0	100.0	6244	4301	102.9	104.5	23300	25900	28500	天钢
	206.38mm×15.80mm C110 特殊间接箍特殊螺纹套管			174.78	171.60	228.00	335.00	C110	TP-G4	142.5	75.33	7169	7169	102.9	104.5	87.1	87.1	100.0	100.0	6244	6244	102.9	104.5	36610	40670	44740	天钢
	206.38mm×15.80mm 110S 特殊螺纹套管			174.78	171.60	228.00	314.00	BG110S	BGT2	132.0	75.07	7169	7169	102.9	104.5	87.1	87.1	100.0	100.0	6244	6244	102.9	104.5	28150	31080	34530	宝钢
32	206.38mm×15.80mm 110S 特殊螺纹套管	8.125 (206.38)	15.80	174.78	171.60	231.78	314.00	BG110S	BGT2	132.0	75.07	7169	7169	102.9	104.5	100.0	100.0	100.0	100.0	7169	7169	102.9	104.5	28150	31080	34530	宝钢
33	206.38mm×15.80mm C110 特殊螺纹套管	8.125 (206.38)	15.80	174.78	171.60	231.78	306.00	C110	TP-CQ	138.0	75.33	7169	7169	102.9	104.5	100.0	60.0	100.0	100.0	7169	4301	102.9	104.5	23300	25900	28500	天钢
	206.38mm×15.80mm C110 特殊螺纹套管			174.78	171.60	231.78	335.00	C110	TP-G4	142.5	75.33	7169	7169	102.9	104.5	100.0	100.0	100.0	100.0	7169	7169	102.9	104.5	36610	40670	44740	天钢
	206.38mm×15.80mm C110 特殊螺纹套管			174.78	171.60	231.78	314.00	C110	BGT2	132.0	75.07	7169	7169	102.9	104.5	100.0	100.0	100.0	100.0	7169	7169	102.9	104.5	28150	31080	34530	宝钢
34	206.38mm×16.00mm M13Cr110 特殊间接箍特殊螺纹套管	8.125 (206.38)	16.00	174.38	171.20	222.25	314.00	BT-M13Cr110	BGT2	132.0	75.12	7257	7257	105.2	105.8	78.0	78.0	100.0	100.0	5660	5660	105.2	105.8	28150	31080	34530	宝钢
35	206.38mm×17.25mm 140HC 直连型特殊螺纹套管	8.125 (206.38)	17.25	171.88	168.70	—	—	TP140HC	TP-FJ	131.8	80.46	9890	9890	150.0	145.2	51.0	75.1	100.0	100.0	5044	3026	150.0	145.2	21200	23500	25800	天钢
				171.88	168.70	—	—	TP140HC	TP-FJ3	138.0	80.46	9890	9890	150.0	145.2	56.0	30.1	100.0	100.0	5538	5538	150.0	145.2	23980	26640	29310	天钢
				171.88	168.70	—	—	HS140HC	HSG3-FJ	122.5	80.46	9890	9890	150.0	145.2	51.0	56.0	100.0	100.0	5044	5538	150.0	145.2	32500	35000	37450	衡钢
				171.88	168.70	—	—	BG140HC	BG-FJ	135.0	81.34	9886	9886	150.0	145.2	51.0	51.0	100.0	100.0	5044	5044	150.0	145.2	22940	25490	28040	宝钢
36	206.38mm×17.25mm 140V 特殊间接箍特殊螺纹套管	8.125 (206.38)	17.25	171.88	168.70	229.00	306.00	TP140V	TP-G2-HP	138.0	81.21	9890	9890	150.0	145.2	85.5	85.5	100.0	100.0	8453	8453	146.5	145.2	40270	44740	49220	天钢
				171.88	168.70	230.20	320.50	TN140DW	TSH Blue Max	140.2	81.26	9886	9886	150.0	145.2	85.5	85.5	100.0	100.0	8453	8453	146.5	145.2	41739	46377	51015	特钢
				171.88	168.70	229.00	314.00	BG140V	BGT2	132.0	81.35	9886	9886	150.0	145.2	85.5	85.5	100.0	100.0	8453	8453	146.5	145.2	28150	31080	34530	宝钢
37	206.38mm×17.25mm 140HC 特殊间接箍特殊螺纹套管	8.125 (206.38)	17.25	171.88	168.70	220.14	330.00	TP140HC	TP-NF3	140.0	81.25	9890	9890	150.0	145.2	75.0	75.0	100.0	85.0	7417	7417	150.0	123.40	29610	32910	36200	天钢
				171.88	168.70	220.14	349.00	HS140HC	HSHP	147.10	82.50	9890	9890	150.0	145.2	75.0	75.0	100.0	85.0	7418	7418	150.0	123.4	34000	36500	39500	衡钢
				171.88	168.70	220.14	320.00	BG140HC	BGT2C	133.2	81.00	9890	9890	150.0	145.2	75.0	75.0	100.0	85.0	7417	7417	150.0	123.4	28080	31200	34320	宝钢
38	219.08mm×23.80mm C110 直连型特殊螺纹套管	8.625 (219.08)	23.8	171.48	168.30	225.65	—	TN110SS	TSHW523	163.83	114.74	11074	11074	146.9	148.3	71.0	74.0	100.0	100.0	7807	8203	146.9	148.3	46100	55600	81300	特钢
39	219.08mm×23.80mm C110 特殊间接箍特殊螺纹套管	8.625 (219.08)	23.8	171.48	168.30	228.00	308.00	BG110S	BG-FJU	140.0	115.87	11074	11074	146.9	148.3	65.0	65.0	100.0	100.0	7198	7198	146.9	148.3	36720	39590	42460	宝钢
40	244.48mm×11.99mm 110S 特殊螺纹套管	9.625 (244.48)	11.99	220.50	216.53	269.88	330.00	BG110S	BGT2	143.7	69.94	6637	6637	36.5	67.0	100.0	100.0	100.0	100.0	6637	6637	36.5	67.0	26240	29150	32070	宝钢
41	244.48mm×11.99mm C110 特殊螺纹套管	9.625 (244.48)	11.99	220.50	216.53	269.88	330.00	C110	BGT2	143.7	69.94	6637	6637	36.5	67.0	100.0	100.0	100.0	100.0	6637	6637	36.5	67.0	26240	29150	32070	宝钢

附录1 常用套管性能数据表

续表

序号	套管名称	外径/in(mm)	壁厚/mm	内径/mm	通径/mm	接箍 外径/mm	接箍 长度/mm	钢级	螺纹 类型	上扣损失长度/mm	线重/(kg/m)	管体保证性能 拉伸强度/kN	管体保证性能 压缩强度/kN	管体保证性能 抗外挤强度/MPa	管体保证性能 抗内压强度/MPa	接头连接效率 拉伸/%	接头连接效率 压缩/%	接头连接效率 抗外挤强度/%	接头连接效率 抗内压强度/%	整管(带接头)保证性能 拉伸强度/kN	整管(带接头)保证性能 压缩强度/kN	整管(带接头)保证性能 抗外挤强度/MPa	整管(带接头)保证性能 抗内压强度/MPa	紧扣扭矩/(N·m) 最小	紧扣扭矩/(N·m) 最佳	紧扣扭矩/(N·m) 最大	生产厂家
42	244.48mm×11.99mm 110TS 特殊螺纹套管	9.625 (244.48)	11.99	220.50	216.53	269.88	322.00	110TS	TP-CQ	142.0	69.94	6637	6637	49.0	67.0	100.0	60.0	100.0	100.0	6637	3982	49.0	67.0	23300	25900	28500	天钢
	244.48mm×11.99mm 110TS 特殊螺纹套管	9.625 (244.48)	11.99	220.50	216.53	269.88	326.00	110TS	TP-G4	138.0	69.94	6637	6637	49.0	67.0	100.0	100.0	100.0	100.0	6637	6637	49.0	67.0	32800	36440	40090	天钢
	244.48mm×11.99mm 110TS 特殊螺纹套管	9.625 (244.48)	11.99	220.50	216.53	269.88	330.00	BG110TS	BGT2	143.7	69.94	6637	6637	49.0	67.0	100.0	100.0	100.0	100.0	6637	6637	49.0	67.0	26240	29150	32070	宝钢
43	244.48mm×11.99mm 140HC 特殊螺纹套管	9.625 (244.48)	11.99	220.50	216.53	269.88	322.00	TP140HC	TP-CQ	142.0	69.94	8447	8447	56.0	85.2	100.0	60.0	100.0	100.0	8447	5068	56.0	85.2	23300	25900	28500	天钢
	244.48mm×11.99mm 140HC 特殊螺纹套管	9.625 (244.48)	11.99	220.50	216.53	269.88	326.00	TP140HC	TP-G4	138.0	69.94	8447	8447	56.0	85.2	100.0	100.0	100.0	100.0	8447	8447	56.0	85.2	35810	39780	43750	天钢
	244.48mm×11.99mm 140HC 特殊螺纹套管	9.625 (244.48)	11.99	220.50	216.53	269.88	330.00	BG140HC	BGT2	143.7	69.94	8447	8447	56.0	85.2	100.0	100.0	100.0	100.0	8447	8447	56.0	85.2	31080	34530	37980	宝钢
44	250.83mm×15.88mm 140HC 特殊螺纹套管	9.875 (250.83)	15.88	219.07	215.10	277.00	322.00	TP140HC	TP-CQⅡ	142.0	93.45	11306	11306	99.0	110.0	100.0	60.0	100.0	100.0	11306	6784	99.0	110.0	23300	25900	28500	天钢
	250.83mm×15.88mm 140HC 特殊螺纹套管	9.875 (250.83)	15.88	219.07	215.10	277.00	346.00	TP140HC	TP-G4	148.0	93.45	11306	11306	99.0	110.0	100.0	100.0	100.0	100.0	11306	11306	99.0	110.0	36610	40670	44740	天钢
	250.83mm×15.88mm 140HC 特殊螺纹套管	9.875 (250.83)	15.88	219.06	215.10	277.00	342.2	HS140HC	HSM-2-HC	146.1	93.46	11311	11311	99.0	110.0	100.0	100.0	100.0	100.0	11311	11311	99.0	110.0	36000	40000	44000	衡钢
	250.83mm×15.88mm 140HC 特殊螺纹套管	9.875 (250.83)	15.88	219.07	215.10	277.00	330.00	BG140HC	BGT2	143.7	92.01	11306	11306	99.0	110.0	100.0	100.0	100.0	100.0	11306	11306	99.0	110.0	31080	34530	37980	宝钢
45	254.00mm×16.75mm 110S 特殊螺纹套管	10 (254.00)	16.75	220.50	216.53	281.00	380.00	110S	HSG3	165.0	100.00	9469	9469	77.3	90.0	100.0	100.0	100.0	100.0	9469	9469	77.3	90.0	51620	55500	59390	衡钢
	254.00mm×16.75mm 110S 特殊螺纹套管	10 (254.00)	16.75	220.50	216.53	281.00	340.00	BG110S	BGT2	143.8	98.80	9469	9469	77.3	90.0	100.0	100.0	100.0	100.0	9469	9469	77.3	90.0	31080	34530	37980	宝钢
46	259.00mm×19.25mm 140V 直连型特殊螺纹套管	10.2 (259.00)	19.25	220.50	216.53	277.00	330.00	BG140V	BGT2C	148.8	115.06	13996	13996	117.0	129.1	60.4	60.4	100.0	65.9	8454	8454	117.0	85.1	31080	34530	37980	宝钢
47	265.13mm×22.00mm 140V 直连型特殊螺纹套管	10.44 (265.13)	22.00	221.13	217.16	—	—	TP140V	TP-FJ	140.0	131.91	16221	16221	144.5	144.2	51.0	30.6	100.0	80.0	8273	4964	144.5	144.5	26710	29680	32650	天钢
	265.13mm×22.00mm 140V 直连型特殊螺纹套管	10.44 (265.13)	22.00	221.13	217.16	—	—	TP140V	TP-G4(FJ)	138.0	131.91	16221	16221	144.5	144.2	51.0	51.0	100.0	80.0	8273	8273	144.5	144.5	35810	39780	43750	天钢
	265.13mm×22.00mm 140V 直连型特殊螺纹套管	10.44 (265.13)	22.00	221.13	217.16	—	—	TP140V	TP-FJ3	142.0	131.90	16221	16221	144.5	144.2	55.0	55.0	100.0	80.0	8922	8922	144.5	144.5	35810	39780	43750	天钢
	265.13mm×22.00mm 140V 直连型特殊螺纹套管	10.44 (265.13)	22.00	221.13	217.16	—	—	HS140V	HSG3-FJ	150.8	133.36	16216	16216	144.5	144.2	55.0	80.0	100.0	80.0	8919	12973	144.5	144.5	35340	38000	40660	衡钢
	265.13mm×22.00mm 140V 直连型特殊螺纹套管	10.44 (265.13)	22.00	221.13	217.16	—	—	BG140V	BG-FJ	153.0	132.00	16221	16221	144.5	144.2	55.0	55.0	100.0	80.0	8922	8922	144.5	144.5	36720	39590	42460	宝钢
48	265.13mm×22.00mm 140HC 特殊同断接箍特殊螺纹套管	10.438 (265.13)	22.00	221.13	217.16	279.48	340.00	TP140HC	TP-NF3	152.0	132.00	16221	16221	150.0	144.2	70.0	70.0	100.0	100.0	11354	11354	150.0	144.5	31480	34980	38480	天钢
	265.13mm×22.00mm 140HC 特殊同断接箍特殊螺纹套管	10.438 (265.13)	22.00	221.13	217.16	279.48	370.20	HS140HC	HSHP	160.1	133.90	16221	16221	150.0	144.2	70.0	70.0	100.0	100.0	11355	11355	150.0	144.5	45100	48500	51900	衡钢
	265.13mm×22.00mm 140HC 特殊同断接箍特殊螺纹套管	10.438 (265.13)	22.00	221.13	217.16	279.48	345.00	BG140HC	BGT2C	148.8	133.00	16221	16221	150.0	144.2	70.0	70.0	100.0	100.0	11354	11354	150.0	144.5	31080	34530	37980	宝钢
49	273.05mm×26.24mm 140HC 特殊同断接箍特殊螺纹套管	10.75 (273.05)	26.24	220.57	216.60	287.48	340.00	TP140HC	TP-NF3	152.0	159.68	19640	19640	180.0	167.0	65.0	65.0	100.0	100.0	12766	12766	180.0	144.5	40670	44740	中钢
	273.05mm×26.24mm 140HC 特殊同断接箍特殊螺纹套管	10.75 (273.05)	26.24	220.57	216.60	287.48	376.20	HS140HC	HSHP	163.1	162.20	19640	19640	180.0	167.0	65.0	65.0	100.0	100.0	12766	12766	180.0	180.0	49200	53000	56700	衡钢
	273.05mm×26.24mm 140HC 特殊同断接箍特殊螺纹套管	10.75 (273.05)	26.24	220.57	216.60	287.48	345.00	BG140HC	BGT2C	148.80	161.50	19640	19640	180.0	167.0	65.0	65.0	100.0	100.0	12766	12766	180.0	133.6	31080	34530	37980	宝钢
50	273.05mm×13.84mm 110TS 特殊螺纹套管	10.75 (273.05)	13.84	245.37	241.40	298.45	322.00	TP110TS	TP-CQ	142.0	90.33	8548	8548	50.6	69.2	100.0	60.0	100.0	100.0	8548	5128	50.6	69.2	23300	25900	28500	天钢
	273.05mm×13.84mm 110TS 特殊螺纹套管	10.75 (273.05)	13.84	245.37	241.40	298.45	326.00	TP110TS	TP-G4	138.0	90.33	8548	8548	50.6	69.2	100.0	100.0	100.0	100.0	8548	8548	50.6	69.2	36610	40670	44740	天钢
	273.05mm×13.84mm 110TS 特殊螺纹套管	10.75 (273.05)	13.84	245.37	241.40	298.45	330.00	BG110TS	BGT2	143.7	90.33	8548	8548	50.6	69.2	100.0	100.0	100.0	100.0	8548	8548	50.6	69.2	31080	34530	37980	宝钢

续表

序号	套管名称	外径/in(mm)	壁厚/mm	内径/mm	通径/mm	接箍外径/mm	接箍长度/mm	钢级	螺纹类型	上扣损失长度/mm	线重/(kg/m)	管体保证性能 拉伸强度/kN	管体保证性能 压缩强度/kN	管体保证性能 抗外挤强度/MPa	管体保证性能 抗内压强度/MPa	接头连接效率 拉伸强度/%	接头连接效率 压缩强度/%	接头连接效率 抗外挤强度/%	接头连接效率 抗内压强度/%	整管(带接头)保证性能 拉伸强度/kN	整管(带接头)保证性能 压缩强度/kN	整管(带接头)保证性能 抗外挤强度/MPa	整管(带接头)保证性能 抗内压强度/MPa	紧扣扭矩/(N·m) 最小	紧扣扭矩/(N·m) 最佳	紧扣扭矩/(N·m) 最大	生产厂家
51	273.05mm×13.84mm 140HC 特殊螺纹套管	10.75(273.05)	13.84	245.37	241.40	298.45	322.00	TP140HC	TP-CQ	142.0	90.33	10871	10871	60.0	88.1	100.0	0.6	100.0	100.0	10871	6523	60.0	88.1	23300	25900	28500	天钢
				245.37	241.40	298.45	326.00	TP140HC	TP-G4	138.0	90.33	10871	10871	60.0	88.1	100.0	100.0	100.0	100.0	10871	10871	60.0	88.1	36610	40670	44740	天钢
				245.36	241.40	298.40	297.00	TN140HC	TSH Blue	128.7	90.33	10880	10880	60.0	88.1	100.0	100.0	100.0	100.0	10880	10880	60.0	88.1	31500	35000	38500	特钢
				245.37	241.40	298.45	321.2	HS140HC	HSG3	138.1	90.33	10876	10876	60.0	88.1	100.0	100.0	100.0	100.0	10876	10876	60.0	88.1	42500	45000	48000	衡钢
				245.37	241.40	298.45	330.00	BG140HC	BGT2	143.7	90.33	10871	10871	60.0	88.1	42.9	25.7	100.0	80.1	8420	5052	180.0	133.8	31080	34530	37980	宝钢
52	273.05mm×26.24mm 140HC 直连型特殊螺纹套管	10.75(273.05)	26.24	220.57	216.60	—	—	TP140HC	TP-FJ	140.0	159.72	19626	19626	180.0	167.0	42.9	42.9	100.0	80.1	8420	8420	180.0	133.8	23300	25900	28500	天钢
				220.57	216.60	—	—	TP140HC	TP-G4(FJ)	138.0	159.72	19626	19626	180.0	167.0	42.9	42.9	100.0	80.1	8420	8420	180.0	133.8	35810	39780	43750	天钢
				220.57	216.60	—	—	TP140HC	TP-FJ3	142.0	159.72	19626	19626	180.0	167.0	55.0	55.0	100.0	80.1	10794	10794	180.0	133.8	35810	39780	43750	天钢
				220.57	216.60	—	—	HS140HC	HSG3-FJ	149.5	162.21	19626	19626	180.0	167.0	42.9	42.9	100.0	80.1	8420	8420	180.0	133.8	41850	45000	48150	衡钢
				220.57	216.60	—	—	BG140HC	BG-FJ	153.0	161.46	19626	19626	180.0	167.0	42.9	42.9	100.0	80.1	8420	8420	180.00	133.80	36720	39590	42460	宝钢
53	282.58mm×18.64mm 110S 特殊螺纹套管	11.125(282.58)	18.64	245.3	241.33	314.00	365.00	110S	HSG3	157.1	123.30	11723	11723	77.4	90.1	100.0	100.0	100.0	100.0	11723	11723	77.4	90.1	54470	58570	62670	衡钢
		11.125(282.58)	18.64	245.30	241.40	314.00	350.00	TP110SS	TP-G4	150.0	123.90	11723	11723	77.4	90.1	100.0	100.0	100.0	100.0	11723	11723	77.4	90.1	36610	40670	44740	天钢
		11.125(282.58)	18.64	245.30	241.40	314.00	340.00	BG110S	BGT2	143.8	122.30	11723	11723	77.4	90.1	100.0	30.0	100.0	70.1	11723	11723	77.4	90.1	31080	34530	37980	宝钢
54	293.45mm×23.55mm 140V 直连型特殊螺纹套管	11.553(293.45)	23.55	246.35	242.38	—	—	TP140V	TP-FJ	142.0	156.75	19299	19299	136.0	139.4	50.0	51.0	100.0	70.1	9650	5790	136.0	97.7	23900	25900	28500	天钢
				246.35	242.38	—	—	TP140V	TP-FJM	138.0	156.75	19299	19299	136.0	139.4	51.0	51.0	100.0	70.1	9842	9842	136.0	97.7	36610	40670	44740	天钢
				246.35	242.38	—	—	TP140V	TP-FJ3	142.0	156.75	19299	19299	136.0	139.4	55.0	55.0	100.0	70.1	10614	10614	136.0	97.7	36610	40670	44740	天钢
				246.35	242.38	—	—	HS140V	HSG3-FJ	150.8	156.74	19299	19299	135.8	139.4	54.0	80.0	100.0	80.0	10421	15439	135.8	139.4	41850	45000	48150	衡钢
				246.35	242.38	—	—	BG140V	BG-FJ	153.0	158.47	19299	19299	136.0	139.4	50.0	50.0	100.0	70.0	9650	9650	136.0	97.7	36720	39590	42460	宝钢
55	293.45mm×23.55mm 140HC 特殊同扣接箍特殊螺纹套管	11.553(293.45)	23.55	246.35	242.38	309.28	340.00	TP140HC	TP-NF3	152.0	156.75	19299	19299	145.0	111.50	70.0	70.0	100.0	80.0	13509	13509	145.0	111.50	36060	40080	44090	天钢
				246.35	242.38	309.28	376.00	HS140HC	HSHP	163.0	158.74	19299	19299	145.0	111.50	70.0	70.0	100.0	80.0	13509	13509	145.0	111.50	50690	54500	58310	衡钢
				246.35	242.38	309.28	345.00	BG140HC	BGT2C	148.80	158.50	19299	19299	145.0	111.5	70.0	70.0	100.0	80.0	13509	13509	145.0	111.5	31080	34530	37980	宝钢
56	339.72mm×13.06mm Q125 特殊螺纹套管	13.375(339.72)	13.06	313.60	311.37	365.12	—	Q125	BGT2	144.3	107.15	11543	11543	19.9	59.6	100.0	60.0	100.0	70.1	11543	11543	19.9	59.6	31080	34530	37980	宝钢
57	339.72mm×13.06mm 140HC 特殊螺纹套管	13.375(339.72)	13.06	313.60	311.37	365.12	322.00	TP140HC	TP-CQ	142.0	107.15	12928	12928	26.0	66.8	100.0	60.0	100.0	70.1	12928	7757	26.0	66.8	28060	31180	34300	天钢
				313.60	311.37	365.12	332.00	TP140HC	TP-G4	138.0	107.15	12928	12928	26.0	66.8	100.0	100.0	100.0	100.0	12928	12928	26.0	66.8	36610	40670	44740	天钢
				313.60	311.37	365.13	333.1	HS140HC	HSG3	141.1	107.15	12934	12934	26.0	66.8	100.0	100.0	100.0	100.0	12934	12934	26.0	66.8	52080	56000	59920	衡钢
				313.60	311.37	365.12	340.00	BG140HC	BGT2	144.3	107.15	12928	12928	26.0	66.8	100.0	100.0	100.0	100.0	12928	12928	26.0	66.8	31080	34530	37980	宝钢
58	365.12mm×24.89mm 140V 特殊同扣接箍特殊螺纹接头套管	14.375(365.12)	24.89	315.34	311.37	390.00	322.00	TP140V	TP-NF	142.0	209.61	25663	25663	97.4	118.4	47.2	28.3	100.0	52.6	12113	7268	97.4	62.3	23300	25900	28500	天钢
				315.34	311.37	390.00	322.00	TP140V	TP-G2(NF)	141.0	209.61	25663	25663	97.4	118.4	48.5	48.5	100.0	80.0	12447	12447	97.4	94.7	36610	40670	44740	天钢
				315.34	311.37	390.00	322.00	TP140V	TP-NF3	141.0	209.61	25663	25663	97.4	118.4	81.0	81.0	100.0	80.0	20787	20787	97.4	94.7	36610	40670	44740	天钢
				315.34	311.37	390.00	340.00	BG140V	BGT2	144.3	211.13	25663	25663	97.4	118.4	47.2	47.2	100.0	52.6	12113	12113	97.4	62.3	31080	34530	37980	宝钢

附录 2　塔里木油田常用钻杆、钻铤、稳定器性能数据表

（1）钻杆性能数据见表1。

表 1　钻杆性能数据

级别	项目	规格 /in（mm）	2.375（60.3）			2.875（73）					3.5（88.9）		4（101.6）		
新钻杆	单根数据	螺纹类型	NC26/NC26LH	DS26/DS26LH	XT24	DS26LH	NC31/NC31LH	NC31	DS31	XT26	NC38	DS31	HT40/HT40LH	DS40	DS39	HLST39LH
		全长 /m	9.5±0.25													
		质量 /kg	100			150					220	210	270			
		内容积 /(L/m)	1.68			2.36					3.87		5.2		5.17	
		开排 /(L/m)	1.34			2.12					2.83		3.31		3.3	
		闭排 /(L/m)	3.02			4.48					6.7		8.51		8.47	
	管体数据	钢级	S135										V150			
		内径 /mm	46.1			54.6					70.2		82.3			
		壁厚 /mm	7.11			9.19					9.35		9.65		9.65	
		截面积 /mm²	1188.6			1843					2336.7		2787.6		2787.6	
		抗扭强度 /(kN·m)	15.24			28.15					45.19		62.88		69.96	
		抗拉强度 /kN	1108			1718					2176		2598		2881	
		抗内压强度 /MPa	192.4			205					177		154.7		171.9	
		抗挤强度 /MPa	193.5			204.8					175.1		160		177.8	
	接头数据	接头钢级	120	135	120	135	120	120	135	135	120	135	120	135		135
		螺纹接头外径 /mm	85.7	88.9	76.2	88.9	111.0	108.0	105.0	88.7	127.0	108.0	139.7	139.7		127
		外螺纹接头内径 /mm	41.3			41.3			47.6	41.3	54	41.3	65.1			61.9

续表

级别	项目	规格/in（mm）	2.375（60.3）			2.875（73）				3.5（88.9）		4（101.6）	
新钻杆	接头数据	内螺纹接头内径/mm	41.3			41.3	47.6		41.3	54	41.3	65.1	61.9
		抗扭强度/(kN·m)	12.86	19.6	11.97	19.6	23	23	30.37	20.62	40.68	34.71	50.31	61.92
		抗拉强度/kN	1848	1848	1263	1848	2775	2775	2389	1556	3988	2723	3276	3875
一级	管体数据	最小壁厚/mm	6			7.8					7.8		8.2	7.8
		抗扭强度/(kN·m)	11.74	12.85		22.72	23.87		22.72		38.32		50.31	54.5
		抗拉强度/kN	933			1365					1814		2078	2307
		抗内压强度/MPa	175.6			186.6					156.6	161.1	141.5	140.8	157.2
		抗挤强度/MPa	166			176.5					149.1		128.2	142.5
	接头数据	接头外径/mm	83	83	74.2	83	103	103	103	83	122	103	127	122
		抗扭强度/(kN·m)	10.8	15.6	9.6	15.6	18.4	18.4	24.3	16.5	32.5	24.3	42.2	53.8
		抗拉强度/kN	1557	1557	1010	1557	2220	2220	1911	1244	3190	2178	2620	3131	3100
二级	管体数据	最小壁厚/mm	5.2			6.8					6.8		7.2	7.2
		抗扭强度/(kN·m)	11.14			20.8					32.85	20.8	44.02	46.9
		抗拉强度/kN	809			1269					1582	1269	1818	1954
		抗内压强度/MPa	140.5			149.7					129.2		112.9	120.3
		抗挤强度/MPa	141.3			149.5					127.8		116.8	129.8
	接头数据	接头外径/mm	82.5	82.5	73	82.5	101.5	101.5	101.5	82	119.5	101.5	124	119
		抗扭强度/(kN·m)	9.4	13.71	8.38	13.71	16.1	16.1	26.95	14.44	28.48	26.95	35.21	45.7	44.74
		抗拉强度/kN	1350	1350	884	1350	1942	1942	1672	1089	2791	1672	2293	2739	2712

续表

级别	项目		规格/in（mm）	4.5（114.3）		5（127）				5.5（139.7）			
			螺纹类型	NC46	DS40	NC50/NC50LH	NC52	BGDS50	NC52	5 1/2FH	5 1/2FH/5 1/2FHLH	5 1/2FHDS	5 1/2FHDS
新钻杆	单根数据		全长/m	9.5±0.25									
			质量/kg	320	310	330	345	310	375	375			
			内容积/（L/m）	6.56	6.51	9.16	9.11	9.19	8.71	11.35		11.46	
			开排/（L/m）	4.23	4.04	4.19	4.22	4.26	4.22	4.9		4.68	
			闭排/（L/m）	10.79	10.55	13.35	13.33	13.45	13.33	16.25		16.14	
	管体数据		钢级	S135				G105SS	V150	S135			
			外径/mm	114.3		127				139.7			
			内径/mm	92.5		108.6	107.7	108.6	105.1	121.4			
			壁厚/mm	10.92		9.19	9.65	9.19	10.92	9.17			
			截面积/mm²	3546.6		3401.3	3557.6	3401.3	3982.2	3760.4			
			抗扭强度/（kN·m）	89.92		100.29	104.2	78.1	127.18	123.54			
			抗拉强度/kN	3304		3170	3311	2464	4118	3503			
			抗内压强度/MPa	155.7		117.9	123.8	91.7	155.6	106.9			
			抗挤强度/MPa	160.9		108.2	119	78.4	168.8	95.2			
	接头数据		钢级	120		120	135	110SS	135	120			
			接头外径/mm	158.8	139.7	168.3	172	168.3	172	190.5		184.2	
			外螺纹接头内径/mm	63.5	65.1	69.9	88.9	82.6	88.9	76.2	88.9	101.6	95
新钻杆	接头数据		内螺纹接头内径/mm	76.2	65.1	88.9	100	82.6	100	88.9	88.9	101.6	95
			抗扭强度/（kN·m）	71.93	50.31	86	83.9	69.7	83.9	106.19	98.27	102.5	141
			抗拉强度/kN	6766	3276	6904	6431	5171	6431	7637	7202	6099	6473
一级	管体数据		最小壁厚/mm	9.2		7.8	8.2	7.8	9.2	7.8			
			抗扭强度/（kN·m）	71.9		85.1	83.4	61.5	103.7	105.0			
			抗拉强度/kN	2643		2691	2648	2096	3293	2977			
			抗内压强度/MPa	141.7		107.8	113.2	83.8	142.2	85.5			
			抗挤强度/MPa	129.6		69.1	76.1	46.4	99.9	66.6			
	接头数据		接头外径/mm	146.5	127	160	162	154.8	162	172			
			抗扭强度/（kN·m）	57.5	42.2	68.8	67.1	58.6	67.1	90.3	83.5	87.1	119.9
			抗拉强度/kN	5413	2620	5523	5144	4344	5144	6491	6121.7	5183	5502
二级	管体数据		最小壁厚/mm	8.2		6.8	7.2	6.8	8.1	6.8			
			抗扭强度/（kN·m）	62.94		74.14	72.94	54.67	81.64	91.54			
			抗拉强度/kN	2312		2342	2317	1725	2827	2596			
			抗内压强度/MPa	124.5		94.4	90.4	73.4	112.43	85.5			
			抗挤强度/MPa	103.7		48.8	86.9	45.2	109.22	37.7			
	接头数据		接头外径/mm	143.5	124	157	158	152.4	158	169.5			
			抗扭强度/（kN·m）	50.35	35.21	60.2	58.73	48.79	58.73	78.69	72.82	75.95	105.75
			抗拉强度/kN	4736	2293	4832	4501	3620	4501	5659	5336	4518	4855

续表

级别	项目		规格/in（mm）	5.875（149.2）							4.06(103)	5.75(146)	5.79(147)
新钻杆	单根数据		螺纹类型	5 1/2FHDS	5 1/2FHDS	5 1/2FHDSLH	5 1/2FHDS	5 1/2FHDS	5 1/2FHDS	5 1/2FHDS	NC38	5 1/2FH	5 1/2FH
			全长/m	9.5±0.25									
			质量/kg	460	430	430	410	410	415	415	105	158	216
			内容积/(L/m)	12.26	12.62	12.42	12.91	12.91	12.91	12.91	4.44	10.85	9.86
			开排/(L/m)	5.76	5.4	5.6	5.11		5.11		4.1	5.77	6.8
			闭排/(L/m)	18.02			18.12		18.02		8.54	16.62	16.66
	管体数据		钢级	V150							S135	D16T	
			外径/mm	149.2							103	146	147
			内径/mm	126.2	128.1	127.4	129.9				85	124	121
			壁厚/mm	11.5	10.54	10.92	9.65				9	11	13
			截面积/mm²	4975.7	4592.2	4744.7	4231.4				2657	4665	5472
			抗扭强度/(kN·m)	190	177.6	182.6	165.61			149.05	13.7	34.9	40.2
			抗拉强度/kN	5146	4749	4907	4376			3938	691	1203	1423
			抗内压强度/MPa	139	127	132	117			105	39.8	34.3	40.2
			抗挤强度/MPa	132	110	118	89.5			77.8	36.6	29.1	37.2
	接头数据		钢级	135							120	D16T	120
			接头外径/mm	184.2			177.8		184.2		127	172	177.8
			外螺纹接头内径/mm	101.6	95	101.6	101.6		95		68	100	105
新钻杆	接头数据		内螺纹接头内径/mm	101.6	95	101.6	101.6		95		71	100	105
			抗扭强度/(kN·m)	135			134.4		158	141	20	18.24	68.72
			抗拉强度/kN	6334			7282			6473	2622	1683	5076
一级	管体数据		最小壁厚/mm	9.8	9.0	9.3	8.2				7.7	9.4	11
			抗扭强度/(kN·m)	161.5	151.0	155.2	140.8	140.8	140.8	126.7	10.96	27.92	32.16
			抗拉强度/kN	4374.1	4036.7	4171.0	3719.6	3719.6	3719.6	3347.3	552	970	1138
			抗内压强度/MPa	111.2	101.6	105.6	93.6			84.0	39.8	34	40.2
			抗挤强度/MPa	92.4	77.0	82.6	62.7	62.7	62.7	54.5	36.6	28.7	37.2
	接头数据		接头外径/mm	172							122	170	172
			抗扭强度/(kN·m)	114.8			114.2		134.3	119.9	20.0	18.2	68.7
			抗拉强度/kN	5384			6190			5502	2097	1346	4060
二级	管体数据		最小壁厚/mm	7.2							6.3	7.7	9.1
			抗扭强度/(kN·m)	142.5	133.2	137.0	124.2	124.2	124.2	111.8	95.9	24.43	28.14
			抗拉强度/kN	3860	3562	3680	3282	3282	3282	2954	483	849	996
			抗内压强度/MPa	97.3	88.9	92.4	81.9	81.9	81.9	73.5	29.1	25	29.3
			抗挤强度/MPa	79.2	66.0	70.8	53.7	53.7	53.7	46.7	26.7	21.2	27.2
	接头数据		接头外径/mm	169.5							119.5	169.5	169.5
			抗扭强度/(kN·m)	101.25	101.25	101.25	101.25	100.8	118.5	105.75	20	18.24	60.13
			抗拉强度/kN	4751			5462			4855	1835	1178	3553

（2）钻铤性能数据见表2。

表2 钻铤性能数据

项目	钻铤规格												
外径/in	3.125	3.125	3.5	4.125	4.75	5	5.5	6.25	7	7.75	8	9	11
外径/mm	79.4	79.4	88.9	105	120.6	127	139.7	158.7	177.8	196.8	203.2	228.6	279.4
公称内径/mm	31.8	38.1	38.1	50.8	50.8	57.2	57.2	71.4	71.4	71.4	71.4	71.4	76.2
质量（根）/kg	300	270	360	450	620	720	900	1120	1400	1800	2000	2500	4100
接头类型	NC23	XT26	NC26	NC31	NC35	NC38	NC38	NC46	NC50	NC56	NC56	NC61	NC77
闭排/(L/m)	4.95	4.95	6.2	8.62	11.44	12.66	15.32	19.8	24.82	30.42	32.41	41.02	61.28
开排/(L/m)	4.16	3.81	5.06	6.6	9.41	10.09	12.76	15.79	20.81	26.42	28.41	37.02	56.72

（3）钻井稳定器数据见表3。

表 3 钻井稳定器数据

规格/in	5.875	6.5	6.625	8.5	9.5	12.25	13.125	14.75	15.25	15.5	15.75	16	17	17.5	22	26	30
钻头尺寸/mm	149.2	165.1	168.3	215.9	241.3	311.2	333.4	374.6	387.4	393.7	400	406.4	431.8	444.5	558.8	660.4	762
质量/kg（根）	240	260	280	300	400	500	550	600	620	630	640	650	670/1000	700	1380	2400	1870
公称内径/mm	50.8	57.2	57.2	71.4	71.4	71.4	71.4	71.4	71.4	71.4	71.4	71.4	71.4	71.4	76.2	76.2	76.2
接头类型	NC35/NC38	NC38	NC38	NC46/NC50	NC56	NC56/NC61	NC61	NC61	NC61	NC61	NC61	NC61	NC61	NC61	NC61	NC61/NC77	NC77
本体外径/mm	121	139.7	139.7	159/178	196	203/229	229	229	229	229	229	229	229	229	280	229/280	280
工作外径/mm	147	163	166	214	239	309	331	373	385.4	391.5	398	404	430	442.5	557	658.4	760

附录3 常用固井环空容积查询表

（1）套管环空容积见表1。

表1 套管环空容积

套管外径/mm	外层套管外径/mm	外层套管壁厚/mm	重合段环容/(L/m)	钻头尺寸/mm	裸眼环容/(L/m)				
					扩大率 0	扩大率 2%	扩大率 5%	扩大率 10%	扩大率 15%
609.6	—	—	—	762	164.2	182.6	210.9	259.9	311.2
508	—	—	—	660.4	139.9	153.7	175.0	211.8	250.3
475.56	609.6	15.24	85.8	558.85	67.7	77.6	92.8	119.2	146.8
473.1	609.6	15.24	87.6	558.85	69.5	79.4	94.6	121.0	148.6
387.35	473.1	16.48	34.3	431.8	28.6	34.5	43.6	59.3	75.8
387.35	—	—	—	444.5	37.3	43.6	53.2	69.9	87.4
374.65	473.1	16.48	41.9	431.8	36.2	42.1	51.2	66.9	83.4
374.65	—	—	—	444.5	44.9	51.2	60.8	77.5	95.0
365.12	508	12.7	78.2	444.5	50.5	56.7	66.4	83.1	100.5
356.12	473.1	16.48	52.5	431.8	46.8	52.7	61.8	77.6	94.1
356.12	—	—	—	444.5	55.6	61.8	71.5	88.2	105.6
339.72	508	12.7	92.3	444.5	64.5	70.8	80.4	97.1	114.6
293.45	365.12	13.88	21.8	311.2	8.4	11.5	16.2	24.4	33.0
293.45	—	—	—	333.38	19.7	23.2	28.6	38.0	47.8
273.05	339.72	12.19	19.5	311.15	17.5	20.6	25.3	33.4	42.0
273.05	365.12	13.88	30.8	311.15	17.5	20.6	25.3	33.4	42.0
273.05	—	—	—	333.38	28.7	32.3	37.7	47.1	56.9
273.05	—	—	—	406.4	71.2	76.4	84.5	98.4	113.0
265.13	339.72	12.19	22.9	311.15	20.8	23.9	28.6	36.8	45.4
250.83	339.72	12.19	28.7	311.15	26.6	29.7	34.4	42.6	51.1
244.48	339.72	12.19	31.2	311.15	29.1	32.2	36.9	45.1	53.6
244.48	365.12	13.88	42.44	—	—	—	—	—	—

续表

套管外径/mm	外层套管外径/mm	外层套管壁厚/mm	重合段环容/(L/m)	钻头尺寸/mm	裸眼环容/(L/m) 扩大率0	扩大率2%	扩大率5%	扩大率10%	扩大率15%
219.08	273.05	13.84	9.6	241.3	8.0	9.9	12.7	17.6	22.8
206.38	273.05	13.84	13.8	241.3	12.3	14.1	17.0	21.9	27.0
200.03	273.05	11.43	17.7	241.3	14.3	16.2	19.0	23.9	29.1
196.85	273.05	13.84	16.9	241.3	15.3	17.1	20.0	24.9	30.0
184.15	244.48	11.99	11.6	215.9	10.0	11.5	13.7	17.7	21.8
188.3	244.48	11.99	10.3	215.9	8.8	10.2	12.5	16.4	20.6
177.8	244.48	11.99	13.4	215.9	11.8	13.3	15.5	19.5	23.6
177.8	244.48	12.99	12.7	—	—	—	—	—	—
145.6	200.03	10.92	8.3	171.5	6.5	7.4	8.8	11.3	13.9
145.6	196.85	12.7	6.4	168.3	5.6	6.5	7.9	10.3	12.8
145.6	200.03	14.2	6.5	—	—	—	—	—	—
145.6	206.38	17.25	6.6	—	—	—	—	—	—
145.6	206.38	15.8	7.3	—	—	—	—	—	—
139.7	200.03	10.92	9.6	168.3	6.9	7.8	9.2	11.6	14.1
139.7	196.85	12.7	7.8	168.3	6.9	7.8	9.2	11.6	14.1
139.7	200.03	14.2	7.8	241.3	30.4	32.3	35.1	40	45.2
139.7	206.38	15.8	8.7	—	—	—	—	—	—
139.7	—	—	—	215.9	21.3	22.8	25	29	33.1
131	177.8	10.36	5.9	149.2	4.0	4.7	5.8	7.68	9.64
131	177.8	12.36	4.9	—	—	—	—	—	—
127	177.8	10.36	6.7	149.2	4.8	5.5	6.6	8.5	10.5
127	177.8	12.36	5.74	215.9	24	25.4	27.7	31.6	35.7

（2）钻杆环空容积见表2。

表2 钻杆环空容积

套管外径/mm	套管壁厚/mm	套管内径/mm	钻杆尺寸/mm					
			149.2	139.7	127	114.3	101.6	88.9
			重合段环容/(L/m)					
508	12.7	482.6	165.4	167.6	170.3	172.7	174.8	176.7
473.08	16.48	440.12	134.7	136.8	139.5	141.9	144.0	145.9
	21	431.08	128.5	130.6	133.3	135.7	137.8	139.7
365.12	13.88	337.36	71.9	74.1	76.7	79.1	81.3	83.2
339.72	13.06	313.6	59.8	61.9	64.6	67.0	69.1	71.0
273.05	11.43	250.19	31.7	33.8	36.5	38.9	41.1	43.0
	13.84	245.37	29.8	32.0	34.6	37.0	39.2	41.1
	23.55	225.95	22.6	24.8	27.4	29.8	32.0	33.9
265.13	22	221.13	20.9	23.1	25.7	28.1	30.3	32.2
250.83	15.88	219.07	20.2	22.4	25.0	27.4	29.6	31.5
244.48	11.99	220.5	20.7	22.9	25.5	27.9	30.1	32.0
206.38	15.8	174.78	6.5	8.7	11.3	13.7	15.9	17.8
	17.25	171.88	5.7	7.9	10.5	12.9	15.1	17.0
200.03	10.92	178.19	7.5	9.6	12.3	14.7	16.8	18.7
	14.2	171.63	5.7	7.8	10.5	12.9	15.0	16.9
196.85	12.7	171.45	5.6	7.8	10.4	12.8	15.0	16.9
177.8	10.36	157.08	1.9	4.1	6.7	9.1	11.3	13.2
	12.65	152.5	0.8	2.9	5.6	8.0	10.2	12.1

附录 4　塔里木油田套管扶正器性能参数表

（1）弓形弹簧套管扶正器性能参数见表 1。

表 1　弓形弹簧套管扶正器性能参数

规格 /（in × in）	内径 / mm	外径 / mm	最大起动力 / N	偏离间隙比 67% 时最小复位力 /N	压缩后最小外径 / mm	备注
7×8.5	181^{+3}_{0}	230^{+10}_{-10}	4735	5676	203.20	单弓
7.75×9.5	199^{+3}_{0}	250^{+10}_{-10}	6335	6335	226.48	双弓
9.625×12.25	247^{+3}_{0}	335^{+10}_{-10}	7615	7615	288.93	双弓
9.875×12.25	253^{+3}_{0}	335^{+10}_{-10}	10133	5066	291.04	双弓
10.75×16	275^{+3}_{0}	420^{+10}_{-10}	8177	8618	361.95	双弓
10.75×13.125	275^{+3}_{0}	345^{+10}_{-10}	8177	8618	313.27	双弓
13.375×16	343^{+3}_{0}	420^{+10}_{-10}	10895	5810	384.18	双弓
13.375×17.5	343^{+3}_{0}	458^{+10}_{-10}	10896	5810	409.58	双弓
14.75×17.5	377^{+3}_{0}	455^{+10}_{-10}	17871	8935	421.22	双弓
14.375×17.5	368^{+3}_{0}	455^{+10}_{-10}	13303	11396	418.04	双弓
14.375×17	368^{+3}_{0}	445^{+10}_{-10}	13303	11396	409.58	双弓
18.625×22	476^{+3}_{0}	575^{+10}_{-10}	20554	10277	530.23	双弓
20×26	512^{+3}_{0}	680^{+10}_{-10}	17150	8575	609.60	双弓

（2）整体式弹性套管扶正器基本参数见表 2。

表 2　整体式弹性套管扶正器基本参数

规格 /（in × in）	内径 / mm	外径 / mm	最大起动力 / N	偏离间隙比 67% 时最小复位力 /N	弹性回复次数	压缩后最小外径 / mm
4.5×5.875	117^{+3}_{0}	149.2^{+5}_{-3}	1861	1861	20	137.58
4.5×6	117^{+3}_{0}	152.4^{+5}_{-3}	1861	1861	20	139.70
5×5.875	130^{+3}_{0}	149.2^{+5}_{-3}	2928	3469	20	141.82
5×6	130^{+3}_{0}	152.4^{+5}_{-3}	2928	3469	20	143.93
5×6.625	130^{+3}_{0}	168.2^{+5}_{-3}	2928	3469	20	154.52
5×6.75	130^{+3}_{0}	171.5^{+5}_{-3}	2928	3469	20	156.63
5.157×6.625	134^{+3}_{0}	168.3^{+5}_{-3}	3647	3647	20	155.85
5.5×6.5	143^{+3}_{0}	165.1^{+5}_{-3}	3236	4169	20	156.63

附录4 塔里木油田套管扶正器性能参数表

续表

规格/ (in × in)	内径/ mm	外径/ mm	最大起动力/ N	偏离间隙比67%时 最小复位力/N	弹性回复 次数	压缩后最小外径/ mm
5.5×6 5/8	143^{+3}_{-0}	168.3^{+5}_{-3}	3236	4169	20	158.75
5.5×6.75	143^{+3}_{-0}	171.5^{+5}_{-3}	3236	4169	20	160.87
5.5×8.5	143^{+3}_{-0}	215.9^{+5}_{-3}	3236	4169	20	190.50
5.75×6.625	149^{+3}_{-0}	168.3^{+5}_{-3}	5205	5205	20	160.87
5.75×8.5	149^{+3}_{-0}	215.9^{+5}_{-3}	5205	5205	20	192.62
7×8.5	181^{+3}_{-0}	215.9^{+5}_{-3}	4735	5676	20	203.20
7×9.5	181^{+3}_{-0}	241.3^{+5}_{-3}	4735	5676	20	220.13
7.167×8.5	185^{+3}_{-0}	215.9^{+5}_{-3}	6676	6676	20	204.61
7.375×8.5	190^{+3}_{-0}	215.9^{+5}_{-3}	8081	8081	20	206.38
7.75×9.5	200^{+3}_{-0}	241.3^{+5}_{-3}	6335	6335	20	226.48
7.875×9.5	203^{+3}_{-0}	241.3^{+5}_{-3}	5633	7168	20	227.54
8×9.5	206^{+3}_{-0}	241.3^{+5}_{-3}	7574	7574	20	228.60
8.125×9.5	209^{+3}_{-0}	241.3^{+5}_{-3}	8149	8824	20	229.66
9.625×12.25	247^{+3}_{-0}	311.2^{+5}_{-3}	7615	7615	20	288.93
9.875×12.25	254^{+3}_{-0}	311.2^{+5}_{-3}	10133	5066	20	291.04
10.2×12.25	262^{+3}_{-0}	311.2^{+5}_{-3}	12412	6206	20	293.79
10.44×12.25	268^{+3}_{-0}	311.2^{+5}_{-3}	14234	7117	20	295.86
10.75×12.25	276^{+3}_{-0}	311.2^{+5}_{-3}	8177	4089	20	298.45
10.75×13.125	276^{+3}_{-0}	333.4^{+5}_{-3}	8177	4089	20	313.27
10.75×16	276^{+3}_{-0}	406.4^{+5}_{-3}	8177	4089	20	361.95
11.55×13.125	296^{+3}_{-0}	333.4^{+5}_{-3}	16915	8457	20	320.04
13.375×16	343^{+5}_{-0}	406.4^{+5}_{-3}	10895	5810	20	384.18
13.375×17	343^{+5}_{-0}	431.8^{+5}_{-3}	10895	5810	20	401.11
13.375×17.5	343^{+5}_{-0}	444.5^{+5}_{-3}	10895	5810	20	409.58
14.375×17	368^{+5}_{-0}	431.8^{+5}_{-3}	13303	6652	20	409.58
14.375×17.5	368^{+5}_{-0}	444.5^{+5}_{-3}	13303	6652	20	418.04
14.75×17	378^{+5}_{-0}	431.8^{+5}_{-3}	17871	8935	20	412.75
18.625×22	476^{+5}_{-0}	558.8^{+5}_{-3}	20555	10277	20	530.23
20×26	511^{+5}_{-0}	660.4^{+5}_{-3}	17150	8575	20	609.60
24×30	613^{+5}_{-0}	762.0^{+5}_{-3}	24585	12293	20	711.20

（3）铝合金刚性套管扶正器基本参数见表3。

表3　铝合金刚性套管扶正器基本参数

规格/ (in×in)	内径/ mm	外径/ mm	扶正器条宽度/ mm	螺旋角/ (°)
4.5×6	117_{-0}^{+3}	145_{-3}^{+1}	35±5	30±5
5×5.875	129_{-0}^{+3}	147_{-3}^{+1}	35±5	30±5
5×6	129_{-0}^{+3}	147_{-3}^{+1}	35±5	30±5
5×6.5	129_{-0}^{+3}	160_{-3}^{+1}	35±5	30±5
5×6.625	129_{-0}^{+3}	162_{-3}^{+1}	35±5	30±5
5.5×6.625	143_{-0}^{+3}	162_{-3}^{+1}	35±5	30±5
5.5×6.75	143_{-0}^{+3}	162_{-3}^{+1}	35±5	30±5
5.5×7 7/8	143_{-0}^{+3}	195_{-3}^{+1}	40±5	30±5
5.5×8.5	143_{-0}^{+3}	211_{-3}^{+1}	40±5	30±5
5.5×9.5	143_{-0}^{+3}	236_{-3}^{+1}	40±5	30±5
7×8.5	181_{-0}^{+3}	211_{-3}^{+1}	40±5	30±5
7×9.5	181_{-0}^{+3}	236_{-3}^{+1}	40±5	30±5
7×9.875	181_{-0}^{+3}	245_{-3}^{+1}	40±5	30±5
7.167×8.5	185_{-0}^{+3}	211_{-3}^{+1}	40±5	30±5
7.75×9.5	200_{-0}^{+3}	236_{-3}^{+1}	40±5	30±5
7.625×9.875	197_{-0}^{+3}	245_{-3}^{+1}	40±5	30±5
7.875×9.5	203_{-0}^{+3}	236_{-3}^{+1}	40±5	30±5
8.125×9.5	209_{-0}^{+3}	236_{-3}^{+1}	40±5	30±5
9.625×12.25	248_{-0}^{+3}	305_{-3}^{+1}	50±5	30±5
10.75×13.125	276_{-0}^{+3}	326_{-3}^{+1}	50±5	30±5
10.75×16	276_{-0}^{+3}	399_{-3}^{+1}	50±5	30±5
13.375×16	343_{-0}^{+3}	399_{-3}^{+1}	50±5	30±5
13.375×17.5	343_{-0}^{+3}	436.5_{-3}^{+1}	50±5	30±5

（4）钢制刚性套管扶正器基本参数见表4。

表4　钢制刚性套管扶正器基本参数

规格/ （in×in）	内径/ mm	外径/ mm	扶正器条宽度/ mm	扶正条数量 （"Z"形）	扶正条数量 （"L"形）	螺旋扶正器 螺旋角/（°）
4.5×6	117_{-0}^{+3}	145_{-3}^{+1}	8~40	5	6	30±5
4.5×6.5	117_{-0}^{+3}	160_{-3}^{+1}	8~40	5	6	30±5
5×6	129_{-0}^{+3}	145_{-3}^{+1}	8~40	5	6	30±5
5×6.625	129_{-0}^{+3}	162_{-3}^{+1}	8~40	5	6	30±5
5.5×6.625	143_{-0}^{+3}	162_{-3}^{+1}	8~40	6	6	30±5
5.5×6.75	143_{-0}^{+3}	165_{-3}^{+1}	8~40	6	6	30±5
5.5×7.875	143_{-0}^{+3}	195_{-3}^{+1}	8~40	6	6	30±5
5.5×8.5	143_{-0}^{+3}	211_{-3}^{+1}	8~40	6	6	30±5
5.5×9.875	143_{-0}^{+3}	245_{-3}^{+1}	8~40	6	6	30±5
7×8.5	181_{-0}^{+3}	211_{-3}^{+1}	8~40	8	6	30±5
7×9.5	181_{-0}^{+3}	236_{-3}^{+1}	8~40	8	6	30±5
7×9.875	181_{-0}^{+3}	245_{-3}^{+1}	8~40	8	6	30±5
7.625×9.5	197_{-0}^{+3}	236_{-3}^{+1}	8~40	8	6	30±5
7.625×9.875	197_{-0}^{+3}	245_{-3}^{+1}	8~40	8	6	30±5
7.75×9.5	200_{-0}^{+3}	236_{-3}^{+1}	8~40	8	6	30±5
7.875×9.5	203_{-0}^{+3}	236_{-3}^{+1}	8~40	8	6	30±5
8.125×9.5	209_{-0}^{+3}	236_{-3}^{+1}	8~40	8	6	30±5
9.625×12.25	248_{-0}^{+3}	305_{-3}^{+1}	8~40	8~10	6	30±5
10.75×13.125	276_{-0}^{+3}	326_{-3}^{+1}	8~40	8~10	6	30±5
10.75×14.75	276_{-0}^{+3}	369_{-3}^{+1}	8~40	8~10	6	30±5
11.125×13.125	286_{-0}^{+3}	326_{-3}^{+1}	8~40	8~10	6	30±5
13.375×16	343_{-0}^{+3}	399_{-3}^{+1}	8~40	8~12	6	30±5
13.375×17.5	343_{-0}^{+3}	436.5_{-3}^{+1}	8~40	8~12	6	30±5
13.375×18.625	343_{-0}^{+3}	466_{-3}^{+1}	8~40	8~12	6	30±5
13.375×18.75	343_{-0}^{+3}	469_{-3}^{+1}	8~40	8~12	6	30±5
14 3/8×17.5	369_{-0}^{+3}	436.5_{-3}^{+1}	8~40	8~12	6	30±5
18.625×24	478_{-0}^{+3}	6035_{-3}^{+1}	8~40	8~12	6	30±5